"十三五"机电工程实践系列规划教材

机电工程基础实训系列

电工电子实训教程

总策划　郁汉琪

主　编　殷埝生

副主编　陈兴荣

参　编　孙　晨　陈国军　张津杨

张玉琼　谢家烨　张国玉

东南大学出版社

SOUTHEAST UNIVERSITY PRESS

·南京·

内 容 简 介

本教程是根据高等工科院校电工电子技术实践教学的基本要求，以构建多学科、综合性创新人才培养体系为依据，以知识整合能力、工程实践能力、探究创新能力培养为教学目标而编写的一本通用性实践教材。编写中，充分考虑本科学生“电工电子实习”课程的教学实际，从电学基础知识出发，到电工电子实用技术的发展，精心组织教材内容，力求做到概念准确、深入浅出、拓宽基础、侧重应用。全书共10章，分别为：用电安全知识、电工操作基本技能、常用照明线路安装与检修、常用低压线路安装与调试、电子工艺基础、电子线路设计、典型电子产品的装配与调试、可编程控制器及周边装置的使用、单片机技术及电路制作、Elecworks 辅助电气设计。为了方便教学，各章后均提供实训教学项目，方便教学组织，同时配备思考题便于学生自主学习。

本书适合作为高等工科学校理工类各专业的本、专科及高职学生的实习教材使用，也可供从事电类各专业技术工作的初中级工程技术人员自学使用。

图书在版编目(CIP)数据

电工电子实训教程/殷埝生主编. —南京：东南大学出版社，2017.6（2024.8重印）

“十三五”机电工程实践系列规划教材·机电工程基础实训系列

ISBN 978-7-5641-7206-0

Ⅰ.①电… Ⅱ.①殷… Ⅲ.①电工技术—高等学校—教材 ②电子技术—高等学校—教材 Ⅳ.①TM ②TN

中国版本图书馆 CIP 数据核字(2017)第131689号

电工电子实训教程

出版发行 东南大学出版社
出 版 人 江建中
社　　址 南京市四牌楼2号
邮　　编 210096

经　　销 全国各地新华书店
印　　刷 苏州市古得堡数码印刷有限公司
开　　本 787 mm×1092 mm 1/16
印　　张 22.25
字　　数 570千字
版　　次 2017年6月第1版
印　　次 2024年8月第6次印刷
书　　号 ISBN 978-7-5641-7206-0
印　　数 10001—11500册
定　　价 60.00元

《“十三五”机电工程实践系列规划教材》编委会

序

南京工程学院一向重视实践教学，注重学生的工程实践能力和创新能力的培养。长期以来，学校坚持走产学研之路、创新人才培养模式，培养高质量应用型人才。开展了以先进工程教育理念为指导、以提高实践教学质量为抓手、以多元校企合作为平台、以系列项目化教学为载体的教育教学改革。学校先后与国内外一批著名企业合作共建了一批先进的实验室、实验中心或实训基地，规模宏大、合作深入，彻底改变了原来学校实验室设备落后于行业产业技术的现象。同时经过与企业实验室的共建、实验实训设备共同研制开发、工程实践项目的共同指导、学科竞赛的共同举办和教学资源的共同编著等，在产教融合协同育人等方面积累了丰富经验和改革成果，在人才培养改革实践过程中取得了重要成果。

本次编写的《“十三五”机电工程实践系列规划教材》是围绕机电工程训练体系四大部分内容而编排的，包括“机电工程基础实训系列”“机电工程控制基础实训系列”“机电工程综合实训系列”和“机电工程创新实训系列”等26册。其中“机电工程基础实训系列”包括《电工技术实验指导书》《电子技术实验指导书》《电工电子实训教程》《机械工程基础训练教程(上)》和《机械工程基础训练教程(下)》等5册；“机电工程控制基础实训系列”包括《电气控制与PLC实训教程(西门子)》《电气控制与PLC实训教程(三菱)》《电气控制与PLC实训教程(台达)》《电气控制与PLC实训教程(通用电气)》《电气控制与PLC实训教程(罗克韦尔)》《电气控制与PLC实训教程(施耐德电气)》《单片机实训教程》《检测技术实训教程》和《液压与气动控制技术实训教程》等9册；“机电工程综合实训系列”包括《数控系统PLC编程与实训教程(西门子)》《数控系统PMC编程与实训教程(法那科)》《数控系统PLC编程与实训教程(三菱)》《先进制造技术实训教程》《快速成型制造实训教程》《工业机器人编程与实训教程》和《智能自动化生产线实训教程》等7册；“机电工程创新实训系列”包括《机械创新综合设计与训练教程》《电子系统综合设计与训练教程》《自动化系统集成综合设计与训练教程》《数控机床电气综合设计与训练教程》《数字化设计与制造综合设计与训练教程》等

5册。

该系列规划教材，既是学校深化实践教学改革的成果，也是学校教师与企业工程师共同开发的实践教学资源建设的经验总结，更是学校参加首批教育部"本科教学质量与教学改革工程"项目——"卓越工程师人才培养教育计划""CDIO工程教育模式改革研究与探索"和"国家级机电类人才培养模式创新实验区"工程实践教育改革的成果。该系列中的实验实训指导书和训练讲义经过了十年来的应用实践，在相关专业班级进行了应用实践与探索，成效显著。

该系列规划教材面向工程、重在实践、体现创新。在内容安排上既有基础实验实训、又有综合设计与集成应用项目训练，也有创新设计与综合工程实践项目应用；在项目的实施上采用国际化的CDIO[Conceive(构思)、Design(设计)、Implement(实现)、Operate(运作)]工程教育的标准理念，"做中学、学中研、研中创"的方法，实现学、做、创一体化，使学生以主动的、实践的、课程之间有机联系的方式学习工程。通过基于这种系列化的项目教育和学习后，学生会在工程实践能力、团队合作能力、分析归纳能力、发现问题解决问题的能力、职业规划能力、信息获取能力以及创新创业能力等方面均得到锻炼和提高。

该系列规划教材的编写、出版得到了通用电气、三菱电机、西门子等多家企业的领导与工程师们的大力支持和帮助，出版社的领导、编辑也不辞辛劳、出谋划策，才能使该系列规划教材如期出版。该系列规划教材既可作为各高等院校电气工程类、自动化类、机械工程类等专业，相关高校工程训练中心或实训基地的实验实训教材，也可作为专业技术人员培训用参考资料。相信该系列规划教材的出版，一定会对高等学校工程实践教育和高素质创新人才的培养起到重要的推动作用。

教育部高等学校电气类教学指导委员会主任

胡敏强

2016年5月于南京

前 言

现代工程与产业技术“交叉融合、高度集成、快速多变”的特征，对一线工程技术人才的综合应用能力、工程实践能力、创新创业能力、持续发展能力均提出新的要求。电工电子实习是普通高等院校理工科专业开设的重要实践教学环节，是培养综合型工程技术人才的重要手段之一。

本教程是根据高等工科院校电工电子技术实践教学的基本要求，构建多学科、综合性创新人才培养体系为依据，以知识整合能力、工程实践能力、探究创新能力培养为教学目标而编写的一本通用性实践教材。编写过程中，力求做到概念准确、深入浅出、拓宽基础、侧重应用。

本书的主要特点体现在以下几个方面：

(1) 突出基础。“电工电子实习”是应用型本科院校基础实践教学环节，本教程在内容上，突出安全用电基本知识、电工电子技术基本操作训练、电子元器件的识别与检测基本方法、仪器仪表的基本操作、电子产品基本装配工艺、电工电子类作品制作基础训练。

(2) 体现工程。本书以突出工程意识、增强工程观念、注重工程实践能力的培养为主线，以工程实践内容为重点。如电工电子元器件着重介绍特点、检测和选用；仪器仪表着重讲述使用方法和典型应用；常用照明线路、低压线路的安装和典型电子产品安装调试，力求结合工程实际；印刷板制作以计算机绘图和排版设计为主要内容。

(3) 内容新颖。为充分体现电工电子技术的新知识、新技术、新工艺、新方法，使教材以全新的面貌出现。如电工电子元器件注重新器件的介绍，仪器仪表重点介绍数字式、智能化的仪表，电子线路设计重点介绍世界著名的仿真软件 Proteus 7.8 和功能强大的电子设计一体化软件 Altium Designer 14，计算机辅助电气设计介绍了高端辅助电气设计软件 Elecworks。此外结合工程应用需要，安排了可编程控制器及周边装置的使用和单片机技术及电路制作的内容。

(4) 实践性强。本教材是实践教学中的经验总结，并在此基础上提炼出来的精华，以项目化教学为载体，开展教学与训练，因此具有很强的针对性和教学的可操作性。同时，采用理论与实践一体化教学模式，强化学生的实训，所安排的实训内容，可以让学生在实践中掌握电工电子基本操作、安装、调试的方法与技巧。

本书由南京工程学院工业中心组织编写，殷埝生担任主编，陈兴荣、张津杨、陈国军、谢家烨、孙晨、张玉琼、张国玉等参加编写。其中，第1章由孙晨编写，第2章由殷埝生编写，第3、4章由陈兴荣编写，第5、7章由张津杨编写，第6章由张国玉编写，第8章由张玉琼编写，第9章由陈国军编写，第10章由谢家烨编写，全书由殷埝生统稿。郁汉琪教授对全书进行了认真的审阅，并提出了宝贵的意见，东南大学出版社朱珉老师及编辑为本书出版付出了辛勤的劳动，在此深表感谢。

由于我们水平有限，错误和不足在所难免，故请各位读者批评斧正。

编　者

2017年2月

目　录

1 用电安全知识

电与国民经济和人民生活密切相关，是现代社会不可缺少的动力来源。为了更好地用好电，必须掌握电的基本规律，了解供电、用电安全的基本知识，做到安全合理用电。安全用电包括人身安全和设备安全两部分。人身安全是指防止人身接触带电物体受到电击或电弧灼伤而导致生命危险；设备安全是指防止用电事故所引起的设备损坏、起火或爆炸等危险。

1.1 供电系统基础知识

1.1.1 发电

把其他形式的能量转换成电能的场所称为发电厂或发电站。电力是由发电厂发出的，发电厂（火电、水电、风电、太阳能和其他形式）必须在适合条件的地方建设。电厂所发出的电压一般为 10.5 kV、13.8 kV、15.75 kV。

1.1.2 输电与配电

为了能将电力远送，并减少输电损耗，一般都采用高压输电。在输电时，要先经过升压变压器，将电压升高到 35～500 kV（输电电压的高低视输出功率和距离远近而定），再进行远距离高压输电，通过区域变电所降压变压器降压到 6～10 kV，将电力分配到用电单位和住宅区，最后通过用户单位或住宅区降压变压器降压到 220/380 V，通过低压配电线至用电设备。输配电过程如图 1.1 所示。

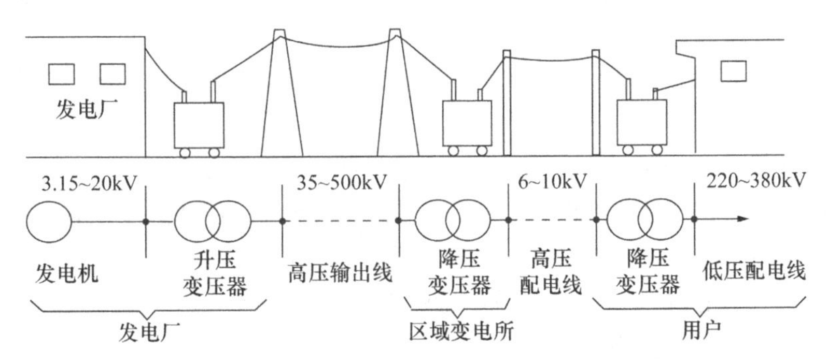

图 1.1 输配电过程示意图

我们把各种等级的电力线路将发电厂、变电所和电力用户联系起来的发电、变电、配电、和用电的整体叫电力系统。而各种不同电压等级的电力线路和变电所就组成了电力网，简称电网。

电网所供电的质量指标有三项：电压频率、电压数值、电压波形。我国交流电频率为

50 Hz,也叫“工频”,即工业用交流电频率;电压数值一般为 220 V 和 360 V;电压波形为正弦波交流电且要求三相对称。

1.1.3 负荷等级

用户负荷分三级:一级负荷中断供电将造成人身伤亡或主要设备长期难以修复,或对国民经济带来巨大损失的用户,如大型医院、炼钢厂、石油化工厂或矿井等。二级负荷中断供电将会造成大量产品报废或致使复杂的生产过程长期混乱的用户,如化纤厂、抗生素厂、体育馆、剧场等。除了一、二级负荷以外的其他用户均属三级负荷,对一、二级,要求供电系统当线路发生故障停电时,仍能保证连续供电;对三级负荷允许供电系统发生故障时暂时停电。

1.2 安全用电知识

电工是从事电气设备安装、维护的一线作业人员。作为电工,必须接受安全教育、掌握电工基本的安全知识,然后方可参加电工的实际操作。凡没有参加过安全教育、不懂得电工安全知识的人员,是不允许参加电工相关操作的。

1.2.1 电工作业的基本要求

电工所应掌握的具体安全操作技术,将在相关章节中结合具体工艺操作介绍,这里就电工最基本的安全知识强调综述如下。

1) 对电工体质的要求

凡患有精神病、癫痫、心脏病、严重高血压、内分泌失调,以及四肢功能有严重障碍者不能参加操作。

2) 电工人身安全知识教育

(1) 在进行电工安装与维修操作时,必须严格遵守各种安全操作规程和规定,不得玩忽职守。

(2) 在进行电工操作时,要严格遵守停电操作的规定,确定做好防止突然送电的各项安全措施,不准进行约时送电。

(3) 在邻近带电部分进行电工操作时,一定要保持可靠的安全距离。

(4) 操作工具的绝缘手柄、绝缘鞋和手套等的绝缘性能必须良好,并应作定期检查。登高工具必须牢固可靠,也应作定期检查。未经登高训练的电工,不准进行登高操作。

(5) 发现有人触电,要立即采取正确的抢救措施;不要惊慌失措,更不允许临危奔离现场。

3) 设备运行的安全知识

(1) 对已出现故障的电器设备、装置必须及时进行检修,不可继续勉强使用。

(2) 运行操作必须严格按规程进行,如分断电源时,应先断开负荷开关,然后再断开隔离开关;合上电源时,应先合上隔离开关,然后再合上负荷开关。

(3) 在切断故障区域电源时,要尽量缩小停电的范围。有分路开关的,要尽量分断故障区域的分路开关;要尽量避免越级切断电源。

(4) 电气设备通常都不能受潮，要防止雨雪和洪汛的侵袭；电器设备在运行时往往都要发热，因此要具有良好的通风条件，有的还要具有防火措施；有裸露带电体的设备，尤其是高压设备应具有防止小动物窜入造成短路事故的措施。

(5) 具有金属外壳的电器设备，必须进行可靠的保护接地；凡有可能被雷击的电气设备，要安装防雷装置。

1.2.2 有关触电的基本知识

1) 触电的类型

触电是指人体触及带电体后，电流对人体造成的伤害。它有两种类型，即电击和电伤。

(1) 电击

电击是指电流通过人体内部，破坏人体内部组织，影响呼吸系统、心脏及神经系统的正常功能，甚至危及生命。电击致伤的部位主要在人体内部，它可以使肌肉抽搐，内部组织损伤，造成发热发麻、神经麻痹等，严重时将引起昏迷、窒息，甚至心脏停止跳动而死亡。数十毫安的工频电流可使人遭到致命电击。人们通常所说的触电就是指电击，大部分触电死亡事故都是由电击造成的。

(2) 电伤

电伤是指电流的热效应、化学效应、机械效应及电流本身作用造成的人体伤害。电伤会在人体皮肤表面留下明显的伤痕，常见的有灼伤、烙伤和皮肤金属化等现象。

在触电事故中，电击和电伤常会同时发生。

2) 电流对人体的伤害作用

电流对人体的伤害是电气事故中最主要的事故之一。它的伤害是多方面的，其热效应会造成电灼伤、化学效应，可造成电烙印和皮肤金属化，它产生的电磁场对人辐射会导致头晕、乏力和神经衰弱等。电流对人体的伤害程度与通过人体电流的大小、种类、频率、持续时间、通过人体的路径及人体电阻的大小等因素有关。

3) 电流大小对人体的影响

通过人体的电流越大，人体的生理反应越明显，感觉越激烈，从而引起心室颤动所需的时间越短，致命的危险性就越大。对工频交流电，按照通过人体的电流大小和人体呈现的不同状态，可将其划分为下列三种：

感知电流 它是指引起人体感知的最小电流。实验表明，成年男性平均感知电流有效值约为 1.1 mA，成年女性约为 0.7 mA。感知电流一般不会对人体造成伤害，但是电流增大时，感知增强，反应变大，可能造成坠落等间接事故。

摆脱电流 人触电后能自行摆脱电源的最大电流称为摆脱电流。一般男性的平均摆脱电流约为 16 mA，成年女性约为 10 mA，儿童的摆脱电流较成年人小。摆脱电流是人体可以忍受而一般不会造成危险的电流。若通过人体电流超过摆脱电流且时间过长会造成昏迷、窒息，甚至死亡。因此摆脱电源的能力随时间的延长而降低。

致命电流 是指在较短时间内危及生命的最小电流。当电流达到 50 mA 以上就会引起心室颤动，有生命危险；如电流在 100 mA 以上，则足以致人死亡；而 30 mA 以下的电流通常不会有生命危险。

4）电流持续时间对人体的影响

电击时间越长，电流对人体引起的热伤害、化学伤害及生理伤害就越严重。特别是电流持续时间的长短和心室颤动有密切的关系。从现有的资料来看，最短的电击时间是 8.3 ms，超过 5 s 的很少。从 5～30 s，引起心室颤动的极限电流基本保持稳定，并略有下降。更长的电击时间，对引起心室颤动的影响不明显，而对窒息的危险性有较大的影响，从而使致命电流下降。

另外，电击时间长，人体电阻因出汗等原因而降低，导致电击电流进一步增加，这也将使电击的危险性随之增加。

5）电流途径对人体的影响

电流通过心脏、脊椎和中枢神经等要害部位时，电击的伤害最为严重。因此从左手到胸部以及从左手到右脚是最危险的电流途径。从右手到胸部或从右手到脚、从手到手等都是很危险的电流途径，从脚到脚一般危险性较小，但不等于说没有危险。例如由于跨步电压造成电击时，开始电流仅通过两脚间，电击后由于双足剧烈痉挛而摔倒，此时电流就会流经其他要害部位，同样会造成严重后果；另一方面，即使是两脚受到电击，也会有一部分电流流经心脏，这同样会带来危险。

6）人体电阻的影响

在一定的电流作用下，流经人体的电流大小和人体电阻成反比，因此人体电阻的大小对电击后果产生一定的影响。人体电阻有表面电阻和体积电阻之分。对电击者来说，体积电阻的影响最为显著，但表面电阻有时却能对电击后果产生一定的抑制作用，使其转化为电伤。这是由于人体皮肤潮湿，表面电阻较小，使电流大部分从皮肤表面通过。

皮肤电阻随条件不同，使得人体电阻的变化幅度也很大。当人体皮肤处于干燥、洁净和无损伤的状态时，人体电阻可高达 40～100 kΩ；而当皮肤处于潮湿状态，如湿手、出汗，人体电阻会降到 1 000 Ω 左右；如皮肤完全遭到破坏，人体电阻将下降到 600～800 Ω。一般情况下，人体电阻可按 1 000～2 000 Ω 考虑。

7）电流频率的影响

电流的频率除了会影响人体电阻外，还会对电击的伤害程度产生直接的影响。25～300 Hz 的交流电对人体的伤害远大于直流电。同时对交流电来说，当低于以上频率范围时，它的伤害程度就会显著减轻。

8）触电形式

（1）单相触电

当人站在地面上或其他接地体上，人体的某一部位触及一相带电体时，电流通过人体流入大地（或中性线），称为单相触电。另外，当人体距离高压带电体小于规定的安全距离，将发生高压带电体对人体放电，造成触电事故，也称单相触电。单相触电的危险程度与电网运行的方式有关，在中性点直接接地系统中，当人触及一相带电体时，该相电流经人体流入大地再回到中性点。由于人体电阻远大于中性点接地电阻，电压几乎全部加在人体上；而在中性点不直接接地系统中，正常情况下电气设备对地绝缘电阻很大，当人体触及一相带电体时，通过人体的电流较小。所以在一般情况下，中性点直接接地电网的单相触电比中性点不直接接地电网的危险性大。单相触电形式如图 1.2 所示。

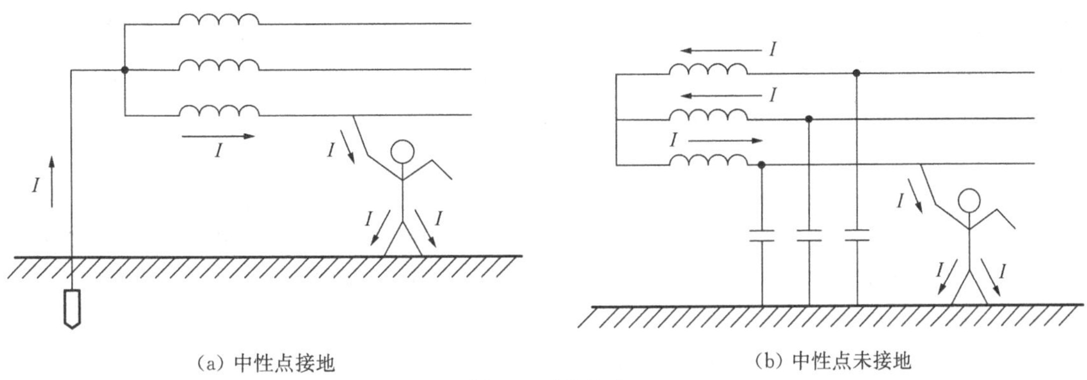

(a) 中性点接地　　　　(b) 中性点未接地

图 1.2 单相触电

(2) 两相触电

两相触电是指人体两处同时触及同一电源的两相带电体，以及在高压系统中，人体距离高压带电体小于规定的安全距离，造成电弧放电时，电流从一相导体流入另一相导体的触电方式。两相触电加在人体上的电压为线电压，所以不论电网的中性点接地与否，其触电的危险性最大，如图 1.3 所示。

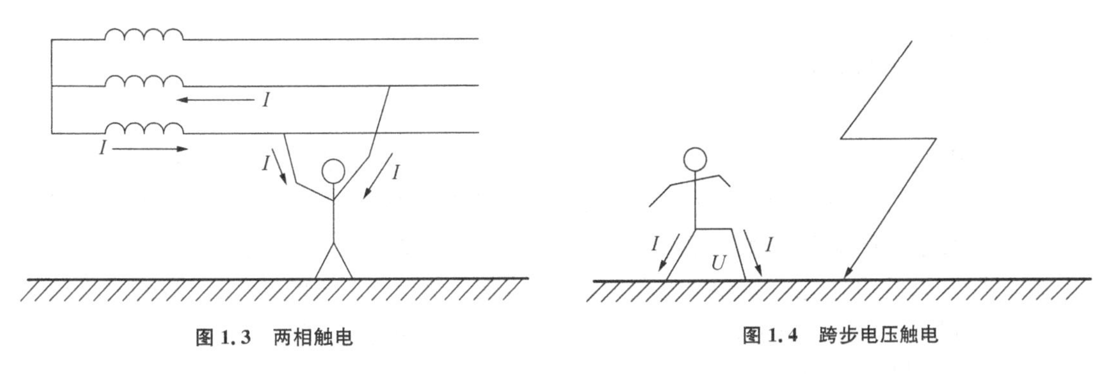

图 1.3 两相触电　　　　**图 1.4 跨步电压触电**

(3) 跨步电压触电

当带电体接地时有电流向大地流散，在以接地点为圆心，半径为 20 m 的原面积内形成分布电位，人站在接地点周围，两脚之间(以 0.8 m 计算)的电位差称为跨步电压。由此引起的触电事故称为跨步电压触电，如图 1.4 所示。跨步电压的大小取决于人体站立点与接地点的距离，距离越小，其跨步电压越大。当距离超过 20 m，可认为跨步电压为零，不会发生触电的危险。

(4) 接触电压触电

运行中的电气设备由于绝缘损坏或其他原因造成接地短路故障时，接地电流通过接地点向大地流散，会在以接地故障点为中心，20 m 为半径的范围内形成分布电位，当人触及漏电设备外壳时，电流通过人体和大地形成回路，造成触电事故，这称为接触电压触电，如图 1.5 所示。这时加在人体两点的电位差即接触电压(按水平距

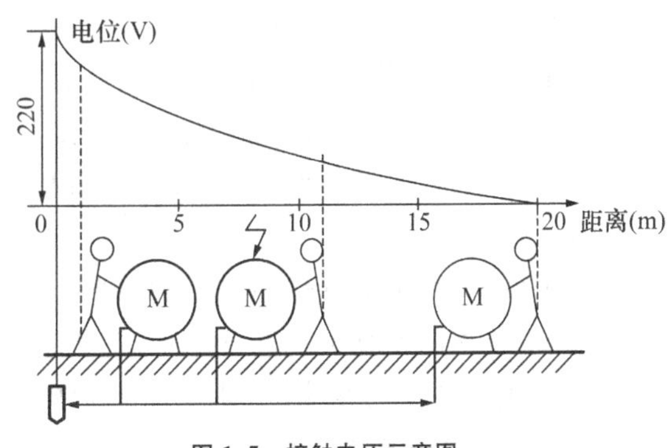

图 1.5 接触电压示意图

离 0.8 m、垂直距离 1.8 m 考虑）。接地电压值的大小取决于人体站立点的位置，若距离接地点越远，则接触电压值越大；当超过 20 m 时，接地电压值为最大，等于漏电设备的对地电压；当人体站在接地点与漏电设备接触时，接地电压为零。

(5) 感应电压触电

当人触及带有感应电压的设备和线路时所造成的触电事故称之为感应电压触电。如一些不带电的线路由于大气变化（如雷电活动），会产生感应电荷。此外，停电后一些可能感应电压的设备和线路未接临时地线，这些设备和线路对地均存在感应电压。

(6) 剩余电荷触电

剩余电荷触电是指当人触及带有剩余电荷的设备时，带有电荷的设备对人体放电造成的触电事故。设备带有剩余电荷，通常是由于检修人员在检修中摇表测量停电后的并联电容器、电力电缆、电力变压器及大容量电动机等设备时，检修前后没有对其充分放电所造成的。此外，并联电容器因其电路发生故障而不能及时放电，退出运行后又未人工放电，也导致电容器的极板上带有大量的剩余电荷。

1.2.3 触电事故的原因

引起触电事故发生的原因较多，不同的场合，触电的原因也不一样，下面根据日常用电情况，将触电原因归纳为以下几种。

1) 缺乏用电的知识

安全用电知识普及不到位，安全用电意识和用电自我保护意识淡薄，普遍存在侥幸心理和麻痹思想。因此，安全用电自我保护意识的严重不足，是造成触电伤亡事故的重要原因之一。主要表现为：用湿手去触摸、插拔电器；用水清洗一些带电的家用电器；使用不合格或报废的电器产品；看到电线断落地面，不管有没有电，就赤手拨拉断落的带电导线；带电移动电气设备，因设备漏电造成触电；发现有人触电时，赤手拖拉触电者等等。

2) 线路架设不合格

采用一线一地制的违章线路架设，当接地零线被拔出、线路发生短路或接地不良时，均会引起触电；室内导线破旧、绝缘损坏或敷设不合格时，容易造成触电或短路引起火灾，无线电设备的天线、广播线或通信线与电力线距离过近或同杆架设时，如发生断线或碰线，电力线电压就会传到这些设备上而引起触电；电气工作台布线不合理、使绝缘线被磨坏或被烙铁烫坏而引起触电等。

3) 用电设备不合格

用电设备的绝缘损坏造成漏电，而外壳无保护接地线或保护接地线接触不良而引起触电，开关和插座的外壳破损或导线绝缘老化，失去保护作用，一旦触及就会引起触电；线路或用电器具接线错误，致使外壳带电而引起触电等。

4) 电工操作不规范

电工操作时，带电操作、冒险修理或盲目修理，且未采取切实的安全措施，均会引起触电；使用不合格的安全工具进行操作，如使用绝缘层损坏的工具，用竹竿代替高压绝缘棒，用普通胶鞋代替绝缘靴等，均会引起触电；停电抢修线路时，闸刀开关上未挂警告牌，其他人员误合开关而造成触电等。

5）使用电器不谨慎

在室内违规乱拉电线，乱接用电器具，使用中不慎而造成触电；未切断电源就去移动灯具或电器，若电器漏电，就会造成触电；更换保险丝时，随意加大规格或用铜丝代替熔丝，使之失去保险作用，容易造成触电或引起火灾；用湿布擦拭或用水冲刷电线和电器，引起绝缘性能降低而造成触电等。

1.2.4 安全用电

电是一种具有危险性的商品，用电设备、电线和电线的敷设等必须符合技术标准要求，而用电者必须具有一定的安全用电知识和较强的安全用电意识，才能确保安全用电。下面介绍一些安全用电知识，供日常运用时参考。

1）用电常识

(1) 安全电流

根据科学实验和事故分析得出不同数值的电流对人体危害的特征，确定额外 50～60 Hz 的交流电 10 mA 和直流电 50 mA 为人体的安全电流。也就是说，人体通过电流小于安全电流时对人体是安全的。

(2) 安全电压

通过人体的电流决定于触电时的电压和人体电阻。从安全角度来看，确定对人的安全条件，不用安全电流而用安全电压，因为影响电流变化的因素很多，而电力系统的电压通常是恒定的。加在人体上一定时间内不致造成伤害的电压叫安全电压。为了保障人身安全，使触电者能够自行脱离电源，不至于引起人员伤害，各国都规定了安全操作电压。

我国规定的安全电压为：50～500 Hz 的交流电压额定值有 36 V、24 V、12 V、6 V 四种，直流电压额定值有 48 V、24 V、12 V、6 V 四种，以供不同场合使用。还规定安全电压在任何情况下均不得超过 50 V 有效值，当使用大于 24 V 的安全电压时，必须有防止人体直接触及带电体的保护措施。

2）基本安全措施

预防触电事故的发生，可以从多方面采取措施，如为了避免带电体与人体接触而发生触电，可以将带电体绝缘；为了防止人体触及或接近带电体，可以在带电体与地之间、带电体与带电体之间、带电体与其他设施和设备之间设立遮拦、隔板和外壳等阻挡物，使其保持一定的安全距离；为了使触电后能迅速脱离电源，可以安装熔断器、漏电保护器；也可在触电危险性较大的场所使用移动的或手持的电气设备时，采用安全低电压电源等。

为了更好地做到安全用电，下面给出了一些具体措施，供大家在工作和日常生活中参考。

① 严禁采用一线一地、二线一地和三线一地（指大地）安装用电设备或器具。

② 在一个插座或灯座上不可引接过多或功率过大的用电器具。

③ 不可用金属线（如铅丝）绑扎电源线。

④ 不可用潮湿的手去触及开关、插座和灯座等电气装置；更不可用湿布去揩抹电气装置和用电器具。

⑤ 没有掌握电气知识和技术的人，不可安装或拆卸电气设备、装置和线路。

⑥ 堆放物资、安装其他设施或搬移各种物体，要与带电的设备或导线相隔一定的安全距离(其中包括树枝与架空线的间隔距离)，不得小于最小的安全距离。

⑦ 在搬移电焊机、鼓风机、电风镐、电钻和电炉等各种移动电器时，应先分离电源，更不可拖拉电源引线来移动电器。

⑧ 在潮湿环境中使用移动电器时，一定要采用 36 V 安全低电压电源，或采用 1∶1 隔离变压器；在金属容器内(如锅炉、蒸发器或管道)使用移动电器时，必须采用 12 V 安全低电压电源，并应有人在容器外进行监护。

⑨ 在有雷电时，不要走进高压电杆、铁塔和避雷针的接地导线周围，至少要相距 10 m 远，以防雷电入地时周围存在跨步电压而造成触电。当有架空线断落到地面时，不能走近，要相距于 10 m 以外。万一在身边断落架空线或人已经进入具有跨步电压的区域时，要立即提起一脚或双脚并齐，作雀跃式跳出 10 m 以外，切不可迈开双脚跨步奔跑，以防触电。

1.2.5 消防常识

遇到电气设备、电气装置或线路发生火灾，或者在电气设备附近失火时，要运用正确的灭火知识，并采取正确的抢救方法。

① 电气设备发生火灾，要尽快切断电源，以防火势蔓延和灭火时造成触电。

② 灭火要采用黄沙、二氧化碳或四氯化碳灭火机等不导电灭火器材，不可用水或泡沫灭火机进行灭火。若用导电的灭火器材灭火，既有触电的危险，又会损坏电气设备。

③ 灭火时，灭火人员不可使身体以及手持的灭火工具触及导线和电气设备，以防触电。

1.3 触电急救

当发生触电事故时，抢救者须保持冷静，不要惊慌失措，按照触电急救的方法和技术，依据“迅速、就地、准确、坚持”的触电急救“八字方针”，展开施救。

1.3.1 触电急救方法

人触电以后，会出现神经麻痹、呼吸困难、血压升高、昏迷、痉挛，直至呼吸中断、心脏停跳等险象，呈现昏迷不醒的状态。如果未见明显的致命外伤，就不能轻率地认定触电者已经死亡，而应该看作是“假死”，施行急救。

有效的急救在于快而得法，即用最快的速度，施以正确的方法进行现场救护，多数触电者是可以复活的。

触电急救的第一步是使触电者迅速脱离电源，第二步是现场救护，现分述如下：

1) *触电者迅速脱离电源*

一旦发生触电，必须用最快的速度使触电者脱离电源。脱离电源的方法是：如能及时拉下开关或拔下插头的，尽快拉下开关或拔下插头。若无法及时在开关或插头上切断电源时，应要采用与触电者人体绝缘的方法直接使他脱离电源，如戴绝缘手套拉开触电位置，或用干燥木棒、竹竿等挑开导线等。

如触电者脱离电源后有摔跌的可能时，应在使之脱离电源的同时做好防摔伤的措施。

2）现场救护

触电者脱离电源后，应立即就地进行抢救。“立即”之意就是争分夺秒，不可贻误。“就地”之意就是不能消极地等待医生的到来，而应在现场施行正确救护的同时，派人通知医务人员到现场并做好将触电者送往医院的准备工作。

根据触电者受伤害的轻重程度，现场救护有以下几种抢救措施：

（1）触电者未失去知觉的救护措施

如果触电者所受的伤害不太严重，神志尚清醒，只是心悸、头晕、出冷汗、恶心、呕吐、四肢发麻、全身乏力，甚至一度昏迷，但未失去知觉，则应让触电者在通风暖和的处所静卧休息，并派人严密观察，同时请医生前来或送往医院诊治。

（2）触电者已失去知觉（心肺正常）的抢救措施

如果触电者已失去知觉，但呼吸和心跳尚正常，则应使其舒适地平卧着，解开衣服以利呼吸，四周不要围人，保持空气流通，冷天应注意保暖，同时立即请医生前来或送往医院诊察。若发现触电者呼吸困难或心跳失常，或发生痉挛，应立即施行人工呼吸或胸外心脏按压。

（3）对“假死”者的急救措施

如果触电者呈现“假死”（即所谓电休克）现象，则可能有三种临床症状：一是心跳停止，但尚能呼吸；二是呼吸停止，但心跳尚存（脉搏很弱）；三是呼吸和心跳均已停止。“假死”症状的判定方法是“看”“听”“试”。“看”是观察触电者的胸部、腹部有无起伏动作；“听”是用耳贴近触电者的口鼻处，听他有无呼气声音；“试”是用手或小纸条试测口鼻有无呼吸的气流，再用两手指轻压一侧（左或右）喉结旁凹陷处的颈动脉有无搏动感觉。如“看”“听”“试”的结果，既无呼吸又无颈动脉搏动，则可判定触电者呼吸停止或心跳停止或呼吸心跳均停止。

当判定触电者呼吸和心跳停止时，应立即按心肺复苏法就地抢救。所谓心肺复苏法就是支持生命的三项基本措施，即通畅气道、口对口（鼻）人工呼吸、胸外按压（人工循环）。

1.3.2 急救技术

1）通畅气道

若触电者呼吸停止，要紧的是始终确保气道通畅，其操作要领是：

（1）清除口中异物

使触电者仰面躺在平硬的地方，迅速解开其领扣、围巾、紧身衣和裤带。如发现触电者口内有食物、假牙、血块等异物，可将其身体及头部同时侧转，迅速用一个手指或两个手指交叉从口角处插入，从中取出异物，操作中要注意防止将异物推到咽喉深处。

（2）采用仰头抬颌法通畅气道

操作时，救护人员用一只手放在触电者前额，另一只手的手指将其颏颌骨向上抬起，两手协同将头部推向后仰，舌根自然随之抬起，气道即可畅通。为使触电者头部后仰，可于其颈部下方垫适量厚度的物品，但严禁用枕头或其他物品垫在触电者头下，因为头部抬高前倾会阻塞气道，还会使施行胸外按压时流向脑部的血量减小，甚至完全消失。

2）人工呼吸法

口对口（鼻）人工呼吸法的施行步骤和方法如下：

① 使有心跳而无呼吸的触电者仰天平卧，颈部枕垫软物，使头部稍后仰；松开衣服和腰带。

② 清除触电者口腔中血块、痰唾或口沫，取下假牙等杂物。

③ 急救者深深吸气，捏紧触电者鼻子，大口地向触电者口中吹气，然后放松触电者鼻子，使之自然呼吸；同时，急救者又大口吸气，再向触电者吹气。每次重复，应保持均匀的间隔时间，以每 5 s 一次为宜，人工呼吸要坚持连续进行，不可间断，直至触电者苏醒为止。

3）胸外心脏按压法

胸外心脏按压法的施行步骤和方法如下：

① 使有呼吸而无心跳的触电者仰天平卧，松开衣服和腰带，颈部枕垫软物，使头部稍后仰；急救者跪跨在触电者臀部位置，右手掌位置安放在触电者胸上，左手掌复压在右手背上。

② 急救者向触电者胸下按压 3～4 cm 后，突然放松。按压与放松的动作要有节奏，每秒钟进行一次；必须坚持连续进行，不可中断，直到触电者苏醒为止。急救者在挤压时，切忌用力过猛，以防造成触电者内伤；但也不可用力过小，而使按压无效。

③ 对心跳和呼吸都停止的触电者的急救，同时采用口对口呼吸法和胸外心脏按压法。如果现场只有一人时，可采用单人操作。单人进行抢救时，先给触电者吹气 3～4 次，然后再按压 7～8 次；接着交替重复进行，直至触电者苏醒为止。如果有两人合作进行抢救更为适宜。方法是上述两种方法的组合，但在吹气时应将其胸部放松，只可在换气时进行按压。

1.4　接地与接零

在电力系统中，由于电气装置绝缘老化、磨损或被过电压击穿等原因，都会使原来不带电的部分（如金属底座、金属外壳、金属框架等）带电，或者使原来带低压电的部分带上高压电，这些意外的不正常带电将会引起电气设备损坏和人身触电伤亡事故。为了避免这类事故的发生，通常采取保护接地和保护接零的防护措施。

1.4.1　基本概念

1）接地概念

电力系统为了保证电气设备的可靠运行和人身安全，不论在发电、供（输）电、变电、配电，都需要有符合规定的接地。所谓接地就是将供、用电设备、防雷装置等的某一部分通过金属导体组成接地装置与大地的任何一点进行良好的连接。与大地连接的点在正常情况下均为零点位。

2）接地装置、接地体、接地线

接地装置由接地体和接地线组成，接地体是由埋入地中并和大地直接接触的导体组，它分为人工接地体和自然接地体。自然接地体是利用与大地有靠连接金属管道和建筑物的金属结构作为接地体。人工接地是利用钢材制成不同形状打入地下而形成的接地体。电气设备接地部分与接地体相连的金属称为接地线。

3）中点和中性线

在星形连接的三相电路中，其中三个绕组连在一起的点称为三相电路的中性点。由中性点引出的线称中性线。

由于电力系统的中性点运行方式不同，接地可分两类：一类是三相电网中性点直接接地系统，另一类是中性点不接地系统。

4）零点与零线

当三相电路中性点接地时，该中性点称为零点。此时由中性点引出的线称为零线。

1.4.2 接地的种类及应用

1）工作接地

为了保证电气设备的正常工作。将电路中的某一点通过接地装置与大地可靠地连接在一起就称工作接地，如图 1.6 所示。如变压器低压侧的中性点、电压互感器和电流互感器的二次侧某一点接地等，其作用是降低人体的接触电压。其接地电阻一般小于 4 Ω。

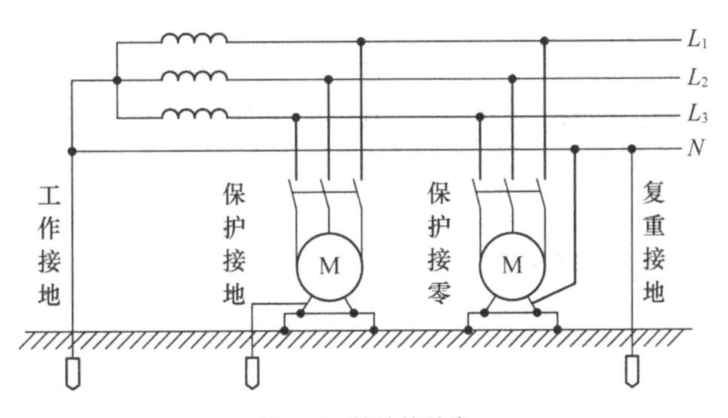

图 1.6 接地的种类

2）保护接地

保护接地是指电气设备在正常情况下不带电金属外壳与接地装置作良好的金属连接，以防止该部分在故障情况下突然带电而造成对人体的伤害，如图 1.6 所示。

(1) 保护接地的作用及其局限性

在电源中性点不接地的系统中，如果电气设备金属外壳不接地，当设备带电部分某处绝缘损坏碰壳时，外壳就带电，其电位与设备带电部分的电位相同。由于线路与大地之间存在电容，或者线路某处绝缘不好，当人体触及带电的设备外壳时，接地电流将全部流经人体，显然这是十分危险的。采取保护接地后，接地电流将同时沿着接地体与人体两条途径流过。因为人体电阻比保护接地电阻大得多，所以流过人体的电流就很小，绝大部分电流从接地体流过(分流作用)，从而可以避免或减轻触电的伤害。从电压角度来说，采取保护接地后，故障情况下带电金属外壳的对地电压等于接地电流与接地电阻的乘积，其数值比相电压要小得多。接地电阻越小，外壳对地电压越低。当人体触及带电外壳时，人体承受的电压(即接触电压)最大为外壳对地电压(人体离接地体 20 m 以外)，一般均小于外壳对地电压。

从以上分析得知，保护接地是通过限制带电外壳对地电压(控制接地电阻的大小)或减小通过人体的电流来达到保障人身安全的目的。在电源中性点直接接地的系统中，保护接地有一定的局限性。这是因为在该系统中，当设备发生碰壳故障时，便形成单相接地短路，短路电流流经相线和保护接地、电源中性点接地装置。如果接地短路电流不能使熔丝可靠熔断或自动开关可靠跳闸时，漏电设备金属外壳上就会长期带电，也是很危险的。

(2) 保护接地应用范围

保护接地适用于电源中性点不接地或经阻抗接地的系统。对于电源中性点直接接地的农村低压电网和由城市公用配电变压器供电的低压用户由于不便于统一与严格管理，为避免保护接地与保护接零混用而引起事故，所以也应采用保护接地方式。在采用保护接地的系统中，凡是正常情况下不带电，当由于绝缘损坏或其他原因可能带电的金属部分，除另有规定外，均应接地。如变压器、电机、电器、照明器具的外壳与底座，配电装置的金属框架，电力设备传动装置，电力配线钢管，交、直流电力电缆的金属外皮等。在干燥场所，交流额定电压 127 V 以下，直流额定电压 110 V 以下的电气设备外壳；以及在木质、沥青等不良导电地面的场所，交流额定电压 380 V 以下，直流额定电压 440 V 以下的电气设备外壳，除另有规定外，可不接地。

(3) 保护接地电阻

保护接地电阻过大，漏电设备外壳对地电压就较高，触电危险性相应增加。保护接地电阻过小，又要增加钢材的消耗和工程费用，因此，其阻值必须全面考虑。在电源中性点不接地或经阻抗接地的低压系统中，保护接地电阻不宜超过 4 Ω。当配电变压器的容量不超过 100 kV · A 时，由于系统布线较短，保护接地电阻可放宽到 10 Ω。土壤电阻率高的地区(沙土、多石土壤)，保护接地电阻可允许不大于 30 Ω。电源中性点直接接地低压系统中，保护接地电阻必须计算确定。

3) 重复接地

运行经验表明，在接零系统中，零线仅在电源处接地是不够安全的。为此，零线还需要在低压架空线路的干线和分支线的终端进行接地；在电缆或架空线路引入车间或大型建筑物处，也要进行接地(距接地点不超过 50 m 者除外)；或在屋内将零线与配电屏、控制屏的接地装置相连接，这种接地叫做重复接地，如图 1.6 所示。

如果短路点距离电源较远，相线—零线回路阻抗较大，短路电流较小时，则过流保护装置不能迅速动作，故障段的电源不能即时切除，就会使设备外壳长期带电。此外，由于零线截面一般都比相线截面小，也就是说零线阻抗要比相线阻抗大，所以零线上的电压降要比相线上的电压降大，一般都要大于 110 V(当相电压为 220 V 时)，对人体来说仍然是很危险的。采取重复接地后，重复接地和电源中性点工作接地构成零线的并联支路，从而使相线—零线回路的阻抗减小，短路电流增大，使过流保护装置迅速动作。由于短路电流的增大，变压器低压绕组相线上的电压相应增加，从而使零线上的压降减小，设备外壳对地电压进一步减小，触电危险程度大为减小。

在无重复接地的情况下，当零线断线且在断线处后面任一电气设备发生碰壳短路时，会使断线处后面所有接零设备外壳对地电压均接近于相电压(断线处前面接零设备外壳对地电压近似于零)，这是很危险的。在接零系统中，即使没有设备漏电，而是当三相负载不平衡时，零线上就有电流，从而零线上就有电压降，它与零线电流和零线阻抗成正比。而零线上的电压降就是接零设备外壳的对地电压。在无重复接地时，当低压线路过长，零线阻抗较大，三相负载严重不平衡时，即使零线没有断线，设备也没有漏电的情况下，人体触及设备外壳时，常会有麻木的感觉。采取重复接地后，麻木现象将会减轻或消除。

从以上分析可知，在接零系统中，必须采取重复接地。重复接地电阻不应大于10 Ω，当配电变压器容量不大于100 kV·A，重复接地不少于3处时，其接地电阻可不大于30 Ω。零线的重复接地应充分利用自然接地体(直流系统除外)。

4) 保护接零

保护接零是指在中性点直接接地系统中，电气设备在正常情况下不带电金属外壳以及与其他相连的金属部分与电网中的零线作紧密连接，可起到保护人身设备安全的作用，如图1.6所示。

由于保护接地有一定的局限性，所以就采用保护接零。即将电气设备正常情况下不带电的金属部分用金属导体与系统中的零线连接起来，当设备绝缘损坏碰壳时，就形成单相金属性短路，短路电流流经相线—零线回路，而不经过电源中性点接地装置，从而产生足够大的短路电流，使过流保护装置迅速动作，切断漏电设备的电源，以保障人身安全，其效果比保护接地好。

保护接零适用于电源中性点直接接地的三相四线制低压系统。在该系统中，凡由于绝缘损坏或其他原因而可能呈现危险电压的金属部分，除另有规定外都应接零。应接零和不必接零的设备或部位与保护接地相同。凡是由单独配电变压器供电的厂矿企业，应采用保护接零方式。

1.5 实训项目

1.5.1 项目1.1 参观变电所(站)

变电站是改变电压的场所。为了把发电厂发出来的电能输送到较远的地方，必须把电压升高，变为高压电，到用户附近再按需要把电压降低。这种升降电压的工作靠变电站来完成。变电站的主要设备是开关和变压器。按规模大小不同，称为变电所、配电室等。

选择一个变电所(站)，比如学校变电站或配电室，进行参观。

1) 实训目标

① 通过现场参观，进一步了解电力网的组成和变电所(站)的组成及工作过程。

② 培养安全用电的意识。

2) 实训器材

安全帽、工作服。

3) 实训内容及要求

① 开展安全教育，了解安全用电常识。

② 了解变电所的构成和工作过程，比如电能的电压和电流如何进行变换、集中和分配等。

③ 识别变电所(站)的主要设备，如变压器、断路器、绝缘子等。

4) 验收标准

参观后，每位学生提交参观实训报告一份，指导教师进行评分。

1.5.2 项目1.2 心肺复苏练习

1）实训目标

① 熟悉心肺复苏操作的程序和要领(ABC)。

② 掌握心肺复苏的操作方法和步骤，能独立进行心肺复苏操作。

2）实训器材

心肺复苏模拟人4套。

3）实训内容及要求

(1) 知识要点

心肺复苏术简称CPR，就是当呼吸终止及心跳停顿时，合并使用人工呼吸及心外按摩来进行急救的一种技术。心肺复苏中的ABC分别指的是开放气道(Airway，气道)、人工呼吸(Breathing，呼吸)、人工循环或称胸外按压(Circulation，循环)三大步骤。但是有必要指出，在2010年心肺复苏指南发布后，被沿用了很久的ABC流程发生了改变，变成了CAB，即先胸外按压，再开放气道，最后再人工呼吸。

心搏骤停一旦发生，如得不到即刻及时地抢救复苏，4～6 min后会造成患者脑和其他人体重要器官组织的不可逆的损害，因此心搏骤停后的心肺复苏必须在现场立即进行。其步骤为：

A步骤：将病人平卧在平坦的地方，急救者一般站或跪在病人的右侧，左手放在病人的前额上用力向后压，右手指放在下颌沿，将头部向上向前抬起。

注意让病人仰头，使病人的口腔、咽喉轴呈直线，防止舌头阻塞气道口，保持气道通畅。

B步骤：口对口吹气，也就是人工呼吸。抢救者右手向下压颌部，撑开病人的口，左手拇指和食指捏住鼻孔，用双唇包封住病人的口外部，用中等的力量，按每分钟12次、每次800 ml的吹气量，进行抢救。

一次吹气后，抢救者抬头做一次深呼吸，同时松开左手。下次吹气按上一步骤继续进行，直至病人有自主呼吸为止。注意吹气不宜过大，时间不宜过长，以免发生急性胃扩张。同时观察病人气道是否畅通，胸腔是否被吹起。

C步骤：胸外心脏按压。抢救者在病人的右侧，左手掌根部置于病人胸前胸骨下段，右手掌压在左手背上，两手的手指翘起不接触病人的胸壁，伸直双臂，肘关节不弯曲，用双肩向下压而形成压力，将胸骨下压4～5 cm(小儿为1～2 cm)。

注意按压部位不宜过低，以免损伤肝、胃等内脏。压力要适宜，过轻不足以推动血液循环；过重会使胸骨骨折，带来气胸血胸。

B、C步骤应同时进行，按压30次之后做两次人工呼吸，通常一个抢救周期为三轮，也就是按压90次、人工呼吸6次。

经过30 min的抢救，若病人瞳孔由大变小、能自主呼吸、心跳恢复、紫绀消退等，可认为复苏成功。

终止心肺复苏术的条件：已恢复自主的呼吸和脉搏；有医务人员到场；心肺复苏术持续一小时之后，伤者瞳孔散大固定，心脏跳动、呼吸不恢复，表示脑及心脏死亡。

(2) 实训内容及要求

① 熟悉心肺复苏模拟人的构造及功能

心肺复苏模拟人可提供心肺复苏(CPR)的操作流程练习和考核,主要由人体模型和心肺复苏控制器组成,如图1.7所示。人体模型结构一般由可换式头发、可换式脸皮、可换式颈皮、左手、右手、腹部结构、胸腹接触系统、胸压板、肺袋、下肢、腹部传感器、肺袋垫皮、压力弹簧、肺袋进气出气装置、胸皮等。

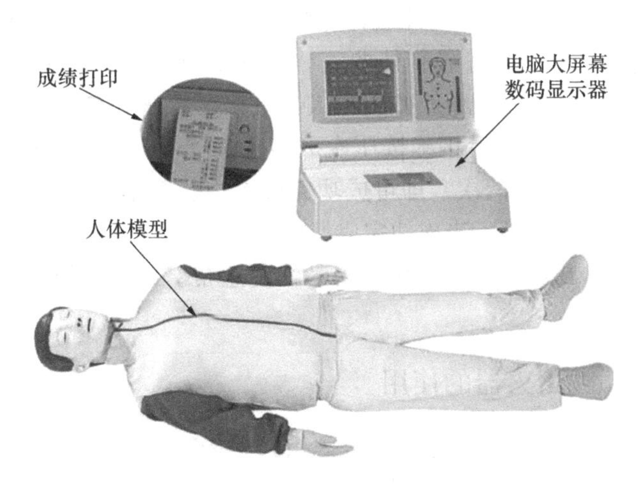

图1.7　心肺复苏模拟人

一般心肺复苏模拟人可实现生命特征模拟(瞳孔及颈动脉的变化)、模拟标准气道开放等功能。

检查瞳孔反应:考核操作前和考核程序操作完成后模拟瞳孔由散大、缩小的自动动态变化过程的真实体现。

检查颈动脉反应:用手触摸检查,模拟按压操作过程中的颈动脉自动搏动反应;以及考核程序操作完成后颈动脉自动搏动反应的真实体现。

② 操作练习

在教师指导下,在心肺复苏模拟人(设置为训练模式)上进行以下操作练习,要求学生单人进行操作。

a. 判断意识和畅通呼吸道。

b. 进行胸外按压操作,找准按压位置(胸部胸骨下切迹(胸口剑突处)上两指骨正中部位或胸部正中乳头连线水平),按压深度不小于5 cm。

c. 气道开放操作(畅通呼吸道)。

d. 人工口对口呼吸。

③ 心肺复苏模拟人使用注意事项

a. 口对口人工呼吸时,必须垫上消毒纱布面巾或一次性吹气膜,一人一片,以防交叉感染。

b. 操作时双手应清洁,女性请擦除口红及唇膏,以防脏污面皮及胸皮,更不允许用圆珠笔或其他色笔涂划。

c. 按压操作时,一定按工作频率节奏按压,不能乱按一阵,以免程序出现紊乱,如出现程序紊乱,立刻关掉电脑显示器总电源开关,重新启动,以防影响电脑显示器使用寿命。

d. 训练时间不要过长,训练一段时间,请休息一段时间,以免超负荷训练。

4）验收标准

心肺复苏模拟人一般都具有考核模式（有的心肺复苏模拟人具有普及考核和专业考核两种模式，学生考核可设置为普及考核模式）。

学生在经过训练操作、能熟练掌握了急救操作的基础上进行考试。学生必须按考试标准程序进行。首先，进行模拟人气道开放，并进行口对口人工呼吸正确吹气 2 次。然后，按国际标准按压吹气比 30∶2，即正确胸外按压 30 次（不包括错误按压次数），正确人工呼吸 2 次（不包括错误吹气次数）进行胸外按压和人工呼吸。要求在考核设定的时间内，连续操作完成 30∶2 的 5 个循环。最后正确按压次数显示为 150 次，正确吹气次数显示为 12 次（包括最先气道开放时吹入的两次），即可成功完成考核。若不能在设定的时间内完成上述操作，则急救失败，需重新考核。当成功完成考核后，将有语音提示“急救成功”，并伴有音乐响起，颈动脉连续搏动，瞳孔由原来的散大自动恢复正常。此时模拟人已被救活，即可按打印键打印操作成绩单。

1.5.3 项目 1.3 灭火器的使用

电器设备运行中着火时，必须先切断电源，再行扑灭。在扑救未切断电源的电气火灾时，则需使用以下几种灭火器：① 四氯化碳灭火器，它对电气设备发生的火灾具有较好的灭火作用，四氯化碳不燃烧，也不导电；② 二氧化碳灭火器，它最适合扑救电器及电子设备发生的火灾，二氧化碳没有腐蚀作用，不致损坏设备；③ 干粉灭火器，它综合了四氯化碳和二氧化碳的长处，适用扑救电气火灾，灭火速度快。使用时，必须保持足够的安全距离，对 10 kV 及以下的设备，该距离不应小于 40 cm。

注意绝对不能用酸碱或泡沫灭火器，因其灭火药液有导电性，手持灭火器的人员会触电。

1）实训目标

① 根据火灾现场情况，能正确选用合适的灭火器。

② 至少掌握一种灭火器的使用方法。

2）实训器材

四氯化碳、干粉灭火器若干只。

3）实训内容及要求

（1）了解常用的用于电气火灾的灭火器的使用方法

① 二氧化碳灭火器

常见二氧化碳灭火器如图 1.8 所示。灭火时只要将灭火器提到或扛到火场，在距燃烧物 5 m 左右，放下灭火器，拔出保险销，一手握住喇叭筒根部的手柄，另一只手紧握启闭阀的压把。对没有喷射软管的二氧化碳灭火器，应把喇叭筒往上扳 70°～90°。使用时，不能直接用手抓住喇叭筒外壁或金属连线管，防止手被冻伤。

② 干粉灭火器

干粉灭火器是利用二氧化碳气体或氮气气体作动力，将筒内的干粉喷出灭火的。干粉是一种干燥的、易于流动的微细固体粉末，由能灭火的基料和防潮剂、流动促进剂、结块防止剂等添加剂组成。主要用于扑救石油、有机溶剂等易燃液体、可燃气体和电气设备的初期火灾。适用于扑救各种易燃、可燃液体和易燃、可燃气体火灾，以及电器设备火灾。其外形如图 1.9 所示。

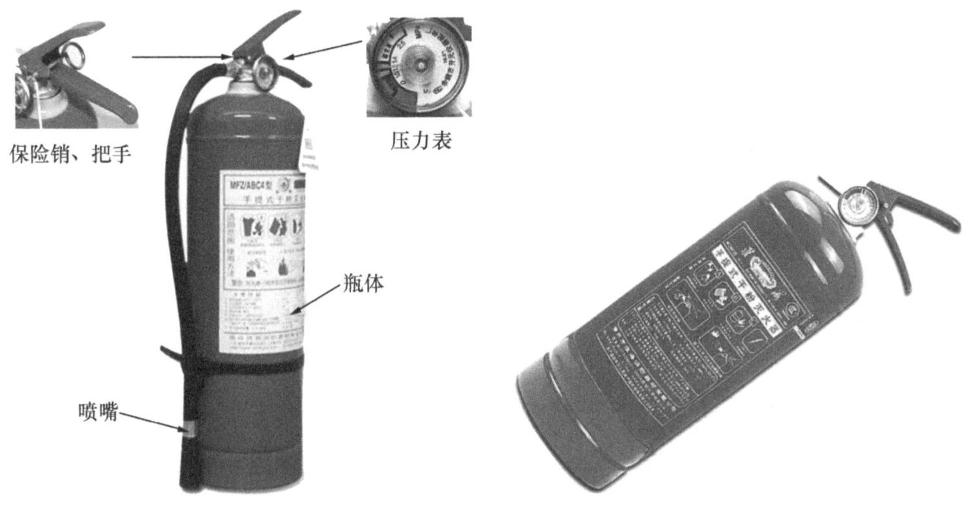

图 1.8　二氧化碳灭火器　　　图 1.9　干粉灭火器

干粉灭火器最常用的开启方法为压把法。将灭火器提到距火源适当位置后,先上下颠倒几次,使筒内的干粉松动,然后让喷嘴对准燃烧最猛烈处,拔去保险销,压下压把,灭火剂便会喷出灭火。开启干粉灭火器时,左手握住其中部,将喷嘴对准火焰根部,右手拔掉保险卡,旋转开启旋钮,打开贮气瓶,滞时 1～4 s,干粉便会喷出灭火。

(2) 进行练习操作

在室外选择场地,由指导教师带领学生,分组进行练习操作。

4) 验收标准

根据学生操作过程进行评分。主要考核学生手持灭火器的方法、打开保险销的方法、灭火器喷嘴与火点的喷射角度等。

思考题 1

1.1　用电负荷有哪几种?

1.2　简述触电的形式,单相触电和两相触电哪个更危险?为什么?

1.3　发生触电事故的原因有哪些?

1.4　人体触电的伤害程度与哪些因素有关?

1.5　保护接地作用是什么?

1.6　发生电气火灾时,应如何处理?

1.7　常用灭火器有哪些?

1.8　心肺复苏 ABC 指什么?

2 电工操作基本技能

2.1 常用电工工具

2.1.1 常用通用工具

1）验电器

验电器是用来检测导线和电气设备是否带电的一种工具。根据检测电压的高低，可分为低压验电器（即测电笔）和高压验电器（高压测电器），这里主要介绍低压测电笔使用的基本知识。

低压验电器又称电笔，是用来检验低压电气设备是否带电的辅助安全用具，也是家庭中常用的电工安全工具。其检测电压的范围为 60～500 V。

（1）普通低压验电器

普通低压验电器主要由工作触头、降压电阻、氖管、弹簧等部件组成，如图 2.1 所示。这种验电器是利用电流通过验电器、人体、大地形成回路，其漏电电流使氖泡起辉发光而工作的。只要带电体与大地之间电位差超过一定数值（36 V 以下），验电器就会发出辉光，低于这个数值，就不发光，从而来判断低压电气设备是否带有电压。

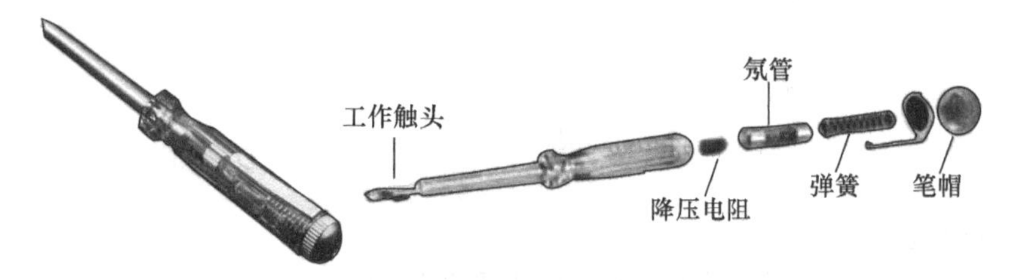

图 2.1 普通低压验电器

在使用前，首先应检查一下验电笔的完好性，四大组成部件是否缺少，氖泡是否损坏，然后在有电的地方验证一下，只有确认验电笔完好后，才可进行验电。在使用时，一定要手握笔帽端金属挂钩或尾部螺丝，笔尖金属探头接触带电设备，湿手不要去验电，不要用手接触笔尖金属探头。

低压验电笔除主要用来检查低压电气设备和线路外，它还可区分相线与零线，交流电与直流电以及电压的高低。通常氖泡发光者为火线，不亮者为零线；但中性点发生位移时要注意，此时，零线同样也会使氖泡发光；对于交流电通过氖泡时，氖泡两极均发光，直流电通过的，仅有一个电极附近发亮；当用来判断电压高低时，氖泡暗红轻微亮时，电压低；氖泡发黄红色，亮度强时电压高。

(2) 感应数显测电笔

感应数显测电笔是新型测电笔，适用于直接检测 12～250 V 的交直流电压和间接检测交流电的零线、相线和断点，还可测量不带电导体的通断。数显测电笔的笔体带 LED 显示屏，可以直观读取测试电压数字，具有读数直观、功能齐全、价格便宜的特点，其外形如图 2.2 所示。

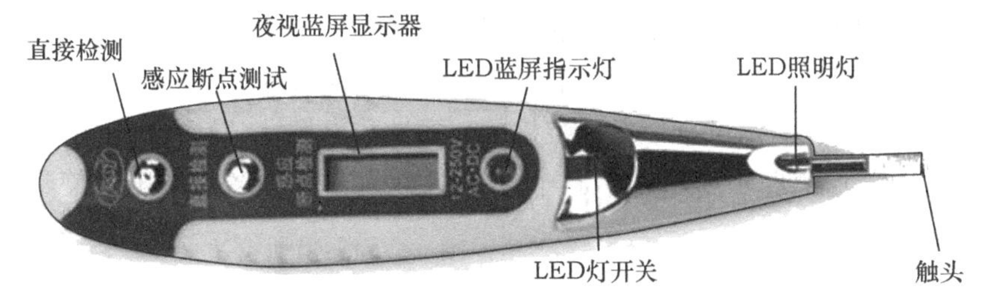

图 2.2　感应数显验电器

该感应数显电笔有“直接检测”、“感应断点测试”及辅助按钮开关。使用时如果要测量接触物体测量，就用拇指轻轻按住直接测量按钮(DIRECT 离笔尖最远的那个)，金属笔尖接触物体测量；如果想知道物体内部或带绝缘皮电线内部是否有电，就用拇指轻触感应按钮(离笔尖最近的那个 INDUCTANCE)，如果测电笔显示闪电符号，就说明物体内部带电；反之，就不带电。数字测电笔在使用时不要同时把两个按钮都按住，这样测量的结果就不准确，没有参考意义了。

2) 螺钉旋具

(1) 螺钉旋具的结构

螺钉旋具是一种紧固或拆卸螺钉的专用工具，通常有一字形和十字形两种。如图 2.3 所示。一字形螺钉旋具常用的规格有 50 mm、100 mm、150 mm 和 200 mm 等，电工必备的是 50 mm 和 150 mm。十字形螺钉旋具常用的规格有 4 种，Ⅰ号适用于直径为 2～2.5 mm 的螺钉，Ⅱ号适用于直径为 3～5 mm 的螺钉，Ⅲ号适用于直径为 6～8 mm 的螺钉，Ⅳ号适用于直径为 10～12 mm 的螺钉。

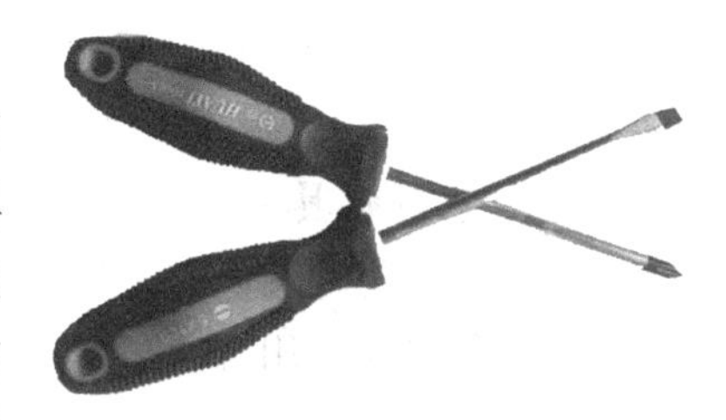

图 2.3　螺钉旋具

(2) 使用方法

一般螺钉的螺纹是正螺纹，顺时针为拧入，逆时针为拧出。

① 大螺钉旋具的使用　大螺钉旋具一般用来紧固较大的螺钉。使用时，除大拇指、食指和中指要夹住握柄外，手掌还要顶住柄的末端，这样就可以防止旋转时滑脱。

② 小螺钉旋具的使用　小螺钉旋具一般用来紧固电气装置接线桩上的小螺钉，使用时，可用大拇指和中指夹住握柄，用食指顶住柄的末端捻旋。

③ 较长螺钉旋具的使用　可用右手压紧并转动手柄，左手握住螺钉旋具的中间，以使螺钉旋具不滑脱，此时左手不得放在螺钉的周围，以免螺钉旋具滑出将手划伤。

(3) 使用注意事项

① 电工不可使用金属杆直通柄顶穿心的螺钉旋具，否则使用时很容易造成触电事故。

② 使用螺钉旋具紧固或拆卸带电的螺钉时，手不得触及螺钉旋具的金属杆，以免发生触电事故。

③ 为了避免螺钉旋具的金属杆触及皮肤，或触及邻近带电体，应在金属杆上穿套绝缘管。

④ 螺钉旋具头部厚度应与螺钉尾部槽形相配合，使头部的厚度正好卡入螺母上的槽，否则易损伤螺钉槽。

在现代工厂生产中，愈来愈多地采用电动、气动螺钉旋具，它主要利用电压或气压作为动力，使用时只要按合开关，旋具即可按预先选定的顺时针或逆时针方向旋动，完成旋紧或松脱螺钉的工作。当螺钉被旋紧至预定的松紧度时旋具便自动打滑（半自动式）或自动停转（全自动式），不再旋动，从而可有效保证装接的一致性和可靠性，操作方便，提高了装接效率和质量。图 2.4 给出常见的电动旋具，其中图 2.4(a)为 220 V 直插式电动旋具，图 2.4(b)为充电锂电式电动旋具。

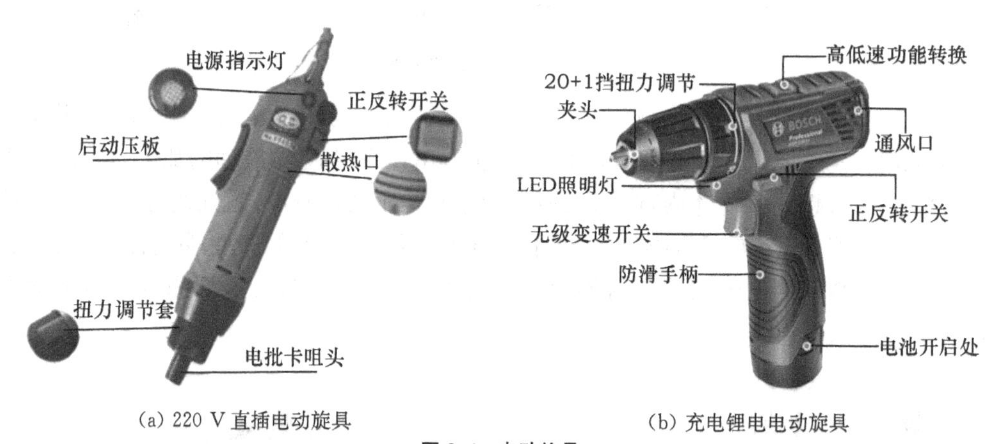

(a) 220 V 直插电动旋具　　(b) 充电锂电电动旋具

图 2.4　电动旋具

3) 螺帽旋具

螺帽旋具俗称套筒螺丝批(刀)，主要用于装拆六角螺母或螺钉，其外形如图 2.5 所示。螺帽旋具的具体使用方法与螺钉旋具相同。同样，螺帽旋具可以用上述电动旋具，只要更换对应的批头即可。

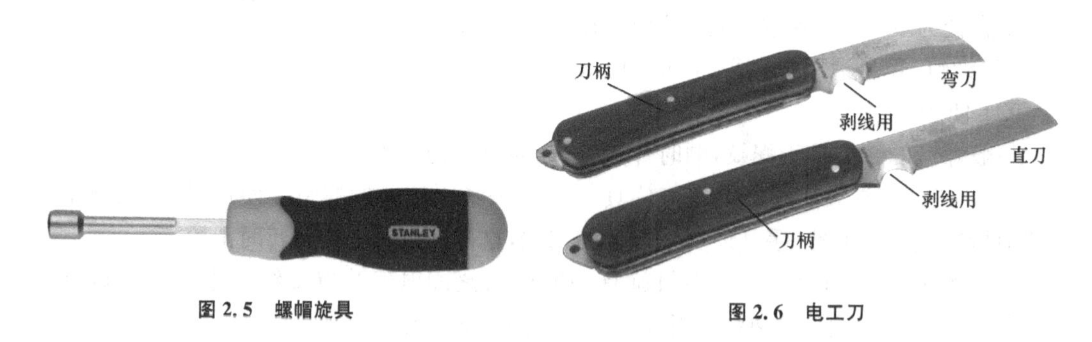

图 2.5　螺帽旋具　　**图 2.6　电工刀**

4) 电工刀

电工刀是用来剖削或切割电工器材的常用工具，其结构如图 2.6 所示。

电工刀使用注意事项如下：

① 刀口应朝外进行操作，使用完毕后随即将刀身折入刀柄里。

② 电工刀的刀柄是无绝缘保护，不能在带电体上进行操作，以免触电。

③ 在剖削绝缘导线的绝缘层时，电工刀的刀面与导线应成 45°角倾斜切入导线。

5）钢丝钳

钢丝钳主要用于剪切、绞弯、夹持金属导线，也可用作紧固螺母、切断钢丝，其结构如图 2.7 所示。电工应该选用带绝缘手柄的钢丝钳，其绝缘性能为 500 V。常用钢丝钳的规格有 150 mm、175 mm 和 200 mm 三种。

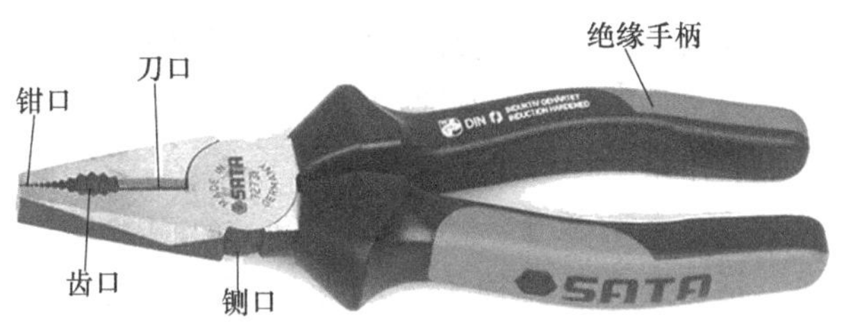

图 2.7 钢丝钳

电工钢丝钳由钳口、齿口、刀口、铡口及绝缘手柄组成。钳口用来弯绞或钳夹导线线头，齿口用来紧固或起松螺母，刀口用来剪切导线或剖削软导线绝缘层，铡口用来铡切电线线芯、钢丝或铁丝等较硬金属。在使用过程中需要注意以下几点。

① 在使用电工钢丝钳以前，首先应该检查绝缘手柄的绝缘是否完好，如果绝缘破损，进行带电作业时会发生触电事故。

② 用钢丝钳剪切带电导线时，即不能用刀口同时切断相线和零线，也不能同时切断两根相线，而且，两根导线的断点应保持一定距离，以免发生短路事故。

③ 不得把钢丝钳当作锤子敲打使用，也不能在剪切导线或金属丝时，用锤或其他工具敲击钳头部分。另外，钳轴要经常加油，以防生锈。

6）尖嘴钳

尖嘴钳的头部尖细，适用于在狭小的工作空间操作。主要用于夹持较小物件，也可用于弯绞导线，剪切较细导线和其他金属丝。电工使用的是带绝缘手柄的一种，其绝缘手柄的绝缘性能为 500 V，其外形如图 2.8 所示，其使用方法和注意事项与钢丝钳相同。

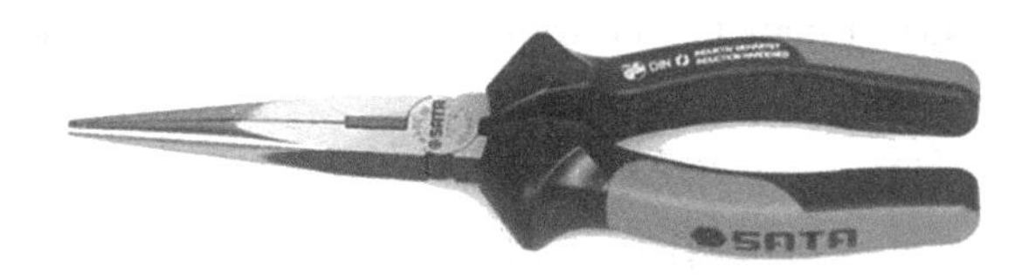

图 2.8 尖嘴钳

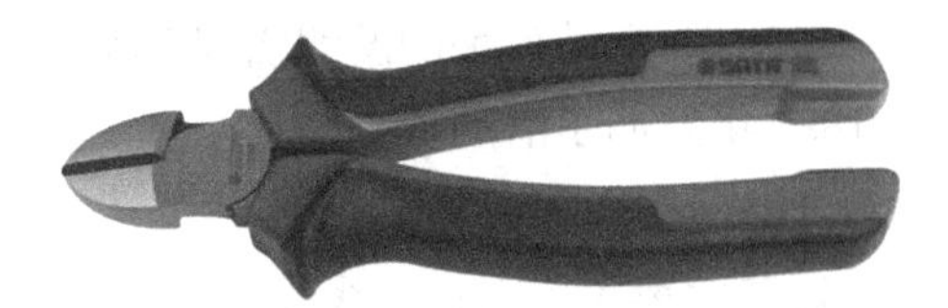

图 2.9 断线钳

7）断线钳

断线钳的头部扁斜，故又称偏口钳、剪线钳等，主要用来剪断较粗的金属丝、线材及导线、电缆等，其形状如图 2.9 所示。它的柄部有铁柄、管柄、绝缘柄等几种，其中绝缘柄的耐压强度为 1 000 V，其使用方法和注意事项与钢丝钳相同。

8）剥线钳

剥线钳是用于剥除小直径导线绝缘层的专用工具，它的手柄是绝缘的，耐压强度为 500 V。剥线钳由钳头和手柄两部分组成，钳头部分由压线口和切线口构成，常见的剥线钳如图 2.10 所示。适宜于剥削截面在 6 mm 以下的塑料或橡胶绝缘导线的绝缘层，如，分为 0.5～3 mm 的多个直径切口，用于不同规格的芯线剥削。

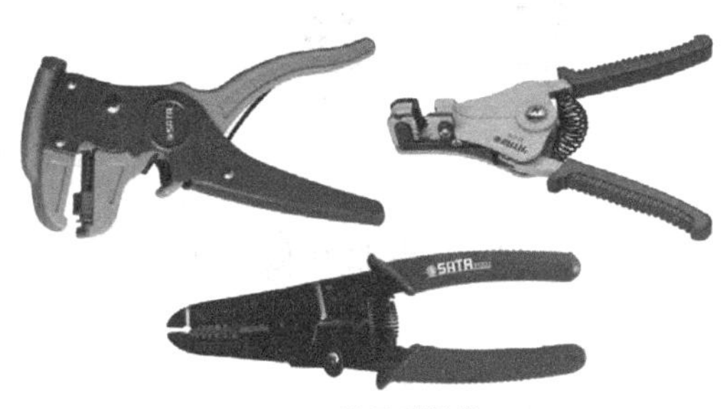

图 2.10 常见剥线钳

使用时，将要剥削的绝缘长度定好以后，即可把导线放入相应的刃口中（电线必须在稍大于其芯线直径的切口上剥削，否则会损伤芯线）。然后将钳柄一握，导线的绝缘层即被剖破并被剥线钳自动拉脱弹出。

9）活动扳手

活动扳手是一种旋紧或拧松有角螺丝钉或螺母的工具。电工常用的有 200 mm、250 mm、300 mm 三种，使用时应根据螺母的大小选配。常见形式如图 2.11 所示。使用时，右手握手柄。手越靠后，扳动起来越省力。扳动小螺母时，因需要不断地转动蜗轮，调节扳口的大小，所以手应握在靠近呆扳唇，并用大拇指调制蜗轮，以适应螺母的大小。

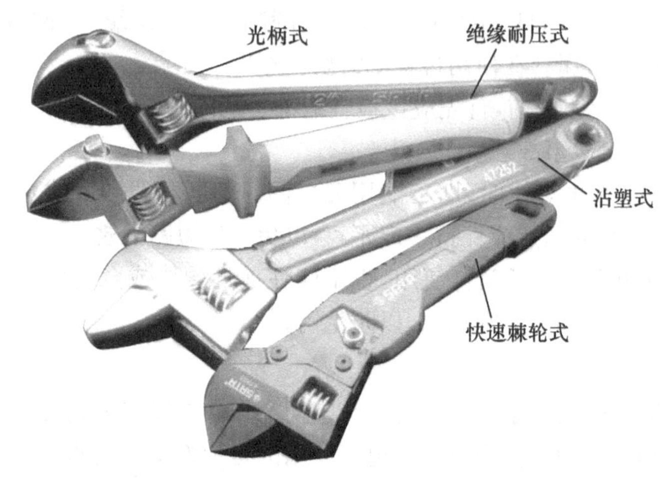

图 2.11 活动扳手

小知识：活动扳手的发明者是瑞典人约翰森（Johan Petter Johansson，1853—1943），他在 1892 年发明了活动扳手。

10）镊子

镊子主要用于夹持导线线头、螺钉、元器件及集成电路引脚等小型工件或物品，多用不锈钢材料制成，它作为手的延伸，是电工必备的工具之一。常见类型镊子的实物及应用如图 2.12 所示。尖头及弯角的镊子主要用来夹持较小物件，而直角镊子则可夹持较大物件。

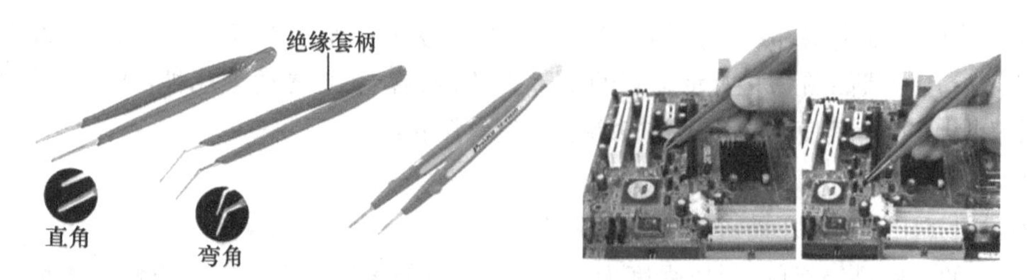

图 2.12 电工用镊子

2.1.2 常用线路装修工具

1）手电钻

手电钻是一种可携式电动钻孔工具。常用手电钻有交流 220 V 手电钻和可充电式手电钻，如图 2.13 所示。

(a) 220 V 手电钻

(b) 充电电钻

图 2.13　手电钻

手电钻在使用过程中应注意如下几点：

(1) 根据用途设置合适的功能，比如钻孔还是起子，拧紧螺丝还是松开螺丝。

(2) 如果是钻孔，需要根据孔径的大小，选择合适的钻头。在更换钻头前，一定要将电源开关断开，以免在更换钻头过程中不慎误压开关使手电钻旋转而发生伤人事故。

2) 冲击钻

冲击钻主要适用于对混凝土地板、墙壁、砖块、石料、木板和多层材料上进行冲击打孔；另外，还可以在木材、金属、陶瓷和塑料上进行钻孔和攻牙而配备有电子调速装备作顺/逆转等功能。常用冲击钻有交流和可充电式两种，如图 2.14 所示。

(a) 交流冲击钻

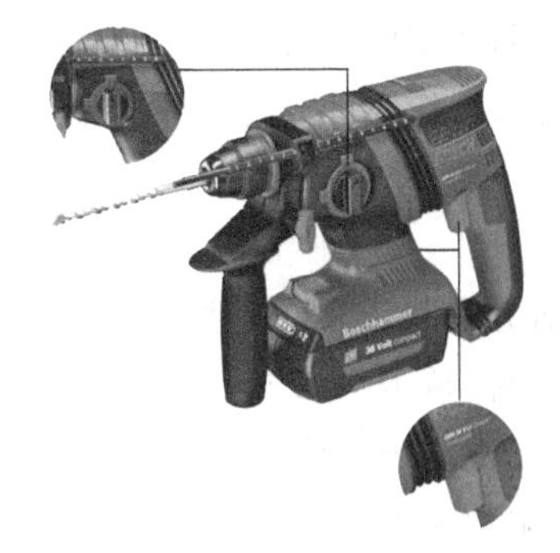

(b) 充电冲击钻

图 2.14　冲击钻

3) 管子割刀

管子割刀又叫割管器，是专门用来切割圆管的工具。电工常用的管子割刀有 PVC 管子割刀和金属管子割刀，如图 2.15 所示。

切割 PPR、PVC、ABS、CPVC、铝塑等圆管时，使用非金属管子割刀进行切割。使用方法为：首先，打开手柄处的锁扣，让把手一同向外掰到底，直到刀片弹开；然后使待割管子放入刀口，并保证管子与刀片处于垂直，如图 2.15 所示；最后根据管壁薄厚，施加适当的力于手柄，可快速将管子割断。

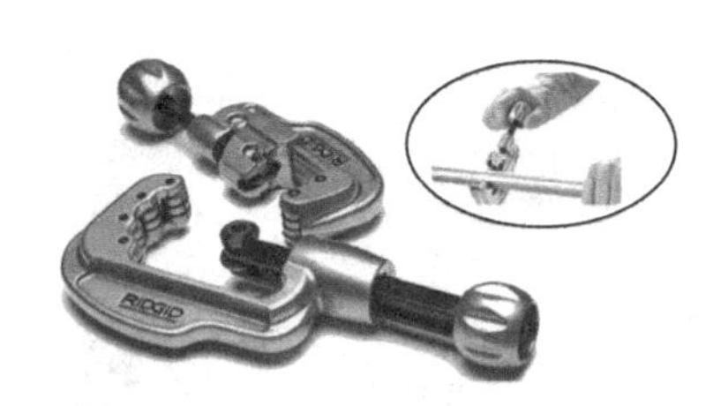

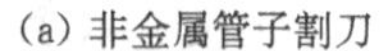

(a) 非金属管子割刀　　(b) 金属管子割刀

图 2.15　管子割刀

金属管子割刀可用于不锈钢管、钢管、铜管切割的割刀,能高效轻松高质量地完成各种硬质管道切割,割刀切割管径范围为 6～35 mm、管壁厚小于 3 mm 的管子。使用时应先旋松手柄后的调整螺杆,使待割的圆管卡入刀片和滚轮之间,然后旋紧螺杆,使刀片切入圆管。然后做圆周运动进行切割,并不断旋紧螺杆,使刀片在管子上的切口不断加深,直至切断圆管。

2.2　常用电工仪表

电工仪表是用于测量电压、电流、电能、电功率等电量和电阻、电感、电容等电路参数的仪表,在电气设备安全、经济、合理运行的监测与故障检修中起着十分重要的作用。电工仪表的结构性能及使用方法会影响电工测量的精确度,电工必须能合理选用电工仪表,而且要了解常用电工仪表的基本工作原理及使用方法。

常用电工仪表有:直读指示仪表,它把电量直接转换成指针偏转角,如指针式万用表;比较仪表,它与标准器比较,并读取二者比值,如直流电桥;图示仪表,它显示两个相关量的变化关系,如示波器;数字仪表,它把模拟量转换成数字量直接显示,如数字万用表。常用电工仪表按其结构特点及工作原理分类:有磁电式、电磁式、电动式、感应式、整流式、静电式和数字式等。

2.2.1　电压表

电压表是测量电压的一种仪器,常用电压表——伏特表符号为 V。电压表一般分为交流和直流两种,从测量形式上分为机械式和电子式。机械式电压表根据测量量不同,其机构也不同,直流电压表主要采用磁电系电表和静电系电表的测量机构,交流电压表主要采用整流式电表、电磁系电表、电动系电表和静电系电表的测量机构;而电子电压表分模拟型电压表(简称电子电压表)和数字型电压表两大类;数字电压表是利用模-数转换原理测量电压值,并以数字形式显示测量结果的仪表,如图 2.16 所示。

图 2.16　电压表

在选择和使用电压表时应注意以下几点。

1）类型的选择

当被测量是直流时，应选直流表，即磁电系测量机构的仪表。当被测量是交流时，应注意其波形与频率。若为正弦波，只需测出有效值即可换算为其他值（如最大值、平均值等），采用任意一种交流表即可；若为非正弦波，则应区分需测量的是什么值，有效值可选用磁系或铁磁电动系测量机构的仪表，平均值则选用整流系测量机构的仪表。电动系测量机构的仪表常用于交流电流和电压的精密测量。

2）准确度的选择

因仪表的准确度越高，价格越贵，维修也较困难。而且，若其他条件配合不当，再高准确度等级的仪表，也未必能得到准确的测量结果。因此，在选用准确度较低的仪表可满足测量要求的情况下，就不要选用高准确度的仪表。通常 0.1 级和 0.2 级仪表作为标准表选用；0.5 级和 1.0 级仪表作为实验室测量使用；1.5 级以下的仪表一般作为工程测量选用。

3）量程的选择

要充分发挥仪表准确度的作用，还必须根据被测量的大小，合理选用仪表量限，如选择不当，其测量误差将会很大。一般使仪表对被测量的指示大于仪表最大量程的 1/2～2/3 以上，而不能超过其最大量程。

4）内阻的选择

选择仪表时，还应根据被测阻抗的大小来选择仪表的内阻，否则会带来较大的测量误差。因内阻的大小反映仪表本身功率的消耗，所以，测量电流时，应选用内阻尽可能小的电流表；测量电压时，应选用内阻尽可能大的电压表。

5）外形及开孔尺寸外形代号

结合仪表外形、面框尺寸、屏装配合尺寸、开孔尺寸、最小安装距离、安装总长、建议线径尺寸（mm^2）选择合适的型号电压表。例如，6C2V：6 代表方形，C 即直流，2 是设计序号，V 代表电压表，后面会附带量程信息。

6）正确接线

测量电压时，电压表应与被测电路并联。测量直流电压时，必须注意仪表的极性，应使仪表的极性与被测量的极性一致。

7）高电压的测量

测量高电压时，必须采用电压互感器。电压表的量程应与互感器二次的额定值相符，一般电压为 100 V。

8）量程的扩大

当电路中的被测量超过仪表的量程时，可采用外附分压器，但应注意其准确度等级应与仪表的准确度等级相符。

2.2.2　电流表

电流表又称“安培表”，是测量电路中电流大小的工具，主要采用磁电系电表的测量机构。分流器的电阻值要使满量程电流通过时，电流表满偏转，即电流表指示达到最大。对于几安的电流，可在电流表内设置专用分流器。电流表是分为交流电流表和直流电流表。交流表不能测直流电流，直流表也不能测交流电流，如果搞错，会把表烧坏。

电流表的外形与电压表相同，测量时须将电流表串联在被测电路中。电流表的选用和其他使用方法可参考电压表。

2.2.3 万用表

万用表是电工电子领域不可缺少的测量仪表。万用表不仅可以用来测量被测量物体的直流电流、直流电压、交流电流、交流电压、电阻和音频电平等，有的万用表还可以测量晶体管的主要参数以及电容器的电容量等。充分熟练掌握万用表的使用方法是电工电子技术的最基本技能之一。万用表有指针式和数字式两大类，型号较多，功能和特点各异，常见万用表实物外形如图 2.17 所示。

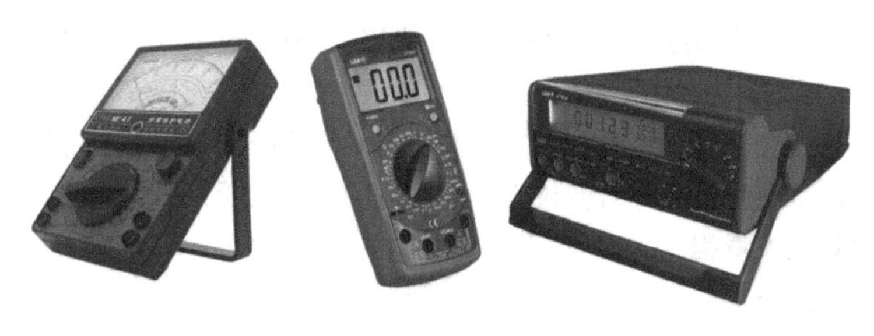

图 2.17 万用表

1) 指针表和数字表的选用

(1) 指针表读取精度较差，但指针摆动的过程比较直观，其摆动速度幅度有时也能比较客观地反映了被测量的大小(比如测电视机数据总线(SDL)在传送数据时的轻微抖动)；数字表读数直观，但数字变化的过程看起来很杂乱，不太容易观看。

(2) 指针表内一般有两块电池，一块低电压的 1.5 V，一块是高电压的 9 V 或 15 V，其黑表笔相对红表笔来说是正端。数字表则常用一块 6 V 或 9 V 的电池。在电阻挡，指针表的表笔输出电流相对数字表来说要大很多，用 $R\times1\ \Omega$ 挡可以使扬声器发出响亮的"哒"声，用 $R\times10\ \text{k}\Omega$ 挡甚至可以点亮发光二极管(LED)。

(3) 在电压挡，指针表内阻相对数字表来说比较小，测量精度相比较差。某些高电压微电流的场合甚至无法测准，因为其内阻会对被测电路造成影响(比如在测电视机显像管的加速级电压时测量值会比实际值低很多)。数字表电压挡的内阻很大，至少在兆欧级，对被测电路影响很小。但极高的输出阻抗使其易受感应电压的影响，在一些电磁干扰比较强的场合测出的数据可能是虚的。

(4) 总之，在相对来说大电流高电压的模拟电路测量中适用指针表，比如电视机、音响功放。在低电压小电流的数字电路测量中适用数字表，比如 BP 机、手机等。不是绝对的，可根据情况选用指针表和数字表。

2) MF47 型万用表使用

(1) MF47 万用表基本功能

MF47 型是设计新颖的磁电系整流式便携式多量程万用电表，也是比较经典型号的万用表，它可供测量直流电流、交直流电压、直流电阻等，具有 26 个基本量程和电平、电容、电感、晶体管直流参数等 7 个附加参考量程，如图 2.18 所示。

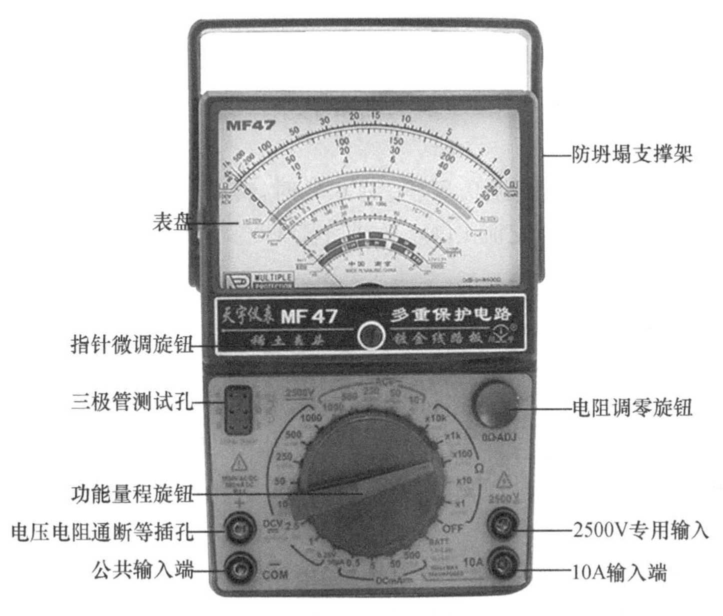

图 2.18　MF47 型万用表正面图

(2) 刻度盘与挡位盘

刻度盘与挡位盘印制成红、绿、黑三色。表盘颜色分别按交流红色、晶体管绿色、其余黑色对应制成，使用时读数便捷。刻度盘共有六条刻度，如图 2.19(a)所示。第 1 条专供测电阻用，第 2 条供测交直流电压、直流电流之用，第 3 条供测晶体管放大倍数用，第 4 条供测量电容之用，第 5 条供测电感之用，第 6 条供测音频电平，刻度盘上装有反光镜，以消除视差。

除交直流 2 500 V 和直流 5 A 分别有单独插座之外，其余各挡只需转动一个选择开关，使用方便，如图 2.19(b)所示。

(a)

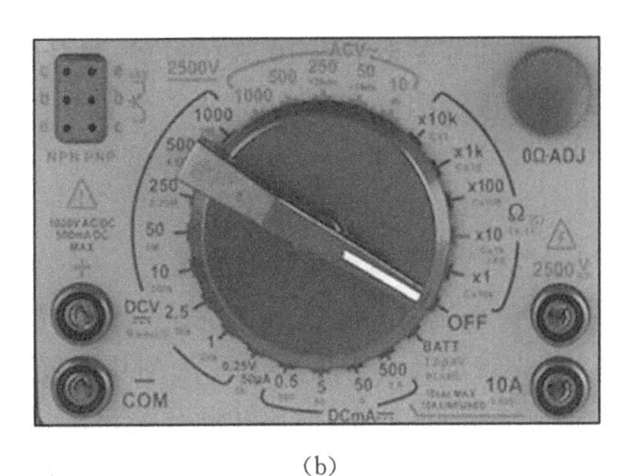

(b)

图 2.19　MF47 型万用表刻度盘与挡位盘

(3) 使用方法

在使用前应检查指针是否指在机械零位上，如不指在零位时，可旋转表盖的调零器使指针指示在零位上。

将测试棒红黑插头分别插入“＋”、“－”插座中，如测量交流直流 2 500 V 或直流 10 A 时，红插头则应分别插到标有“2 500 V”或“10 A”的插座中。

① 直流电流测量

测量 0.05～500 mA 时，转动开关至所需电流挡；测量 5 A 时，转动开关可放在 500 mA 直流电流量限上，而后将测试棒串接于被测电路中。

② 交直流电压测量

测量交流 10～1 000 V 或直流 0.25～1 000 V 时，转动开关至所需电压挡。测量交直流 2 500 V 时，开关应分别旋转至交流 1 000 V 或直流 1 000 V 位置上，而后将测试棒跨接于被测电路两端。

③ 直流电阻测量

装上电池(R14 型 2＃15 V 及 6F22 型 9 V 各 1 只)。转动开关至所需测量的电阻挡，将测试棒两端短接，调整零欧姆调整旋钮，使指针对准欧姆“0”。若不能指示欧姆零位，则说明电池电压不足，应更换电池，然后将测试棒跨接于被测电路的两端进行测量。

准确测量电阻时，应选择合适的电阻挡位，使指针尽量能够指向表刻度盘中间三分之一区域。

测量电路中的电阻时，应先切断电路电源，如电路中有电容应先行放电。

当检查电解电容器漏电电阻时，可转动开关到 R×1 kΩ 挡，测试棒红杆必须接电容器负极，黑杆接电容器正极。

④ 音频电平测量

在一定的负荷阻抗上，用以测量放大极的增益和线路输送的损耗，测量单位以分贝(dB)表示。音频电平是以交流 10 V 为基准刻度，如指示值大于＋22 dB 时可以在 50 V 以上各量限测量，其示值可按对应值修正。

测量方法与交流电压基本相似，转动开关至相应的交流电压挡，并使指针有较大的偏转。如被测电路中带有直流电压成分时，可在“＋”插座中串接一个 0.1 μF 的隔离电容器。

⑤ 电容测量

转动开关至交流 10 V 位置，被测量电容串接于任一测试棒，而后跨接于 10 V 交流电压电路中进行测量。

⑥ 电感测量

与电容测量方法相同。

⑦ 晶体管直流参数的测量

a. 直流放大倍数 h_{FE} 的测量

先转动开关至晶体管调节 ADJ 位置上，将红黑测试棒短接，调节欧姆电位器，使指针对准 300h_{FE} 刻度线上，然后转动开关到 h_{FE} 位置，将要测的晶体管脚分别插入晶体管测试座的 e、b、c 管座内，指针偏转所示数值约为晶体管的直流放大倍数值。N 型晶体管应插入 N 型管孔内，P 型晶体管应插入 P 型管孔内。

b. 反向截止电流 I_{ceo}、I_{cbo} 的测量

I_{ceo} 为集电极与发射极间的反向截止电流(基极开路)。I_{cbo} 为集电极与基极间的反向截止电流(发射极开路)转动开关 R×1 kΩ 挡，将测试棒两端短路，调节零欧姆上(此时满度电

流值约 90 μA)。分开测试棒,然后将被测的晶体管插入管座内,此时指针的数值约为晶体管的反向截止电流值。指针指示的刻度值乘上 1.2 即为实际值。

当 I_{ceo} 电流值大于 90 μA 时可换用 $R\times100$ Ω 挡进行测量(此时满度电流值约为 900 μA)。

N 型晶体管应插入 N 型管座,P 型晶体管应插入 P 型管座。

c. 三极管管脚极性的辨别(将万用表置于 $R\times1$ kΩ 挡)

ⓐ 判定基极 b。由于 b 到 c 和 b 至 e 分别是两个 PN 结,它的反向电阻很大,而正向电阻很小。测试时可任意取晶体管一脚假定为基极。将红测试棒接“基极”,黑测试棒分别去接触另两个管脚,如此时测得都是低阻值,则红测试棒所接触的管脚即为基极 b,并且是 P 型管(如用上法测得均为高阻值,则为 N 型管)。如测量时两个管脚的阻值差异很大,可另选一个管脚为假定基极,直至满足上述条件为止。

ⓑ 判定集电极 c。对于 PNP 型三极管,当集电极接负电压,发射极接正电压时,电流放大倍数才比较大,而 NPN 型管则相反。测试时假定红测试棒接集电极 c,黑测试棒接发射极 e,记下其阻值,而后红黑测试棒交换测试,将测得的阻值与第一次阻值相比,阻值小的红测试棒接的是集电极 c,黑的是发射极 e,而且可判定是 P 型管(N 型管则相反)。

d. 二极管极性判别

测试时选 $R\times10$ kΩ 挡,黑测试棒一端测得阻值小的一极为正极。

万用表在欧姆电路中,红测试棒为电池负极,黑的为电池正极。

注意:以上介绍的测试方法,一般都用 $R\times100$ Ω,$R\times1$ kΩ 挡;如果用 $R\times10$ kΩ 挡,则因该挡用 15 V 的较高电压供电,可能将被测三极管的 PN 结击穿;若用 $R\times1$ Ω 挡测量,因电流过大(约 90 mA),也可能损坏被测三极管。

(4) 测量技巧

① 测喇叭、耳机、动圈式话筒

用 $R\times1$ Ω 挡,任一表笔接一端,另一表笔点触另一端,正常时会发出清脆响量的“哒”声。如果不响,则是线圈断了,如果响声小而尖,则是有擦圈问题,也不能用。

② 测电容

用电阻挡,根据电容容量选择适当的量程,并注意测量时对于电解电容黑表笔要接电容正极。

a. 估测微法级电容容量的大小

可凭经验或参照相同容量的标准电容,根据指针摆动的最大幅度来判定。所参照的电容耐压值不必一样,只要容量相同即可,例如估测一个 100 μF/250 V 的电容可用一个 100 μF/25 V 的电容来参照,只要它们指针摆动最大幅度一样,即可断定容量一样。

b. 估测皮法级电容容量大小

要用 $R\times10$ kΩ 挡,但只能测到 1 000 pF 以上的电容。对 1 000 pF 或稍大一点的电容,只要表针稍有摆动,即可认为容量够了。

c. 测电容是否漏电

对一千微法以上的电容,可先用 $R\times10$ Ω 挡将其快速充电,并初步估测电容容量,然后改到 $R\times1$ kΩ 挡,继续测一会儿,这时指针不应回返,而应停在或十分接近∞处,否则就是有漏电现象。对一些几十微法以下的定时或振荡电容(比如彩电开关电源的振荡电容),对其漏电特性要求非常高,只要稍有漏电就不能用,这时可在 $R\times1$ kΩ 挡充完电后,再改用 $R\times10$ kΩ 挡,继续测量,同样表针应停在∞处而不应回返。

③ 在路测二极管、三极管、稳压管好坏

因为在实际电路中,三极管的偏置电阻或二极管、稳压管的周边电阻一般都比较大,大都在几百几千欧姆以上。这样,就可以用万用表的 $R\times10$ Ω 或 $R\times1$ Ω 挡来在路测量 PN 结的好坏。在路测量时,用 $R\times10$ Ω 挡测 PN 结应有较明显的正反向特性(如果正反向电阻相差不太明显,可改用 $R\times1$ Ω 挡来测),一般正向电阻在 $R\times10$ Ω 挡测时表针应指示在 200 Ω 左右,在 $R\times1$ Ω 挡测时表针应指示在 30 Ω 左右。如果测量结果正向阻值太大或反向阻值太小,都说明这个 PN 结有问题,这个管子也就有问题了。这种方法对于维修时特别有效,可以非常快速地找出坏管,甚至可以测出尚未完全坏掉但特性变坏的管子。

④ 测电阻

重要的是要选好量程,当指针指示于 1/3～2/3 满量程时测量精度最高,读数最准确。要注意的是,在用 $R\times10$ kΩ 挡测兆欧级的大阻值电阻时,不可将手指捏在电阻两端,这样人体电阻会使测量结果偏小。

⑤ 如何借助万用表检测晶闸管

晶闸管可分为普通晶闸管和双向晶闸管两种,一般为三个电极。普通晶闸管有阴极(K)、阳极(A)、控制极(G)。双向晶闸管等效于两只普通晶闸管反向并联而成。即其中一只普通晶闸管阳极与另一只阴极相连,其引出端称 T_1 极,其中一只普通晶闸管阴极与另一只阳极相连,其引出端称 T_2 极,剩下则为控制极(G)。

a. 普通晶闸管、双向晶闸管的判别

先任测两个极,若正、反测指针均不动($R\times1$ Ω 挡),可能是 A、K 或 G、A 极(对普通晶闸管)也可能是 T_2、T_1 或 T_2、G 极(对双向晶闸管)。若其中有一次测量指示为几十至几百欧,则必为单向晶闸管。且红笔所接为 K 极,黑笔接的为 G 极,剩下即为 A 极。若正、反向测批示均为几十至几百欧,则必为双向晶闸管。再将旋钮拨至 $R\times1$ Ω 或 $R\times10$ Ω 挡复测,其中必有一次阻值稍大,则稍大的一次红笔接的为 G 极,黑笔所接为 T_1 极,余下是 T_2 极。

b. 性能的差别

将旋钮拨至 $R\times1$ Ω 挡,对于 1～6 A 普通晶闸管,红笔接 K 极,黑笔同时接通 G、A 极,在保持黑笔不脱离 A 极状态下断开 G 极,指针应指示几十欧至一百欧,此时晶闸管已被触发,且触发电压低(或触发电流小)。然后瞬时断开 A 极再接通,指针应退回∞位置,则表明晶闸管良好。对于 1～6 A 双向晶闸管,红笔接 T_1 极,黑笔同时接 G、T_2 极,在保证黑笔不脱离 T_2 极的前提下断开 G 极,指针应指示为几十至一百多欧(视可控硅电流大小、厂家不同而异)。然后将两笔对调,重复上述步骤测一次,指针指示还要比上一次稍大十几至几十欧,则表明可控硅良好,且触发电压(或电流)小。若保持接通 A 极或 T_2 极时断开 G 极,指针立即退回∞位置,则说明晶闸管触发电流太大或损坏。

2.2.4 兆欧表

兆欧表又叫摇表也可以称为绝缘电阻测试仪,是一种简便、常用的测量高电阻的直读式仪表，可用来测量电路、电机绕组、电缆、电气设备等的绝缘电阻。兆欧表常用的有手摇式和数字式，如图 2.20 所示。手摇式兆欧表主要由手摇直流发电机、磁电系比率表和测量线路组成。

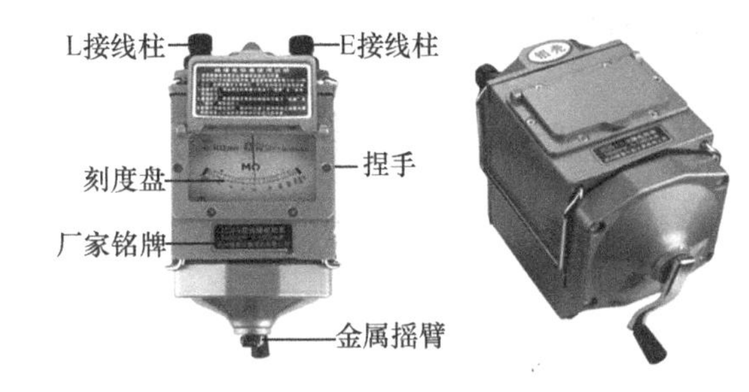

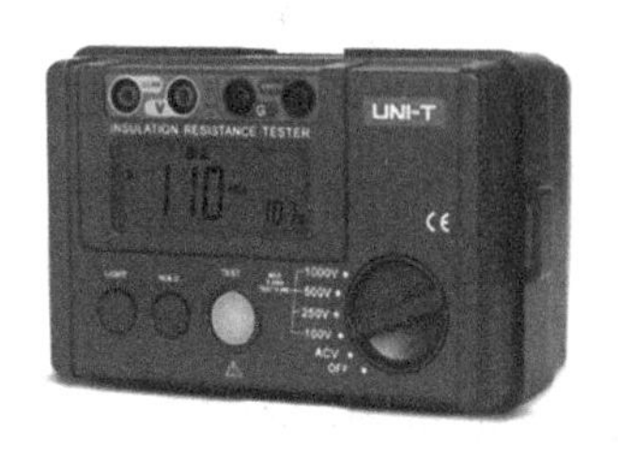

图 2.20　兆欧表

1）兆欧表的选用

（1）兆欧表的额定电压一定要与被测电气设备或线路的工作电压相适应。

（2）兆欧表的测量范围要与被测绝缘电阻的范围相符合，以免引起大的读数误差。

2）兆欧表的使用方法

（1）使用前的准备工作

① 检查兆欧表是否能正常工作。将兆欧表水平放置，空摇兆欧表手柄，指针应该指到0处，再慢慢摇动手柄，使 L 和 E 两接线桩输出线瞬时短接，指针应迅速指零。注意在摇动手柄时不得让 L 和 E 短接时间过长，否则将损坏兆欧表。

② 检查被测电气设备和电路，看是否已全部切断电源。绝对不允许设备和线路带电时用兆欧表去测量。

③ 测量前，应对设备和线路先行放电，以免设备或线路的电容放电危及人身安全和损坏兆欧表，这样还可以减少测量误差，同时注意将被测试点擦拭干净。

（2）正确使用

① 兆欧表必须水平放置于平稳牢固的地方，以免在摇动时因抖动和倾斜产生测量误差。

② 接线必须正确无误，兆欧表有三个接线桩，“E”（接地）、“L”（线路）和“G”（保护环或叫屏蔽端子）。保护环的作用是消除表壳表面“L”与“E”接线桩间的漏电和被测绝缘物表面漏电的影响。在测量电气设备对地绝缘电阻时，“L”用单根导线接设备的待测部位，“E”用单根导线接设备外壳；如测电气设备内两绕组之间的绝缘电阻时，将“L”和“E”分别接两绕组的接线端；当测量电缆的绝缘电阻时，为消除因表面漏电产生的误差，“L”接线芯，“E”接外壳，“E”接线芯与外壳之间的绝缘层。

“L”、“E”、“G”与被测物的连接线必须用单根线，绝缘良好，不得绞合，表面不得与被测物体接触。

③ 摇动手柄的转速要均匀，一般规定为 120 r/min，允许有±20％的变化，最多不应超过±25％。通常都要摇动一分钟后，待指针稳定下来再读数。如被测电路中有电容时，先持续摇动一段时间，让兆欧表对电容充电，指针稳定后再读数，测完后先拆去接线，再停止摇动。若测量中发现指针指零，应立即停止摇动手柄。

④ 测量完毕，应对设备充分放电，否则容易引起触电事故。

⑤ 禁止在雷电时或附近有高压导体的设备上测量绝缘电阻。只有在设备不带电又不可能受其他电源感应而带电的情况下才可测量。

⑥ 兆欧表未停止转动以前，切勿用手去触及设备的测量部分或兆欧表接线桩。拆线时也不可直接去触及引线的裸露部分。

⑦ 兆欧表应定期校验。校验方法是直接测量有确定值的标准电阻，检查其测量误差是否在允许范围以内。

2.3 导线连接

2.3.1 导线绝缘层的剖削

导线连接前，必须削去导线端的绝缘层，导线接头方法和导线截面不同，削除的长度就不同。导线的剖削通常采用单层削法、分段削法和斜削法三种。其中单层削法不适用于多层绝缘的导线。下面具体介绍几种常用导线绝缘层的剖削方法。

1）塑料硬线绝缘层的剖削

（1）对于截面积不大于 4 mm^2 的塑料硬线绝缘层的剖削，通常采用钢丝钳或剥线钳来剖削，下面介绍钢丝钳的剖削方法。剖削时根据所需线头长度用钢丝钳的刀口切割绝缘层，注意用力适度，不可损伤芯线；接着用左手抓牢电线，右手握住钢丝钳头用力向外拉动，除去塑料绝缘层，如图 2.21 所示。剖削完成后，应检查线芯是否完整无损，如损伤较大，应重新剖削。

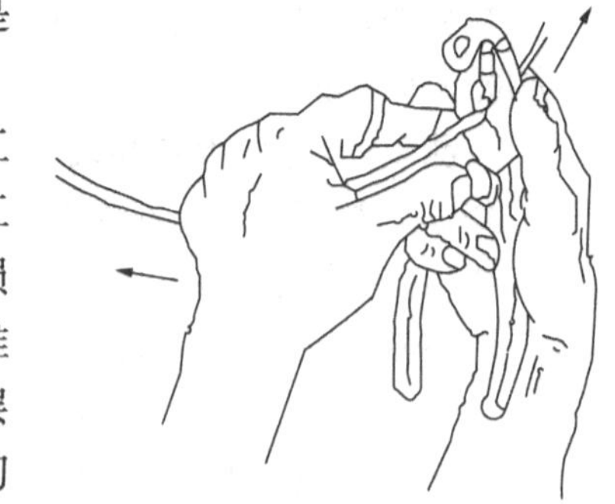

图 2.21　钢丝钳剖削塑料硬线绝缘层

（2）对于芯线截面大于 4 mm^2 的塑料硬线，可用电工刀来剖削绝缘层。剖削时首先根据所需线头长度用电工刀以约 45°角倾斜切入塑料绝缘层，注意用力适度，避免损伤芯线；然后使刀面与芯线保持 25°角左右，用力向线端推削，在此过程中应避免电工刀切入芯线，只削去上面一层塑料绝缘；最后将塑料绝缘层向后翻起，用电工刀齐根切去。操作过程如图 2.22 所示。

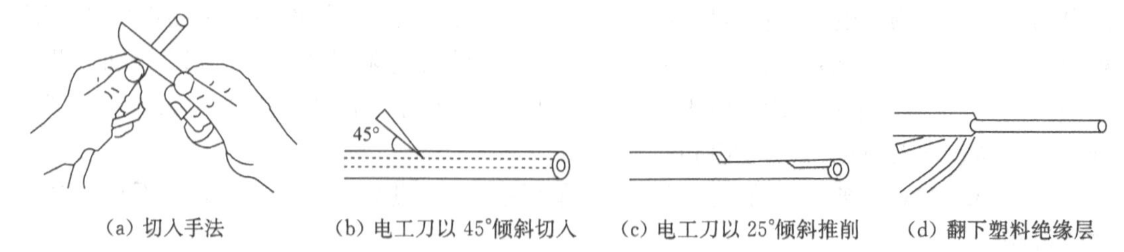

(a) 切入手法　(b) 电工刀以 45°倾斜切入　(c) 电工刀以 25°倾斜推削　(d) 翻下塑料绝缘层

图 2.22　电工刀剖削塑料硬线绝缘层

2）塑料软线绝缘层的剖削

采用剥线钳或钢丝钳剖削塑料软线绝缘层，不能用电工刀来剖削以免伤及线芯。剖削方法同塑料硬线。

3）塑料护套线绝缘层的剖削

塑料护套线绝缘层由公共护套层和每根芯线的绝缘层两部分组成。公共护套层只能用电工来剖削。剖削时，首先按所需长度用电工刀刀尖沿芯线中间缝隙划开护套层，如图 2.23(a)所示；然后向后翻起护套层，用电工刀齐根切去，如图 2.23(b)所示；最后在距离护套层 5～10 mm 处，用电工刀以 45°角倾斜切入绝缘层，其他剖削方法与塑料硬线绝缘层的剖削方法相同。

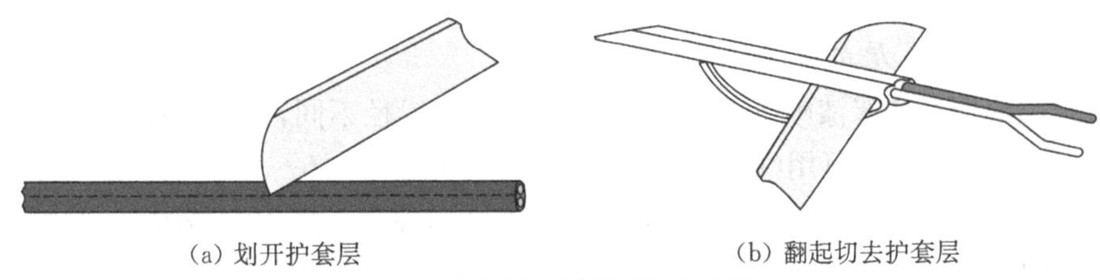

(a) 划开护套层　　(b) 翻起切去护套层

图 2.23　塑料护套线绝缘层的剖削

4）橡皮线绝缘层的剖削

橡皮线绝缘层外面有柔韧的纤维纺织层。剖削时，先用电工刀刀尖划开纺织保护层，并将其向后扳翻再齐根切去；之后削去橡胶层；最后将棉纱层散开到根部，用电工刀切去。操作过程如图 2.24 所示。

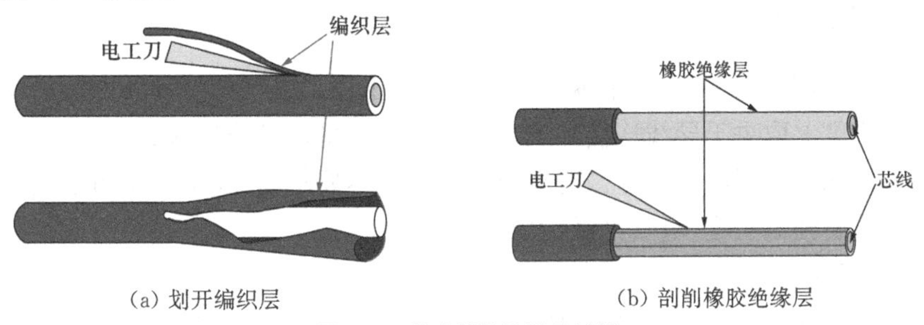

(a) 划开编织层　　(b) 剖削橡胶绝缘层

图 2.24　橡皮线绝缘层的剖削

5）花线绝缘层的剖削

花线绝缘层分内层和外层，内层是橡胶绝缘层和棉纱层，外层是柔韧的棉纱纺织物。剖削时，首先根据所需剖削长度，用电工刀在导线外表织物保护层割切一圈，并将其剥离，如图 2.25(a)所示；之后在距棉纱纺织物保护层 10 mm 处，用钢丝钳切割橡胶绝缘层(不要切伤芯线)，用力拉花线，钳口勒出橡胶绝缘层；最后将露出的棉纱层松散开，用电工刀割断，如图 2.25(b)所示。

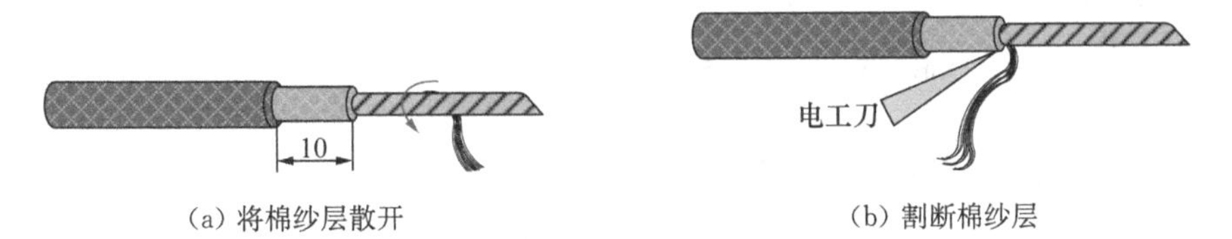

(a) 将棉纱层散开　　(b) 割断棉纱层

图 2.25　花线绝缘层的剖削

6）铅包线绝缘层的剖削

铅包线绝缘层分为内部芯线绝缘层和外部铅包层。剖削时，先用电工刀把铅包层切割一刀，如图 2.26(a)所示；之后用双手来回扳动切口处，使铅层沿切口处折断，把铅包层拉出来，如图 2.26(b)所示；最后按塑料硬线绝缘层的方法剖削铅包线内部绝缘层。

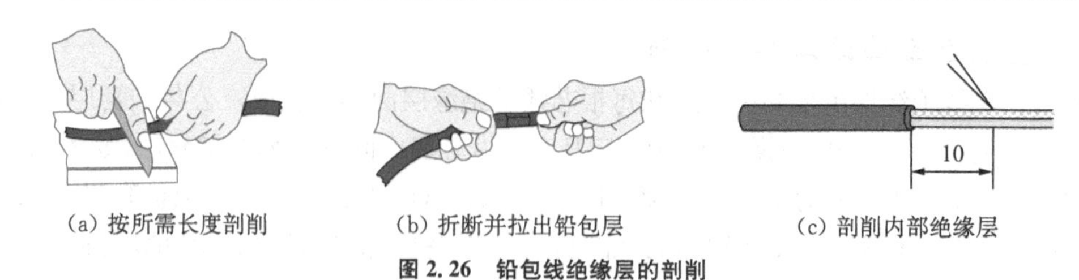

(a) 按所需长度剖削　(b) 折断并拉出铅包层　(c) 剖削内部绝缘层

图 2.26　铅包线绝缘层的剖削

7) 漆包线绝缘层的去除

漆包线绝缘层是绝缘漆喷涂在芯线上而形成的。线径不同，其绝缘层的去除方法也不同。直径在 1.0 mm 以上可用细砂纸或细纱布擦除；直径为 0.6～1.0 mm 的，可用专用刮线刀刮去；直径在 0.6 mm 以下的也可用细砂纸或细纱布擦去。擦去时需耐心，否则易造成芯线折断。有时为了保持漆包线线芯直径的准确，也可用微火(不可用大火，以免芯线变形或烧断)烤焦线头绝缘漆层，再将漆层刮去。

8) 橡套软线(橡套电缆)绝缘层的剖削

橡套软线外包护套层，内部每根线芯上又各有橡皮绝缘层。外护套层较厚，可用电工刀切除。露出的每股芯线绝缘层，可用钢丝钳夹去。

2.3.2　导线的连接

导线连接是电工作业的一项基本而十分重要的工序。电气设备和线路能否安全可靠地运行，在很大程度上取决于导线连接和绝缘层修复的质量。导线连接的方式很多，常用的有绞接、缠绕连接、焊接、紧压连接等。对导线连接的基本要求是：连接牢固可靠、接头电阻小、机械强度高、耐腐蚀耐氧化、电气绝缘性能好。

1) 绞合连接

绞合连接是指将需连接导线的芯线直接紧密绞合在一起。铜导线常用绞合连接。

(1) 单股铜导线的直接连接

单股铜导线直接连接应按导线的截面积选择合适的连接方式。

① 小截面单股铜导线连接

小截面单股铜导线连接方法如图 2.27 所示，先将两导线的芯线线头作 X 形交叉，再将它们相互缠绕 2～3 圈后扳直两线头，然后将每个线头在另一芯线上紧贴密绕 5～6 圈后剪去多余线头即可。

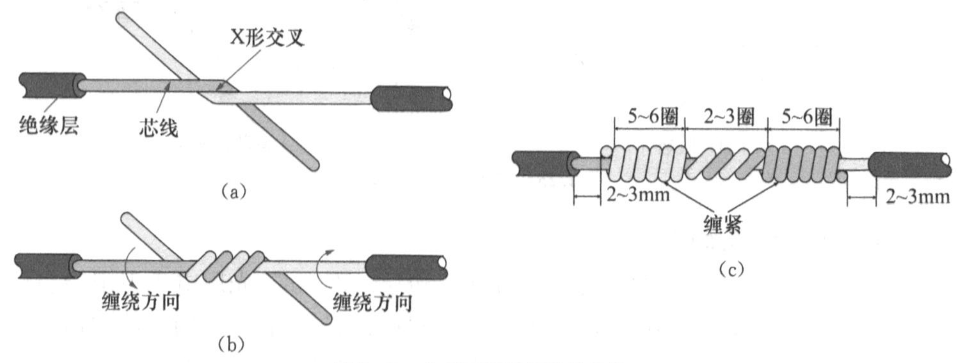

图 2.27　小截面单股铜导线连接

② 大截面单股铜导线连接

大截面单股铜导线连接方法如图 2.28 所示，先在两导线的芯线重叠处填入一根相同直径的芯线，再用一根截面约 1.5 mm^2 的裸铜线在其上紧密缠绕，缠绕长度为导线直径的 10 倍左右，然后将被连接导线的芯线线头分别折回，再将两端的缠绕裸铜线继续缠绕 5～6 圈后剪去多余线头即可。

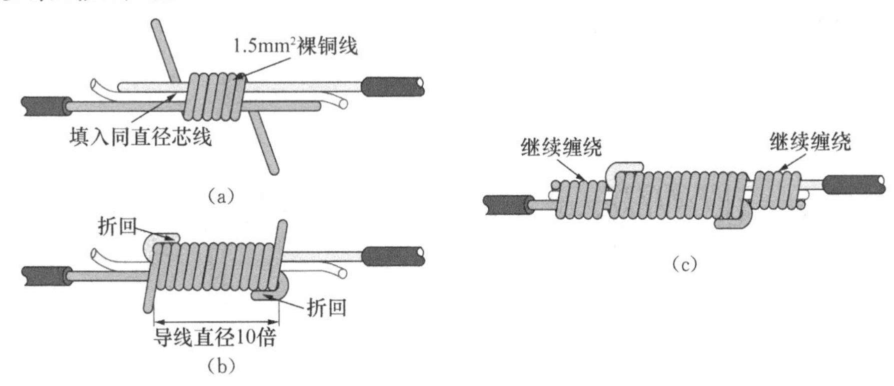

图 2.28 大截面单股铜导线连接

③ 不同截面单股铜导线连接

不同截面单股铜导线连接方法如图 2.29 所示，先将细导线的芯线在粗导线的芯线上紧密缠绕 5～6 圈，然后将粗导线芯线的线头折回紧压在缠绕层上，再用细导线芯线在其上继续缠绕 3～4 圈后剪去多余线头即可。

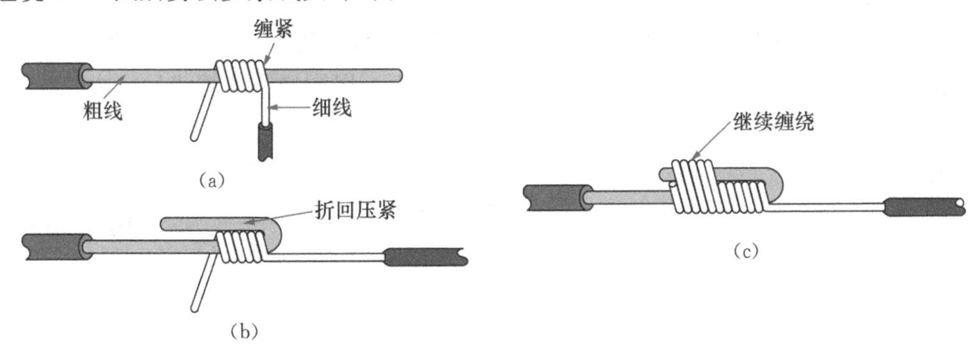

图 2.29 不同截面单股铜导线连接

(2) 单股铜导线的分支连接

① 单股铜导线的 T 字分支连接

单股铜导线的 T 字分支连接如图 2.30 所示，将支路芯线的线头紧密缠绕在干路芯线上

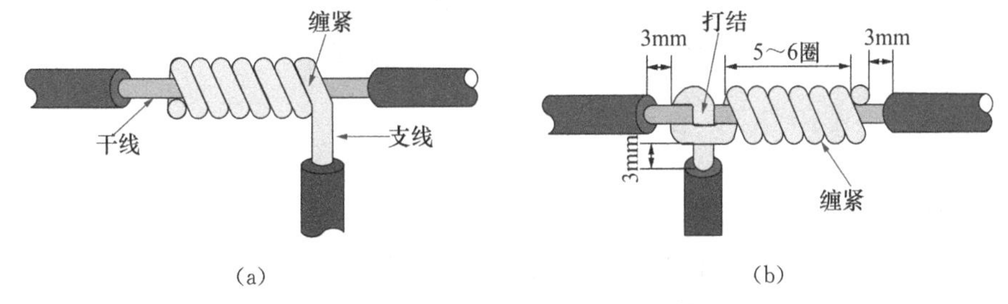

图 2.30 单股铜导线的 T 字分支连接

5～8 圈后剪去多余线头即可。对于较小截面的芯线，可先将支路芯线的线头在干路芯线上打一个环绕结，再紧密缠绕 5～8 圈后剪去多余线头即可。

② 单股铜导线的十字分支连接

单股铜导线的十字分支连接如图 2.31 所示，将上下支路芯线的线头紧密缠绕在干路芯线上 5～8 圈后剪去多余线头即可。可以将上下支路芯线的线头向一个方向缠绕，如图 2.31(a)所示，也可以向左右两个方向缠绕，如图 2.31(b)所示。

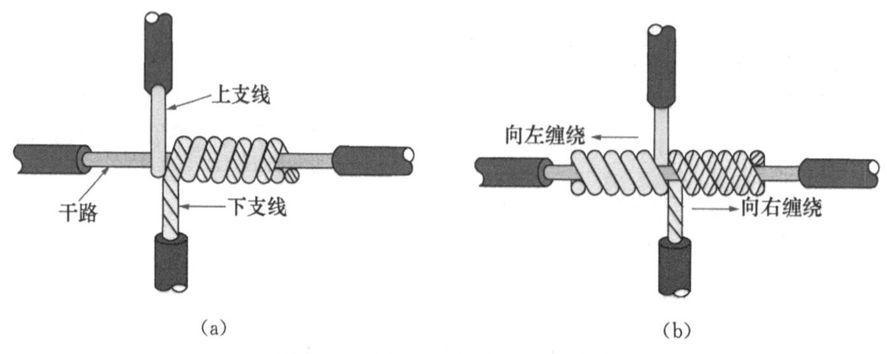

图 2.31　单股铜导线的十字分支连接

(3) 多股铜导线的直接连接

多股铜导线的直接连接如图 2.32 所示，首先将剥去绝缘层的多股芯线拉直，将其靠近绝缘层的约 1/3 芯线绞合拧紧，而将其余 2/3 芯线成伞状散开，另一根需连接的导线芯线也如此处理。接着将两伞状芯线相对着互相插入后捏平芯线，然后将每一边的芯线线头分作 3 组，先将某一边的第 1 组线头翘起并紧密缠绕在芯线上，再将第 2 组线头翘起并紧密缠绕在芯线上，最后将第 3 组线头翘起并紧密缠绕在芯线上。以同样方法缠绕另一边的线头。

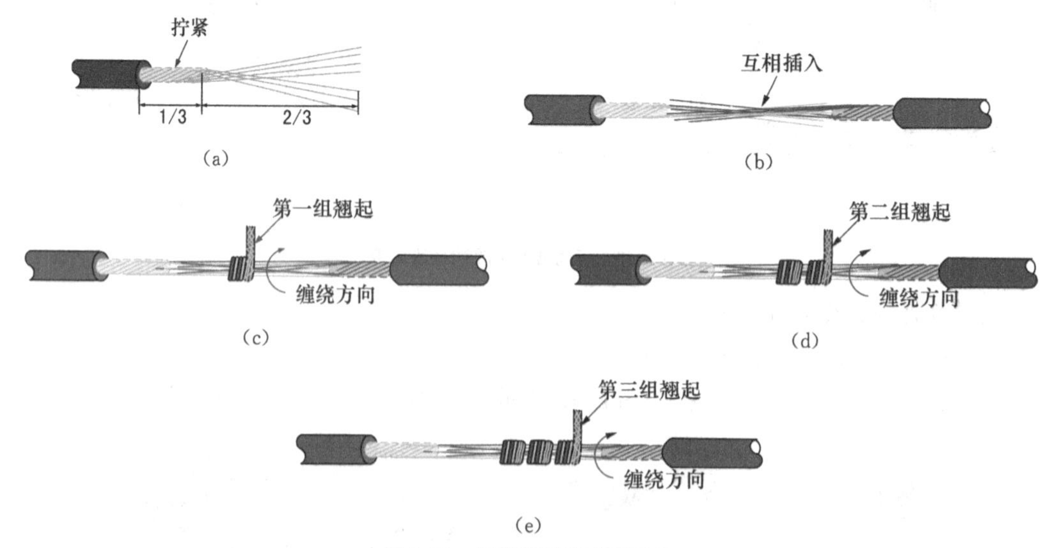

图 2.32　多股铜导线的直接连接

(4) 多股铜导线的分支连接

多股铜导线的 T 字分支连接有两种方法。一种方法如图 2.33 所示，将支路芯线 90°折弯后与干路芯线并行[见图 2.33(a)]，然后将线头折回并紧密缠绕在芯线上即可[见图 2.33(b)]。

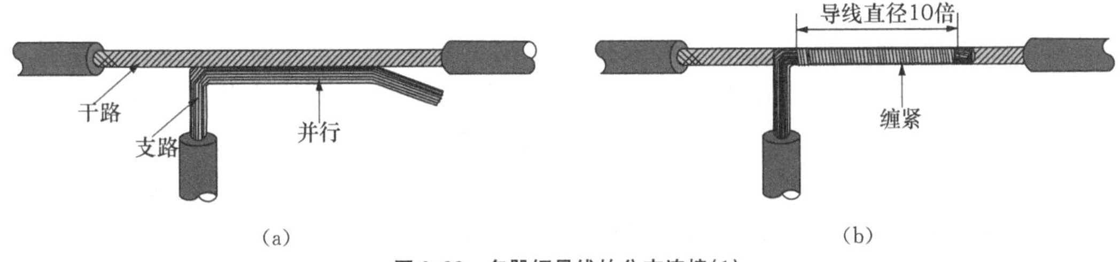

图 2.33　多股铜导线的分支连接(1)

另一种方法如图 2.34 所示，将支路芯线靠近绝缘层的约 1/8 芯线绞合拧紧，其余 7/8 芯线分为两组[见图 2.34(a)]，一组插入干路芯线当中，另一组放在干路芯线前面，并朝右边按图 2.34(b)所示方向缠绕 4～5 圈。再将插入干路芯线当中的那一组朝左边按图 2.34(c)所示方向缠绕 4～5 圈，连接好的导线如图 2.34(d)所示。

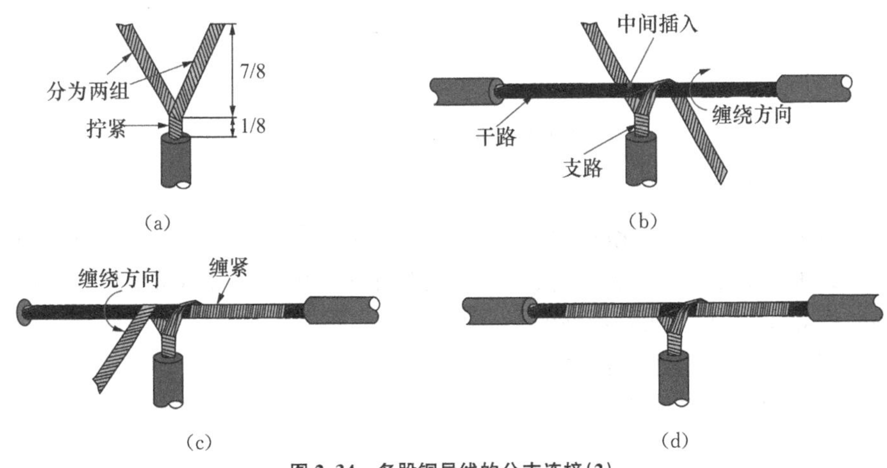

图 2.34　多股铜导线的分支连接(2)

(5) 单股铜导线与多股铜导线的连接

单股铜导线与多股铜导线的连接方法如图 2.35 所示，先将多股导线的芯线绞合拧紧成单股状，再将其紧密缠绕在单股导线的芯线上 5～8 圈，最后将单股芯线线头折回并压紧在缠绕部位即可。

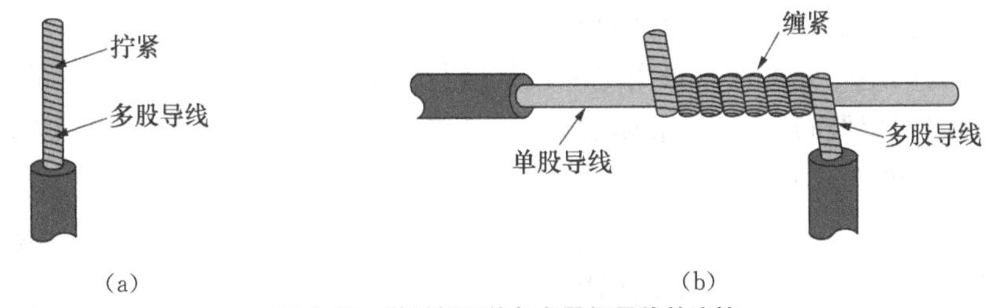

图 2.35　单股铜导线与多股铜导线的连接

2) 铜芯导线接头处的锡焊处理

(1) 电烙铁锡焊

如果铜芯导线截面积不大于 10 mm^2，它们的接头可用 150 W 电烙铁进行锡焊。可以先将接头上涂一层无酸焊锡膏，待电烙铁加热后，再进行锡焊即可。

(2) 浇焊

对于截面积大于 16 mm^2 的铜芯导线接头，常采用浇焊法。首先将焊锡放在化锡锅内，用喷灯或电炉使其熔化，待表面呈磷黄色时，说明焊锡已经达到高热状态，然后将涂有无酸焊锡膏的导线接头放在锡锅上面，再用勺盛上熔化的锡，从接头上面浇下，如图 2.36 所示。因为起初接头较凉，锡在接头上不会有很好的流动性，所以应持续浇下去，使接头处温度提高，直到全部缝隙焊满为止，最后用抹布擦去焊渣即可。

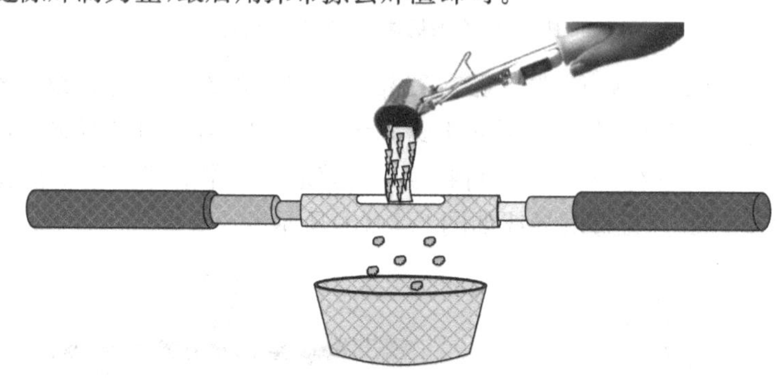

图 2.36　铜芯导线接头的浇焊

3) 压接管压接法连接

由于铝极易氧化，而铝氧化膜的电阻率很高，严重影响导线的导电性能，所以铝芯导线直线连接不宜采用铜芯导线的方法进行，多股铝芯导线常用压接管压接法连接(此方法同样适用于多股铜导线)。其方法和步骤如下：

① 根据多股导线规格选择合适的压接管。

② 用钢丝刷清除铝芯线表面及压接管内壁的氧化层或其他污物，并在其外表涂上一层中性凡士林。

③ 将两根导线线头相对插入压接管内，并使两线端穿出压接管 25～30 mm。

④ 压坑的数目与连接点所处的环境有关，通常情况下，室内是 4 个，室外为 6 个。

2.3.3　导线绝缘层的恢复

导线连接完成后，必须对所有绝缘层已被去除的部位进行绝缘处理，以恢复导线的绝缘性能，恢复后的绝缘强度应不低于导线原有的绝缘强度。

导线连接处的绝缘处理通常采用绝缘胶带进行缠裹包扎。一般电工常用的绝缘带有黄蜡带、涤纶薄膜带、黑胶布带、塑料胶带、橡胶胶带等，如图 2.37 电工常用绝缘带所示。绝缘胶带的宽度常用 20 mm 的，使用较为方便。

(a) 黄蜡带

(b) 黑胶布带

(c) PVC 绝缘胶带

(d) 橡胶胶带

图 2.37　电工常用绝缘带

1）一般导线接头的绝缘处理

一字形连接的导线接头可按图 2.38 所示进行绝缘处理，先包缠一层黄蜡带，再包缠一层黑胶布带。将黄蜡带从接头左边绝缘完好的绝缘层上开始包缠，包缠两圈后进入剥除了绝缘层的芯线部分，如图 2.38(a)所示。包缠时黄蜡带应与导线成 55°左右倾斜角，每圈压叠带宽的 1/2，如图 2.38(b)所示，直至包缠到接头右边两圈距离的完好绝缘层处。然后将黑胶布带接在黄蜡带的尾端，按另一斜叠方向从右向左包缠，见图 2.38(c)、(d)，仍每圈压叠带宽的 1/2，直至将黄蜡带完全包缠住。包缠处理中应用力拉紧胶带，注意不可稀疏，更不能露出芯线，以确保绝缘质量和用电安全。对于 220 V 线路，也可不用黄蜡带，只用黑胶布带或塑料胶带包缠两层。在潮湿场所应使用聚氯乙烯绝缘胶带或涤纶绝缘胶带。

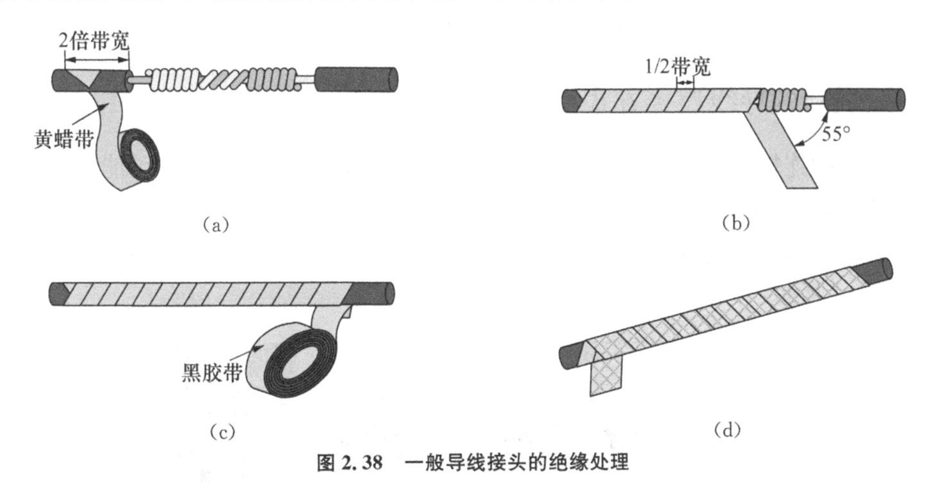

图 2.38　一般导线接头的绝缘处理

2）T 字分支接头的绝缘处理

导线分支接头的绝缘处理基本方法同上，T 字分支接头的包缠方向如图 2.39 所示，走一个 T 字形的来回，使每根导线上都包缠两层绝缘胶带，每根导线都应包缠到完好绝缘层的两倍胶带宽度处。

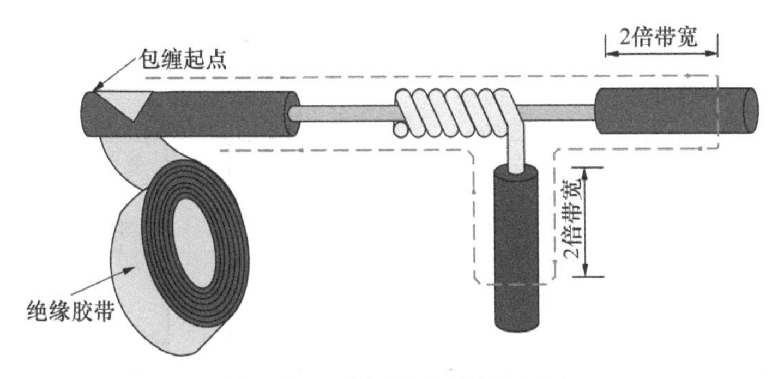

图 2.39　一般导线接头的绝缘处理

3）十字分支接头的绝缘处理

对导线的十字分支接头进行绝缘处理时，包缠方向如图 2.40 所示，走一个十字形的来回，使每根导线上都包缠两层绝缘胶带，每根导线也都应包缠到完好绝缘层的两倍胶带宽度处。

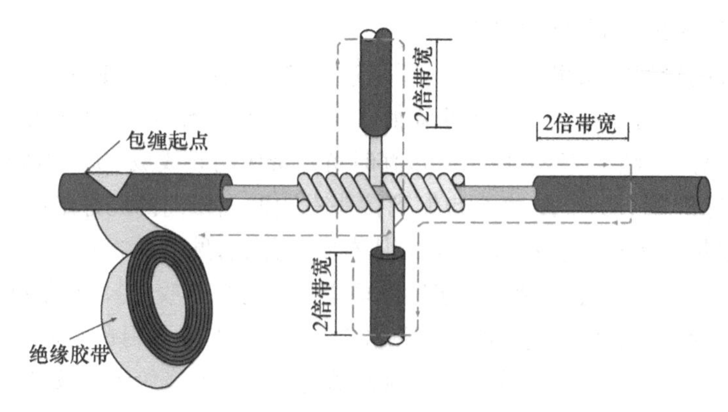

图 2.40　一般导线接头的绝缘处理

2.3.4　最新的导线连接方式

传统导线的连接方式以及绝缘层的恢复方法,不仅费时费工,而且有可能因为操作不当或长时间老化,导致接触不良而容易引发电气故障,严重时还会造成火灾。新的导线连接方式主要采用新型的导线连接器,实现导线快速连接,且具有良好的绝缘性能。常见的导线连接器如图 2.41 所示。

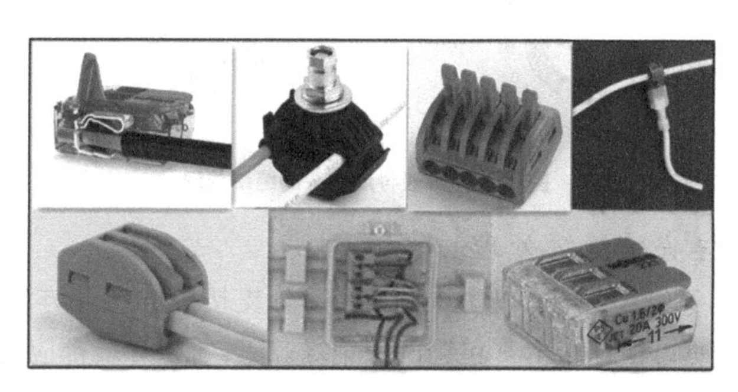

图 2.41　新的导线连接方式

快速连接器一般可以 0.14～4 mm^{2}的单股或多股导线,其操作方法简单,大多数完全不需要工具,如图 2.42 所示。

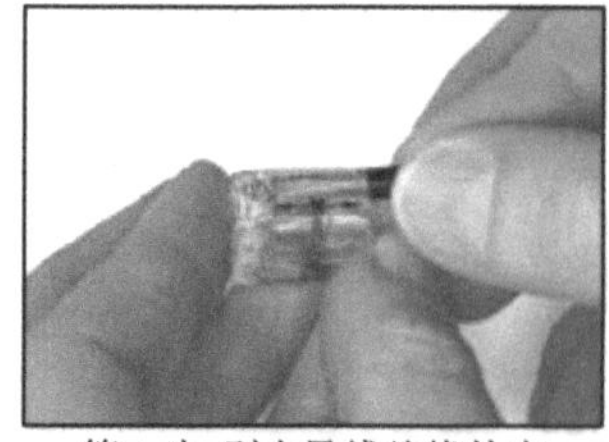

第 1 步:剥去导线绝缘外皮 11 mm/0.43 in

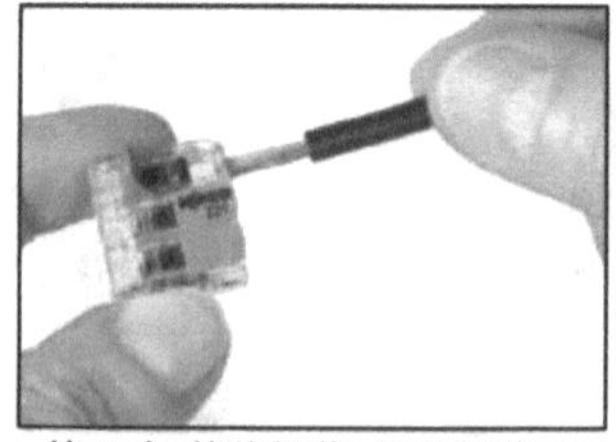

第 2 步:接线操作,扳动操作手柄打开进线孔,即可插入导线

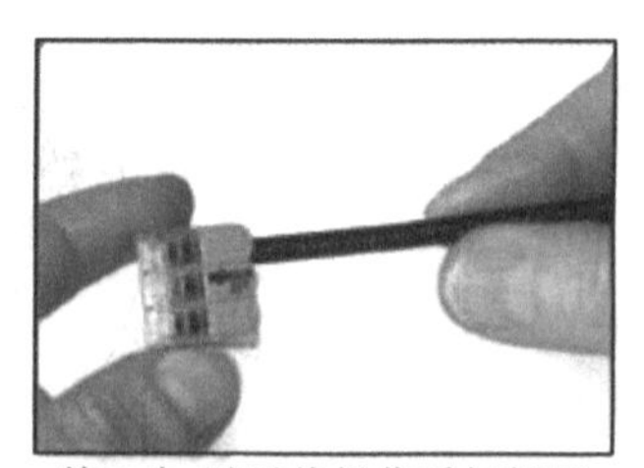

第 3 步:随后将操作手柄扳回原位,接线操作完成

图 2.42　快速导线连接器使用方法

2.3.5 导线接触不良故障检查

电器设备的布线、连接线、电源线和话筒线等导线，由于经常移动，常出现内部断路故障，故掌握导线故障检查方法，是电工必备的基本技能。

1）通过对运行导线接点的状态来判断其接触是否良好

① 运行中的接点，要求其温度不超过 70 ℃。若超过 70 ℃，则说明接点过热。

下雨天检查接点的温度时，如雨滴立即汽化蒸发或发出“刺啦”声，说明接点温度较高。下雨天检查接点是否发热，易发现，效率高。

② 对被绝缘胶带包裹的接点，应以保护层有无变色、老化等现象来判断是否是接触电阻过大。

③ 看暴露接触点是否受潮、受污染，接点处金属表面光泽是否正常，有无氧化。

④ 接点是否松动，具体看螺钉是否松动、缠绕是否松散。

2）仪表检测法查找导线接触不良故障

为准确找出导线内部断路部位，可用万用表的欧姆挡，表笔分别测量导线的首尾，判断是哪根导线内部有断路故障。对导线的接触不良，可运用先进技术进行检测，可以采用先进的红外热电枪或超声波探测仪，定期对接点进行放电检测，发现隐患应及时消除。采用仪表来查找导线接触不良，准确可靠。

这里介绍一种数字万用表测电线电缆断点的方法。数字万用表除了可以进行电压、电流、电阻、电容和晶体管等基本参数的测量外，还可以通过变通使用，使其功能得到进一步拓展，达到一表多用的目的。现给出用数字万用表判断电线电缆断点的方法。当电缆内部出现断线故障时，由于外部绝缘皮的包裹，使断线的确切位置不易确定。采用数字万用表可以将这一问题轻松搞定。

检测方法：把有断点的电线（电缆）一端接在 220 V 市电的火线上，另一端悬空。将数字万用表拨至 AC2V 挡，从电线（电缆）的火线接入端开始，用一只手捏住黑表笔的笔尖，另一只手将红表笔沿导线的绝缘皮慢慢移动，此时显示屏显示的电压值大约为 0.445 V（DT890D 型表所测）左右。当红表笔移动到某处时，显示屏显示的电压突然下降到 0.02～0.09 V 左右（大约是原来电压的十分之一），从该位置向前（火线接入端）的大约 15 cm 处即是电线（电缆）断点所在。

需要说明的是，用此法检查屏蔽线时，如果仅仅是芯线折断而屏蔽层没断，则此法是无效。

3）用电笔测电缆内部断线方法

对于没有屏蔽层的各种电缆，在没有电缆测断仪的情况下，可以用电笔测电缆内部断线，测试方法如图 2.43 所示，主要由 220 V 电源和一只测电笔构成。检查时，先将待测多芯电缆的另一端所有线头绝缘皮剥去后，全部短接在一起并接地。再把被测电缆的这一端的多芯电缆所有线头绝缘皮剥去，接下来将测电笔测试头插入 220 V 市电相线插孔，使之与内部金属接触良好。然后用左手握住测电笔，用右手将多芯电缆所有线头金属部位分别一一与测电笔尾部金属部位（笔头）接触。如果测电笔中小氖泡发光，则表明这根导线是通的，如果某根导线的线头与测电笔尾部金属部位相碰时小氖泡不发光，则说明该根导线已断，做上记号，最后，对调操作，也就是将刚才测试端接地，到电缆另一端用测电笔重复上述测试，这样，就方便快速地将断线的导线逐一查出来。

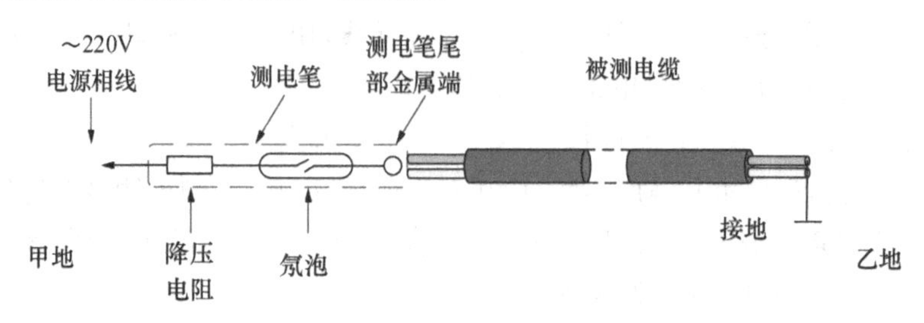

图 2.43 电笔测电缆内部断线

判断断线位置，其具体方法为：在测出是哪根芯线断了之后，给断线的一芯送电；找一只电笔，不论什么形式的，只要隔着绝缘层能够感应，有显示 1 即可；然后，从接电端出发，沿着电缆测试，直到信号显示消失之处，即为断点。如果感应信号不强，可以用金属片做一个感应头套在电笔的前端以增大感应面积，其贴着电缆表面慢慢走，由于感应面积增大，信号会显著增强。

如果是两根以上封装在一起的导线，可以用数字电容表(或者万用表的电容挡)来找断点，设先行测得 3 m 长的平行线电容量是 220 pF(这个值因线而异不是固定数)，现在它测量左端是 80 pF、右端是 140 pF，先算出单位长度的电容量(方法为：首先计算出每米 pF：220 pF÷3 m≈73 pF/m，再计算出每厘米 pF：73 pF÷100 cm=0.73 pF/cm)；根据单位长度的电容量，算出某端断点：本例断点位置为：80 pF÷0.73 pF≈110 cm(距离)，也就是这个断点是在距离线头左端的 110 cm 处。

4) 数显测电笔用法

数显测电笔具有直接检测 12～250 V 的交直流电和间接检测交流电的零线、相线和断点检测以及测量不带电导体的通断等功能。进行断点检测方法为：按住 B 键(INDUCTANCE 即感应测量按键，一般处在离液晶屏较近位置)，沿电线纵向移动时，显示窗内无显示处即为断点处。

以上介绍了几种简单检测导线断点及所在位置的办法，供大家在工程实践中参考应用。在条件允许的情况下，可以选择电线测断仪进行测量。

2.4 实训项目

项目 导线连接

1) 实训目标

(1) 熟练使用电工常用工具，掌握电工刀、钢丝钳、剥线钳剥削导线的绝缘层。

(2) 掌握单股、多股导线的多种连接方法。

(3) 使用绝缘胶带进行导线绝缘层的恢复。

2) 实训器材

(1) 电工刀 1把

(2) 钢丝钳 1把

(3) 剥线钳 1把

(4) 绝缘胶带 1卷

(5) 快速导线连接器 4只

(6) 铜芯聚氯乙烯绝缘单股单芯电线(GB-BV-450/750 V-1×1.5 mm^2)红色 1 m

(7) 铜芯聚氯乙烯绝缘单股单芯电线(GB-BV-450/750 V-1×1.5 mm^2)蓝色 1 m

(8) 铜芯聚氯乙烯绝缘单股多芯电线(ZC-BVR-450/750 V-7×0.52 mm^2)绿色 1 m

(9) 铜芯聚氯乙烯绝缘单股多芯电线(ZC-BVR-450/750 V-7×0.52 mm^2)黄色 1 m

(10) 铜芯聚氯乙烯绝缘护套扁型电线(BVVB-300/500 V-2×1.5 mm^2)白色 1 m

3) 实训内容及要求

导线是指用作电线电缆的材料,工业上也指电线,它一般由铜或铝制成,也有用银线所制(导电、热性好),用来疏导电流或者是导热。在导线外围均匀而密封地包裹一层不导电的材料,如:树脂、塑料、硅橡胶、PVC等,形成绝缘层,防止导电体与外界接触造成漏电、短路、触电等事故发生的电线叫绝缘导线。电缆与电线一般都由芯线、绝缘包皮和保护外皮三个组成部分组成。电线是由一根或几根柔软的导线组成,外面包以轻软的护层且一般是单层绝缘、单芯,每卷长度一般为100 m,无线盘;电缆是由一根或几根绝缘包导线组成,外面再包以金属或橡皮制的坚韧外层,一般有2层以上的绝缘,多数是多芯结构,绕在电缆盘上,长度一般大于100 m。

(1) 电线和电缆的分类

① 按所用的金属材料可分为铜线、铝线、钢芯铝绞线、钢线、镀锌铁线等。

② 按材质分为聚氯乙烯(PVC)绝缘电线、橡皮绝缘电缆、低烟低卤、低烟无卤、硅橡胶导线、四氟乙烯线等类型。

③ 按构造可分为裸导线、绝缘导线、电磁线、电缆等,其中裸导线分为单线和绞线两种,绝缘导线分为单芯和多芯两种。

④ 按金属性质可分为硬线及软线两种。硬线未经退火处理,抗拉强度大;软线经过退火处理,抗拉强度小。

⑤ 按导线的截面形状可分为圆线和型线两种。

⑥ 导线规格划分:导线规格是按导线截面积划分的,单位是平方毫米(mm^2),依次划分为0.3、0.5、0.75、1.0、1.5、2.5、4、6、10、16、25、35、50、70、120、150、185、240、300、400、500,其中1.5至185为常见规格。其中,室内用的电线截面规格有1.5、2.5、4、6、10等(单位:mm^2),1 mm^2 的电线最大可承受5~6 A的电流。

⑦ 按温度分类:普通(70 ℃),耐高温(105 ℃)。

⑧ 按电压分类:额定电压值有300/500 V,450/750 V,600/1 000 V,1 000 V以上等。

(2) 绝缘导线

① 橡皮绝缘导线

这种导线是在裸导线外先包一层橡皮,再包一层编织层(棉纱或无碱玻璃丝)然后再以石蜡混合防潮剂浸渍而成。橡皮绝缘电线有铜芯和铝芯之分,在结构上有单芯、双芯、三芯之分。在橡皮绝缘导线的型号中字母 B 表示棉纱编织,BB 表示玻璃丝编织,X 表示橡皮绝缘,铜芯不标注,L 表示铝芯导线,S 表示双芯,H 表示花线,G 表示适于穿管内敷设。如:BX-0.5 kV/1.5 mm^2 表示铜芯橡皮线,额定电压 500 V,截面积 1.5 mm^2。图 2.44 给出橡皮绝缘电线示意图,常用橡皮绝缘电线的型号和用途如表 2.1 所示。

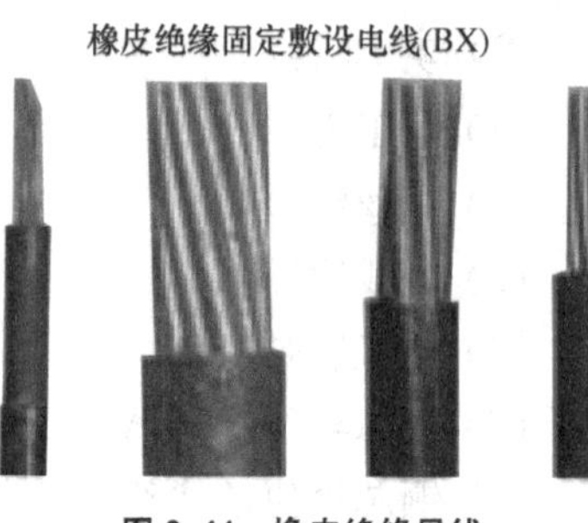

图 2.44 橡皮绝缘导线

表 2.1 橡皮绝缘电线的型号和主要用途

型 号	名 称	主 要 用 途
BX	铜芯橡皮线	供干燥和潮湿场所固定敷设用;用于交流额定电压 250 V 和 500 V 的电路中
BXR	铜芯橡皮软线	供安装在干燥和潮湿场所;连接电气设备的移动部分用,交流电压 500 V
BXS	双芯橡皮线	供干燥场所敷设在绝缘子上用;用于交流额定电压 250 V 的电路中
BXH	铜芯橡皮花线	供干燥场所移动式用电设备接线用;线芯间额定电压 250 V
BLX	铝芯橡皮线	与 BX 型电线相同
BXG	铜芯穿管橡皮线	供交流电压 500 V 或直流电压 1 000 V 电路中配电和连接仪表用;适用于管内敷设
BLXG	铝芯穿管橡皮线	与 BXG 型电线相同
BLXF	铝芯氯丁橡皮绝缘线	是代替 BBLX 型编织涂蜡橡皮线的一种新产品
BXF	铜芯氯丁橡皮绝缘线	是代替 BLX 型编织涂蜡橡皮线的一种新产品

注:表中 BX(BLX)型为铜(铝)芯棉纱橡皮绝缘线。另有 BBX(BBLX)为铜(铝)芯玻璃丝编织橡皮绝缘线。

② 聚氯乙烯绝缘电线

用聚氯乙烯作绝缘的电线,简称塑料线,如图 2.45 所示。在聚氯乙烯绝缘电线的型号中,L 表示铝芯;铜芯不用标注;V 表示塑料绝缘;R 表示软线;VV 表示塑料绝缘、塑料护套;S 表示双绞。如规格型号为 BLV-0.5 kV/1.5 mm^2,则表示铝芯塑料线,额定电压 500 V,截面积 1.5 mm^2。BVV-0.5 kV/2×1.5 mm^2 表示铜芯塑料护套线,额定电压 500 V,截面积为 2×1.5 mm^2。型号、名称及主要用途见表 2.2。

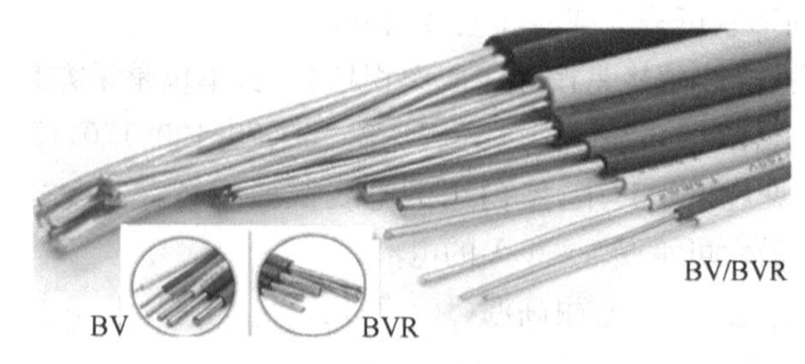

图 2.45 聚氯乙烯绝缘电线

表 2.2 聚氯乙烯绝缘电线的型号和主要用途

型 号	名 称	主要用途
BLV(BV)	铝(铜)芯塑料线	交流电压 500 V 以下,直流电压 1 000 V 以下室内固定敷设
BLVV(BVV)	铝(铜)芯塑料护套线	交流电压 500 V 以下,直流电压 1 000 V 以下室内固定敷设
BVR	铜芯塑料软线	交流电压 500 V 以下,要求电线比较柔软的场院所敷设
RVB	平行塑料绝缘软线	250 V;室内连接小型电器,移动或半移动敷设时用
RVS	双绞塑料绝缘软线	250 V;室内连接小型电器,移动或半移动敷设时用
RFS	双绞复合物软线(白色)	丁腈聚氯乙烯复合物绝缘日用电器软线,是代替 BXH(RXS)型橡皮花线的一种新产品
RFB	平行复合物软线(棕、灰色)	

③ 屏蔽电缆

屏蔽电缆是在传输电缆外加屏蔽层方式形成的抗外界电磁干扰能力的电缆,如图 2.46 所示。这种电缆的屏蔽层大多采用编织成网状的金属线或采用金属薄膜,有单屏蔽和多屏蔽的多种不同方式。单屏蔽是指单一的屏蔽网或屏蔽膜,其中可包裹一条或多条导线。多屏蔽方式是多个屏蔽网,屏蔽膜共处于一条电缆中。有的用于隔绝导线之间的电磁干扰,有的是为了加强屏蔽效果而采用的双层屏蔽。屏蔽的作用机理是将屏蔽层接地使之隔绝外界对导线的感应干扰电压。常见屏蔽电线型号及名称如表 2.3 所示。

图 2.46 屏蔽电缆

表 2.3 屏蔽电线型号及名称

型 号	名 称
BVP	聚氯乙烯绝缘屏蔽电线
RVP	聚氯乙烯绝缘屏蔽软线
BVVP	聚氯乙烯绝缘聚氯乙烯护套屏蔽电线
RVVP	聚氯乙烯绝缘聚氯乙烯护套屏蔽软线
BVP-105	耐热 105 ℃聚氯乙烯绝缘屏蔽电线
RVP-105	耐热 105 ℃聚氯乙烯绝缘屏蔽软线

④ 绝缘电线的标称截面及其与导线股数、直径的关系

BX、BLX 型电线的标称截面包括 1～240 mm^2 的规格。BXF、BLXF 型电线的标称截面包括 1～95 mm^2 的规格。BV、BLV 型号电线的标称截面包括 1～185 mm^2 的规格,绝缘电线标称截面与导线股数/直径的关系如表 2.4 所示。

表 2.4 绝缘电线标称截面与导线股数/直径的关系

标称截面(mm^2)	1	1.5	2.5	4	6	10	16	25
股数/直径(mm)	1/1.13	1/1.37	1/1.76	1/2.24	1/2.73	7/1.33	7/1.70	7/2.12
标称截面(mm^2)	35	50	70	95	120	150	185	240
股数/直径(mm)	7/2.50	19/1.83	19/2.12	19/2.50	37/2.0	37/2.24	37/2.50	61/2.24

⑤ 电线选购注意事项

a. 看电线是否符合国家电工委员会产品质量认可(或有“CCC”认证)。

b. 看电线是否符合用电定额要求,产品检验合格证书,产品质量专用标识。

c. 看铜的纯度,纯度越高质量越好。

d. 看包铜芯的 PVC 材料质量如何,质量越好,漏电几率越低。

e. 看每一卷电线的长度标准,重量是否足,使用温度为－30～70 ℃。

(3) 实训内容

利用给定的电工常用工具和导线,完成下列实训内容。

① 完成单股导线的对接。

② 完成单股导线的 T 型连接。

③ 完成单股导线的对接。

④ 完成多股导线的 T 型连接。

⑤ 完成单股和多股导线直径的测量。

⑥ 完成内容①～④导线的绝缘层恢复。

⑦ 使用新型导线连接器,实现内容①～④导线的连接。

4) 验收标准

① 对照导线连接要求和标准,检查学生连接质量,主要验收内容包含导线连接的圈数和导线压紧情况,最后检查外观是不是整齐、均匀、美观。

② 检查导线绝缘层恢复的方法是否正确,绝缘层恢复质量是否满足要求。

③ 检查新型连接器在连接时,导线的线芯有没有裸露在连接器外部。

思 考 题 2

2.1　低压验电器有哪些功能?使用时需要注意什么?

2.2　手电钻和冲击钻用途上有什么区别?

2.3　万用表主要用途有哪些?指针万用表和数字万用表有什么相同点和不同点?

2.4　如何用万用表判别二极管和三极管的极性?

2.5　如何用万用表判别电容是否漏电?

2.6　如何在路判别二极管、三极管、稳压管的好坏?

2.7　兆欧表的主要作用是什么?使用时需要注意什么?

2.8　塑料硬线绝缘层剖削方法有哪些?

2.9　如何剖削塑料护套线的绝缘层?

2.10　如何剖削橡皮线的绝缘层?

2.11　如何剖削花线的绝缘层?

2.12　如何剖削铅包线的绝缘层?

2.13　如何去除漆包线的绝缘层?

2.14　简单描述导线的连接方法有哪些。

2.15　导线绝缘层恢复的方法有哪些?

2.16　新的导线连接方式有哪些特点?

3 常用照明线路安装与检修

电力作为原动力，要由配电线路将其分配到用电单位和住宅区去。室内配电照明电路的安装和检修更是家庭、办公楼宇综合布线中最简单、最基本的部分，也是电气职业技术人员必须掌握的一项基本功。通过本章的学习和实训，可以使读者掌握室内线路的主要配线方法和基本操作工艺，了解常用量配电装置的安装、检修方法及小型配电板的配线和安装方法。

3.1 室内布线的基本操作

3.1.1 室内布线总的原则

室内布线是指在建筑物内进行的线路配线工作。在室内配线是为了对各种电器设备提供供电服务，除了在设计上要考虑供电的可靠性外，在施工中保证以后运行的可靠性往往更为重要。常常会由于施工的不当，造成很多隐患，给以后运行的可靠性造成很大影响。总的来讲，在设计和安装过程中应注意以下基本原则：

(1) 安全。配线也是建筑物内的一种设施，必须保证其安全性。施工前选用的电器设备和材料必须合格。施工中对于导线的连接、地线的施工以及电缆敷设等，都必须采用正确的施工方法。

(2) 便利。在配线施工和设备安装中，要考虑以后运行和维护的便利，并要考虑发展的可能。

(3) 经济。在工程设计和施工中，要注意节约有色金属。

(4) 美观。在室内施工中，必须注意不要损坏建筑物的美观，同时配线的布置也要根据不同情况注意建筑物的美化问题。

3.1.2 室内布线的具体技术要求

室内配线不仅要使电能传送安全可靠，而且要使线路布置正规、合理、整齐、安装牢固，其技术要求如下：

(1) 所用导线的额定电压应大于线路的工作电压。导线的绝缘应符合线路的安装方式和敷设环境的条件。导线的截面积应满足供电安全电流和机械强度的要求，一般的家用照明线路选用 4 mm^2 的铝芯绝缘导线或 2.5 mm^2 的铜心绝缘导线为宜。

(2) 配线时应尽量避免导线接头。必须有接头时，应采用压接和焊接，并用绝缘胶布将接头缠好。要求导线连接和分支处不应受到机械力的作用，穿在管内的导线不允许有接头，必要时尽可能把接头放在接线盒或灯头盒内。

(3) 配线时应水平或垂直敷设。水平敷设时,导线距地面应不小于 2.5 m;垂直敷设时,导线距地面不小于 2 m。否则,应将导线穿在钢管内加以保护,以防机械损伤。同时所配线路要便于检查和维修。

(4) 当导线穿过楼板时,应设钢管加以保护,钢管长度应从离楼板面 2 m 高处至楼板下出口处。导线穿墙要用瓷管保护,瓷管两端的出线口伸出墙面不小于 10 mm,这样可以防止导线和墙壁接触,以免墙壁潮湿而产生漏电现象。当导线互相交叉时,为避免碰线,在每根导线上均应套塑料管或其他绝缘管,并将套管固定紧,以防其发生移动。

(5) 为了确保安全用电,室内电气管线和配电设备与其他管道、设备间的最小距离都有明确规定。施工时如不能满足要求,则应采取其他的保护措施。

3.1.3 室内配线的主要工序

(1) 按设计图样确定灯具、插座、开关、配电箱、起动装置等设备的位置。

(2) 沿建筑物确定导线敷设的路径、穿越墙壁或楼板时的具体位置。

(3) 在土建未涂灰前,在配线所需的各固定点打好孔眼,预埋绕有铁丝的木螺钉、螺栓或木砖。

(4) 装设绝缘支持物、线夹或管子。

(5) 敷设导线。

(6) 处理导线的连接、分支和封端,并将导线出线接头和设备相连接。

3.2 室内配线方式

3.2.1 塑料护套线的配线方法

1) 使用场合

塑料护套线是一种将双芯或多芯绝缘导线并在一起,外加塑料保护层的双绝缘导线,具有防潮、耐酸、耐腐蚀及安装方便等优点,广泛用于家庭、办公等室内配线中。塑料护套线一般用铝片或塑料线卡作为导线的支持物,直接敷设在建筑物的墙壁表面,有时也可直接敷设在空心楼板中。

2) 护套线配线的步骤与工艺要求

(1) 画线定位。确定起点和终点位置,用弹线袋画线。设定铝片卡的位置,要求铝片卡之间的距离为 150～300 mm。在距开关、插座、灯具的木台 50 mm 处及导线转弯两边的 80 mm 处,都需设置铝片卡的固定点。

(2) 铝片卡或塑料卡的固定。铝片卡或塑料卡的固定应根据具体情况而定。在木质结构、涂灰层的墙上,选择适当的小铁钉或小水泥钉即可将铝片卡或塑料卡钉牢;在混凝土结构上,可用小水泥钉钉牢,也可采用环氧树脂粘接。

(3) 敷设导线。为了使护套线敷设得平直,可在直线部分的两端各装一副瓷夹板。敷线时,先把护套线一端固定在瓷夹内,然后拉直并在另一端收紧护套线后固定在另一副瓷夹中,最后把护套线依次夹入铝片卡或塑料卡中。护套线转弯时应成小弧形,不能用力硬扭成直角。

3.2.2 线管配线的方法

1) 使用场合

把绝缘导线穿在管内敷设，称为线管配线。线管配线有耐潮、耐腐、导线不易遭受机械损伤等优点，适用于室内、室外照明和动力线路的配线。

线管配线有明装式和暗装式两种。明装式表示线管沿墙壁或其他支撑物表面敷设，要求线管横平竖直、整齐美观；暗装式表示线管埋入地下、墙体内或吊顶上，不为人所见，要求线管短、弯头少。

2) 线管配线的步骤与工艺要点

(1) 线管的选择

选择线管时，通常根据敷设的场所来选择线管类型，根据穿管导线截面积和根数来选择线管的直径。选管时应注意以下几点：

① 在潮湿和有腐蚀性气体的场所，不管是明装还是暗装，一般采用管壁较厚的镀锌管或高强度 PVC 线管。

② 干燥场所内明装或暗装一般采用管壁较薄的 PVC 线管。

③ 腐蚀性较大的场所内明装或暗装一般采用硬塑料管。

④ 根据穿管导线截面积和根数来选择线管的直径，要求穿管导线的总截面积(包括绝缘层)不应该超过线管内径截面积的 40%。

(2) 防锈与涂漆

为防止线管年久生锈，在使用前应将线管进行防锈涂漆。先将管内、管外进行除锈处理，除锈后再将管子的内外表面涂上油漆或沥青。在除锈过程中，还应检查线管质量，保证无裂缝、无瘪陷、管口无锋口杂物。

(3) 锯管

根据使用需要，必须将线管按实际需要切断。切断的方法是用台虎钳将其固定，再用钢锯锯断。锯割时，在锯口上注少量润滑油可防止钢锯条过热。此外，管口要平齐，并应锉去毛疵。

(4) 钢管的套螺纹与攻螺纹

在利用线管布线时，有时需要进行管子与管子、管子与接线盒之间的螺纹连接。为线管加工内螺纹的过程称为攻螺纹；为线管加工外螺纹的过程称为套螺纹。攻螺纹与套螺纹的工具选用、操作步骤、工艺过程及操作注意事项要按机械实训的要求进行。

(5) 弯管

根据线路敷设的需要，在线管改变方向时需将管子弯曲。管子的弯曲角度一般不应小于 90°，其弯曲半径可以这样确定：明装管至少应等于管子直径口的 6 倍；暗装管至少应等于管子的直径的 10 倍。

(6) 布管

管子加工好后，就应按预定的线路布管。具体的步骤与工艺如下：

① 固定管子。对于暗装管，若布在现场浇制的混凝土构件内，可用铁丝将管子绑扎在钢筋上，也可将管子用垫块垫起、铁丝绑牢，用钉子将垫块固定在木模上；若布在砖墙内，一

般是在土建砌砖时预埋，否则应先在砖墙上留槽或开槽；若布在地坪内，须在土建浇制混凝土前进行，用木桩或圆钢等打入地中，并用铁丝将管子绑牢。对于明装管，为使线管整齐美观，管路应沿建筑物水平或垂直敷设。当管子沿墙壁、柱子和屋架等处敷设时，可用管卡、管夹或桥架固定；当管子进入开关、灯头、插座等接线盒孔内及有弯头的地方时，也应用管卡固定。对于硬塑料管，由于硬塑料管的膨胀系数较大，因此沿建筑物表面敷设时，在直线部分每隔 30 m 要装设一个温度补偿盒。硬塑料管的固定也可采用管卡，对其间距也有一定的要求。

② 管子的连接。钢管与钢管的连接，无论是明装管或暗装管，最好采用管接头连接。尤其是地埋和防爆线管。为了保证管接口的密封性，应涂上黄油，缠上麻丝，用管子钳拧紧，并使两管端口吻合。在干燥少尘的厂房内，直径为 50 mm 及以上的管子，可采用外加套筒焊接，连接时将管子从套筒两端插入，对准中心线后进行焊接。硬塑料管之间的连接可采用插入法和套接法。插入法即在电炉上加热到柔软状态后扩口插入，并用黏接剂(如过氯乙烯胶)密封；套接法即将同直径的硬塑料管加热扩大成套筒，并用黏接剂或电焊密封。管子与配电箱或接线盒的连接方法如图 3.1 所示。

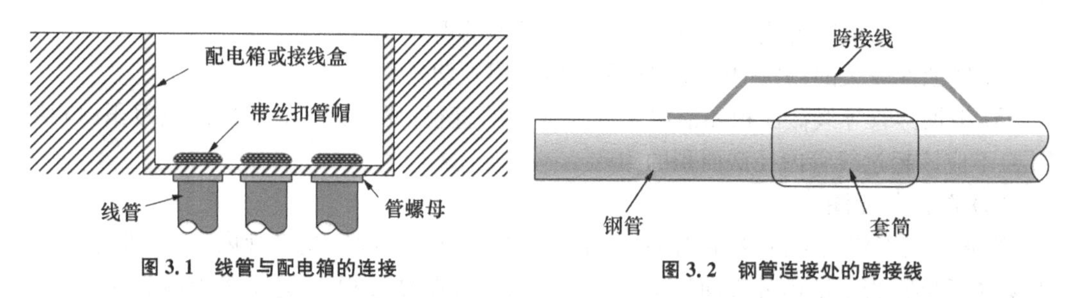

图 3.1　线管与配电箱的连接

图 3.2　钢管连接处的跨接线

③ 管子接地。为了安全用电，钢管与钢管、钢管与配电箱及接线盒等连接处都应做系统接地。管路中有接头将影响整个管路的导电性能及接地的可靠性，因此在接头处应焊上跨接线，其方法如图 3.2 所示，钢管与配电箱的连接地线，均需焊有专用的接地螺栓。

④ 装设补偿盒。当管子经过建筑物伸缩缝时，为防止基础下沉不均，损坏管子和导线，需在伸缩缝的旁边装设补偿盒：暗装管补偿盒的安装方法是：在伸缩缝的一边，按管子的大小和数量的多少，适当地安装一只或两只接线盒，在接线盒的侧面开一个长孔，将管端穿入长孔中，无须固定，另一端用管子螺母与接线盒拧紧固定。明装管用软管补偿，安装时将软管套在线管端部，使软管略有弧度，以便基础下沉时，借助软管的伸缩达到补偿的目的。

3.2.3　槽板布线

1) 使用场合

槽板布线是指将绝缘导线安装在槽板线槽内的一种布线方式，主要用于科研室或预制墙板结构无法安装暗配线的工程，也适用于旧工程改造及线路吊顶内布线。就其制作材料而言，主要有木槽板(目前已较少采用)、塑料槽板和金属槽板，下面就常用槽板类型做一简单介绍：

(1) 塑料槽板

塑料槽板具有重量轻、绝缘性能好、耐酸碱腐蚀、安装维修方便等特点，因此应用较为广泛。塑料槽板的外形如图 3.3 所示。

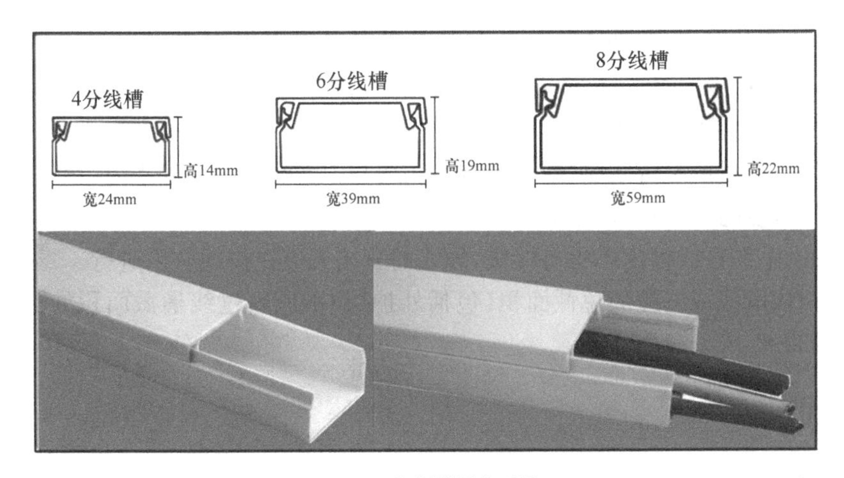

图 3.3 塑料槽板外形图

(2) 金属槽板

金属槽板坚固耐用,可分为明装金属槽板和地面线槽。既可用于明装布线,也可地面内暗装布线,其外形如图 3.4 所示。其中,地面线槽是为了适应现代化建筑电气配线日趋复杂、出线位置多变的特点而推出的一种新型敷设管件系列产品。可广泛用于大间办公自动化写字楼、阅览室、展览室、实验室、电教室、商场、机房,尤其适用于隔墙任意变化的建筑物。

图 3.4 金属槽板外形图

2) 槽板布线的步骤

明装槽板布线过程主要有以下几道工序:

(1) 准备。首先确定槽板的敷设路径及固定方式。一般来说,塑料槽板可以直接固定于建筑物构件表面,而金属槽板由于重量较大,多采用吊架或托架安装,因此需在槽板布线前在墙体内预埋固定用金属支架。

(2) 定位。布线前要在敷设的建筑构件表面上进行定位划线,槽板排列应整齐、美观,应尽量沿房屋的线脚、横梁、墙角等隐蔽部位敷设,且与建筑物的线条保持水平或垂直。

(3) 固定。塑料线槽的固定方式主要有三种,即用伞形螺栓固定、用塑料胀管固定、用木砖固定。金属线槽可用塑料胀管直接固定于墙上,也可固定于吊架或托架上。

(4) 放线。放线时先将导线放开伸直,从始端到末端边放边整理,导线应顺直,不得有挤压、背扣、扭结和损坏等现象。

(5) 检查。配线工程结束后应进行绝缘检查,并做好测量记录。

3）槽板布线的注意事项

（1）VXC 塑料线槽明敷时，槽盖与槽体需错位搭接。

（2）建筑物顶棚内不得采用塑料线槽布线。

（3）穿金属线槽的交流线路，应使所有的相线与中性线在同一外壳内。

（4）强、弱电线路不应敷设于同一线槽内。

（5）电线、电缆在线槽内不得有接头，导线的分接头应在接线盒内进行。

（6）线槽内电线或电缆的总截面积（包括外护层）不应超过线槽截面积的 20%，载流导线不宜超过 30 根。

3.2.4 钢索布线

1）使用场合

在大型厂房内，由于屋顶架构较高，跨度较大，而灯具安装又要求敷设较低的照明线路时，常常采用钢索布线。

2）钢索布线的步骤

屋内钢索布线采用绝缘导线明装设时，应采用瓷夹、塑料夹、绝缘子固定，用护套绝缘导线、电缆、金属管或硬塑料管布线时，可直接固定于钢索上。

（1）钢索吊装绝缘子布线。首先应按要求找好灯位，组装好绝缘子的扁钢吊架，按测量好的间距固定在钢索上，在终端处，扁钢吊架及固定卡子之间镀锌铁丝拉紧，扁钢吊架应安装垂直、牢固，间距应均匀。其次将导线放开伸直，准备好绑线后，由一端开始将导线绑牢，另一端拉紧绑线后再绑扎中间各支持点。

（2）钢索吊装塑料护套导线布线。首先按要求找好灯位，将塑料接线盒及接线盒的安装钢板吊装到钢索上，均分线卡间距，在钢索上做出标记，测量出两灯具间距离。然后将导线按段剪断，注意需留有适量裕度，敷线从一端开始，用线夹将护套线平行卡吊于钢索上，最后将导线引入接线盒并安装灯具。

（3）钢索吊装管布线。钢索吊装管布线做法与吊装塑料护套线类似。

（4）钢索起点、中间及终端做法。钢索的起点、中间及终端可依照具体环境位置及实际情况安装。

3）钢索布线的注意事项

（1）钢索布线所使用钢索的截面积应根据跨距、荷重和机械强度选择，钢索除两端拉紧外，跨距大的应在中间增加支持点。

（2）屋内钢索上的绝缘导线至地面的距离不得小于 2.5 m。

（3）钢索固定件应镀锌或涂防腐漆。

（4）在钢索上吊装金属管或塑料管布线时，管卡的宽度不应小于 20 mm，且吊装接线盒的卡子不应少于 2 个。

（5）钢索上吊装护套导线布线时，线卡的支持点间距不应大于 500 mm，卡子距接线盒不应大于 100 mm。

（6）钢索上采用绝缘子吊装绝缘导线布线时，导线支持点间距不应大于 1.5 m，线间距离不应小于 50 mm，扁钢吊架终端应加拉线，其直径不应小于 3 mm。

3.2.5 室内布线的常见故障

照明线路常常因施工安装和维护检修不符合要求而发生故障。随着经济的发展，人民生活水平不断提高，家用电器越来越多，用电量也越来越大，而这些因素导致了线路负荷电流过大。同时线路绝缘老化引起的各种故障也日益增加。

常见故障主要有断路、短路和剩余电流故障三种。

1) 断路故障的处理

产生断路的主要原因有照明配电箱内熔丝熔断、线头松脱、断线、开关触头接触不良、铝接线头腐蚀等。

整条照明线路上的灯全部不亮，首先检查照明配电箱是否有电，如无电应接上低压电源，如有电，则下一步检查开关触头接触是否良好，熔丝是否熔断。如果照明配电箱接不上电源或接上电源后开关和熔丝均完好无缺，则可能是电源开路(包括相线或中性线断路)。首先用验电笔或万用表检查总熔丝端头，如有电，再用校验灯检测。如校验灯亮，说明进线正常；如不亮，则说明进线有故障(包括断路器、熔丝)，并进行修复。如果总进线修复后，灯还不亮，这时应用验电笔或万用表分别测试各段相线，如有电，再用校验灯校验，一端接相线，另一端接各段中性线。如校验灯亮，说明中性线正常；若不亮，则说明该段中性线断路，应修复。

如果整条照明线路上只有个别灯不亮，则应分别进行检查，首先检查灯泡的灯丝是否烧断，若灯丝未断，则应检查开关和灯头是否接触不良、有无断线开路等。可以用验电笔或万用表检验灯座的两极是否有电，若两极都没电，说明相线(火线)断路；若两极都有电(带灯泡测试)，则说明零线断路；若一极亮一极不亮，说明灯丝回路未接通。

2) 短路故障处理

造成电路短路的原因主要是导线绝缘外皮受外力损伤或发热老化损坏，并在相线和零线的绝缘损坏处碰线。有时电气元件内接线处理不好，也会造成短路故障。

发生短路时，常出现电弧打火现象，同时短路保护动作(空气断路器跳闸，熔断器熔丝熔断)。检查时，首先断开零线，在开关或熔丝两端并联一只100 W校验灯，合上开关或接上熔丝，如果校验灯亮(此时开关跳闸或熔丝熔断)，则说明相线有接地故障，此时应缩小范围按上述方法再试，直至找到故障点。如果校验灯不亮(开关没跳闸或熔丝未熔断)，则应拆开相线，把校验灯一端接电源，另一端逐段接相线，短路点就在校验灯亮的那一段线路中。

3) 剩余电流故障处理

相线由于各种原因损坏而接地，以及用电设备内部绝缘损坏使外壳带电等均会引起剩余电流。目前预防此类事故大多采用剩余电流动作保护器进行保护，当剩余电流超过整定值时，剩余电流动作保护器自动切断电路，这时应查出接地点方可送电。

漏电不但造成电力浪费，还可能造成人身触电伤亡事故。

照明线路的接地点多发生在穿墙部位和靠近墙壁天花板的部位。查找接地点时，应注意查找这些部位。

漏电查找方法如下：

(1) 首先判断是否漏电。可用500 V绝缘电阻表摇测，看其绝缘电阻值的大小。也可在被检查建筑物的总刀开关上接一只电流表，接通全部灯开关，取下所有灯泡，进行仔细观察。若电流表指针摇动，则说明漏电。指针偏转的大小，取决于电流表的灵敏度和漏电电流的大小。若偏转大则说明漏电大，确定漏电后可按下一步继续进行检查。

(2) 判断漏电类型。即判断是相线与零线间的漏电，还是相线与大地间的漏电，或者是两者兼而有之。以接入电流表检查为例，切断零线，观察电流的变化，电流表指示不变，是相线与大地之间漏电；电流表指示为零，是相线与零线之间的漏电；电流表指示变小但不为零，则表明相线与零线、相线与大地之间均有漏电。

(3) 确定漏电范围。取下分路熔断器或拉下分路刀开关，电流表若不变化，则表明是总线漏电；电流表指示为零，则表明是分路漏电；电流表指示变小但不为零，则表明总线与分路均有漏电。

(4) 找出漏电点按前面介绍的方法确定漏电的分路或线段后，依次拉断该线路灯具的开关，当拉断某一开关时，电流表指针回零或变小，若回零则是这一分支线漏电，若变小则除该分支漏电外还有其他漏电处；若所有灯具开关都拉断后，电流表指针仍不变，则说明是该段干线漏电。依照上述方法依次把故障范围缩小到一个较短线段或小范围之后，便可进一步检查该段线路的接头，以及电线穿墙处等有否漏电情况。当找到漏电点后，应及时妥善处理。

必须指出照明电路开关箱壳应用黄绿双色线接地，零线用黑色或蓝色线，插座接线应左零线、右相线。

3.3 楼宇常用电器

随着国家电网改造和低压配电电器的发展，各种新型的低压配电电器逐步应用于居民楼宇中和家庭内部，下面介绍几种常用的低压量电和配电电器。

3.3.1 电能表

电能表(习称电度表)是用来测量某一段时间内发电机发出的电能或负载所消耗的电能的仪表。所以电能表是累计仪表，其计量单位是千瓦·时(kW·h)，电能表的种类繁多，按其准确度分类有 0.5、1.0、2.0、2.5、3.0 级等。按其结构和工作原理又可分为电解式、电子数字式和电气机械式三类。电解式主要用于化学工业和有色金属冶炼工业中电能的测量；电子数字式适用于自动检测、遥控和自动控制系统；电气机械式电能表又可分为电动式和感应式两种。电动式主要用于测量直流电能，交流电能表都是采用感应式电能表。

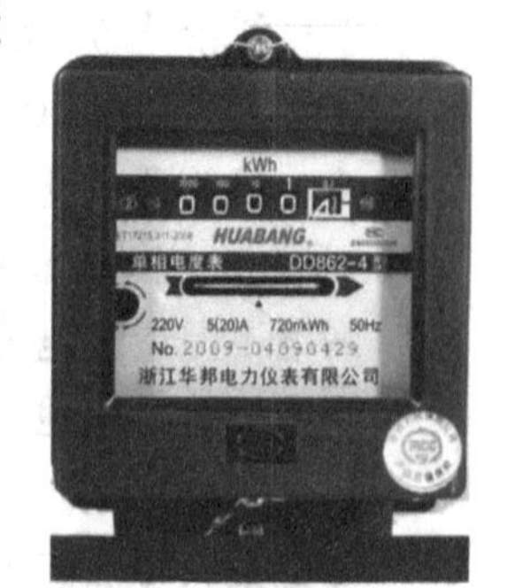

图 3.5 感应式电能表

1) 电能表的主要组成部分

电能表大都采用感应式，其外形如图 3.5 所示。其主要由以下部件组成：

(1) 驱动元件

包括电流部件和电压部件。

① 电流部件是由铁心及绕在它上面的电流线圈所组成。电流线

圈的匝数较少，导线较粗，铁心由硅钢片叠合而成。

② 电压部件是由铁心及绕在它上面的电压线圈所组成。电压线圈的匝数较多，导线较细，其铁心也由硅钢片叠合而成。

(2) 转动元件

由铝制圆盘和转轴组成，轴上装有传递转数的蜗杆，转轴安装在上、下轴承里可以自由转动。

(3) 制动元件

由制动永久磁铁和铝盘等组成。其作用是在转盘转动时产生制动力矩，使转盘转速与负载的功率大小成正比，从而使电能表能反映出负载所消耗的电能。

(4) 积算机构

用来计算电能表转盘的转数，实现电能的测量和积算。当转盘转动时，通过蜗杆、涡轮及齿轮等传动机构，最后使"字轮"转动，便可以从计算器窗口上直接显示出盘的转数。不过一般电能表所显示的并不是盘的转数而是直接显示出负载所消耗的电能的"度"数。此外电能表还有轴承、支架、接线盒等部件。

2) 单相交流电能表的工作原理

当交流电流通过感应系电能表的电流线圈和电压线圈时，在铝盘上会感应产生涡流，这些涡流与交变磁通相互作用产生电磁力，使铝盘转动。同时制动磁铁与转动的铝盘也相互作用，产生了制动力矩。当转动力矩与制动力矩平衡时，铝转盘以稳定的速度转动。铝转盘的转数与被测电能的大小成正比，从而测出所耗电能。由以上简单的原理分析可知，铝转盘的转数与负载的功率有关，负载功率越大，铝盘的转速越快，即

$$P=C\omega$$

式中：P 为负载的功率；ω 为铝盘的转速；C 为常数。

若测量时间为 T，且保持功率不变，则有：

$$PT=C\omega T$$

式中：表示在时间内负载消耗的电能 W；$C\omega T$ 代表了铝盘在时间内的转数 n，即

$$W=Cn$$

上式表明，电能表的转数 n 正比于被测电能 W。

由上式可求出常数 $C=W/n$，即铝盘每转一圈所代表的千瓦小时数。

通常电能表铭牌上给出的是电能表常数 N[r/(kW·h)]，它表示每千瓦小时对应的铝盘转数，即

$$N=1/C=n/W$$

3) 电能表的选用

(1) 根据测量任务的不同，电能表型式的选择也会有所不同。对于单相、三相、有功和无功电能的测量，都应选取与之相适应的仪表。在国产电能表中，型号中的前后字母和数字均表示不同含义。其中第 1 个字母 D 代表电能表，第 2 个字母中的 D 则表示单相、S 表示三相三线、T 表示三相四线、X 表示无功，后面的数字代表产品设计定型编号。

(2) 根据负载的最大电流及额定电压，以及要求测量值的准确度选择电能表的型号。应使电能表的额定电压与负载的额定电压相符。而电能表的额定电流应大于或等于负载的

最大电流。

(3) 当没有负载时,电能表的铝盘应该静止不转。当电能表的电流线路中无电流而电压线路上有额定电压时,其铝盘转动应不超过潜动允许值。

3.3.2　新型电能表简介

在科技迅猛发展的今天,新型电能表已快步进入千家万户。下面介绍具有较高科技含量的静止式电能表和电卡预付费电能表。

1) 静止式电能表

静止式电能表是借助于电子电能计量的先进机理,继承传统感应式电能表的优点,采用全屏蔽、全密封的结构,具有良好的抗电磁干扰性能,集节电、可靠、轻巧、高准确度、高过载、防窃电等为一体的新型电能表。

静止式电能表由分流器取得电流采样信号,分压器取得电压采样信号,经乘法器得到电压、电流的乘积信号,再经频率变换产生一个频率与电压、电流乘积成正比的计数脉冲,通过分频驱动步进电动机,使计度器计量。其外形如图 3.6 所示。

静止式电能表按电压分为单相电子式、三相电子式和三相四线电子式等,按用途又分为单一式和多功能(有功、无功和复合型)等。

静止式电能表的安装使用要求,与一般机械式电能表大致相同,但接线宜粗,避免因接触不良而发热烧毁。

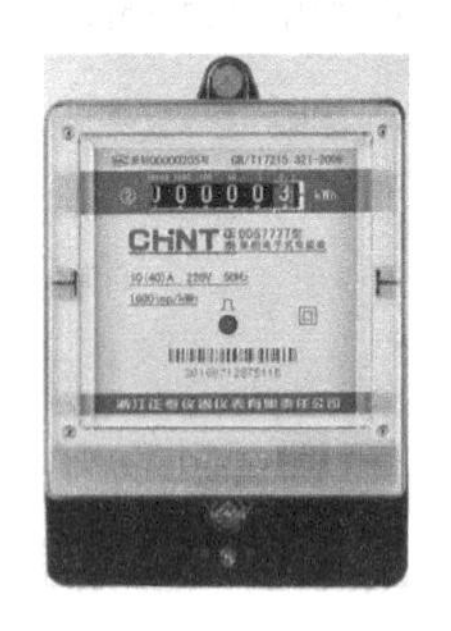

图 3.6　静止式电能表

图 3.7　电卡预付费电能表外形图

2) 电卡预付费电能表

电卡预付费电能表即为机电一体化预付费电能表,又称 IC 卡表或磁卡表,如图 3.7 所示。它不仅具有电子式电能表的各种优点,而且电能计量采用先进的微电子技术进行数据采集、处理和保存,实现先付费后用电的管理功能。

电卡预付费电能表通过电阻分压网络和分流元件分别对电压信号和电流信号采样,送到电能计量芯片,在计量芯片内部经过差分放大、A/D 转换和乘法器电路进行乘法运算,完成被计量电能的瞬时功率测量;再通过滤波和数字、频率转换器,输出与被计量电能平均功率成比例的频率脉冲信号,其中高频脉冲输出可供校验使用,低频脉冲输出给计度器显示电量及 CPU 进行通信抄收等数据处理,其工作原理如图 3.8 所示。

电卡预付费电能表也有单相和三相之分。单相电卡预付费电能表的接线如图 3.9 所示。

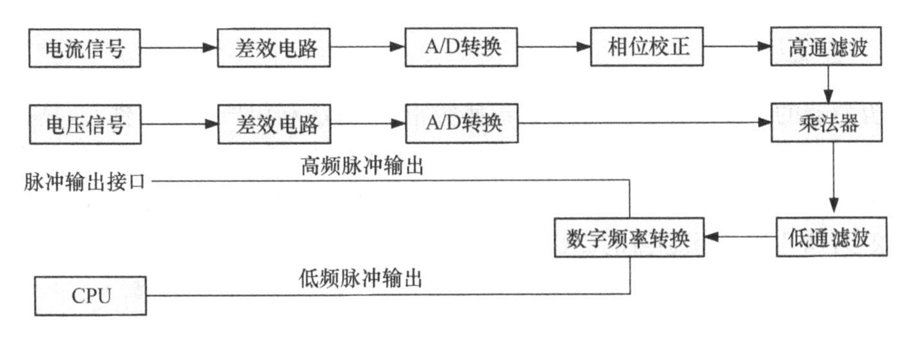

图 3.8 电卡预付费电能表工作原理

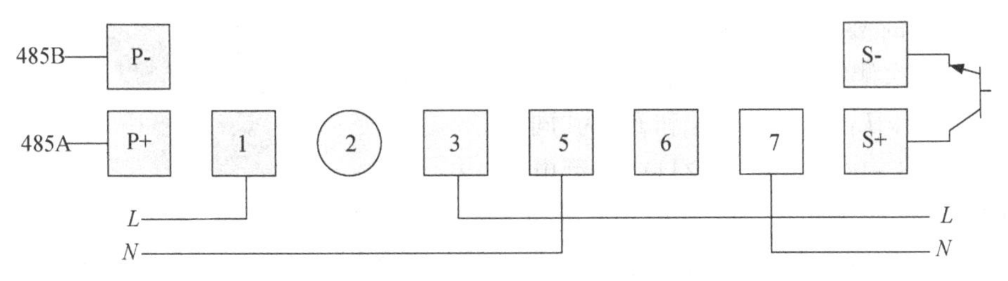

图 3.9 单相电卡预付费电能表的接线图

3) 智能电表的工作特点

智能电表采用了电子集成电路的设计，因此与感应式电表相比，智能电表不管在性能还是操作功能上都具有很大的优势。

(1) 功耗。由于智能电表采用电子元件设计方式，因此一般每块表的功耗仅有 0.6～0.7 W，对于多用户集中式的智能电表，其平均到每户的功率则更小。而一般每只感应式电表的功耗为 1.7 W 左右。

(2) 准确度。就表的误差范围而言，2.0 级电子式电能表在 5%～400%标定电流范围内测量的误差为±2%，而且目前普遍应用的都是准确等级为 1.0 级，误差更小。感应式电表的误差范围则为+0.86%～5.7%，而且由于机械磨损这种无法克服的缺陷，导致感应式电能表越走越慢，最终误差越来越大。国家电网曾对感应式电表进行抽查，结果发现 50%以上的感应式电表在用了 5 年以后，其误差就超过了允许的范围。

(3) 过载、工频范围。智能电表的过载倍数一般能达到 6～8 倍，有较宽的量程。目前 8～10 倍率的表正成为越来越多用户的选择，有的甚至可以达到 20 倍率的宽量程。工作频率也较宽，范围为 40～1 000 Hz。而感应式电表的过载倍数一般仅为 4 倍，且工作频率范围仅为 45～55 Hz。

(4) 功能。智能电表由于采用了电子技术，可以通过相关的通信协议与计算机进行联网，通过编程软件实现对硬件的控制管理。因此智能电表不仅有体积小的特点，还具有远程控制、复费率、识别恶性负载、反窃电、预付费用电等功能，而且可以通过对控制软件中不同参数的修改，来满足对控制功能的不同要求，而这些功能对于传统的感应式电表来说都是很难或不可能实现的。

3.3.3　电流互感器

电流互感器的结构特点是：一次侧绕组匝数很少(有的利用导线穿过铁心，只有一匝)，导线相当粗；二次侧绕组匝数很多，导线较细。一次侧绕组串联接入一次电路，二次侧绕组和仪表、继电器等电流线圈串联，形成闭合回路。由于仪表(电流表)、继电器线圈(电流继电器)阻抗很小，所以电流互感器的二次回路近于短路状态。二次侧绕组的额定电流一般为 5 A。在使用电流互感器时要注意，在工作时二次侧不得开路；二次侧有一端必须接地；在连接时要注意端子极性，一般用 L_1、L_2 表示一次侧绕组端子，K_1、K_2 表示二次侧绕组端子。L_1 和 K_1 及 L_2 和 K_2 为“同极性端”。图 3.10 所示是 LMZJ1-0.5 型电流互感器。

图 3.10　LMZJ1-0.5 型电流互感器

电流互感器使用注意事项如下：

① 电流互感器二次侧两端的接线桩要与电能表电流线圈的接线桩正确连接，不可接反。电流互感器的一次回路的接线桩要与电源的进出线正确连接。

② 电流互感器二次侧的接线桩外壳和铁心都必须可靠接地，电流互感器应装在电能表上方。

3.3.4　低压断路器

低压断路器(旧称空气开关)在居室供电中作总电源保护开关或分支线保护开关用，它集控制和保护功能于一体。当电路发生短路、过载、失电压等故障时，断路器能及时切断电源电路，从而保证了电路的安全。其外形和内部结构如图 3.11 所示。

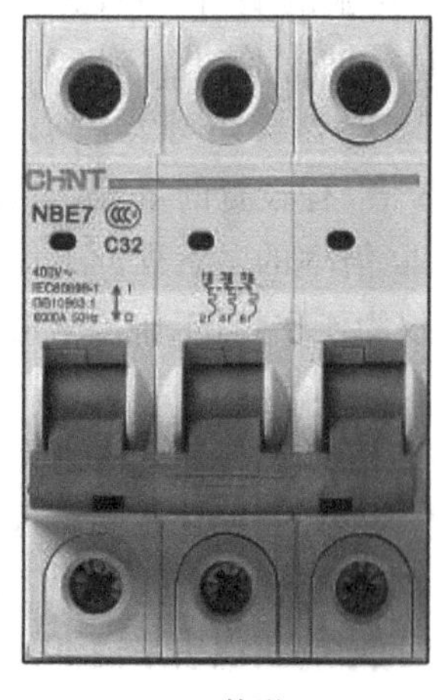

(a) 外形

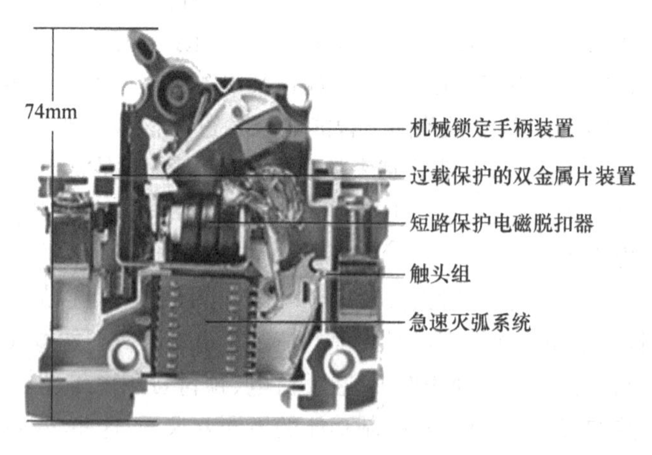

(b) 内部结构

图 3.11　小型断路器

由于断路器具有在故障处理后一般不需要更换零部件便可重新恢复供电的优点，使得它得到了广泛的应用。尤其在建筑电气上，现在已经全部使用断路器。目前家庭使用 DZ 系列(塑料外壳式)的断路器，有 1P、2P、3P、4P 四种类型，所谓的 P(Pole)，中文解释为“极”，每一类型又有多种规格。

1）四种断路器的应用

1P 用于一根相线的开、闭控制。2P 用于一相一零的开关控制，一般作为交流 220 V 电源总开关使用。3P 用于 3 根相线的开闭控制，3P 断路器一般用于三相负载。4P 用于三相一零的开闭控制。

2）低压断路器的主要技术参数

为起到保护作用，低压断路器的保护特性必须与被保护线路及设备的允许过载特性相匹配：厂家为了方便用户选择的需要，一般都把其主要参数印制在产品表面，具体解释如下：

(1) 产品规格为 DZ47-63。DZ 是指塑料外壳式断路器，47 是设计代号，63 是壳架等级额定电流。

(2) 400 V 是指断路器的额定工作值，说明本产品断路器工作电压不能超过 400 V。

(3) C32：C 是指 C 型脱扣特性；32 是指额定工作电流为 32 A。

家庭用断路器有如下一些规格：C10、C16、C25、C32、C40、C63。所谓的额定工作电流即断路器跳断电流值。例如“C10”表示当回路电流达到 10 A 时，断路器跳闸。“C40”则表示当回路电流达到 40 A 时，断路器跳闸。还有，为了确保安全可靠，断路器的额定工作电流一般应大于 2 倍所需的最大负荷电流，为以后家庭的用电需求留有裕量，即应该考虑到以后用电负荷增加的可能性。

断路器有 B 型、C 型、D 型 3 种脱扣特性，即 B、C、D 有不同的过载曲线和起动速度，家用断路器一般选 C 型。

(4) 扳键：正常工作时，扳键向上接通电路，在电路发生严重的过载、短路以及欠电压等故障时，自动切断电路(扳键被弹下)，待故障处理完毕后，需人工向上扳动合闸，恢复正常工作状态。

(5) 3C 认证：3C 认证是国家对强制性产品认证使用的统一标志。

3.3.5 漏电保护断路器

由于人们对各种电器的使用、管理和保护措施不当而发生的人身触电伤亡、烧毁电器和电气火灾的事例时有发生，给人民生命和财产带来巨大的损失。如何保障人身和家用电器安全是不容忽视的重要问题、在家庭装修中，正确选用和安装漏电断路器是简单经济、安全可靠的技术保障措施之一。

漏电保护断路器通常被称为漏电保护开关或漏电保护器，是为了防止低压电网中人身触电或漏电造成火灾等事故而研制的一种新型电器。它除了有断路器的作用外，还能在设备漏电或人身触电时迅速断开电路，保护人身和设备的安全，因而使用十分广泛。图 3.12 所示为小型漏电保护断路器的外形图。

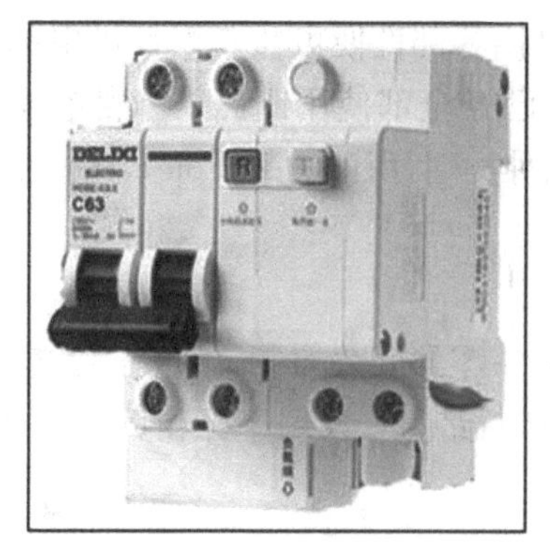

(a) 外形

(b) 内部结构

图 3.12 小型漏电保护断路器

1) 分类

漏电断路器按工作原理分,有电压动作型和电流动作型两类。电压动作型性能差已趋于淘汰,最常用的为电流动作型(剩余电流动作保护器)。按电源分,有单相和三相之分;按极数分,有二、三、四极之分;按其内部动作结构又可分为电磁式和电子式,其中电子式可以灵活地实现各种要求并具有各种保护性能。现已向集成化方向发展。目前,电器生产厂家把断路器和漏电保护器制成模块结构,根据需要可以方便地把两者组合在一起,构成带漏电保护的断路器,其电气保护性能更加优越。

2) 漏电保护断路器工作原理

(1) 三相漏电保护断路器

三相漏电保护断路器的基本原理与结构如图 3.13(a)所示,它由主回路断路器 QF(含跳闸脱扣器)和零序电流互感器、放大器三个主要部件组成。

当电路正常工作时,主电路电流的相量和为零,零序电流互感器 TAN 的铁心无磁通,其二次绕组没有感应电压输出,开关保持闭合状态。当被保护的电路中有漏电或有人触电时,漏电电流通过大地回到变压器中性点,从而使三相电流的相量和不等于零,零序电流互感器的二次绕组中就产生感应电流,当该电流达到一定的数值并经放大器 AV 放大后就可以使自由脱扣机构 YR 动作,使断路器在很短的时间内动作而切断电路。

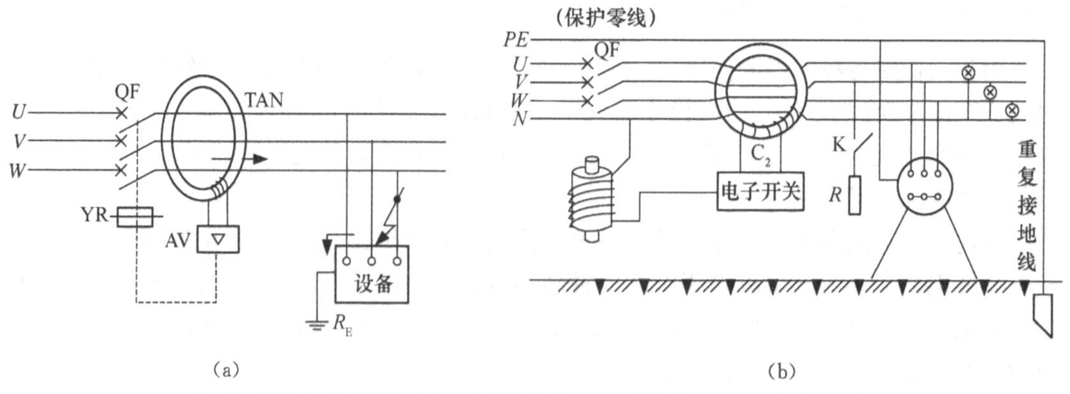

TAN—零序电流互感器;AV—电子放大器;QF—断路器;YR—自由脱扣机构

图 3.13 三相漏电保护断路器的工作原理示意图

在三相五线制配电系统中，零线一分为二：即工作零线(N)和保护零线(PE)。工作零线与相线一同穿过漏电保护断路器的互感器铁心，通过单相回路电流和三相不平衡电流。工作零线末端和中端均不可重复接地。保护零线只作为短路电流和漏电电流的主要回路，与所有设备的接零保护线相接。它不能经过漏电保护断路器，末端必须进行重复接地。图 3.13(b)为漏电保护与接零保护共用时的正确接法。漏电保护断路器必须正确安装接线。错误的安装接线可能导致漏电保护器的误动作或拒动作。

(2) 单相电子式漏电保护断路器

家用单相电子式漏电保护器的工作原理如图 3.14 所示。其主要工作原理为：当被保护电路或设备出现漏电故障或有人触电时，有部分相线电流经过人体或设备直接流入地线而不经零线返回，此电流则称为漏电电流(或剩余电流)，它由漏电流检测电路取样后进行放大。在其值达到漏电保护器的预设值时，将驱动控制电路开关动作，迅速断开被保护电路的供电电源，从而达到防止漏电或触电事故的目的；而若电路无漏电或漏电电流小于预设值时，电路的控制开关将不动作，即漏电保护器不动作，系统正常供电。

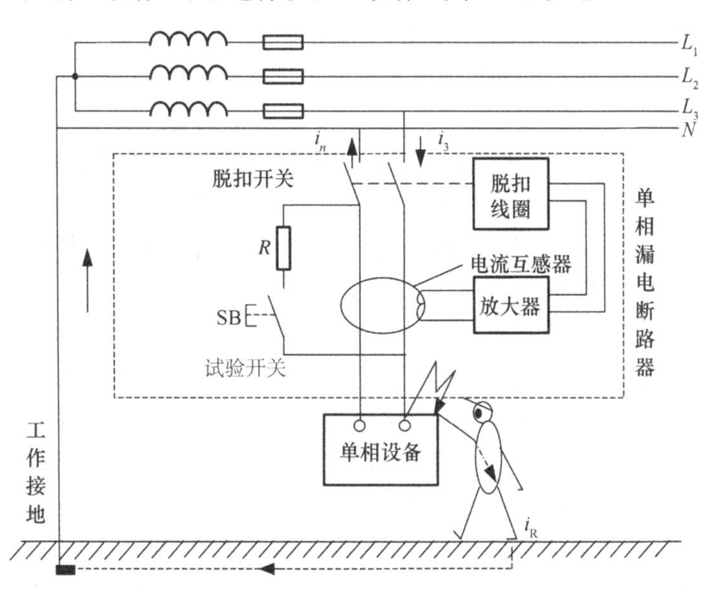

图 3.14　家用单相电子式漏电保护器的工作原理

漏电保护断路器的主要型号有 DZ5-20L、DZl5L 系列、DZL-16、DZLl8-20、DZ47LE 等，其中 DZLl8-20 型由于放大器采用了集成电路，使其体积更小、动作更灵敏、工作更可靠。

3) 漏电保护断路器的选用

要使漏电断路器能安全、有效地保障人身和用电设备的安全，需要从以下几个主要方面来选择和考虑。

(1) 额定电流 I_n

额定电流 I_n是指能够持续流过漏电断路器的最大负载电流。目前，市场上常见的漏电断路器额定电流 I_n规格有 6 A、10 A、16 A、20 A、25 A、32 A、40 A、63 A、100 A 等多种规格，那么如何选择合适的漏电断路器额定电流呢？若在家庭总开关处安装漏电断路器，这就需要根据用户家中各种电气设备的功率之和 P 来计算确定，即 $I=P/220$。如某一家庭用电设备的功率总和为 5 kW，则 $I=5\ 000/220\ \text{V}=22.7\ \text{A}$，算出负载电流 I 后，再选择额定电流。比计算电流略大一点的漏电断路器，故应选定额定电流为 25 A 的漏电断路器。如果只需要保护某个电器设备，如电热沐浴器，则根据所保护的电器设备的额定电流，选择漏电断路器额定电流。这样，在正常使用中，不至于漏电断路器因过负荷经常动作，影响正常使用。

(2) 额定漏电动作电流 $I_{\Delta n}$

额定漏电动作电流 $I_{\Delta n}$ 是指漏电断路器在规定的工作条件下必须动作的漏电电流值，这是漏电断路器一个重要的参数。漏电断路器漏电电流的规格主要有 5 mA、10 mA、15 mA、20 mA、30 mA、50 mA、75 mA、100 mA 等几种，其中小于或等于 30 mA 的属于高灵敏度型，漏电动作电流值在 50 mA 及以上的低灵敏度型漏电断路器不能作为家用漏电保护。家用漏电保护应选择漏电动作电流为 30 mA 的高灵敏度型的漏电断路器。潮湿场所以及可能受到雨淋或充满水蒸气的地方，如厨房、浴室、卫生间，由于这些场所危险大，所以适合在相应支路上装动作电流较小(如 10～15 mA)并能在 0.1 s 内动作的漏电断路器。一些日用电器常常没有接零保护，室内单相插座往往没有保护零线插孔，在室内电源进线上接入 15～30 mA 的漏电断路器可以起到安全保护作用，15 mA 以下不动作。动作电流选择得越低，可以提高开关的灵敏度，但过小的动作电流容易产生频繁的动作，影响正常使用。

(3) 额定漏电分断时间 t

分断时间是从突然施加漏电动作电流开始到被保护的电路或设备完全被切断电源的时间。我们选择漏电分断时间越短就对我们越安全。单相漏电断路器的额定漏电分断时间主要有小于或等于 0.1 s，小于 0.15 s，小于 0.2 s 等几种，家装中应选用分断时间小于或等于 0.1 s 的快速型家用漏电断路器。

(4) 根据保护对象选用漏电断路器

人身触电事故绝大部分发生在用电设备上，用电设备是触电保护的重点，但并不是所有的用电设备都必须安装漏电断路器，应有选择地对那些危险较大的设备使用漏电断路器保护，如携带式用电设备，各种电动工具以及潮湿多水或充满蒸汽环境内的用电设备(如洗衣机、电热沐浴器、空调机、冰箱、电动炊具等)。

(5) 根据工作电压选择

家庭生活用电为 220 V/50 Hz 的单相交流电，故应选用额定电压为 220 V/50 Hz 的单相漏电断路器，如单极二线或二极产品。家庭一般选用二极(2P)漏电断路器作总电源保护，用单极(1P)做分支保护。

4) 漏电断路器的安装

合理地选用漏电断路器之后，还需正确安装才能更好地保障人身和设备的安全。对家用电器较多的家庭，漏电断路器最好安装在进户总线电能表后，如果是保护某个电器设备，则安装在该电器所在支路中。安装方法和注意事项如下：

(1) 在漏电断路器安装前，应检查产品合格证、认证标志、试验装置，发现异常情况必须停止安装，同时还应检查漏电断路器铭牌上的数据与使用要求是否一致。

(2) 漏电断路器标有电源侧和负荷侧(或进线和出线)的，接线安装时必须加以区别，不能接反，否则会烧毁脱扣器线圈。在安装时，标有 L 的端必须接相线，标有 N 的端必须接零线，相线和零线均要经过漏电断路器，电源进线必须接在漏电断路器的正上方，即外壳上标注的“电源”或“进线”的一端，出线接在正下方，即外壳上标注的“负荷”或“出线”的一端。

(3) 单极二线漏电断路器在安装接线时相线、零线必须接正确，相线L一定要进开关K，切不可将L线和N线接错，否则在发生漏电流和需要断开电源时，漏电断路器无法正常断开电源，从而引起更为严重的触电事故。

(4) 漏电断路器额定电压必须和供电回路的额定电压相一致，否则会破坏漏电断路器的性能或拒动。

(5) 漏电断路器安装好后，在投入使用之前，要先操作试验按钮，检查漏电断路器的动作功能，注意按钮时间不要太长，以免烧坏漏电断路器。试验正常后即可投入使用。

5) 漏电断路器使用的注意事项

经过合理地选择和正确地安装后，在日常使用时还应注意以下几点，才能确保漏电断路器安全可靠地运行。

(1) 注意工作中漏电断路器的外观，如发现变形、变色，就要立即断电检查原因并及时试验和维修或更换。除了漏电断路器本身质量问题之外，接线端子的接线松动也会造成触头过热导致变形、变色。

(2) 漏电断路器不是绝对能保证安全的，当人体同时触及负载侧带电的相线和零线时，人体成了电源的负载，漏电断路器不会提供安全保护，又如当人体同时触及负载侧断开的相线和零线两端时，人体实际上成为一个串接在该回路中的电阻，漏电断路器不会动作，会发生触电事故。

(3) 漏电断路器长期使用时，它本身出故障的可能性也是存在的。因此，在通电状态下，每月须按动试验按钮1～2次，检查漏电保护开关动作是否正常、可靠，尤其在雷雨季节应增加试验次数，并做好检查记录。在操作漏电断路器的试验按钮时时间不能太长，一般以点动为宜，次数也不能太多，以免烧毁内部元件。如果发现漏电断路器不能正常动作，就应及时找专业人士维修或更换。要注意有的漏电断路器在动作后需要手动复位后才能送上电。

(4) 漏电断路器在使用中发生跳闸，经检查未发现开关动作原因时，允许试送电一次，如果再次跳闸，应查明原因，找出故障，不得连续强行送电。

(5) 漏电断路器只能作为电气安全防护系统中的附加保护措施。安装漏电断路器后，原有的保护接地或保护接零不能撤掉。安装时应注意区分线路的工作零线和保护零线。工作零线应接入漏电断路器，并应穿过漏电断路器的零序电流互感器。经过漏电断路器的工作零线不得作为保护零线，不得重复接地或接设备的外壳，线路的保护零线不得接入漏电断路器。

(6) 不得将漏电断路器当做闸刀使用。漏电保护断路器的保护范围应是独立回路，不能与其他线路有电气上的连接。一只漏电保护断路器容量不够时，不能两只并联使用，应选用容量符合要求的漏电保护断路器。

3.4 低压进户线的安装

在架空配电线路的供电地区，从低压配电线路搭接到用户进户点的一段绝缘导线称为接户线。从接户线(产权分界点)引到用户室内计量装置或从电能计量装置箱引入用户室内的一段绝缘导线，叫进户线。进户线应在电杆上及建筑物的进口处以绝缘子固定，装设在建筑物上的绝缘子弯脚或绝缘子支架应固定在墙的主材上。禁止固定在建筑物的抹灰层或木房屋的壁面上。按架空进户线的电压等级可分为低压进户线和高压进户线。

3.4.1　低压架空进户线

低压进户线分架空进户线和电缆进户线。低压架空进户线引入室内时,导线应从装设在建筑物墙壁中的瓷管或塑料管穿入,如图 3.15 所示。低压电缆进户线,从户外配电箱经电缆沟(或穿入塑料管中直埋地下)引至室内电源开关上。

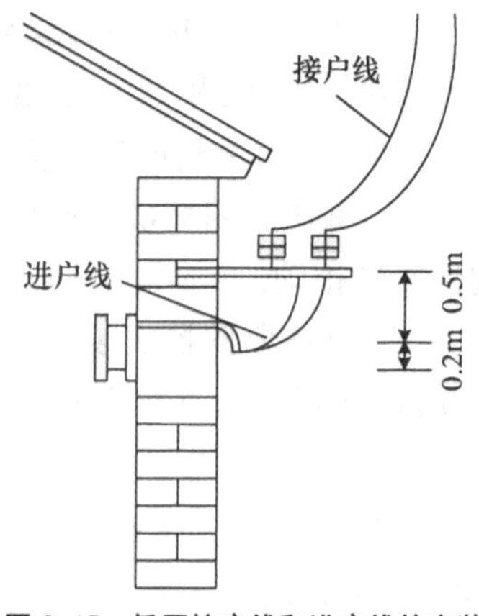

图 3.15　低压接户线和进户线的安装

3.4.2　对低压进户线的安装要求

① 凡进户线直接与电能表接线的,从进户至配电箱之间的一段导线必须采用 500 V 铜芯绝缘导线,如有电流互感器时,二次线应为铜线。

② 进户线从支持绝缘子起距地面不得小于 2.7 m,个别建筑物低于 2.7 m 时,应将进户线支架抬高。

③ 进户线穿墙时,必须经钢管保护。钢管安装时,户外部分较户内部分应稍微偏低,并在户外部分端口处加装防水弯头,以防止雨水流入。

④ 低压进户线配线所需金属器件在安装前均应做防锈处理。

⑤ 接零系统的中性线在户外应做好重复接地。

⑥ 多股导线严禁采用吊挂式。

3.5　量电与配电装置的安装

3.5.1　量电装置的安装

量电装置通常有进户总熔丝盒、电能表和电流互感器等部分组成。配电装置一般由控制开关、过载及短路保护电器等组成,容量较大的还装有隔离开关。

一般将总熔丝盒装在进户管的墙上,而将电流互感器、电能表、控制开关、短路和过载保护电器均安装在一块配电板上,如图 3.16 所示。

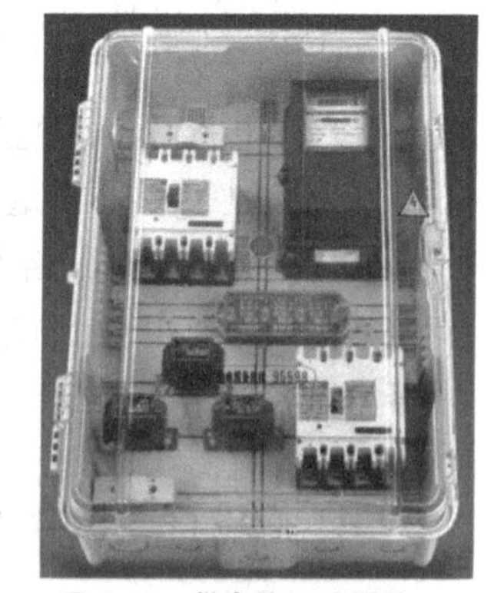

图 3.16　带电流互感器的三相量电装置

1) 总熔丝盒的安装

常用的总熔丝盒有铁皮式和铸铁壳式。总熔丝盒有防止下级电力线路蔓延到前级配电干线上而造成更大区域的停电;又能加强计划用电的管理(因为低压用户总熔丝盒内的熔体规格由供电单位置放,并在盒上加封)等作用。

总熔丝盒应安装在进户管的内侧。总熔丝盒必须安装在实心木板上,木板表面及四周必须涂以防火漆。总熔丝盒内熔断器的上接线柱,应分别与进户线的电源相线连接。接线桥上接线桩应与进线的电源中性线连接。总熔丝盒后如安装多具电能表,则在每个电能表前级应分别安装熔丝盒。

2）电能表的接线方法

电能表接线比较复杂,易于接错,在接线前要查看附在电能表上的说明书,根据说明书上的要求和接线图把进线和出线依次对号接在电能表的线头上。接线时应遵守“发电机端”守则,即将电流线圈和电压线圈带“ * ”的一端,一起接到电源的同一极性端上。

(1) 单相电能表的接线方法

在低电压小电流线路中,电能表可直接接在线路上,如图 3.17 所示,电能表的接线端子盖上一般都画有接线图。它的电流线圈与线路串联,所有负载电流都通过它。电压线圈与线路并联,承受线路的全部电压。此时电能表上的读数就是所测电能。

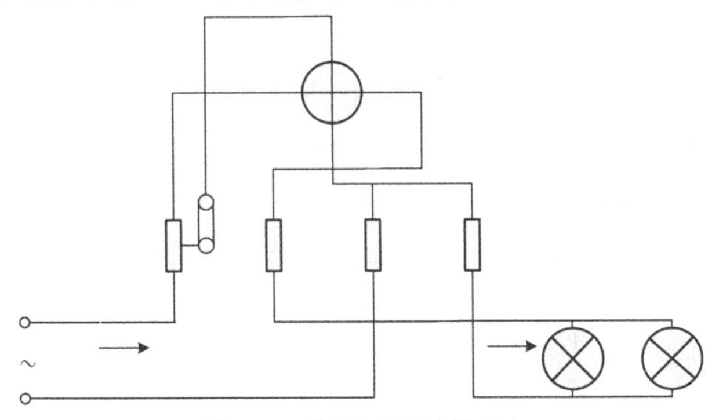

图 3.17　单相电能表接线方法

测量低电压大电流电能时,电能表须通过电流互感器与线路相连,如图 3.18 所示。

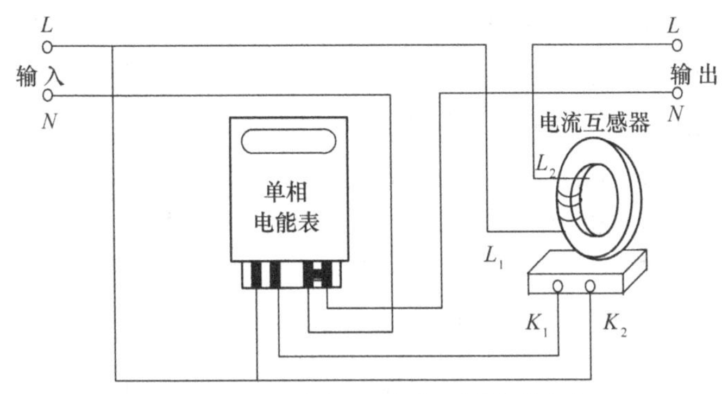

图 3.18　单相电能表经电流互感器接线方法

(2) 三相电能表的接线方法

测量低压三相四线制线路的有用电能时,常采用三元件三相电能表。若线路的负载电流未超过电能表的量程,则可将电能表直接接在线路上。

若线路的负载电流超过电能表的量程则须通过电流互感器将电能表接入线路。

三相电度表按接线不同分为三相四线制和三相三线制两种。由于负荷容量和接线方式不同,又分为直接式和互感器式两种。直接式三相电能表有 10 A、20 A、30 A、50 A、75 A、100 A 等规格,常用于电流容量较小的电路。互感器式三相电度表的量程为 5 A,可按电流互感器的不同比率(电流比)扩大量程,通常接于电流容量较大的电路。直接式三相四线制电度表共有 11 个接线桩，与单相电能表一样，从左至右编号。其中 1、4、7 号接电源进线的三根相线；3、6、9 号分别接三根相线的出线，并与总开关进线接线桩连接；2、5、8 号空着不用；10、11 号分别接三相电源中性线的进线和出线，如图 3.19 所示。

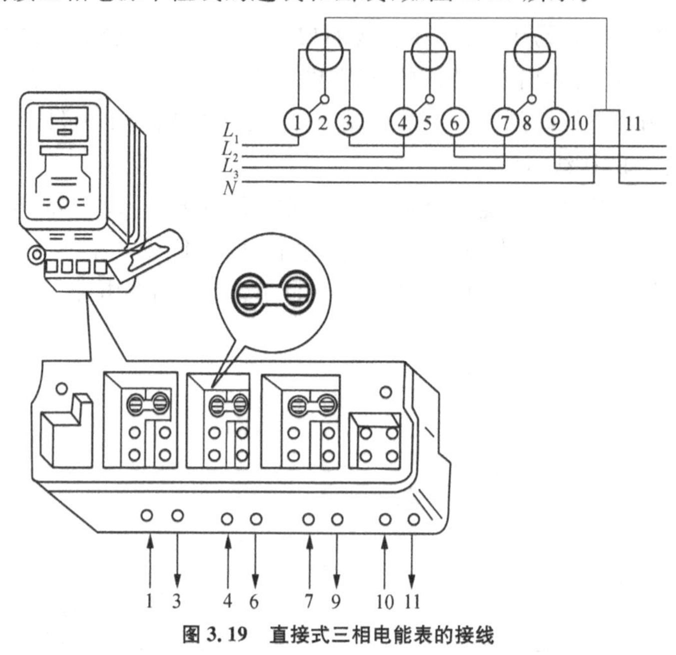

图 3.19　直接式三相电能表的接线

互感器式三相四线制电度表由 1 块三相电能表配用 3 只规格相同、电流比适当的电流互感器以扩大电度表量程。接线时 3 根电源相线的进线分别接在 3 只电流互感器一次绕组接线桩 L_1 上，三根电源相线的出线分别从 3 个互感器一次绕组接线桩 L_2 引出。并与总开关进线接线桩相连。然后用三根铜芯绝缘线分别从 3 个电流互感器一次绕组接线桩 L_1 引出，与电能表 2、5、8 号接线桩相连。再用 3 根同规格的绝缘铜芯线将 3 只电流互感器二次绕组接线桩 K_1 与电能表 1、4、7 号接线桩相连。将 3 只互感器二次绕组接线桩 K_2，与电能表 3、6、9 号接线桩相连。最后将 3 个 K_2 接线桩用一根导线统一接中性线。因中性线一般与大地相连，使各互感器 K_2 接线桩均能良好接地。如果三相电能表中如 1、2、4、5、7、8 号接线桩之间接有连片时，应事先将连片拆除。互感器式三相四线制电能表实际接线圈和原理图如图 3.20 所示。

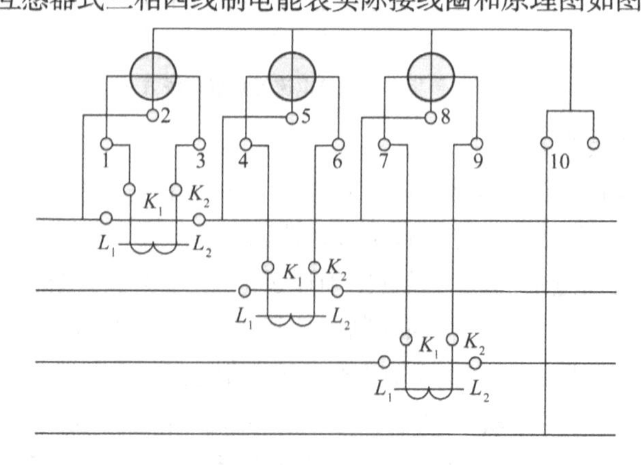

图 3.20　互感器式三相四线制电能表原理图

在三相四线制供电网络中，还有用三只单相电能表代替三相四线制电能表的方法。为扩大电能表量程，亦用三只电流互感器与之配套。接线原理图如图 3.21 所示。在读数时，将三只电能表各自读数乘以电流互感器电流比，然后再相加。

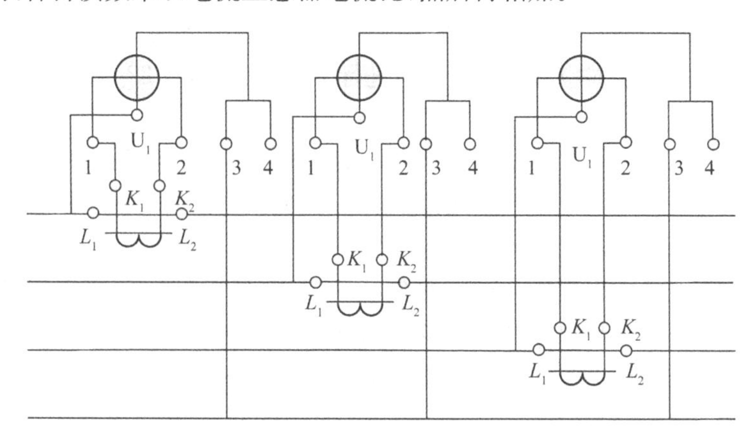

图 3.21　三只单相电能表测三相电路接线图

3.5.2　室内配电箱

居室强电箱接线示意如图 3.22 所示，实物图如图 3.23 所示。由图中可知，交流电引入内室之后，每户设置一个强电箱，强电箱内设置总开关及若干路分路控制开关。

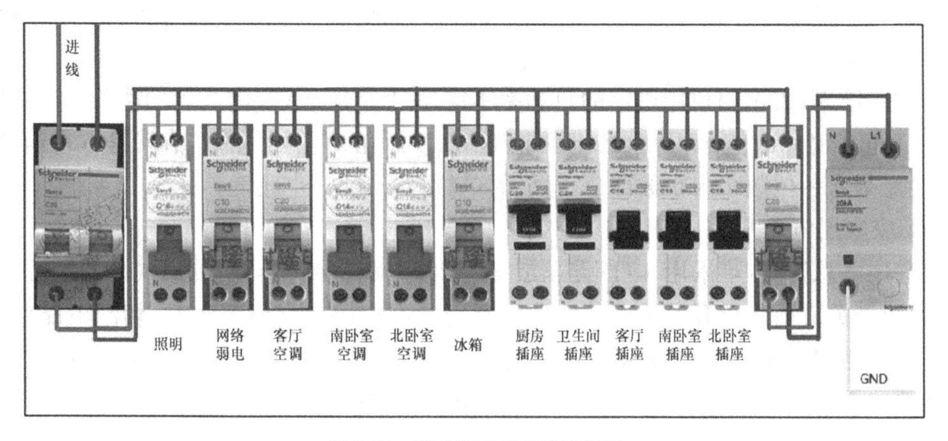

图 3.22　居室强电箱接线示意图

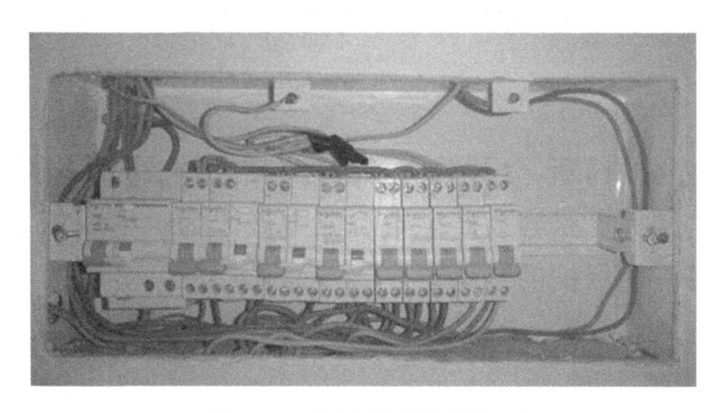

图 3.23　强电箱接线实物图

强电箱是居家强电配电的中心。

(1) 家居强电箱

家居强电箱，也称家庭强电配电箱，是把断路器(也叫空气开关、空开)装在其中的箱体，里面有卡接接断路器的导轨，有零线排、地线排和标示牌(便于安装和维修)。为了安装和日常维护的方便，人们往往都对空开对应的用途进行了标示，如图 3.22 所示。

(2) 进户线

进户线有 3 根线，其中，标“*L*”的一根为相线，标“*N*”的一根为零线，相线与零线之间有 220 V 的交流电压。还有标上“pF”的一根为地线。家庭用电，一般是交流 220 V 的单相电，由相线经过用电器后经零线形成回路，用电器才能正常工作，部分外壳为金属的电器，还需要接一条接地线，地线是一根起安全作用的线，它一端接大地上，一端接在三极插座的中间插孔上，由于地线使带电体与地等电位，所以会保护意外碰触带电电器外壳人们的安全。地线不能跟零线混为一谈，也不能省略。省略了地线固然不会影响电器工作，但是人身安全保障就没有了。

为了方便施工和维修，相线一般使用红色线，零线一般采用蓝色线，有的也使用黑色线。地线按标准只能使用黄绿相间的双色线，由于地线对用电安全很重要，所以对颜色要求非常严格，一般不允许使用其他颜色的导线代替。

(3) 电能表

电能表的作用是测量用户在一定时间内消耗的电能。本接线方式是 1、3 接线柱进，2、4 接线柱出。一只标有“220 V/20 A”的电能表的含义是：220 V 是指该电能表应接在电压为 220 V 的电路中，20 A 是指电能表允许通过的最大电流。由 $P=UI=220\ \text{V}\times 20\ \text{A}=4\ 400\ \text{W}$ 计算的这一结果，表示用户用电器的总功率不能超过 4 400 W。电能表的读数方法：如每月 15 日记下起始时间的值，到下月 15 日再记下结束时间的值，两次的差值就是本月消耗的电能数，注意最末一位数字为小数部分，电能的单位为千瓦时，也叫度。

(4) 家庭用电总开关

家庭用电总开关，可采用 2P 断路器或 2P 带漏电保护断路器两种形式。安装位置在电能表后，分开关之前。总开关采用断路器的目的是在电路中电流过大时，切断电路的供电，来保障电线路的安全；总开关若采用带漏电保护的断路器，则使供电系统具有触电保护的功能。当断路器因故断开电路后，用户应先找出断电原因，排除故障后，再行合闸。切不可强行合闸，甚至用机械方法顶合，否则会造成重大的安全事故。另外，家庭电路安装或抢修时也需切断总开关以保障检修者的人身安全。不难理解，总开关的规格应根据家庭用电总负荷加以确认。

(5) 分开关

可以控制各分支电路的通断，分开关应和被控制的用电器相串联，而且必须串接在相线中。因插座、厨房、卫生间等支路容易产生电源漏电或人为触电现象，为保障用户人身安全，以上 3 条支路应选择带漏电保护的断路器。

3.6 常用照明线路的安装

常用照明线路由电源、导线、开关、插座和照明灯具组成。电源主要使用 220 V 单相交流电，开关用来控制电路的通断。导线是电流的载体，应根据电路允许载流量选取。照明灯为人们生活、学习、工作提供了各种各样的可见光源。通过本节的学习，使读者初步掌握室内照明线路的安装方法，掌握照明线路安装的基本技能。

3.6.1 照明开关

开关是接通或断开电源的器件，开关大都用于室内照明电路，故统称为室内照明开关，也广泛用于电气器具的电路通断控制。

1) 照明开关的分类

开关的类型很多，一般分类方式如下：

① 按装置方式可分为：明装式，用于明线装置；暗装式，用于暗线装置；悬吊式，用于开关处在悬垂状态；附装式，装设于电气器具外壳上。

② 按操作方式可分为：跷板式、倒扳式、拉线式、按钮式、推移式、旋转式、触摸式和感应式等。

③ 按接通方式可分为：单联（单投、单极）、双联（双投、双极）、双控（间歇双投）、双路（同时接通二路）等。常用开关外形如图 3.24 所示。

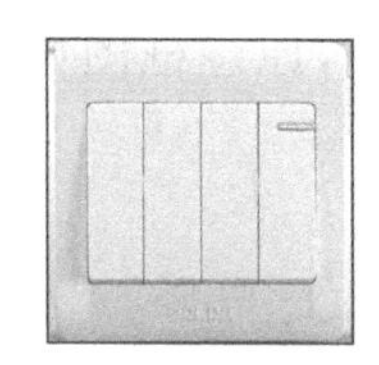
四开双控开关

按钮开关

声光延时开关

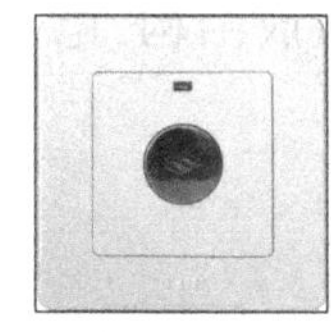
声控开关

触摸延时开关

USB 五孔开关插座

图 3.24 常用开关外形

随着电子技术的发展，已研制生产出许多新型的照明节电开关，其中主要有触摸延时开关、触摸定时开关、声光控制开关和停电自锁开关等。这些照明节电开关的电路组成、采用器件各不相同，本章只介绍最典型的几种。

2) 触摸延时开关

触摸延时开关只要用手轻触开关位置，发光二极管熄灭，灯点亮；灯亮后延时 60 s 左右自动熄灭，同时发光二极管发亮，指示开关位置。

目前市场上流行的触摸延时开关形式很多，有用分立组件构成的，有用通用数字集成电路组成的，还有用专用集成电路组成的。从性能上看，由专用集成电路组成的触摸延时开关最好。但是从总体结构上讲，它们都是由主电路和控制电路组成。主电路中的开关组件主要有电磁继电器和晶闸管。控制电路主要是一个单稳态触发器。为了给单稳态触发器提供直流电压，还应该有整流降压电路。触摸延时开关的电路图如图 3.25 所示。电路的工作过程为：交流 220 V 电压经变压器 T 降压成 15 V 电压后，经二极管 $VD_1 \sim VD_4$ 桥式整流、电

容器 C_1 滤波，并经三端稳压块 7812 稳压后成 12 V 直流电压供延时电路使用。

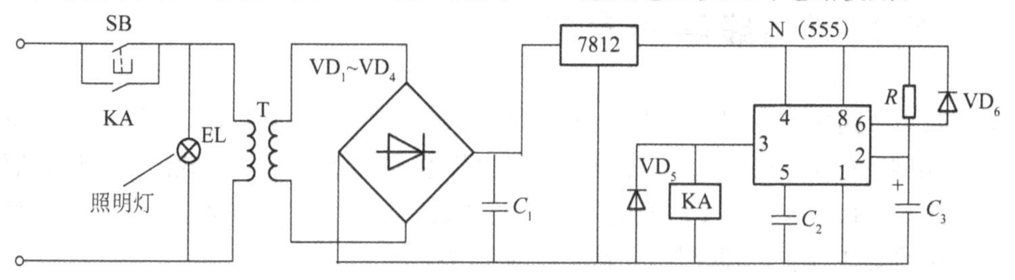

图 3.25　触摸延时开关的电路图

延时电路由 555 时基电路及电阻器、电容器 C_2、C_3 和二极管 VD_6 组成。当按下一次按钮 SB 后，延时电路得电工作，这样 555 时基电路的 2、6 脚为低电平，3 脚输出为高电平，继电器 KA 得电工作。其被控触头 KA 闭合，走廊灯得电照明。同时，时基电路的 6、2 脚处的电容器 C_3 通过电阻 R 开始充电。当其正端的电压充至 2/3 电源电压时，延时电路翻转，其 3 脚跳变为低电平输出，被控继电器 KA 失电，其被控触头断开，照明灯及延时电路均失电，整个电路都停止工作。改变电阻器 R 及电容器 C_3 的值可改变延迟器的延迟时间。

3）声光控制开关

声光控制照明节电开关所控制的照明灯通常为交流 220 V，最大功率为 60 W 的白炽灯。该开关要求在白天或光线较亮时呈关闭状态，灯不亮；在夜间或光线较暗时呈预备工作状态，灯也不亮；当有人经过该开关附近时，通过脚步声、说话声、拍手声等使控制开关起动，灯亮，并延时 40～50 s 后开关自动关闭，灯灭。

声光控制照明节电开关的组成结构、电路形式很多，但其原理基本相同，原理框图如图 3.26 所示。

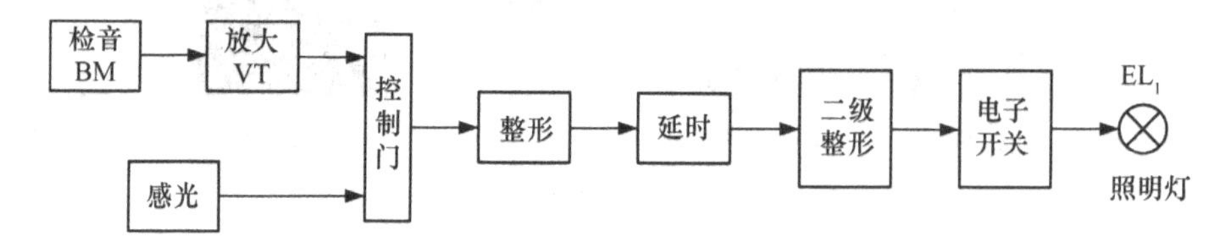

图 3.26　声光控开关延时控制电路图

4）计数开关

计数开关也称程控开关。吊灯作为家庭装饰的一部分已非常普及，但其亮度往往不能调节。当要求亮度不高时，若通电后所有灯全部点亮会浪费电能。通过增加开关数量调光，会因走线过多而带来诸多不便；用改变晶闸管导通角（即调压）的方法进行调光，会由于灯多，谐波电流大而严重干扰电源；对于紧凑型节能灯，若用调压法调光，需从最亮逐步调暗，不但不方便，而且在电压较低时，对节能灯的寿命影响很大。而计数开关只用一只开关，靠拨动开关的次数，来改变输出电路的数量进行调光，图 3.27 所示为计数开关的接线图，首先把所有灯分为三组，每组可接一只或

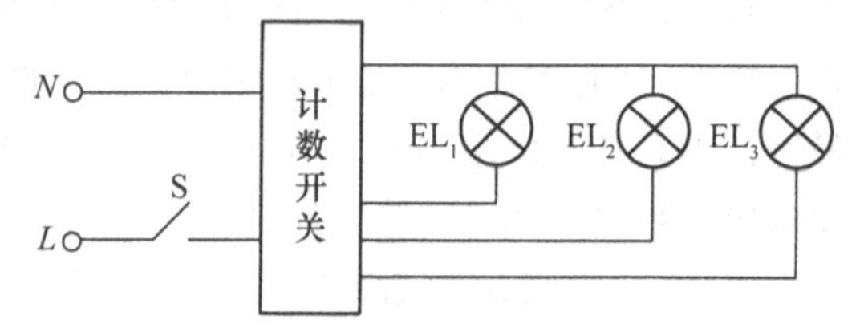

图 3.27　计数开关接线图

多只灯(并联)。开关S每接通一次,灯被点亮的只数变化一次。

另外,也有电路利用半导体二极管的单向导电性,实现对白炽灯的控制。半导体二极管由一个PN结加上引线及管壳构成,具有单向导电性。在调光电路中串联一只整流二极管,使交流电在一个周期中,二极管只导通半个周期,使得负载电压只有电源电压的一半,从而达到调光控制的目的。

5) 照明开关的安装

开关的安装可分为明装和暗装。明装是将开关底盒固定在安装位置的表面上,剥去两根开关线的线头绝缘层,然后分别插入开关接线柱,拧紧接线螺钉即可;暗装是事先将导线暗敷,开关底盒埋在安装位置里面。

暗装开关的安装方法:将开关盒按图样要求的位置预埋在墙内。埋设时可用水泥砂浆填充,要求平整、不能偏斜,开关盒口面应与墙的粉刷层平面一致。待穿导线完成,接好开关接线柱后,即可将开关用螺钉固定在开关盒上。如图3.28所示。

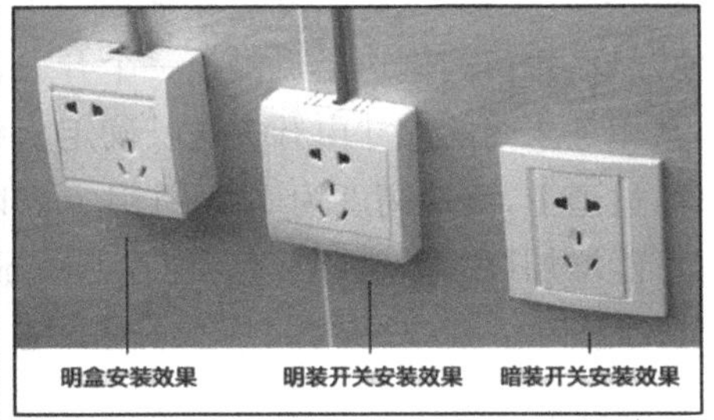

图3.28　明开关、暗开关的安装

(1) 单联开关的安装

开关明装时要安装在已固定好的木台上。将穿出本木台的两根导线(一根为电源相线,一根为开关线)穿入开关的两个孔眼,固定开关,然后将剥去绝缘层的两个线头分别接到开关的两个接线柱上,装上开关盖。

单联开关控制一盏灯时,开关应接在相线(俗称火线)上,使开关断开后灯头上没有电,以保证安全,如图3.29(a)所示。

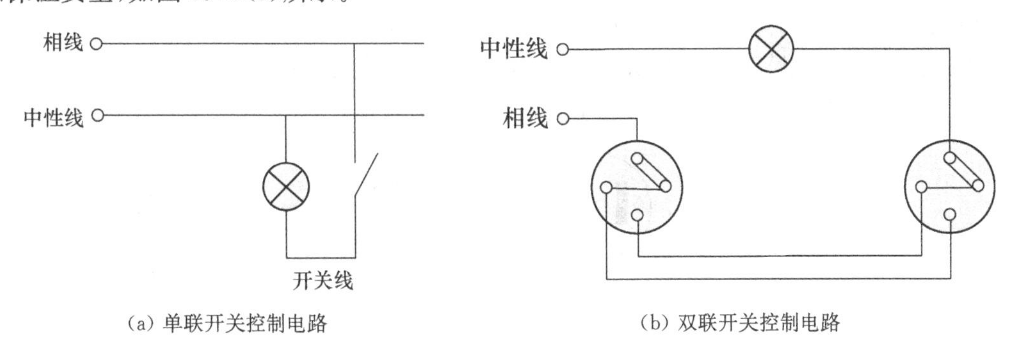

(a) 单联开关控制电路　　(b) 双联开关控制电路

图3.29　单联开关和双联开关控制白炽灯接线原理图

(2) 双联开关的安装

双联开关一般是用于在两地用两只双联开关控制一盏灯的情况,它的安装方法与单联开关类似,但其接线较复杂。双联开关有三个接线端,分别与三根导线连接。注意双联开关中间铜片的接线柱不能接错：一个开关的中间铜片接线柱应和电源相线连接；另一个开关的中间铜片接线柱与螺旋式灯座的中心弹簧片接线柱连接。每个开关还有两个接线柱，应用两根导线分别与另一个开关的两个接线柱连接。

双联开关可在两个地方控制一盏灯。这种控制方式，通常用于楼梯处和走廊内的灯的控制。接线图如图 3.29(b)所示。

(3) 节电开关的安装

节电开关样式较多，一般都附有说明书和接线图。安装前，应看懂说明书和接线图，注意开关的进线端和出线端及灯位置的对称性和每只灯的功率。

无论是明装开关还是暗装开关，开关控制的都应该是相线。开关安装好后一般应该是往下扳电路接通，往上扳电路切断。

当今的住宅装饰几乎都是采用暗装跷板开关，简称跷板开关、扳把开关。从外形看，其扳把有琴键式和圆钮式两种。此外，常见的还有调光开关、调速开关、触摸开关和声控开关。它们均属暗装开关，其板面尺寸与暗装跷板开关相同。暗装开关通常安装在门边。为了开门后方便开灯，距离门框边最近的第一个开关，离框边为 15～20 cm，以后各个开关相互之间紧挨着，其相互之间的尺寸由开关边长确定。触摸开关和声控开关是一种自控开关，一般安装在走廊、过道上，离地高度为 1.2～1.4 m。暗装开关在布线时，应考虑到用户今后用电的需要(有可能增加灯的数量，或改变用途)，一般要在开关上端设一个接线盒，接线盒离墙顶 15～20 cm。

3.6.2 家用插座

1) 插座类型

常用家用插座 86(86 mm×86 mm)型、118(70 mm×118 mm)型如图 3.30 所示，插孔有圆扁之分，我国推行扁插系统，圆孔插座已基本淘汰。

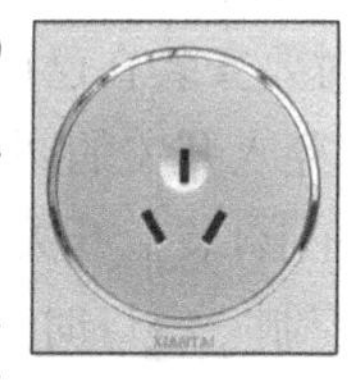
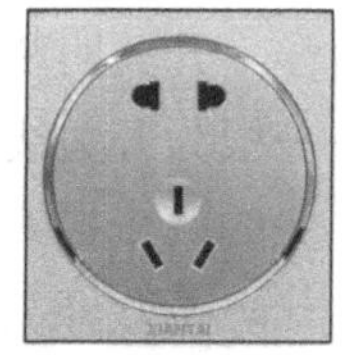

图 3.30 常用三孔型和五孔型插座

因此，选用电源插座应选购两极扁圆孔插座或三极扁孔插座。两孔插座有相线与零线的接线柱，三孔插座有相线、零线和地线 3 个接线柱。如果两孔插座是水平安装，通常规定接线方式是“左零右相”，接线方式如图 3.31(a)所示。如果是立面安装则“上相下零”。三孔插座则大孔接地，“左零右相”。接线方式如图 3.31(b)所示。

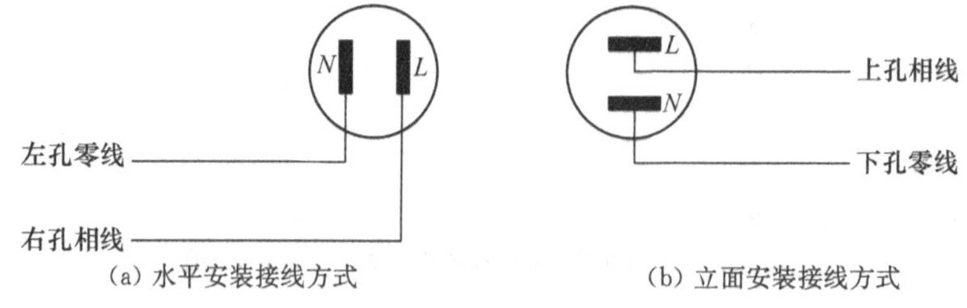

(a) 水平安装接线方式　　(b) 立面安装接线方式

图 3.31 两孔插座接线方式

2) 插座额定电流

国家标准对家用插头插座的额定电流有明确的规定，有 6 A、10 A 和 16 A 三个级别，其他标注级别均为非标准产品。对于一般家庭常使用 10 A 和 16 A 两种。

(1) 两极插座(10 A)与插头，即插座可连接额定功率为 10 A×220 V=2 200 W 的电路负载，适合电视、音响、小家电等设备的使用。

(2) 三极插座(10 A、16 A)和插头，即插座可连接额定功率为 2 200～3 520 W 的电路负载，适用于需接地电器，其中，10 A 规格的插座常用于微波炉、电冰箱、电饭煲、洗衣机等家电产品，16 A 规格的插座一般用于空调器和电热水器。

3) 三极插座接线

三极插座插头接线示意如图 3.32 所示。一般而言，只有那些带有金属外壳的用电器才会使用三脚插头，即家用电器上的三脚插头，两个脚接用电部分，另外与接地插孔相对应的脚是跟家用电器的外壳接通的。这样，把三脚插头插在三孔插座里，把用电部分连入电路的同时，也把外壳与大地连接起来，这样一来，即使外壳带了电，也会从接地导线泄放，因此人体接触外壳也就没有危险了。

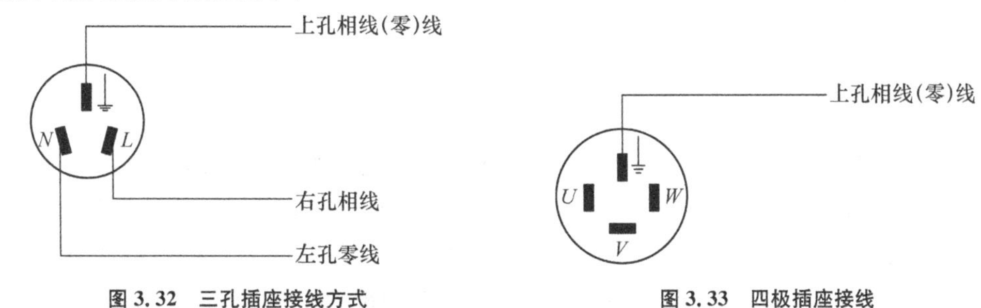

图 3.32 三孔插座接线方式

图 3.33 四极插座接线

4) 四极插座及接线

四极插孔也称三相四线插座，即三相电的三条相线(U、V、W)加上一条零线(N)，如图 3.33 所示。其中，一个端子接地线，其他三个按 U、V、W 顺序接相线，如果接电动机，电动机反转说明顺序接反了，只要把其中两条相线换一下就可以了。

5) 二、三极一体化插座

二、三极一体化插座俗称五孔插座，可同时插入二极和三极插头，形式多样，应用广泛。

“带开关插座”就是通过开关来控制插座是否有电的插座，它的选择主要考虑两点：一个是解决家用电器的“待机耗电”的问题，另一个是方便人们的使用。带开关的插座适用于使用频繁、但平时不通电的家电产品，例如，热水器、洗衣机、微波炉、空调器等电器，其优点在于不用拔下插头，也可通过开关操作电气设备。其外形如图 3.34 所示。

图 3.34 带开关二、三极一体化插座

6) 防水插座

防水插座就是在插头面板外面加了一个防水盒，从而提高了安全性。防水插座实物图如图 3.35 所示。常用于洗手间、厨房等场所。

防水盒有深、浅两类，深盒插头插上后可以关盒，即可防水。而浅盒则需使用后将插头拔出后才能关盒，所以意义不大，故而浅盒主要用于防水开关。

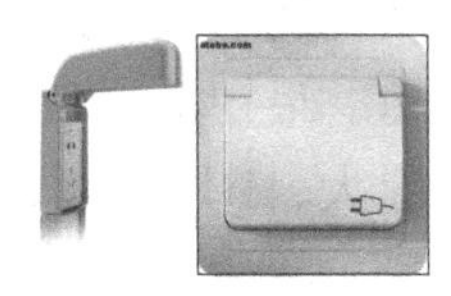

图 3.35 防水插座外观图

7）安全插座

国家电气标准规定，安装高度在 1.8 m 以下的插座，需采用有保护门设置的安全插座。

也就是说，家庭使用的插座除空调器、电冰箱、电视机及一些特定用途的插座外，一般都应该有保护门设置，特别是离地 300 mm 的插座必须附保护装置。

保护门主要是预防外部金属意外插入造成的漏电事故，特别是对儿童的保护。儿童往往对新奇事物抱有很强的好奇心，对室内触手可及的插座，可能用手指或其他硬物捅插口，有保护门能很大程度减少危险的发生。对于二芯插座而言，只有两个插脚同时插入才能将保护门顶开。三极插头的防单极插入一般有两种设计：一种接地极无保护门，相、零两极也要同时插入才能顶开保护门；另外一种三极都有保护门。在接地插脚顶开保护门时，相、零两极保护门才会打开。安全插座与一般普通插座外形上相似。需要补充说明的是，对于没有保护门设置的插座，也可以使用安全插头盖来保护儿童的安全。这种安全插头的安装，只需将绝缘插头对准插座孔轻轻推入，即可使保护罩盖住所有的电源孔。取出时，捏住保护罩两端，轻松拔出，否则不易拔出。

3.6.3 白炽灯

白炽灯为热辐射光源，是靠电流加热灯丝至白炽状态而发光的。白炽灯有普通照明灯泡和低压照明灯泡两种。普通灯泡额定电压一般为 220 V，功率为 10～1 000 W，灯头有卡口和螺口之分，其中 100 W 以上者一般采用瓷质螺纹灯口，用于常规照明。低压灯泡额定电压为 6～36 V，功率一般不超过 100 W，用于局部照明和携带照明。

白炽灯由玻璃泡壳、灯丝、支架、引线、灯头等组成，其外形如图 3.36 所示。在非充气式灯泡中，玻璃泡内抽成真空；而在充气式灯泡中，玻璃泡内抽成真空后再充入惰性气体。白炽灯照明电路由负荷、开关、导线及电源组成。安装方式一般为悬吊式、壁式和吸顶式。而悬吊式又分为软线吊灯、链式吊灯和钢管吊灯。白炽灯在额定电压下使用时，其寿命一般为 1 000 h，当电压升高 5% 时寿命将缩短 50%；电压升高 10%时，其发光率提高 17%，而寿命缩短到原来的 28%。反之，如电压降低 20%，其发光率降低 37%，但寿命增加一倍。因此，灯泡的供电电压以低于额定值为宜。

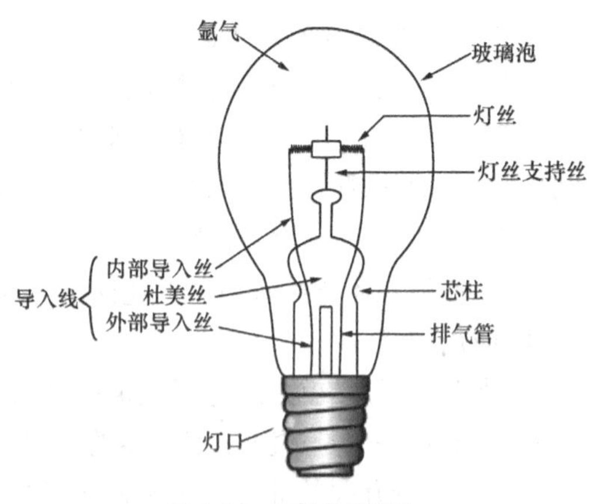

图 3.36　白炽灯结构图

在所有用电的照明灯具中，白炽灯的效率是最低的，它所消耗的电能只有约 2%可转化为光能，其余的都以热能的形式散失了。由于光效太低，世界很多国家都已经逐步淘汰白炽灯。最初是 2007 年年初澳大利亚政府率先宣布以立法形式全面淘汰白炽灯开始，先后有加拿大、日本、美国、欧盟、韩国和中国台湾等十几个国家和地区都陆续发布了白炽灯淘汰计划。我国也在 2011 年发布了"中国淘汰白炽灯路线图"。

白炽灯安装使用注意事项：

（1）相线和零线应严格区分，将零线直接接到灯座上，相线经过开关再接到灯头上。对螺口灯座，相线必须接在螺口灯座中心的接线端上，零线接在螺口的接线端上，千万不能接错，否则就容易发生触电事故。

(2) 用双股棉织绝缘软线时，有花色的一根导线接相线，没有花色的导线接零线。

(3) 导线与接线螺钉连接时，先将导线的绝缘层剥去合适的长度，再将导线拧紧以免松动，最后环成圆扣。圆扣的方向应与螺钉拧紧的方向一致，否则旋紧螺钉时，圆扣就会松开。

(4) 当灯具需接地(或零)时，应采用单独的接地导线(如黄绿双色)接到电网的零干线上，以确保安全。

3.6.4 荧光灯

荧光灯(又称日光灯)是靠汞蒸气放电时辐射的紫外线去激发灯管内壁的荧光物质，使之发出可见光的一种灯具，它也是应用较普遍的一种照明灯具。

1) 荧光灯的结构

荧光灯由灯管、起辉器、镇流器、灯架和灯座等组成。

(1) 灯管

它是由玻璃管、灯丝和灯丝引出脚组成，玻璃管内抽成真空后充入少量汞和氩等惰性气体，管壁涂有荧光粉，在灯丝上涂有电子粉。

(2) 辉光启动器

它由氖泡、纸介质电容、出线脚和外壳等组成，氖泡内装有∩形动触片和静触片。

(3) 镇流器

主要由铁心和线圈等组成。使用时注意镇流器功率必须与灯管功率相符。

(4) 灯架

主要是由铁制成，规格应配合灯管长度。

(5) 灯座

主要有开启式和弹簧式两种，目前市场多为开启式。

2) 荧光灯照明线路原理图

荧光灯的工作原理图，如图 3.37 所示。当开光灯接通电源后，电源电压经过镇流器、灯丝，加在辉光启动器的∩形动触片和静触片之间，引起辉光放电，放电时产生的热量使∩形动触片膨胀并向外延伸，与静触片接触，接通电路，使灯丝预热并发射电子。与此同时，由于∩形动触片与静触片相接触，使两片间电压为零而停止辉光放电。∩形动触片冷却并复原脱

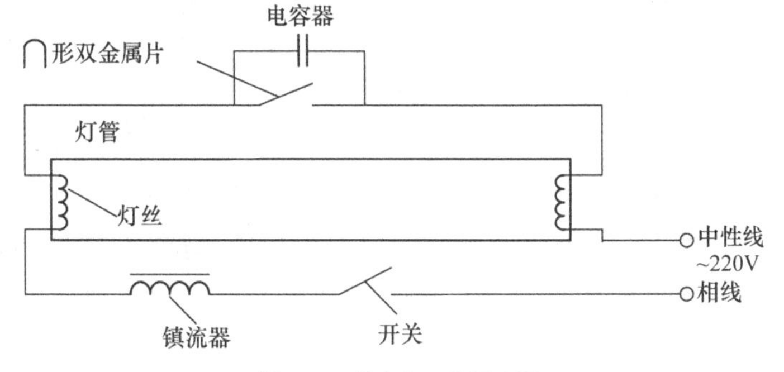

图 3.37 荧光灯工作原理图

离静触片，在动触片断开瞬间，在镇流器两端会产生一个比电源电压高得多的感应电动势，这个感应电动势加在灯管两端，使灯管内惰性气体被电离而引起弧光放电，随着灯管内温度升高，液态汞就会汽化游离，引起汞蒸气弧光放电而发生肉眼看不见的紫外线，紫外线激发灯管内壁的荧光粉后，发出近似日光的灯光。

镇流器还有另外两个作用：一是在灯丝预热时，限制灯丝所需的预热电流值，防止灯丝因预热过高而烧断，并保证灯丝电子的发射能力；二是在灯管启辉后，维持灯管的工作电压和限制灯管工作电流在额定值，以保证灯管能稳定工作。

并联在氖泡上的电容有两个作用：一是与镇流器线圈形成 LC 振荡电路，以延长灯丝的预热时间和维持感应电动势；二是能吸收干扰收音机和电视机的交流杂声。当电容击穿时，剪除后辉光启动器仍能使用。

当灯管一端灯丝断裂时，连接两引出脚后即可继续使用。

3）荧光灯照明线路的安装

荧光灯线路的安装方法，如图 3.38 所示。

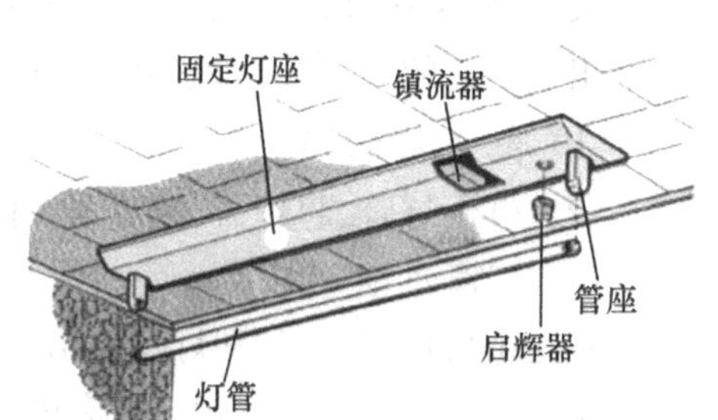

图 3.38　荧光灯线路的安装

4）荧光灯的安装使用注意事项

（1）镇流器、辉光启动器和荧光灯管的规格应配套，不同功率不能互相配用，否则会缩短灯管寿命造成启动困难。

（2）使用荧光灯管必须按规定接线，否则将烧坏灯管或使灯管不亮。接线时应使相线通过开关，经镇流器到灯管。

5）荧光灯电路的常见故障及处理方法

荧光灯电路的故障率比白炽灯要高一些，常用故障及处理方法见表 3.1。

表 3.1　荧光灯电路的常见故障及处理方法

序号	故障现象	故障原因	处理方法
1	灯管不发光	（1）电源无电 （2）熔丝烧断 （3）灯丝已断 （4）灯脚与灯座抵触不良 （5）起辉器与辉光启动器座接触不良 （6）镇流器线圈短路或断线 （7）辉光启动器损坏 （8）线路断线	（1）检查电源电压 （2）找出原因，更换熔丝 （3）用万用表测量，若断更换灯管 （4）转动灯管，压紧灯管电极与灯座之间抵触 （5）转动辉光启动器，使电极与底座之间接触 （6）检查或更换镇流器 （7）将辉光启动器取下，用导线把辉光启动器座内两个接触簧片短接，若灯管两端发亮，说明辉光启动器已坏，应更换 （8）查找断线处
2	灯管两端发光中间不发光	（1）环境温度过低 （2）电源电压过低 （3）灯管陈旧，寿命将终 （4）辉光启动器损坏 （5）灯管慢性漏气	（1）提高环境温度或加保温罩 （2）检查电源电压，并调整电压 （3）更换灯管 （4）可在灯管两端亮了以后将辉光启动器取下，如灯管能正常发光，说明启动器损坏 （5）灯管两端发红光，中间不亮，在灯丝部位无闪烁现象。任凭辉光启动器怎样跳动，灯管也不启动，应更换灯管

续表 3.1

序号	故障现象	故障原因	处理方法
3	灯管两端发黑或产生黑斑	(1) 灯管老化,灯管点燃时间已超过规定的使用寿命。发黑部位一般在距离端部 50～60 cm 处。说明灯丝上的电子发射物质将耗尽 (2) 电源电压过高或电压波动过大 (3) 镇流器配用规格不合适 (4) 灯管内水银凝结,是细灯管常有现象 (5) 开关次数频繁 (6) 辉光启动器不好或接线不牢引起长时间闪烁	(1) 更换灯管 (2) 调整电源电压,提高电压质量 (3) 调换合适的镇流器 (4) 接好或更换辉光启动器 (5) 启动后可能蒸发消除 (6) 减少开关频率
4	镇流器过热	(1) 电源电压过高 (2) 内部线圈匝间短路造成电流过大,使镇流器过热,严重时出现冒烟现象 (3) 通风散热不好,起辉器中的电容器短路 (4) 动、静触头焊死跳不开,时间过长,也会过热	(1) 检查并调整电源电压 (2) 更换镇流器 (3) 改善通风散热条件 (4) 及时排除辉光启动器的故障
5	镇流器声音较大	(1) 镇流器品质较差或铁心松动,振动较大 (2) 电源电压过高,使镇流器超载而加剧电磁振动 (3) 镇流器超载或内部短路 (4) 辉光启动器品质不好,开启时有辉光杂音 (5) 安装位置不当,引起周围物体共振	(1) 更换镇流器 (2) 降低电源电压 (3) 启辉器 (4) 更换辉光启动器 (5) 改变安装位置

3.6.5　电子镇流型荧光灯

电子镇流型荧光灯的结构与电感镇流型荧光灯基本相同,区别在镇流器上。电感镇流型荧光灯镇流器主要由铁心和线圈组成,而电子镇流器则是由若干电子元器件组成的电子电路,它同样具备通电瞬间产生脉冲高压点燃灯管,在灯管启辉后限制电流、保护灯管以延长其寿命的作用。

与电感型荧光灯相比,电子镇流型荧光灯的优点是轻便、便于安装、价格较便宜,有一定的节能作用。其缺点是镇流器故障率相对较高。

随着电子技术的发展,出现用电子镇流器代替普通电感式镇流器和辉光起辉器的节能型荧光灯。它具有功率因数高、低压启动性能好、噪声低等特点。其内部电路及接线如图 3.39 所示。

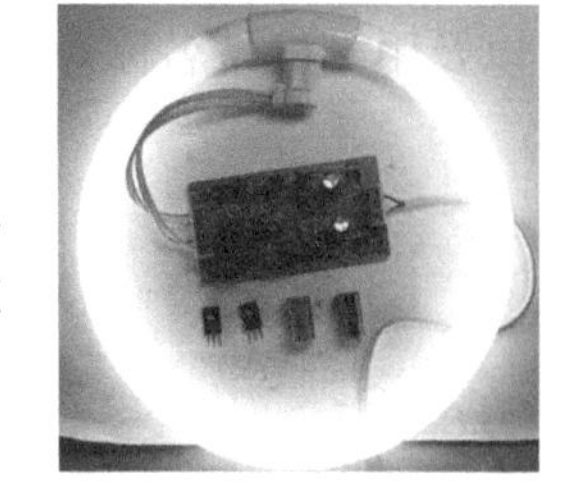

图 3.39　电子镇流型荧光灯

3.6.6　节能型荧光灯

电子镇流型荧光灯也是节能型荧光灯的一种,形状属直管型。随着照明器具的不断研制开发,自 20 世纪后期开始,市场上又陆续出现了节能系列的环形、U 形、H 形荧光灯及多支 U 形、H 形灯管组合的节能型荧光灯具,如图 3.40 所示常见的几种节能灯。

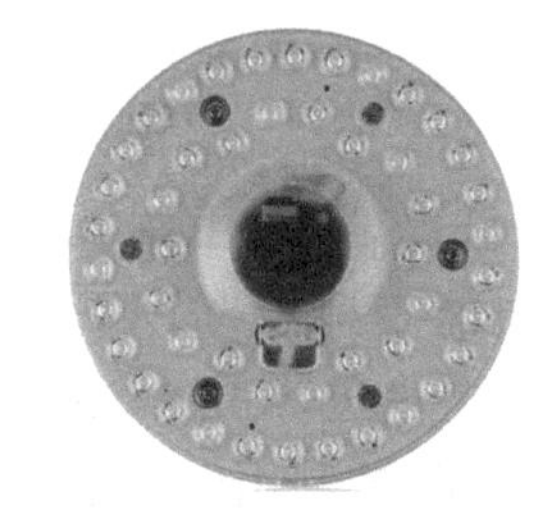
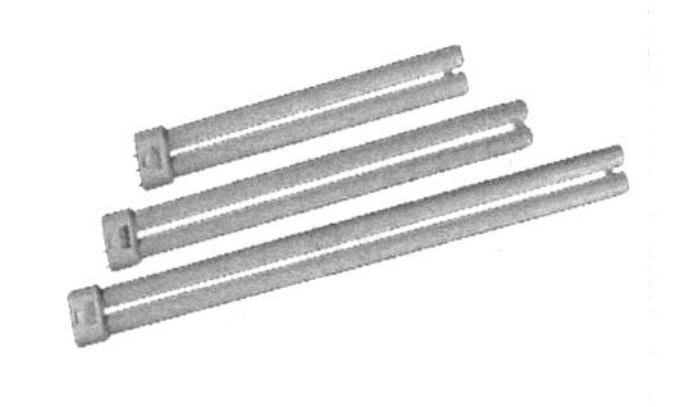

图 3.40　常见的几种节能灯

直管荧光灯为了方便安装、降低成本和保障安全,许多直管形荧光灯的镇流器都安装在支架内,构成自镇流型荧光灯。

支架节能灯是一种将自镇流器装在铝合金框架里的一体化灯具,其性能稳定、使用寿命长、低温启动性能优异,能够有效抑制对电网和电气设备使用的电磁干扰。

直管型荧光灯管按管径大小分为:T_3、T_4、T_5、T_6、T_8、T_{10}、T_{14}等多种规格。规格中"T+数字"组合,表示管径的毫米数值。其含义:一个 $T=1/8$ in,1 in 为 25.4 mm;数字代表 T 的个数,如 $T_5=25.4\ \text{mm}\times1/8\times5\approx16\ \text{mm}$,$T_{12}=25.4\ \text{mm}\times1/8\times12\approx38\ \text{mm}$。

举例,某荧光灯的型号为 YZ12RR13,其中"13"表示灯管的直径,即为 13 mm,通过换算灯管径为 T_4。

3.6.7　电气照明图的认识

电气照明施工图是电气照明工程施工安装和维修所依据的技术图样,是一般电气技术人员应该掌握的一种基本图样。

1) 电气照明系统图

电气照明供电系统图又称照明配电系统图,简称照明系统图,它是用国家标准规定的电气图用图形符号、文字符号绘制的,用来概略地表示电气照明系统的基本组成、相互关系及其主要特征的一种简图。它具有电气系统图的基本特点,能集中反映照明的安装容量、计算容量、计算电流、配电方式、导线或电缆的型号、规格、数量、敷设方式及穿管管径、开关及熔断器的规格型号等。它和变电所主接线图属同一类型图样,只是动力、照明系统图比变电所主接线图表示得更为详细。

照明系统图用单线图绘制,标出配电箱、开关、熔断器、导线型号、保护管径和敷设方法,以及用电设备名称等,如图 3.41 所示。

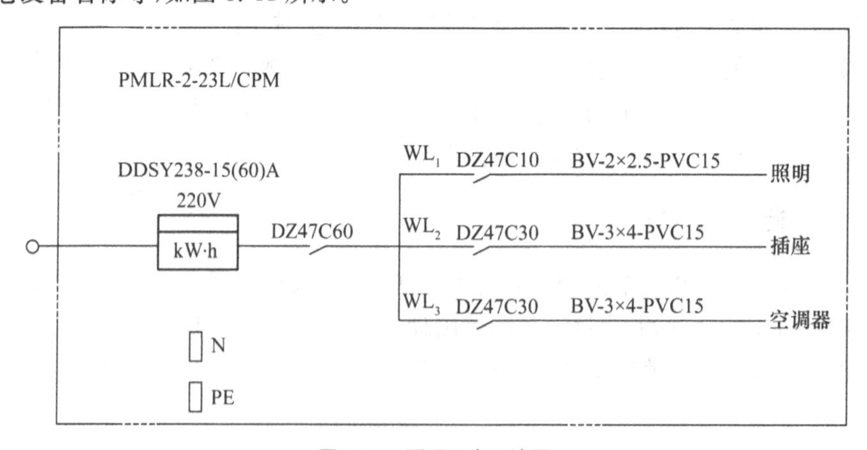

图 3.41　照明配电系统图

配电箱的型号是 PMLR-2-23L/CPM,由两极漏电保护断路器、单极断路器、零线接线板、保护接地接线板等组成。电能表型号为 DDSY238-15(60)A,额定电流 5 A,最大电流 60 A,显示每户用电情况。主线路由进线引入,主控开关的型号为 DZ47C60,是两极、额定电流 60 A 的小型漏电保护断路器,控制用电状态,每户三路电(照明、插座、空调),用空开 DZ47C30 和 DZ4-7C10 控制,均采用 BV 型聚氯乙烯绝缘铜芯塑料导线 2 根,截面积为

2.5 mm² 和 4 mm²，塑料阻燃管敷设(PVC)线管标称直径为 15 mm。

2）照明平面图

照明平面图是住宅建筑平面图上绘制的实际配电布置图，安装照明电气电路及用电设备，需根据照明电气平面图进行。在照明平面图中标有电源进线位置，电能表箱、配电箱位置，灯具、开关、插座、调速器位置，线路敷设方式以及线路和电气设备等各项数据。照明平面图上均注有说明，以说明图中无法表达的一些内容。通常在照明平面图上还附有一张各电器设备图例，型号规格及安装高度表，照明平面是照明电气施工的关键图样，是指导照明电气施工的重要依据，没有了它就无法施工。

有了照明平面图，我们就知道整座房子或整个房间的电气布置情况，在什么地方需要什么样的灯具、插座、开关、接线盒、吊扇调速器及空调器、电热器、彩电、计算机、厨房等家用电器；采用怎样的布线方式，导线的走向如何，导线的根数，采用何种导线，导线的截面积，以及导线穿管的管径等。此外，从图中还可以看出，住宅是采用保护接地还是保护接零，以及防雷装置的安装等情况。

图 3.42 所示为照明施工平面图，下面着重分析照明施工平面图的电气部分。

(1) 电源进线标注 BV－2×6＋1×2.5PVC₵32－A，表示采用聚氯乙烯铜芯绝缘导线，截面积为 6 mm² 的 2 根，截面积为 2.5 mm² 的 1 根，采用直径为 32 mm 的 PVC 管穿管暗装。

(2) 零线接法结合电气系统图设有保护接地和零线接线板各一块，即 PE 和 N；照明线路为单相两线制，即 L、N；插座线路为单相三线制，即 L、N、PE。

(3) 室内配线为穿管暗装，照明开关、插座均为暗装。

(4) 出线回路共三路，分别由 3 只单极保护型小型断路器控制。

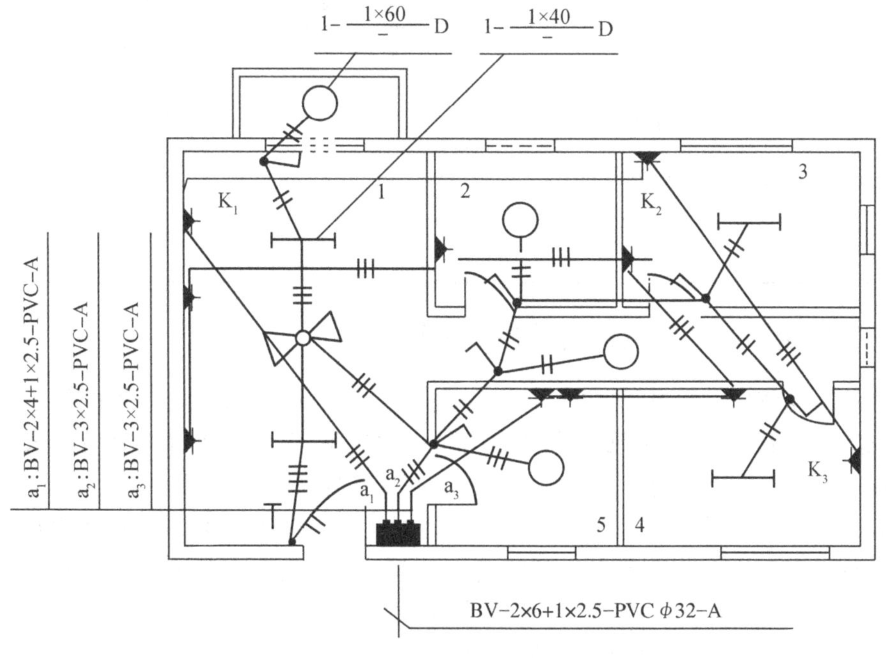

图 3.42 照明施工平面图

a_1 线路：线路由配电箱引出至客厅空调插座，经过主房空调插座，再引至客房空调插座。

线路标注 a_1：BV－2×4＋1×2.5－PVC－A，表示该线路采用聚氯乙烯铜芯绝缘导线，截面积为 4 mm² 的 2 根，截面积为 2.5 mm² 的 1 根，采用 PVC 管穿管暗装。插座为单相三极插座，型号是 L-B3/08KD，距地面 1.7 m，主要为三部空调器供电。

a_2 线路：这是整套房的照明及吊扇线路，由配电箱引出到厨房，厨房设一吸顶灯，内置 60 W 白炽灯泡，由单极单控开关控制，开关暗装于距地面 1.3 m 处。然后作两路分支，一支路到客厅吊扇、照明和阳台照明，灯具标注 $1-\frac{1\times40}{-}D$ 表示该处有 1 组荧光灯灯具，每组由一根 40 W 荧光灯组成，采用吸顶式安装；灯具标注 $1-\frac{1\times60}{-}D$ 表示该处有 1 组吸顶灯，每组由一只 60 W 的白炽灯组成，采用吸顶式安装。另一支路引至走道和卫生间，再由卫生间引至主房和客房的照明线路。线路标注 a_2：BV－3×2.5－PVC－A，表示该线路采用聚氯乙烯铜芯绝缘导线 3 根，截面积为 2.5 mm²，采用 PVC 管穿管暗装。

a_3 线路：这是整套房的插座线路，线路由配电箱引出至厨房插座，经过客房、主房、卫生间最后到客厅插座。供电插座为单相二、三极插座，型号是 L-B3/06，距地面 0.3 m。线路标注 a_3：BV－3×2.5－PVC－A，表示该线路采用 3 根截面积为 2.5 mm² 的聚氯乙烯铜芯绝缘导线，采用 PVC 管穿管暗装。表 3.2 给出常用照明线路图形符号含义。

表 3.2　给出常用照明线路图形符号含义

图形符号	名　称	图形符号	名　称
	照明配电箱(板)画于墙外为明装，画于墙内为暗装		带接地插孔单相插座(暗装)
	一般灯具		暗装单极和双极开关
	3 根导线	n	n 根导线
	电风扇高速开关		吊扇
	单管荧光灯	kW·h	电能表

3.6.8　家居配电线路及器材选用的估算

在对一套完整住宅配电线路的安装中，除了对线路的布局、用电设备的位置进行设计外，不可避免的问题是如何根据该家庭用电设备的功率、电压等级等选择电能表、电线、开关、熔断器、插座等的型号规格。特别是近年的城乡建筑物，完工后多将"清水房"(未经装修的成套住房)交付用户使用。用户接到房屋的首要任务是装修，装修中电路的设计和安装则是住房装修工程中的重要内容之一。现代住房电路装修的要求是安全、耐用、美观、经济。为了达到这些要求，在用电材料型号、规格等的选择上应做到下面三点要求：

(1) 电能表、供电线路、开关、熔断器、插座等的载流量必须满足用电设备的要求，即电线的材质、截面积，开关，熔断器，插座的导电部分能承受长时间通电运行，其发热后温度不超过允许值。

(2) 电线及器材的耐压等级应符合家庭照明电压的要求，即它们的绝缘层在 220 V 照明电压下能长时间工作而不会被击穿。

(3) 线路的机械强度应能满足室内布线的要求，即线路在施工及使用过程中不会被拉断、扭伤等。在室内布线电路中，电线和其他材料耐压等级不难解决，因目前市场上供应的产品耐压多在 500 V 以上，可直接选购。室内布线对电线机械强度要求更低，因现代家庭的线路安装多用管道在墙体、天棚或地坪下暗装，电线不会受到明显的机械应力，所以不用过多考虑。在家庭电路的安装中，必须认真、仔细地根据家庭用电设备功率测算电线及其他用电器材的载流量，查出其规格型号，方能在市场上选购。

1) 家庭配电主路线、电能表、熔断器容量的选择

统计出该家庭用电设备耗电的千瓦(kW)数，按单相供电中每千瓦的功率对应的电流为 4.5 A。从而算出该家庭用电的总电流。在估算中应考虑现代家庭家用电器中电动机的使用情况，家用电器和灯具中，电热器具如电饭煲、电炒锅、电炉、白炽灯等功率因数可视为 1。而电冰箱、空调器、洗衣机、电风扇、吸尘器等的动力机都用电动机，这些单相电动机的功率因数以 0.8 进行估算，其家庭总用电电流由如下两部分组成：

(1) 电热器具及白炽灯照明用电电流

电热器具、白炽灯总千瓦数×4.5 A。

(2) 电动器具与荧光照明用电流

电动器具、(荧光灯总千瓦数×4.5 A)/0.8。

上述两项电流的总和为该家庭用电电流总和，应用该数据选择导线规格。亦可在市场上直接选购其载流量大于该数据的电能表、开关及熔断器等。

2) 家庭各支路电线、开关、熔断器和插座的选择

家庭支路线指从总开关出线分路后，分别送往客厅、饭厅、厨房、卫生间及各卧室的电路。其计算方法与上述总线部分相同。但因这些地方常有较大功率用电器，如客厅、饭厅、卧室有空调器，厨房有电冰箱、电饭锅、电炒锅、抽油烟机(或排气扇)等，卫生间有浴霸，有的还有洗衣机，在对这些房屋供电线路、开关、熔断器、插座的选择上除了按上述公式计算外还应留一定裕量。

例如，设某个家庭用电设备功率统计如下：客厅用电功率为照明灯功率为 500 W；柜式空调器 3P(3×0.736 kW)，电视机 150 W，音响 300 W。饭厅照明 100 W，三间卧室每间照明 100 W，1P(1.0×0.736 W)壁挂式空调器一台，电视机 1 台，100 W，厨房内照明 60 W，电饭煲 900 W，微波炉 1 000 W。卫生间照明因用电太少，可忽略，浴霸 1 000 W，洗衣机 300 W。试通过计算，确定该家庭用电电能表，主线横截面积，开关、熔断器等的使用规格，再计算各房间所用电线、开关、插座等的规格。

本例有两种计算方式，第一种先求整套房屋用电设备总负荷，从而确定其进户主线规格及电能表、开关、熔断器规格。再通过求各房间用电负载计算其电流，确定各房间所用电线、开关、熔断器、插座规格。第二种方式相反，即先计算各房间用电电流，再算全套住房的用电电流，从而确定其电气材料规格。最后计算电度表、主线路电线、总开关、总熔断器规格。下面以第一种方式为例进行计算：

(1) 电热与照明设备用电量(含电视机)

客厅 960 W+饭厅 100 W+卧室 300 W+厨房 1 960 W+浴霸 1 000 W=4 320 W=4.32 kW

用电电流为 1 日 $I_{总1}=4.32\times4.5\ \mathrm{A}\approx19\ \mathrm{A}$

(2) 电感类设备用电量

客厅 3×0.736 kW+卧室 3.0×0.736 kW+卫生间 0.3 kW≈4.7 kW

用电电流 $I_{总2}=4.7\times4.5/0.8\approx26\ \mathrm{A}$

全套住房总电流 $I_{总}=I_{总1}+I_{总2}=19\ \mathrm{A}+26\ \mathrm{A}=45\ \mathrm{A}$

电线的选择:按 3 根导线穿塑料管敷设,应选择 10 mm^2的塑料铜芯绝缘线。

电能表、开关、熔断器均可选择额定电流为 60 A 挡级的相应型号。

其余各房间所用电气材料的估算方法与此相同。

3.7　实训项目

项目　荧光灯线路安装

为了能让初学者正确识别照明电路元器件与材料,并能检查照明器件的好坏并正确使用,能根据控制要求以及提供的器件,学会典型照明电路各种线路敷设的装接与维修,掌握工艺要求。

1) 实训目标

(1) 理解荧光灯电路的组成及各组成部分的作用。

(2) 掌握荧光灯电路的工作原理。

(3) 学会安装荧光灯电路。

2) 实训器材

准备好实训材料与工具,包括电工刀、钢丝钳、剥线钳、螺钉旋具、弯、切管工具等。

(1) DDS495-1 型单相电能表	1 只
(2) T8 18 W/765 型荧光灯管	1 只
(3) 电子式镇流器 BTA 30 W/220 V	1 只
(4) 10 A/250 V 单相两孔插座、10 A/250 V 单相三孔插座	各 1 只
(5) DZ47LE-32/C10/230 V 型漏电保护器	1 只
(6) DZ47-63 C6 型空气断路器	2 只
(7) 配电箱 PZ30-8 型	1 只
(8) 荧光灯灯架 MX03-Y20X1 20 W	1 套
(9) 塑料线管(PVC 管) GY.205-16(ϕ16)	3 根
(10) 明线盒 86 型	1 只
(11) 1 mm^2铜芯红色导线、1 mm^2铜芯黑色导线	各 3 m
(12) ϕ16 型塑料弯头、ϕ16 型塑料三通、ϕ16 型塑料管卡	各取适量

3) 实训内容及要求

① 安全第一,严格树立牢固的安全意识。未经指导教师同意,不得私自通电。

② 掌握荧光灯电路的结构，了解安全用电常识。

③ 理解荧光灯电路工作原理。

④ 根据电路原理图 3.37 选择元器件进行照明电路敷设。

⑤ 通电试运转时应按电工安全要求操作。检验线路确保无误后，经指导老师同意，方可闭合开关。荧光灯正常工作时，如图 3.43 所示。

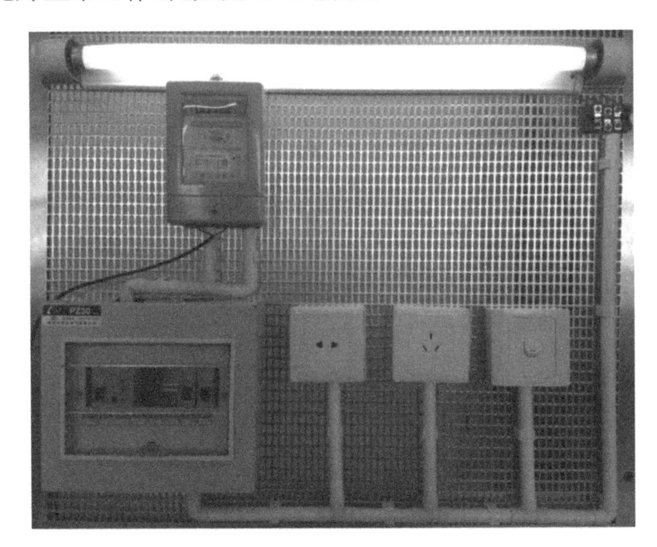

图 3.43　荧光灯照明电路

4) 验收标准

(1) 对照照明电路验收标准检查电路。

(2) 检查外观，看导线有没有露出外表。

(3) 检查电度表的进线端、出线端连接是否正确；管内导线有没有连接头。

(4) 检查两孔插座、三孔插座连接是否正确；开关是否串联相线中。

(5) 做好实训记录，撰写实训报告。

思考题 3

3.1　室内配线常用方法有哪些？各用于哪些场合？

3.2　塑料护套线配线有哪些优缺点？配线时应注意哪些事项？

3.3　白炽灯的开关合上后，熔丝烧断，产生的原因有哪些？如何检修？

3.4　日光灯不能发光的原因有哪些？如何检修？

3.5　并联在氖泡上的电容器起什么作用？如果电容被击穿后启辉器如何继续使用？

3.6　镇流器在日光灯中起什么作用？其功率大小如何确定？

3.7　进户线在安装时应注意哪些问题？

3.8　单相电度表如何接线？画出接线图？

3.9　电流互感器在安装时应注意哪些问题？

4 常用低压线路安装与调试

4.1 电气图的识别

电气图是指用来指导电气工程和各种电气设备、电气线路的安装、接线、运行、维护、管理和使用的图样。由于电气图描述的对象复杂，表达形式多种多样、应用领域广泛，因而使其成为一个独特的专业技术图种。作为电气工程从业技术人员，学会阅读和使用电气图是必备的基本素质要求。

一项电气工程用不同的表达方式来反映工程问题的不同侧面，它们彼此作用不同，但又有一定的对应关系，有时需要对照起来阅读。按用途和表达形式的不同，电气图可分为以下几种。

4.1.1 电气原理图

电气原理图又称电路图，是根据生产机械运动形式对电气控制系统的要求，采用国家统一规定的电气图形符号和文字符号，按照电气设备和电器的工作顺序，详细表示电路、设备或成套装置的全部基本组成和连接关系，而不考虑其实际位置的一种简图。电气原理图能充分表达电气设备和电器的用途、作用和工作原理，是电气线路安装、调试和维修的理论依据。电气原理图是电气图的最重要的种类之一，也是识图的难点与重点。

绘制和精读电气原理图时应遵循以下原则：

(1) 电气原理图一般分电源电路、主电路和辅助电路三部分来绘制。

电源电路画成水平线，三相交流电源相序 L_1、L_2、L_3 自上而下依次画出，中线 N 和保护地线 PE 依次画在相线之下。直流电源的“+”端画在上边，“−”端画在下边。电源开关要水平画出。

主电路是从电源向用电设备供电的路径，由主熔断器、接触器的主触头、热继电器的热元件以及电动机等组成。主电路通过的电流较大，一般要画在电气原理图的左侧并垂直电源电路，用粗实线来表示。

辅助电路一般包括控制电路、信号电路、照明电路及保护电路等。辅助电路由继电器和接触器的线圈、继电器的触点、接触器的辅助触头、主令电器的触头、信号灯和照明灯等电器元件组成。辅助电路通过的电流都较小，一般不超过 5 A。画辅助电路图时，辅助电路要跨接在两根电源线之间，一般按照控制电路、信号电路和照明电路的顺序依次垂直画在主电路图的右侧，且电路中与下边电源线相连的耗能元件(如接触器和继电器的线圈、信号灯、照明灯等)要画在电路图的下方，而电器的触头要画在耗能元件与上边电源线之间。为读图方便，一般应按照自左至右、自上而下的排列来表示操作顺序。

(2) 原理图中各电器元件不画出实际的外形图，而是采用国家统一规定的电气图形符号和文字符号来表示。

(3) 原理图中所有电器的触头位置都按电路未通电或电器未受外力作用时的常态位置画出。分析原理时，应从触头的常态位置出发。

(4) 原理图中各个电器元件及其部件(如接触器的触头和线圈)在图上的位置是根据便于阅读的原则安排的，同一电器元件的各个部件可以不画在一起，即采用分开表示法。但它们的动作却是相互关联的，因此，必须标注相同的文字符号。若图中相同的电器较多时，需要在电器文字符号后面加注不同的数字，以示区别，如 SB_1、SB_2 或 KM_1、KM_2、KM_3 等。

(5) 画原理图时，电路用平行线绘制，尽量减少线条和避免线条交叉并尽可能按照动作顺序排列，便于阅读。对交叉而不连接的导线在交叉处不加黑圆点；对"＋"形连接点(有直接电联系的交叉导线连接点)，必须要用小黑圆点表示；对"T"形连接点处则可不加。

(6) 为安装检修方便，在电气原理图中各元件的连接导线往往予以编号，即对电路中的各个接点用字母或数字编号。

主电路的电气连接点一般用一个字母和一个一位或两位的数字标号，如在电源开关的出线端按相序依次编号为 L_{11}、L_{12}、L_{13}。然后按从上至下，从左至右的顺序，标号的方法是经过一个元件就变一个号，如 L_{21}、L_{22}、L_{23}，L_{31}、L_{32}、L_{33} 等。单台三相交流电动机(或设备)的三根引出线按相序依次编号为 U、V、W。对于多台电动机引出线的编号，为了不致引起误解和混淆，可在字母前用不同的数字加以区别，如 1U、1V、1W，2U、2V、2W 等。

辅助电路编号按"等电位"原则从上至下、从左至右的顺序用数字依次编号，每经过一个电器元件后，编号要依次递增。控制电路编号的起始数字必须是 1，其他辅助电路编号的起始数字依次递增 100，如照明电路编号从 101 开始、信号电路编号从 201 开始等。

4.1.2 安装接线图

安装接线图是根据电气设备和电器元件的实际位置和安装情况绘制的，只用来表示电气设备和电器元件的位置、配线方式和接线方式，而不明显表示电气动作原理。为了具体安装接线、检查线路和排除故障，必须根据原理图查阅安装接线图。安装接线图中各电器元件的图形符号及文字符号必须与原理图核对。

绘制和精读安装接线图应遵循以下原则：

(1) 接线图中一般显示出电气设备和电器元件的相对位置、文字符号、端子号、导线号、导线类型、导线截面积、屏蔽和导线绞合等。

(2) 在接线图中，所有的电气设备和电器元件都按其所在的实际位置绘制在图样上。元件所占图面按实际尺寸以统一比例绘出。

(3) 同一电器的各元件根据其实际结构，使用与原理图相同的图形符号画在一起，并用点画线框上，即采用集中表示法。

(4) 接线图中各电器元件的图形符号和文字符号必须与原理图一致，以便对照检查接线。

(5) 各电器元件上凡是需要接线的部件端子都应绘出并予以编号，各接线端子的编号必须与原理图上的导线编号相一致。

(6) 接线图中的导线有单根导线、导线组(或线扎)、电缆等之分,可用连续线和中断线来表示。凡导线走向相同的可以合并,用线束来表示,到达接线端子板或电器元件的连接点时再分别画出。在用线束来表示导线组、电缆等时可用加粗的线条表示,在不引起误解的情况下也可采用部分加粗。另外,导线及管子的型号、根数和规格应标注清楚。

(7) 安装配电板内外的电气元器件之间的连线,应通过端子进行连接。

4.1.3　位置图

位置图是根据电器元件在控制板上的实际安装位置,采用简化的外形符号(如正方形、矩形、圆形等)而绘制的一种简图。它不表达各电器的具体结构、作用、接线情况以及工作原理,主要用于电器元件的布置和安装。图中各电器的文字符号必须与原理图和接线图的标注相一致。

4.2　常用低压电器

在电气设备中,如接触器、继电器、主令控制器、电阻器和熔断器等这些控制元件,统称电器,它能对电能的产生、分配和使用起控制和保护作用。由这类电器组成的控制电路,称为电器控制系统。电器按其控制对象可分为电器控制系统用电器和电力系统用电器。电器按电压等级可分为高压电器和低压电器。低压电器是用于交流额定电压 1 000 V 及以下和直流额定电压 1 500 V 及以下电路中起通断、保护、控制或调节作用的一类电器。低压电器按用途又可分为低压配电电器和低压控制电器两大类。低压配电电器主要指刀开关、转换开关、熔断器和低压断路器;低压控制电器主要有接触器、控制继电器、启动器、控制器、主令电器、电阻器、变阻器及电磁铁等。本节介绍一些常用低压电器。

4.2.1　刀开关、负荷开关和组合开关

1) *刀开关*

刀开关又称低压隔离开关,常用于不经常操作的电路中。普通的刀开关不能带负荷操作,只能在负荷开关切断电路后起隔离电压的作用,以保证检修人员、操作人员的安全。但装有灭弧罩的或者在动触头上装有辅助速断刀刃的刀开关,可以用来切断小负荷电流,以控制小容量的用电设备或线路。为了能在短路或过负荷时自动切断电路,刀开关必须与熔断器串联配合使用。

刀开关的分类方式很多,按结构可分单极、双极和三极三种;按操作方式可分直接手柄式和连杆式两种;按用途可分为单投和双投两种,其中双投刀开关每极有两个静插座,铰链支座在中间,触刀只能插入其中一组静插座中,另一组静插座与触刀分开,可用作转换电路,故又称刀形转换开关;按灭弧结构分,又有不带灭弧罩和带灭弧罩两种。

HD 和 HS 系列刀开关的型号含义如图 4.1 所示。图 4.2 为 HS11F-200/48 型刀开关。

在刀开关中还有一种组合式的开关电器——刀熔开关。它是利用 RTO 型熔断器两端的触刀作刀刃组合而成的开关电器,用来代替低压配电装置中的刀开关和熔断器。它具有熔断器式刀开关的基本性能(操作正常工作电路和切断故障电路),故具有节省材料、降低成

本和缩小安装面积等优点。我国目前生产的刀熔开关产品有 HR3、HR5 及 HR20 等系列。

刀开关和刀形转换开关的选用：首先应根据它们在线路中的作用和它们的安装位置来确定其结构形式。如果线路中的负载电流由低压断路器、接触器或其他电器通断，则刀开关和刀形转换开关仅用来隔离电源，选用无灭弧罩的产品；反之，如果必须由它们分断负载电流，则应选用有灭弧罩而且是用杆手动操作机构或电动操作机构操作的产品。此外，还应按操作位置选择正面操作或侧面操作，按接线位置选用板前接线或板后接线等。

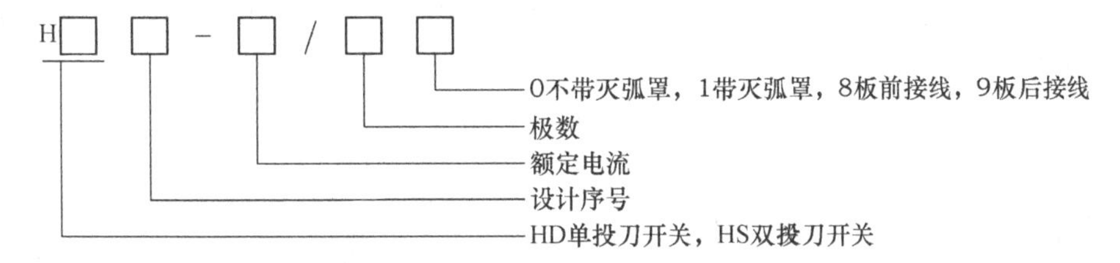

图 4.1 HD 和 HS 系列刀开关的型号含义

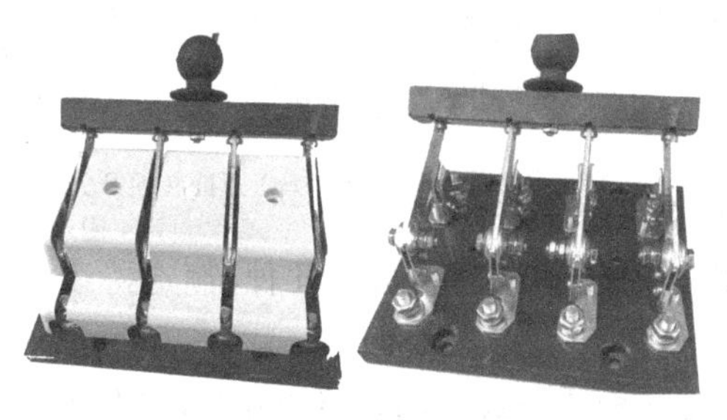

图 4.2 HS11F-200/48 型刀开关

2) 负荷开关

负荷开关有开启式(俗称闸刀开关)和半封闭式(俗称铁壳开关)两种。常用负荷开关的型号有 HK 和 HH 系列，其型号含义如图 4.3 所示。

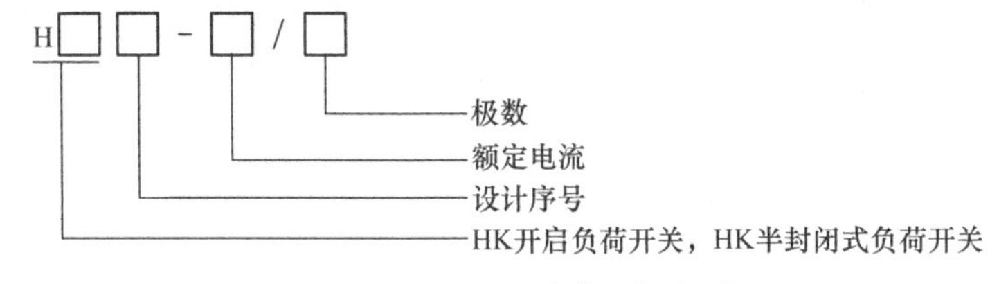

图 4.3 HK 和 HH 系列负荷开关型号含义

图 4.4 控制柜用负荷开关

选用负荷开关时，额定电流一般等于负载额定电流之和；若用于电动机电路，根据经验，开启式负荷开关的额定电流一般取电动机额定电流的 3 倍；半封闭式负荷开关的额定电流取电动机额定电流的 1.5 倍，图 4.4 为控制柜用负荷开关。

负荷开关熔丝的选择，一般注意以下三个方面：

(1) 对于变压器、电热器和照明电路，熔丝的额定电流宜等于或略多于实际负荷电流。

(2) 对于配电线路，熔丝的额定电流宜等于或略微小于线路的安全电流。

(3) 对于电动机，熔丝的额定电流，一般为电动机额定电流的 1.5～2.5 倍。

负荷开关的使用及维护：

(1) 负荷开关不准横装或倒装，必须垂直地安装在控制屏或开关板上，更不允许将开关放在地上使用。

(2) 负荷开关安装接线时，电源进线和出线不能接反，开启式负荷开关的电源进线应接在上端进线座，负载应接在下端出线端，以便更换熔丝；60 A 以上的半封闭式负荷开关的电源线应接在上端进线座，60 A 以下的应接在下端进线座。

(3) 半封闭式负荷开关的外壳应可靠接地，防止意外的漏电使操作者发生触电事故。

(4) 更换熔丝必须在闸刀断开的情况下进行，且应换上与原用熔丝规格相同的新熔丝。

(5) 应经常检查开关的触头，清理灰尘和油污等物。操作机构的摩擦处应定期加润滑油，使其动作灵活，延长使用寿命。

(6) 在修理半封闭式负荷开关时，要注意保持手柄与门的联锁，不可轻易拆除。

3) 组合开关

在机床电气控制线路中，组合开关常用于作为电源引入隔离开关，也可以用它来直接启动和停止小容量鼠笼式电动机或使电动机正反转，如图 4.5(a)所示，局部照明电路也常用它来控制。

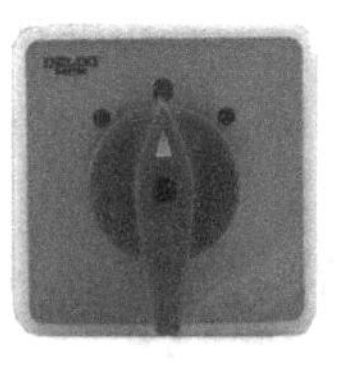

(a) 万能转换开关

(b) HZ10 系列组合开关

图 4.5　几种组合开关

组合开关的种类很多，常用的有 HZ 等系列。组合开关有单极、双极、三极和四极等几种，额定持续电流有 10 A、25 A、60 A 和 100 A 等多种。

HZ10 系列组合开关是一种层叠式手柄旋转的开关，如图 4.5(b)所示。它的每组动、静触头均装于一个不太高的胶木触头座内，一般有 3 对静触片，每个触片的一端固定在绝缘垫板上，另一端伸出盒外，连在触头座的接线柱上。动触片是由磷铜片制成并被铆接在绝缘钢纸上。绝缘钢纸上开有方形孔，套在装有手柄的方截面绝缘转动轴上。由于转轴穿过各层绝缘钢纸，手柄可左右旋转至不同位置，可以将 3 个(或更多个)触片(彼此相差一定角度)同时接通或断开，在每个位置上都对应着各对静、动触点不同的通断状态。触头座上的接线柱分别与电源、用电设备相接。触头座可以堆叠起来，最多可以叠 6 层，这样，整个结构就向立体空间发展，缩小了安装面积。

HZ 系列组合开关的型号含义如图 4.6 所示。

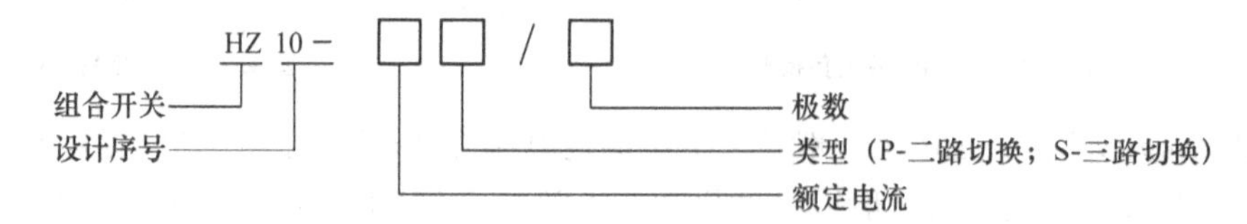

图 4.6　HZ 系列组合开关的型号含义

组合开关的选择：选择组合开关主要是要使额定电流应等于或大于被控电路中各负载电流的总和。若用于电动机电路，额定电流一般取电动机额定电流的 1.5～2.5 倍。

组合开关的使用与维护：

(1) 由于组合开关的通断能力较低，故不能用来分断故障电流。当用于控制电动机作可逆运转时，必须在电动机完全停止转动后，才允许反向接通。

(2) 当操作频率过高或负载功率因数较低时，组合开关要降低容量使用，否则会影响开关寿命。

4.2.2　低压断路器

低压断路器也称自动空气开关，是配电电路中常用的一种低压保护电器，主要由触头系统、操作机构和保护元件三部分组成。主触头用耐弧合金制成，采用灭弧栅片灭弧，故障时自动脱扣，触头通断时瞬时动作，与手柄的操作速度无关。由于它具有灭弧装置，因此可以安全地带负荷通断电路，还可实现短路、过载、欠压和失压分断保护，自动切除故障。它相当于刀闸开关、熔断器、热继电器和欠压继电器等的组合，低压断路器除可对导线和配电负载实施保护外，也可对电动机实施保护。现在在配电电路中还广泛使用另一种低压保护断路器——漏电断路器，漏电断路器能在线路或电动机等负载发生对地漏电时起安全保护作用。

低压断路器的主要参数是额定电压、额定电流和允许切断的极限电流，选择低压断路器时，允许切断的极限电流应略大于线路的最大短路电流。

由于低压断路器的操作传动机构比较复杂，因此不能频繁操作。低压断路器按结构形式分，有塑料外壳式(DZ 系列)和框架式低压断路器(DW 系列)两类。(几种塑料外壳式和框架式低压断路器的外形图，分别如图 4.7(a)和图 4.7(b)所示。)

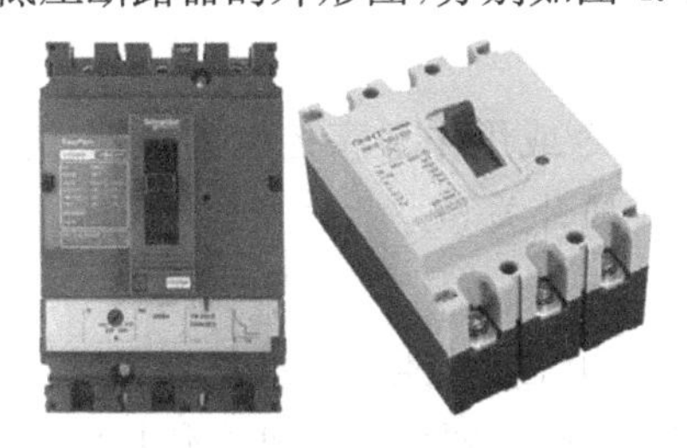

(a) 塑壳式(DZ 系列)低压断路器

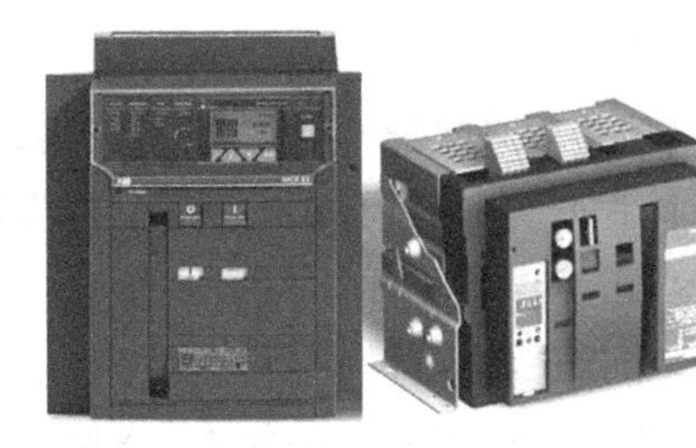

(b) 框架式低压断路器

图 4.7　几种常见的低压断路器

低压断路器的型号含义如图 4.8 所示。

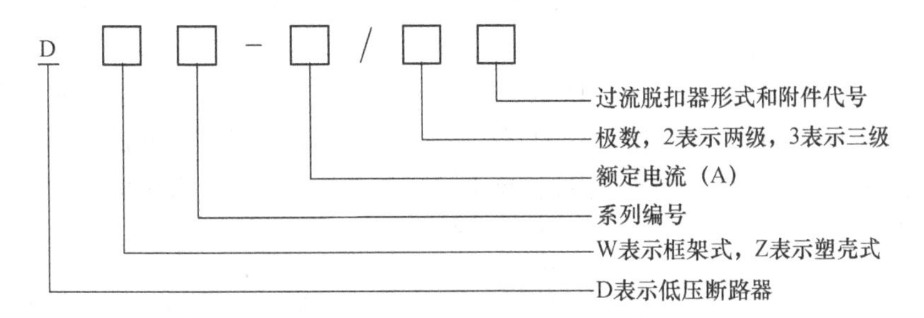

图 4.8　低压断路器的型号含义

1) 塑料外壳式低压断路器

塑料外壳式低压断路器具有封闭的塑料外壳，除中央操作手柄和板前接线端头外，其余部分均安装在壳内，结构紧凑，体积小，使用和操作都较安全。其操作机构采用四连杆机构，可自由脱扣，分手动和电动两种操作方式。手动操作是利用中央操作手柄直接操作；电动操作是利用专门的控制电机操作，但一般只限于 250 A 以上才装有电动操作机构。

塑料外壳式低压断路器的中央操作手柄共有三个位置：合闸位置、自由脱扣位置、分闸和脱扣位置。

塑料外壳式低压断路器的保护方式有过电流保护、欠电压保护、漏电保护等。

2）框架式低压断路器

框架式低压断路器为敞开式结构，一般安装在固定的框架上。它的保护方案和操作方式也较多，有直接手柄式操作、电磁分合闸操作、电动机操作等；保护有瞬时式、多段延时式、过电流保护、欠电压保护等。

框架式低压断路器的主触点通常是由手柄带动操作机构来闭合的。开关的脱扣机构是一套连杆装置。当主触点闭合后就被锁扣锁住。如果电路中发生故障，脱扣机构就在相关脱扣器的作用下将锁扣脱开，于是主触点在释放弹簧的作用下迅速分断。脱扣器有过流脱扣器和欠压脱扣器等，它们都是电磁操动机构。在正常情况下，过流脱扣器的衔铁是释放着的：一旦发生严重过载或短路故障时，与主电路串联的线圈就将产生较强的电磁吸力把衔铁往下吸而顶开锁扣，使主触点断开。欠压脱扣器的工作恰恰相反，在电压正常时，吸住衔铁，主触点才得以闭合；一旦电压严重下降或断电时，衔铁就被释放而使主触点断开；当电源电压恢复正常时，必须重新合闸后才能工作，从而实现了失压保护。

4.2.3　主令电器

主令电器是用来接通与断开控制电路，以发出命令或用作程序控制的电器。其主要类型有按钮、行程开关、接近开关、主令控制器和万能转换开关等。

1）按钮

按钮通常用于接通或断开控制电路，从而控制电动机或其他电气设备的运行。

按钮中有用于电气连接的触点，分常闭触点和常开触点两种。无外力作用时，原来就接触连通的触点，称为常闭触点；原来就断开的触点，称为常开触点。按钮一般利用弹簧力储能复位。图 4.9 所示的按钮有一组常开触点和一组常闭触点，也有具有两组常开触点和两组常闭触点的。常见的一种双联按钮盒由两个按钮组成，如图 4.9(a)所示，一个用于电动机启动，一个用于电动机停止。

按钮形式有：平钮，如图 4.9(c)所示；蘑菇钮，如图 4.9(d)所示，有直径较大的红色蘑菇钮头，作紧急切断电源用；带灯钮(按钮与信号灯装在一起)，如图 4.9(b)所示；此外还有旋钮(用手把旋转按钮帽)及钥匙钮(在按钮帽上插入钥匙后才可以操作)等。

按钮的型号含义如图 4.10 所示。LA19 系列按钮结构如图 4.11 所示。

(a) 双联按钮　　(b) 带灯钮　　(c) 平钮　　(d) 蘑菇钮

图 4.9　常用按钮类型

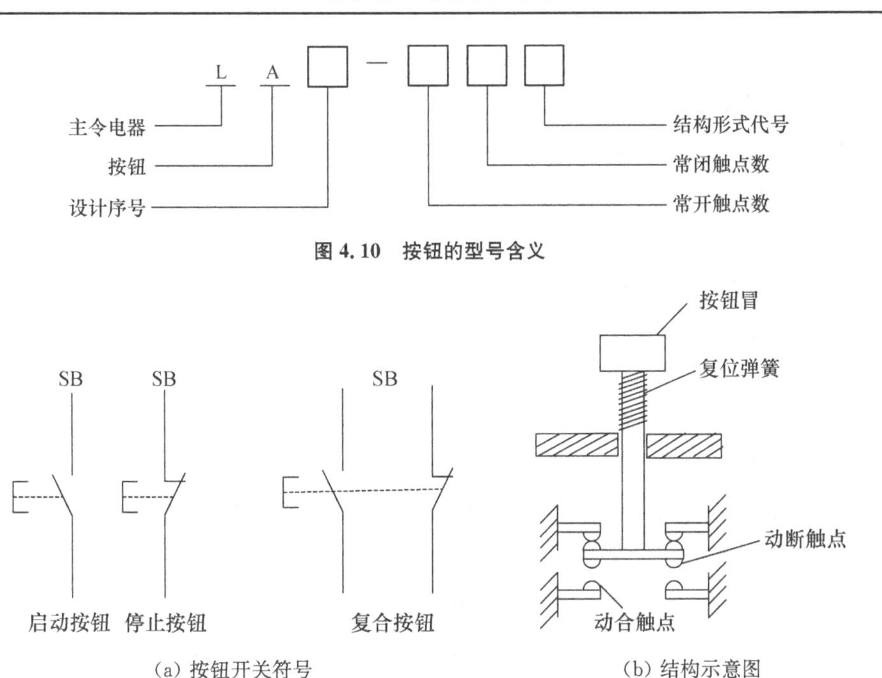

图 4.10 按钮的型号含义

图 4.11 LA19 系列按钮开关符号与结构示意图

按钮的使用和维护：

(1) 由于按钮的触头间距较小，如有油污等极易发生短路故障，故使用时应经常保持触头间的清洁。

(2) 按钮如用于高温场合，易使塑料变形老化，导致按钮松动，引起接线螺钉间相碰短路，可视情况在安装时多加一个紧固圈，两个拼紧使用。

(3) 带指示灯的按钮由于灯泡要发热，时间长时易使塑料灯罩变形，造成调换灯泡困难，故不宜用在通电时间较长之处。

2) 行程开关

行程开关是一种由工作机械直接驱动的主令电器，用以反映工作机械的行程，发出命令以控制其运动方向或行程大小。行程开关如图 4.12 所示。如果把行程开关安装在工作机械行程终点处，以限制其行程，则称为限位开关。限位开关按其传动方式分为杠杆式、转动式和按钮式几种。行程开关是一种很重要的主令电器，将机械信号转变为电信号，以实现对工作机械的电气控制。

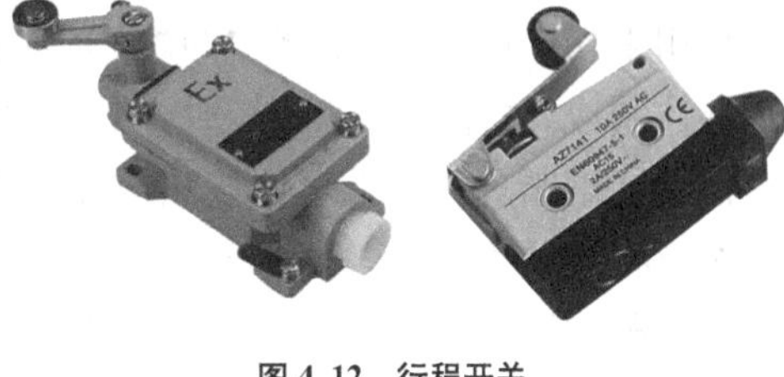

图 4.12 行程开关

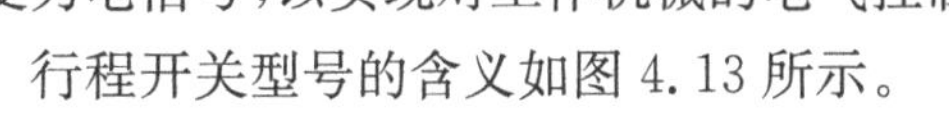

行程开关型号的含义如图 4.13 所示。

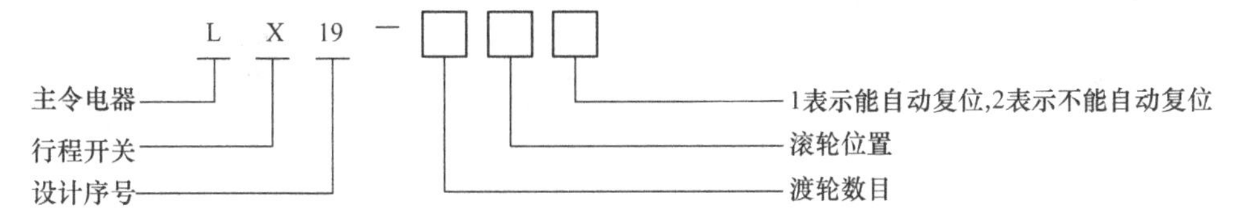

图 4.13 行程开关型号的含义

行程开关的选择：

（1）根据应用场合及控制对象选择是一般用途开关还是起重设备用行程开关。

（2）根据安装环境选择防护形式是开启式还是防护式。

（3）根据控制回路的电压和电流选择采用何种系列的行程开关。

（4）根据机械对行程开关的作用力与位移关系选择合适的头部结构形式。

行程开关的使用和维护：行程开关安装时位置要准确，否则不能达到行程控制和限位控制的目的。应定期清扫行程开关，以免触头接触不良而达不到行程控制和限位控制的目的。

3）主令控制器

主令控制器是按照预定的程序分合触头，以发布命令和转换控制电路接线的主令电器。

主令控制器由手柄、外壳、转轴、装在转轴上的多个凸轮、多个触头组及定位机构等组成，每个凸轮控制一对触头，触头用于控制电路，故额定电流较小，凸轮制成各种形状，使触头按一定的次序接通和分断。

（1）主令控制器按凸轮的结构形式可分为以下几种：

① 凸轮非调整式主令控制器：凸轮形状不能调整，其触头只能按一定的触头分合次序表动作。

② 凸轮调整式主令控制器：凸轮由凸轮片和凸轮盘两部分组成，均开有孔和槽，凸轮片装在凸轮盘上的位置可以调整，因此其触头分合次序表也可以调整。

（2）主令控制器按操作方式可分为：

① 手动式：用人力操作手柄。

② 伺服电动机传动式：由伺服电动机经减速机构带动主令控制器的主轴转动。

③ 生产机械传动式：由生产机械直接带动或经减速机构带动主令控制器的主轴转动。

目前国内生产的主令控制器型号有 LK 和 IS 等系列。

4.2.4　熔断器

熔断器是最简便有效的保护电器，俗称“保险”。熔断器是利用本身过电流时熔体的熔化作用来切断电路，熔断器中的熔体是用电阻率较高的易熔合金制成。或用截面积很小的良导体制成，线路在正常工作时，熔断器内的熔体不应熔断。一旦发生短路或严重过载时，熔体立即熔断。熔断器熔体按热惯性可分为大热惯性、小热惯性和无热惯性三种；熔断器熔体按形状可分为丝状、片状、笼状（栅状）三种；熔断器按支架结构分，有瓷插式、螺旋式、封闭管式三种，其中封闭管式又分有填料和无填料两类。图 4.14 是常用的三种熔断器的结构图。瓷插式熔断器的型号含义及图形符号如图 4.15 所示。

(a) 封闭管式

(b) 瓷插式

(c) 螺旋式

图 4.14　常用的三种熔断器结构图

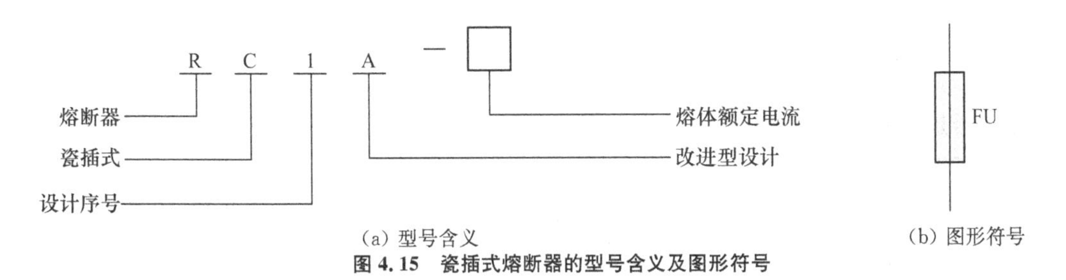

(a) 型号含义 (b) 图形符号

图 4.15 瓷插式熔断器的型号含义及图形符号

熔断器的保护作用用安秒特性来表示。所谓安秒特性是指熔断电流与熔断时间的关系，如表 4.1 所示。

表 4.1 熔断器的熔断电流与熔断时间的关系

熔断电流	1.25/N	1.6/N	2/N	2.5/N	3/N	4/N
熔断时间	∞	1 h	40 s	8 s	4.5 s	2.5 s

熔断器要根据负载的具体情况进行选择，不可一概而论。否则，不但起不到保护作用，还会导致事故发生。

(1) 选择熔丝的原则

① 电灯支线的熔丝：应选择熔丝额定电流≥支线上所有电灯的工作电流。

② 一台电动机的熔丝：为了防止电动机启动时将熔丝烧断，熔丝不能按电动机的额定电流来选择，应按下式计算：

熔丝额定电流≥电动机的启动电流/2.5

或

熔丝额定电流≥(1.5～2.5)×电动机的额定电流

如果电动机启动频繁，则为：

熔丝额定电流≥电动机的启动电流/(1.6～2)

或

熔丝额定电流≥(3～3.5)×电动机的额定电流

③ 几台电动机合用的总熔丝，一般按下式计算：

熔丝额定电流=(1.5～2.5)×容量最大的电动机的额定电流+其余电动机的额定电流

常用的熔断器有管式熔断器 R1 系列，螺旋式熔断器 RL1 系列，有填料封闭式熔断器 RT 系列以及快速熔断器 RS 系列等多种产品。

(2) 熔断器的使用与维护

① 应正确选用熔断器的熔体。有分支电路时，分支电路的熔体额定电流应比前一级小 2～3 级；对不同性质的负载，如照明电路、电动机电路的主电路和控制电路等，应尽量分别保护，装设单独的熔断器。

② 安装螺旋式熔断器时，必须注意将电源线的相线(俗称火线)接到瓷底座的下接线端，以保证安全。

③ 瓷插式熔断器安装熔丝时，熔丝应顺着螺钉旋紧的方向绕过去，同时应注意不要划伤熔丝，也不要把熔丝绷紧，以免减小熔丝截面尺寸或折断熔丝。

更换熔体时应切断电源，并应换上相同额定电流的熔体，不能随意加大熔体。

4.2.5　接触器

接触器是一种用于远距离频繁地接通和断开主电路的控制电器，分为交流接触器和直流接触器两类。

接触器的基本参数有：主触点的额定电流、主触点允许切断电流、触点数、线圈电压、操作频率、动作时间、机械寿命和电气寿命等。

目前生产的接触器，其额定电流可高达 2 500 A，允许接通次数为 150～1 500 次/h，电气寿命达 50～100 万次，机械寿命为 500～1 000 万次。

1）接触器的结构和工作原理

接触器一般由电磁机构、主触点和灭弧装置、辅助触点、释放弹簧机构、支架与底座等组成。图 4.16 是 CJX2 系列交流接触器的结构图及外形图。

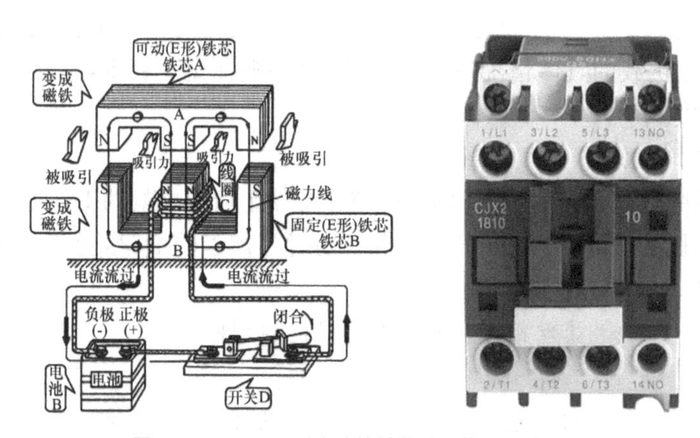

图 4.16　CJX2 系列交流接触器的结构图及外形图

接触器的触头用于接通或分断电路，根据用途不同，接触器的触头分主触头和辅助触头两种。辅助触头通过电流较小，常接在控制电路中；主触头能通过较大电流，接在电动机主电路中。

（1）触点

触点是用来接通或断开电路的执行元件。按其接触形式可分为点接触、线接触和面接触 3 种。

① 点接触，它由两个半球形触点或一个半球形与另一个平面形触点构成。常用于小电流的电器中，如接触器的辅助触点或继电器触点。

② 线接触，它的接触区域是一条直线。触点在通断过程中是滚动接触。其好处是可以自动清除触点表面的氧化膜，保证了触点的良好接触。这种滚动接触多用于中等容量的触点，如接触器的主触点。

③ 面接触，可允许通过较大的电流，应用较广。在这种触点的表面上镶有合金以减小接触电阻和提高耐磨性，多用于较大容量接触器的主触点。

（2）电弧的产生与灭弧装置

当接触器触点断开电路时，若电路中动、静触点之间电压超过 12 V，电流超过 80 mA，动、静触点之间将出现强烈火花，这实际上是一种空气放电现象，通常称为“电弧”。所谓空气放电，就是空气中有大量的带电质点作定向运动。当触点分离瞬间，间隙很小，电路电压几乎全部降落在动、静两触点之间，在触点间形成了很高的电场强度，负极中的自由电子会逸出到气隙中，并向正极加速运动。由于撞击电离、热电子发射和热游离的结果，在动、静两触点间呈现大量向正极飞驰的电子流，形成电弧。随着两触点间距离的增大，电弧也相应地拉长，不能迅速切断。由于电弧的温度高达 3 000 ℃或更高，导致触点被严重烧伤，缩短了电器的寿命，给电气设备的运行安全和人身安全等都造成了极大的威胁。因此，我们必须采取有效的方法，尽可能消灭电弧。常采用的灭弧方法和灭弧装置有：

① 磁吹式灭弧装置。

② 弧栅灭弧。

③ 多断点灭弧。

④ 弧罩灭弧。

通常交流接触器的触头都做成桥式，它有两个断点，以降低触头断开时加在断点上的电压，使电弧容易熄灭；相间有绝缘隔板，以防止相间电弧短路。

(3) 电磁机构

电磁机构是接触器的重要组成部分，它由吸引线圈和磁路两部分组成，磁路包括铁芯、衔铁、铁轭和空气隙，利用气隙将电磁能转换为机械能，带动动触点使之与静触点接通或断开。电磁机构的种类很多，常见的分类方法有：

① 按铁芯的运动方式，可分为铁芯后退式和铁芯迎击式两种。

② 按磁系统形状，可分为 U 形和 E 形。

③ 按线圈的连接方式，可分为并联(电压线圈)和串联(电流线圈)两种。

④ 按吸引线圈的种类，可分为直流线圈和交流线圈两种。

电磁机构的吸力与气隙的关系曲线称为吸力特性，它随励磁电流种类(交流或直流)和线圈的连接方式(串联或并联)而有所差异。电磁机构转动部分的静阻力与气隙的关系曲线称为反力特性。反力的大小与反作用弹簧的弹力和衔铁重量有关。

2) 接触器的主要技术数据

交流接触器和直流接触器的型号代号分别为 CJ 和 CZ。

直流接触器型号的含义如图 4.17 所示。

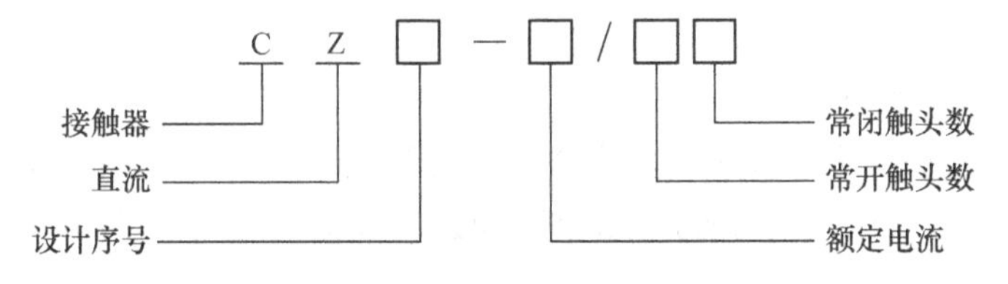

图 4.17 直流接触器型号的含义

交流接触器型号的含义如图 4.18 所示。

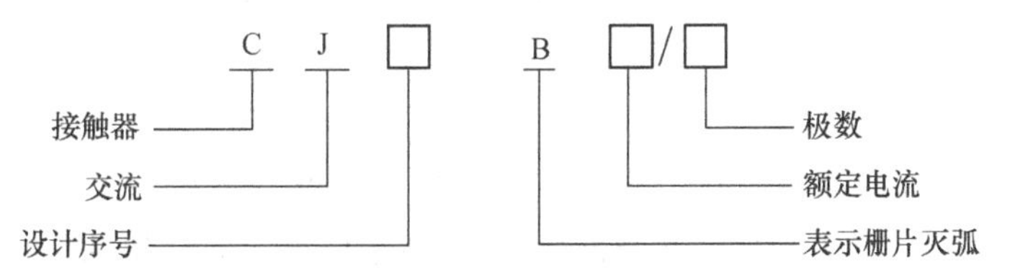

图 4.18 交流接触器型号的含义

我国生产的交流接触器常用的有 CJ1、CJ10、CJ12、CJ20 等系列产品。CJ12 和 CJ20 新系列接触器所有受冲击的部件均采用了缓冲装置;合理地减小了触点开距和行程;运动系统布置合理,结构紧凑;采用结构连接,不用螺钉,维修方便。

直流接触器常用的有 CZ1 和 CZ3 等系列和新产品 CZ0 系列。新系列接触器具有寿命长、体积小、工艺性好、零部件通用性强等优点。

接触器的基本技术参数有:

(1) 电压。接触器额定电压是指主触头上的额定电压。其电压等级为:

交流接触器:220 V,380 V,500 V;

直流接触器:220 V,440 V,660 V。

(2) 额定电流。接触器额定电流是指主触头上的额定电流。其电流等级为:

交流接触器:10 A,15 A,25 A,40 A,60 A,150 A,250 A,400 A,600 A;

直流接触器:25 A,40 A,60 A,100 A,150 A,250 A,400 A,600 A。

(3) 线圈的额定电压。其电压等级为:

交流线圈:36 V,127 V,220 V,380 V;

直流线圈:24 V,48 V,220 V,440 V。

(4) 额定操作频率。即每小时通断次数。交流接触器高达 6 000 次/h;直流接触器高达 1 200 次/h。

3) 接触器的选择

在选用接触器时,应注意它的电源种类、额定电流、线圈电压及触头数量等。

(1) 接触器类型的选择

接触器的类型应根据负载电流的类型和负载的轻重来选择,即根据是交流负载还是直流负载,是轻负载还是重负载来选择。

(2) 接触器主触头额定电流的选择

$$\text{主触头额定电流 } I_N \geqslant \frac{\text{电动机额定电功率 } P_N(\text{W})}{(1\sim1.4)\text{电动机额定电压 } U_N(\text{V})}$$

如果接触器控制的电动机启动、制动或正反转频繁,一般将接触器主触头的额定电流降一级使用。

(3) 接触器操作频率的选择

操作频率是指接触器每小时通断的次数。当通断电流较大及通断频率过高时,会引起触头过热,甚至熔焊。操作频率若超过规定值,应选用额定电流大一级的接触器。

(4) 接触器线圈额定电压的选择

接触器线圈的额定电压不一定等于主触头的额定电压。当线路简单、使用电器少时,可直接选用 380 V 或 220 V 电压的线圈;如线路较复杂,使用电器超过 5 小时,可选用 24 V、48 V 或 110 V 电压的线圈。

4) 接触器的使用与维护

(1) 接触器安装前应检查线圈的额定电压等技术数据是否与实际使用相符,然后将铁芯极面上的防锈油脂或锈垢用汽油擦净,以免多次使用后被油垢粘住,造成接触器断电时不能释放。

(2) 接触器安装时,一般应垂直安装,其倾斜度不得超过 5°,否则会影响接触器的动作特性。安装有散热孔的接触器时,应将散热孔放在上下位置,以利于线圈散热。

(3) 接触器安装与接线时,注意不要把杂物失落到接触器内,以免引起卡阻而烧毁线圈;同时应将螺钉拧紧,以防震动松脱。

(4) 接触器的触头应定期清扫并保持整洁,但不得涂油。当触头表面因电弧作用形成金属小珠时,应及时铲除,但银及银合金触头表面产生的氧化膜,由于接触电阻很小,可不必处理。

4.2.6 继电器

继电器是一种根据特定形式的输入信号而动作的自动控制电器。它与接触器不同,主要用于反应控制信号,其触头一般接在控制电路中。

继电器的种类很多,按功能分为电压继电器、电流继电器、功率继电器、中间继电器、时间继电器、热继电器、速度继电器、极化继电器和冲击继电器等。

1) 电压继电器

电压继电器常用在电力系统继电保护中,在低压控制电路中使用较少。电压继电器的输入量是电路的电压大小,其根据输入电压大小而动作。电压继电器分为欠电压继电器和过电压继电器两种。过电压继电器动作电压范围为额定电压的 105%~120%;欠电压继电器吸合电压动作范围为额定电压的 20%~50%,释放电压调整范围为额定电压的 7%~20%;零电压继电器当电压降低至额定电压的 5%~25%时动作,它们分别起过压、欠压、零压保护。电压继电器工作时并联在电路中,因此线圈匝数多、导线细、阻抗大,反映电路中电压的变化,用于电路的电压保护。

2) 电流继电器

电流继电器的输入量是电流,它是根据输入电流大小而动作的继电器。电流继电器的线圈串入电路中,以反映电路电流的变化,其线圈匝数少、导线粗、阻抗小。电流继电器可分为欠电流继电器和过电流继电器。

欠电流继电器用于欠电流保护或控制,如直流电动机励磁绕组的弱磁保护、电磁吸盘中的欠电流保护、绕线式异步电动机起动时电阻的切换控制等。欠电流继电器的动作电流整定范围为线圈额定电流的 30%~65%。需要注意的是欠电流继电器在电路正常工作时,电流正常不欠电流时,欠电流继电器处于吸合动作状态,常开接点处于闭合状态,常闭接点处于断开状态;当电路出现不正常现象或故障现象导致电流下降或消失时,继电器中流过的电流小于释放电流而动作,所以欠电流继电器的动作电流为释放电流而不是吸合电流。

过电流继电器用于过电流保护或控制,如起重机电路中的过电流保护。过电流继电器在电路正常工作时流过正常工作电流,正常工作电流小于继电器所整定的动作电流,继电器不动作,当电流超过动作电流整定值时才动作。过电流继电器动作时其常开接点闭合,常闭接点断开。过电流继电器整定范围为额定电流的 110%~400%,其中交流过电流继电器为额定电流的 110%~400%,直流过电流继电器为额定电流的 70%~300%。

3) 功率继电器

功率继电器是一种在输入量(或激励量)满足某些规定的条件时,能在一个或多个电器输出电路中产生跃变的一种器件。可用于中性点直接接地系统,作为零序电流保护的方向元件。

功率继电器按继电器的负载分类可分为微功率继电器、弱功率继电器、中功率继电器和大功率继电器。

4）中间继电器

中间继电器主要用于扩大信号的传递，提高控制容量。在自动控制系统中常与接触器配合使用。它输入的是线圈得电、失电信号；输出的是触头开、闭。中间继电器的触头数量较多，因而可用其增加控制电路中信号的数量。

常用的中间继电器有 JZ7、JZ8 系列，其型号含义如图 4.19 所示。

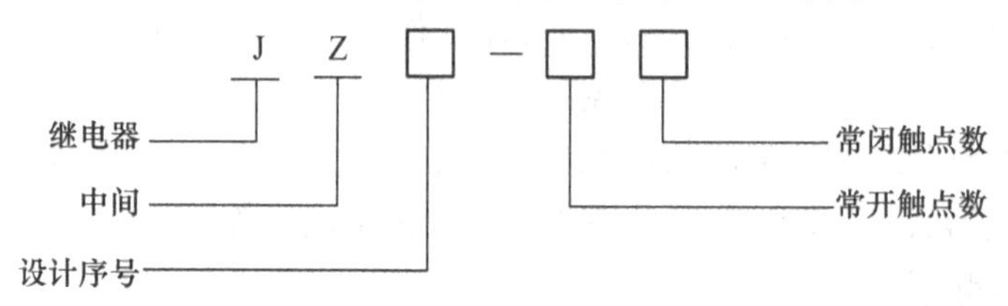

图 4.19　中间继电器 JZ7、JZ8 系列型号含义

中间继电器一般根据负载电流的类型、电压等级和触头数量来选择。其使用与接触器类似，但中间继电器由于触头容量较小，一般不能接到主线路中应用。

5）时间继电器

(1) 空气阻尼式时间继电器

空气阻尼式时间继电器利用空气通过小孔时产生阻尼的原理获得延时。其结构由电磁系统、延时机构和触头三部分组成。空气阻尼式时间继电器既有通电延时型，也有断电延时型。

只要改变电磁机构的安装方向，便可实现不同的延时方式。当衔铁位于铁芯和延时机构之间时为通电延时；当铁芯位于衔铁和延时机构之间时为断电延时。

空气阻尼式时间继电器的外形和工作原理如图 4.20 所示。其特点是延时范围大、寿命长、价格低。但延时误差较大，在对延时精度要求较高的场合，不宜使用空气阻尼式时间继电器。

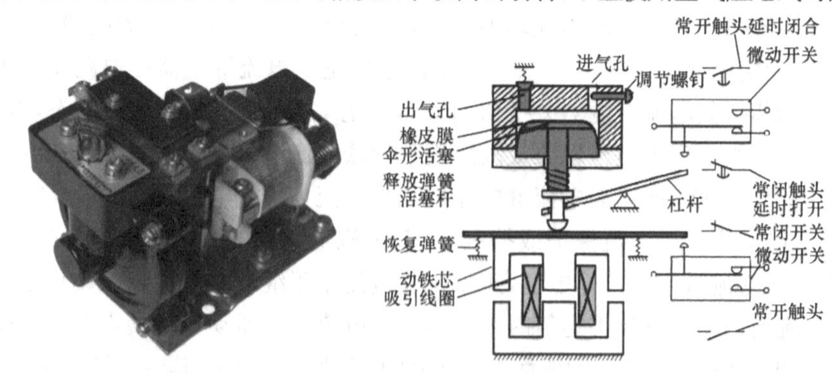

图 4.20　空气阻尼式时间继电器

(2) 电动机式时间继电器

电动机式时间继电器是利用小型同步电动机带动减速齿轮而获得延时的。其结构由同步电动机、离合电磁铁、减速齿轮、差动轮系、复位游丝、触头系统和推动延时触头脱扣的凸

轮等组成。当接通电源后，齿轮空转。需要延时时，再接通离合电磁铁，齿轮带动凸轮转动，经过一定时间，凸轮推动脱扣机构使延时触头动作，同时其常闭触头断开同步电动机和离合电磁铁的电源，所有机构在复位游丝的作用下返回原来位置，为下次动作做好准备。

延时的长短，可以通过改变指针在刻度盘上的位置进行调整。这种延时继电器定时精度高，调节方便，延时范围很大，且误差较小，可以从几秒到几小时。延时时间不受电源电压与温度的影响，但因同步电动机的转速与电源频率成正比，所以当电源频率降低时，延时时间加长，反之则缩短。这种延时继电器的缺点是结构复杂，价格较贵，齿轮容易磨损，不适于频繁操作。

(3) 电子式时间继电器

电子式时间继电器的基本原理是利用 RC 积分电路中电容的端电压在接通电源之后逐渐上升的特性获得的，图 4.21 所示为几种电子式时间继电器。电源接通后，经变压器降压后整流、滤波、稳压，提供延时电路所需的直流电压。从接通电源开始，稳压电源经定时器的电阻向电容充电，经一段时间后充电至某电位，使触发器翻转，控制继电器动作，继电器触头提供所需的延时，同时断开电源，为下一次动作做准备。调节电位器电阻即可改变延时时间的长短。

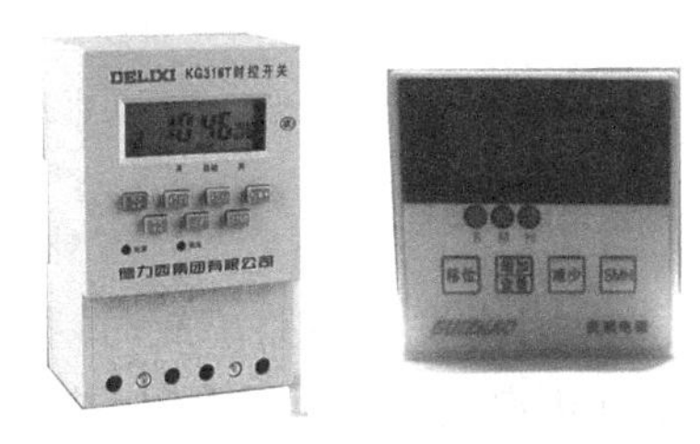

图 4.21 几种电子式时间继电器

这种继电器机械结构简单、寿命长、延时范围广、精度高、调节方便、返回时间短、消耗功率小，值得推广应用。

6) 热继电器

热继电器是用来保护电动机等负载，使之免受长期过载的危害。电动机在欠电压、断相或长时间过载情况下工作，都会使其工作电流超过额定值，从而引起电动机过热。严重的过热会损坏电动机的绝缘，因此需要对电动机进行过载保护。

(1) 热继电器的工作原理

热继电器是利用电流的热效应而动作的，其中 JR10 系列热继电器的结构和原理如图 4.22(a)和(b)所示。热元件是一段电阻不大的电阻丝，接在电动机的主电路中，双金属片由两种具有不同线膨胀系数的金属辗压而成。一层金属的膨胀系数大，称为主动层；另一层的膨胀系数小，称为被动层。当主电路中电流超出允许值而使双金属片受热时，每一种金属都因受热而伸长，伸长的大小由其线膨胀系数决定。由于两者伸长的长度不等，且又紧密结合为一体，故它便向线膨胀系数小的一侧方向弯曲，因而使脱扣机构脱扣，扣板在弹簧的拉力下将常闭触点断开，控制接触器的线圈断电，从而断开电动机的主电路。

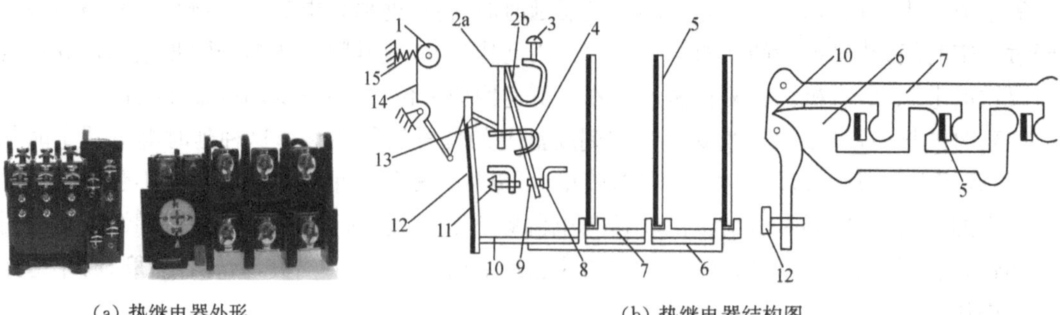

(a) 热继电器外形　　　　(b) 热继电器结构图

1—电流调节凸轮；2a、2b—片簧；3—手动复位按钮；4—弓簧；5—主双金属片；6—外导板；7—内导板；8—常闭静触头；9—动触头；10—杠杆；11—复位调节螺钉；12—补偿双金属片；13—推杆；14—连杆；15—压簧

图 4.22　JR10 系列热继电器

热继电器的型号含义如图 4.23 所示。

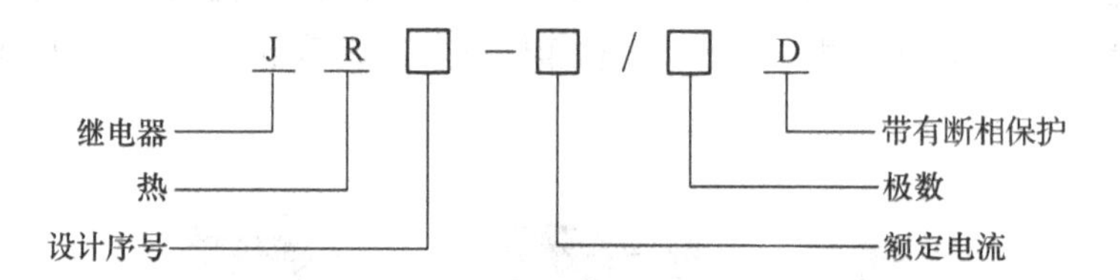

图 4.23　热继电器的型号含义

由于热惯性，热继电器不能作短路保护。因为发生短路事故时，我们要求电路立即断开，而热继电器是不能立即动作的。但在电动机启动或短时过载时，热继电器的热惯性可使电动机避免不必要的停车。

热继电器动作后，一般机构将被锁住不能复位，如果要使热继电器复位，则应等双金属片冷却后，按下复位按钮才可解锁复位，为下次动作做好准备。

JR1、JR2 系列热继电器的双金属片是通过发热元件间接加热的。热继电器的动作电流与周围的介质温度有关，当周围介质温度变化时，主双金属片发生零点漂移，因而在一定动作电流下的动作时间会出现误差。为了补偿这种由于介质温度变化造成的误差，带温度补偿的热继电器中设置了补偿双金属片。当主双金属片因环境温度升高而向右弯曲时，补偿双金属片也向右弯曲，这样便可使热继电器在同一稳定电流之下，动作行程基本一致，这样就使上述 JR1、JR2 系列的缺点得以克服。这种热继电器的整定可通过调节凸轮来实现。

(2) 带断相保护的热继电器

用普通热继电器保护电动机时，若电动机是 Y 形接线，当线路发生一相断电时，另两相将发生过载，过载相电流将超过普通热继电器的动作电流，因线电流等于相电流，这时热继电器可以对此进行保护。但若电动机定子为△形接线，发生断相时线电流可能达不到普通热继电器的动作值而电机绕组已过热，这时用普通的热继电器已经不能起到保护作用，必须采用带断相保护的热继电器。它是利用各相电流不均衡的差动原理实现断相保护的。

(3) 热继电器的选择

选择热继电器作为电动机的过载保护时，应使选择的热继电器的安秒特性位于电动机的过载特性之下，并尽可能地接近，甚至重合，以充分发挥电动机的能力，同时使电动机在短时过载和启动瞬间不受影响。

① 热继电器的类型选择：一般轻载启动、长期工作的电动机或间断长期工作的电动机，选择二相结构的热继电器；当电源电压的均衡性和工作环境较差或较少有人照管的电动机，或多台电动机的功率差别较显著，可选择三相结构的热继电器；而三角形接线的电动机，应选用带断相保护装置的热继电器。

② 热继电器的额定电流及型号选择：根据热继电器的额定电流应大于电动机的额定电流的原则，查有关表即可确定热继电器的型号。

③ 热元件的额定电流选择：热继电器的热元件额定电流应略大于电动机的额定电流。

④ 热元件的整定电流选择：根据热继电器的型号和热元件额定电流，查有关表得出热元件整定电流的调节范围。一般将热继电器的整定电流调整到等于电动机的额定电流；对过载能力差的电动机，可将热元件整定值调整到电动机额定电流的 0.6～0.8；对启动时间较长，拖动冲击性负载或不允许停车的电动机，热元件的整定电流应调节到电动机额定电流的 1.1～1.15 倍。

(4) 热继电器的使用及维护

① 热继电器安装接线时，应清除触头表面污垢，以避免电路不通或因接触电阻太大而影响热继电器的动作特性。

② 如电动机启动时间过长或操作次数过于频繁，将会使热继电器误动作或烧坏热继电器，故这种情况一般不用热继电器作过载保护；如仍用热继电器，则应在热元件两端并一副接触器或继电器的常闭触头，待电动机启动完毕，使常闭触头断开，热继电器再投入工作。

③ 热继电器周围介质的温度，原则上应和电动机周围介质的温度相同，否则，势必要破坏已调整好的配合情况。当热继电器与其他电器安装在一起时，应将它安装在其他电器的下方，以免其动作特性受到其他电器发热的影响。

④ 热继电器出线端的连接导线不宜太粗，也不宜过细。如连接导线过细，轴向导热性差，热继电器可能提前动作；反之，连接导线太粗，轴向导热快，热继电器可能滞后动作。

7) 速度继电器

速度继电器是一种可以按电动机转速的高低使电路接通或断开的电器。速度继电器与接触器配合，实现对电动机的反接制动和其他控制。

速度继电器主要根据电动机的额定转速来选择。安装速度继电器时，注意正反向的触头不能接错。否则，不能起到反接制动时接通和断开反向电源的作用。

8) 极化继电器

极化继电器是指由极化磁场与控制电流通过控制线圈所产生的磁场的综合作用而动作的继电器。其极化磁场一般由磁钢或通直流的极化线圈产生，继电器衔铁的吸动方向取决于控制绕组中流过的电流方向。在自动装置、遥控遥测装置和通信设备中可作为脉冲发生、直流与交流转换、求和、微分和信号放大等线路的元件。具有灵敏度高和动作速度快的突出优点。

极化继电器按衔铁位置不同，一般可分为二位极化继电器、三位极化继电器和二位偏倚极化继电器。

二位极化继电器：继电器线圈通电时，衔铁按线圈电流方向被吸向左边或右边的位置；

线圈断电后，衔铁不返回。三位极化继电器：继电器线圈通电时，衔铁按线圈电流方向被吸向左边或右边的位置；线圈断电后，总是返回到中间位置。二位偏倚极化继电器：继电器线圈断电时，衔铁恒靠在一边；线圈通电时，衔铁被吸向另一边。

9）冲击继电器

冲击继电器是用于电力系统直流操作的继电保护及控制回路中，作为集中信号的主要元件。常用于电厂、变电站的中央信号系统的预警及事故报警回路。根据冲击继电器的原理，其可分为阻容脉冲式冲击继电器和感应脉冲式冲击继电器两种。它的功能是捕捉回路上突变电流量，而对于回路止的恒定电流则无动作。

4.2.7　电器元件的维护

电器的主要组成部分有触头、消弧装置、电磁装置和机械装置。

电器的维护工作主要包括触头、电磁铁和线圈的维护。接触器是典型的电器设备，以此说明电器元件的维护要点。

1）触头维护

触头是电器中极重要的部件。固定触头的螺母应拧紧，铜触头表面要仔细去除氧化物，触头表面灰尘和污垢可用汽油或四氯化碳仔细清洗并吹干；触头表面如有烧瘤、凹坑、蚀痕，要沿接触面按一个方向用细锉锉净，尽量保持原来形状。银触头表面的氧化层不用去除，触头表面轻微的烧瘤、凹坑、蚀痕等也不必锉平，对触头的接触电阻影响不大。严重烧损的触头应及时更换。对于严重磨损的触头，磨损量超过触头厚度的 1/2 时亦应及时更换。

2）铁芯维护

铁芯最易发生的故障是噪声，这说明磁路铁芯接触不良，原因可能是：

① 铁芯和衔铁之间落进了污垢，或者螺钉松开，使铁芯和衔铁接触面接触不良。

② 交流电磁铁芯接触面小，槽中的短路环断裂或脱落也会发生噪声。

③ 机械部分有卡阻现象。

④ 合闸线圈电压过低，也会使铁芯发生噪声。

⑤ 触头上弹簧压力过大。

3）线圈的检修

因某种原因使电器元件工作不正常时，最先损坏的就是线圈。振动可以造成线圈断路或线端脱落，电源电压过高或铁芯卡住可使线圈过流而烧毁等。线圈检查主要是测绝缘电阻和直流电阻。线圈烧毁后只能更换。

修理好的电器应通电检查，保证吸合、断开迅速可靠，无过热现象和噪声，带灭弧罩的电器在未装灭弧罩前不能带负荷操作，以免飞弧造成短路，烧坏触头。

4.3　低压电器基本控制线路

低压电器基本控制线路以电动机控制电路为主，所谓电动机控制电路就是利用导线将电动机、电器、仪表等电气元器件连接起来，并能实现电动机的起动、正反转、制动等控制作用的电路。

4.3.1 三相异步电动机直接起动控制线路

电动机容量在 10 kW 以下者,一般采用全电压直接起动方式来起动。

1) 手动控制线路

普通机床上的冷却泵、小型台钻和砂轮机等小容量电动机可直接用刀开关起动。

电动机直接起动控制电路的原理图,如图 4.24 所示,电路由刀开关 QS、熔断器 FU 及三相笼型异步电动机组成。刀开关 QS 为电路电源开关,熔断器 PU 为电路的短路保护。其工作原理如下:手动合上电源开关 QS,三相电从 L_1、L_2、L_3引入,经过刀开关 QS,经过熔断器 FU,加在三相笼型异步电动机的三相绕组上,使电动机单向运转。手动断开刀开关 QS,电动机断电停车。

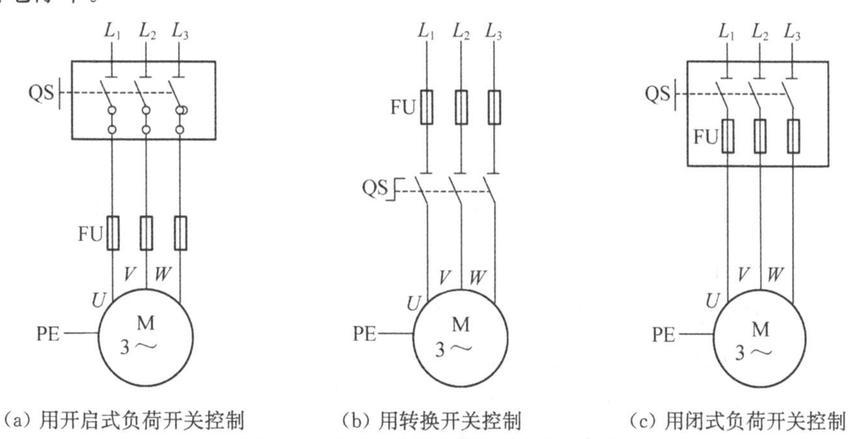

图 4.24 电动机直接起动控制电路原理图

2) 点动电路

点动电路主要用于机床刀架、横梁、立柱的快速移动,机床的调整对刀等场合,其原理图如图 4.25 所示。

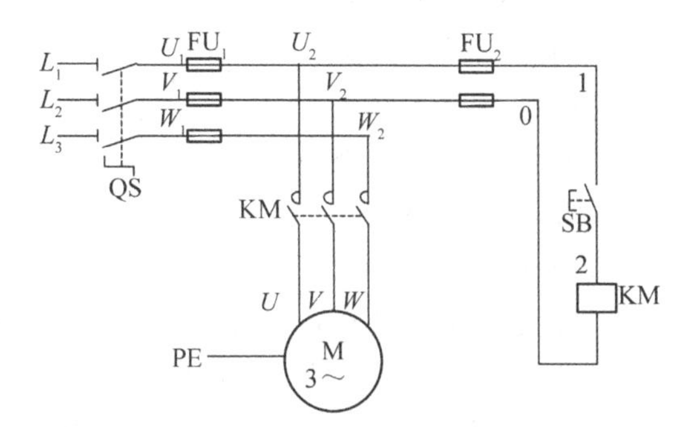

图 4.25 三相异步电机点动控制线路原理图

该电路的主要控制要求是电动机的"点动控制",即电机的运行要"按则动,不按则停"。因此,分析 SB 的分、合对电机的运行影响就是读图的关键所在。接下来应分析电路的构成,明确各个元件的作用。在图 4.25 中,水平布置的是电源电路,QS 是电源刀开关,可人为地控制电路通断;FU_1、FU_2是熔断器,分别实现对主电路和控制电路的短路保护;主电路和辅助电路明显分开,左边竖直布置的是主电路,右边竖直布置的是辅助电路;主电路与辅助电路之间通过接触器的线圈和主触头相联系。当按下起动按钮 SB 后，接触器 KM 线圈得电，置于主电路的接触器主触头闭合，电动机转动；当松开起动按钮 SB 后，接触器 KM 线圈失电，置于主电路的接触器主触头复位，电动机停止转动，实现了电机的“点动”控制。

图 4.26 和图 4.27 为三相异步电动机点动控制线路的电器位置图和电气接线图。

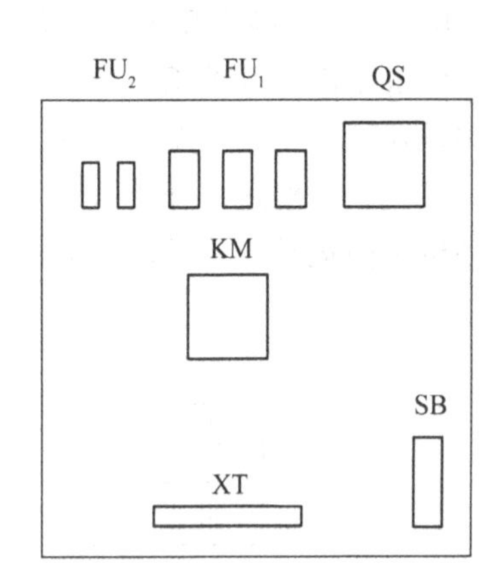

图 4.26 三相异步电机点动控制线路的电器位置图

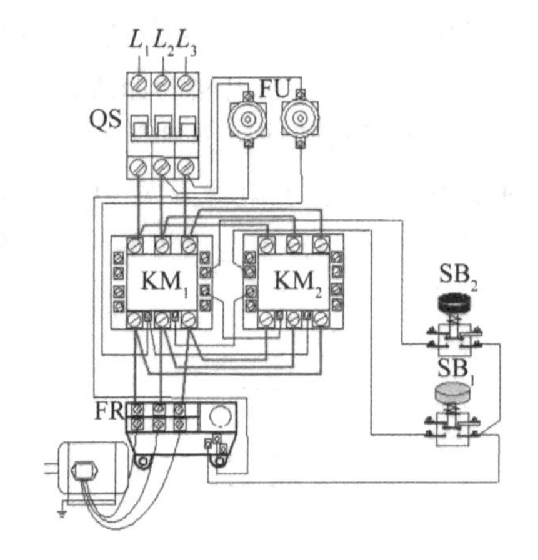

图 4.27 三相异步电机点动控制的电气接线图

3）自动控制电路

三相异步电动机的连续控制是继电接触控制系统中的又一典型的控制方式。其电气原理如图 4.28 所示，图中 QS 是电源刀开关，起分合电源的作用；FU_1是电源熔断器，对整个电路进行短路保护；FU_2是控制电路熔断器，实现对控制电路的短路保护，容量比 FU_1 要小；SB_2是起动按钮；SB_1为停止按钮。

按下 SB_2，接触器 KM 线圈得电，接触器 KM 的主、辅触头吸合。一方面因 KM 的主触头闭合，主电路接通使电动机得电旋转；另一方面因 KM 的辅助触头闭合使起动按钮 SB_2被短接，不管起动按钮 SB_2状态如何，接触器的线圈都处于得电状态，实现了控制电路的“自锁”或“自保”功能。正因为这个“自锁”功能的存在，一旦按下起动按钮 SB_2，电动机就会连续不停地运转，只有按下停止按钮 SB_1，控制电路才被切断，电动机才因接触器线圈失电而停止。在没有按下起动按钮 SB_2之前，虽然停止按钮 SB_1是闭合的，因 SB_2与 KM 辅助触点尚未接通，接触器线圈不会得电，电动机也不会转动。因此，这一电路能按“起动—停止”的顺序实现对电动机的连续控制。

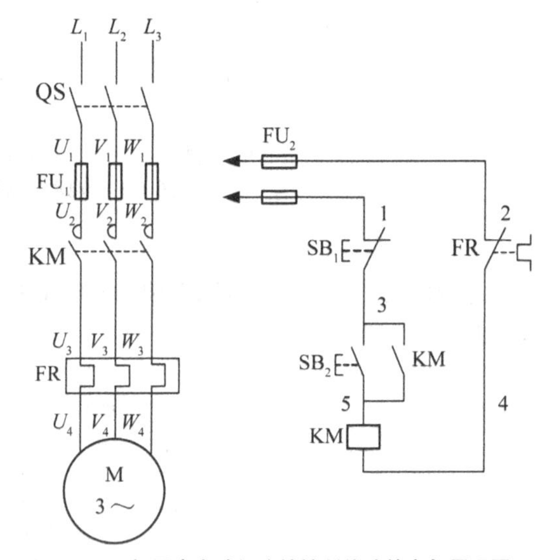

图 4.28 三相异步电动机连续控制线路的电气原理图

在电动机的连续控制电路中，由于电动机起动后可以长时间连续运行，为了避免电动机因过载而被烧毁，电路中增加了热继电器 FR。热继电器的整定电流必须按电动机的额定电流进行调整，绝对不允许人为弯折双金属片；热继电器一般应置于手动复位的位置上，当需要自动复位时，可将复位调节螺钉以顺时针方向向里旋；热继电器因电动机过载动作后，若要再次起动电动机，必须待热元件冷却后（自动复位需 5 min，手动复位需 2 min），才能使热继电器复位。

电动机的连续控制线路并不复杂，与点动控制线路相比，多一个热继电器，又多一个自锁环节，注意到这两个环节，接线一般就不会发生错误。

4.3.2　正反转控制线路

实际生产中往往要求转动部件能正反两个方向运行，具有可逆性。如机床工作台的前进与后退，主轴的正转与反转，起重机吊钩的上升与下降等。这要求对电动机进行正反转控制。由电动机工作原理可知，完成正反转可逆控制只要改变电动机的电源相序，将接至电动机三相电源进线中任意两相对调即可达到反转控制的目的。

三相异步电动机的正反转控制也是继电器-接触器控制系统中常见的一种控制方式，它可以用接触器互锁、倒顺开关等多种形式来实现。图 4.29 为采用接触器互锁的三相异步电动机正反转控制电气原理图。

图 4.29 中 QS 为电源刀开关，起分合电源的作用。FU_1是电源熔断器，对整个电路进行短路保护。FU_2是控制电路熔断器，实现对控制电路的短路保护，容量比 FU_1 要小。FR 为热继电器，对电动机起过载保护。SB_1是停止按钮，在任何时候按下它都可以停车。SB_2和 SB_3 分别作为正转和反转的起动按钮。KM_1的辅助触点与 SB_2 并联，KM_2 的辅助触点与 SB_3并联，以实现对正转或反转的自锁控制；KM_1 的辅助触点与 KM_2 的线圈串联，KM_2的辅助触点与 KM_1 的线圈串联，以保证正转时绝不允许反转，反转时绝不允许正转（否则主电路短路），从而实现正、反转的互锁控制。

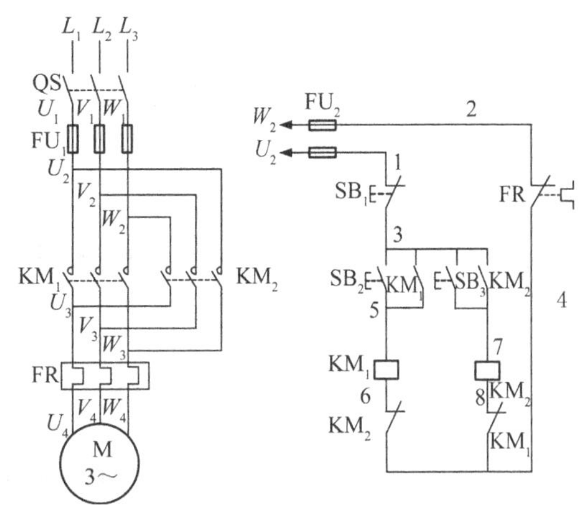

图 4.29　三相异步电动机正反转控制电气原理图

按下 SB_2，如果 KM_2此时未吸合，则 KM_1线圈得电。一方面 KM_1 主触点闭合，电动机正转；另一方面 KM_1的一个辅助常开触点闭合使 SB_2短接实现自锁，同时一个辅助常闭触点打开使 KM_2断路，确保正转的同时反转不能进行（此时因 KM_1断开，按下 SB_3无效），实现对反转的互锁。正转时要想使电动机停下来，按下 SB_1使 KM_1失电即可。

按下 SB_3，如果 KM_1 此时未吸合，则 KM_2线圈得电。一方面 KM_2 主触点闭合，电机反转；另一方面 KM_2的一个辅助常开触点闭合使 SB_3短接实现自锁，同时一个辅助常闭触点打开使 KM_1断路，确保反转的同时正转不能进行（此时因 KM_2的断开，按下 SB_2无效），实现对正转的互锁。反转时要想使电动机停下来，按下 SB_1使 KM_2失电即可。

当然，由于互锁的影响，电动机正转时不能直接通过按反转按钮使之变为反转；电动机反转时也不能直接通过按正转按钮使之变为正转。要实现正、反转的切换，必须先停车。

4.3.3　能耗制动控制线路

所谓能耗制动，就是在电动机脱离三相交流电源之后，定子绕组上加一个直流电压，即通入直流电流，利用转子感应电流与静止磁场的作用以达到制动的目的。根据能耗制动时间控制原则，可用时间继电器进行控制，也可以根据能耗制动速度原则，用速度继电器进行控制。下面分别用时间原则与速度原则的控制线路为例进行说明。

图 4.30 为时间原则控制的单向能耗制动控制线路。在电动机正常运行时，若按下停止按钮 SB_1，电动机由于 KM_1 断电释放而脱离三相交流电源，而直流电源则由于接触器 KM_2 线圈通电，其主触点闭合而加入定子绕组，时间继电器 KT 线圈与 KM_2 线圈同时通电并自锁，于是电动机进入能耗制动状态。当其转子的惯性速度接近于零时，时间继电器延时打开的常闭触点断开接触器 KM_2 线圈电路。由于 KM_2 常开辅助触点的复位，时间继电器 KT 线圈的电源也被切断，电动机能耗制动结束。

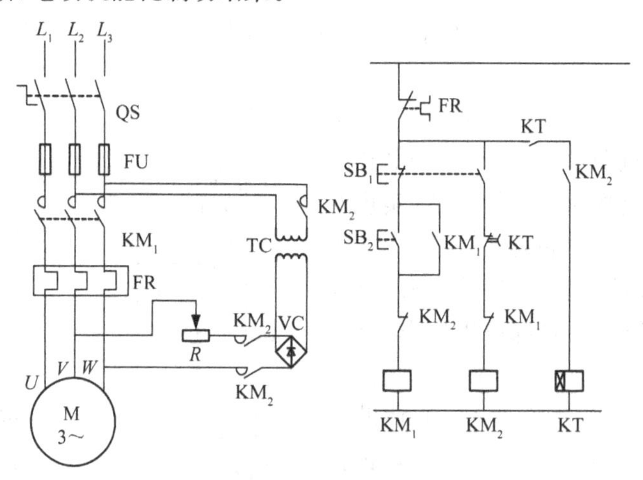

图 4.30　时间原则控制的单相能耗制动线路

图 4.31 为速度原则控制的单向能耗制动控制线路。该线路与图 4.30 控制线路基本相

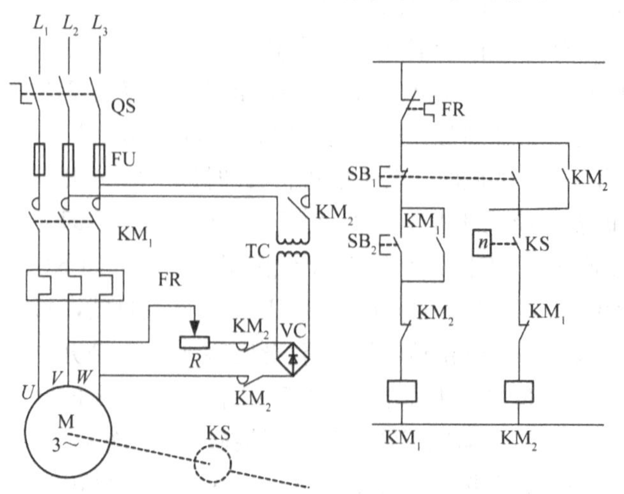

图 4.31　速度原则控制的单向能耗制动控制线路

同，仅是控制电路中取消了时间继电器 KT 的线圈及其触点，而在此同时在电动机轴伸端安装了速度继电器，并且用 KS 的常开触点取代了 KT 延时打开的常闭触点。这样，该线路中的电动机在刚刚脱离三相交流电源时，由于电动机转子的惯性速度仍然很高，速度继电器 KS 的常开触点仍然处于闭合状态，所以接触器 KM_2 线圈能够依靠 SB_1 按钮的按下通电自锁。于是，两相定子绕组接通直流电源，电动机进入能耗制动。当电动机转子的惯性速度接近零时，KS 常开触点复位，接触器 KM_2 线圈断电而释放，能耗制动结束。

能耗制动的优点是制动准确、平稳、能量消耗小，缺点是需要一套整流设备，故适用于要求制动平稳、准确和起动频繁的容量较大的电动机。

4.3.4　两台电动机顺序起停控制线路

在工农业生产中，有时需要多台电动机协调工作，而且要求各台电动机能按一定的顺序进行起动或停止操作，这就是电动机的顺序起动和顺序停止控制。图 4.32 为两台三相异步电动机顺序起动、顺序停止控制线路原理图。电动机 M_2 只能在电动机 M_1 起动以后才能起动；电动机 M_1 只能在电动机 M_2 停止以后才能停止。

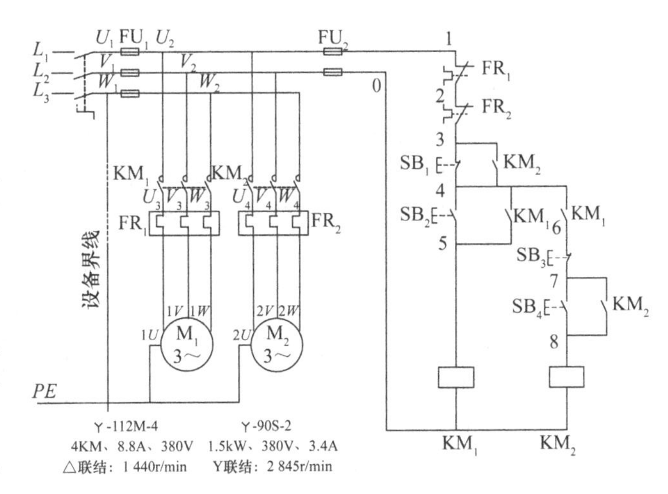

图 4.32　两台三相异步电动机顺序起动、顺序停止控制线路原理图

图中 M_1、M_2 为 2 台三相异步电动机。FU_1 为主电路熔断器，实现对主电路的短路保护；FU_2 为控制电路熔断器，实现对控制电路的短路保护。FR_1、FR_2 为热继电器，分别对两台电动机 M_1、M_2 实现过载保护。SB_2 为第 1 台电动机的起动按钮，SB_1 为第 1 台电动机的停止按钮；SB_4 为第 2 台电动机的起动按钮，SB_3 为第 2 台电动机的停止按钮。

按下 SB_2，接触器 KM_1 线圈得电，KM_1 的主触点闭合，第 1 台电动机起动运行。同时，KM_1 的两个常开辅助触点闭合，一方面短接 SB_2 实现自锁；另一方面为第 2 台电动机的起动准备了条件。如果事先没有按下 SB_2，接触器 KM_1 不会吸合，常开的 KM_1 触点就控制了 KM_2 支路，确保第 2 台电动机不能起动。如果在第 2 台电动机还没有起动时，让第 1 台电动机停车，只要按一下第 1 台电动机的停止按钮 SB_1 即可。

在第 1 台电动机已经运行的情况下，按下 SB_4，则接触器 KM_2 的线圈得电。一方面 KM_2 的主触点闭合，第 2 台电动机开始运行；另一方面，KM_2 的常开辅助触点闭合，短接了 SB_1 和 SB_4，实现了双重自锁，保证了两台电动机同时连续运转。

在两台电动机同时运行时，若按下停止按钮 SB_1，试图使第 1 台电动机停止运转，由于 KM_2 的吸合，使之不能实现。若按下第 2 台电动机的停止按钮 SB_3，KM_2 便失电停车，同时与 SB_1 并联的 KM_2 常开触点释放，为第 1 台电动机的停车准备了条件。此时按下 SB_2 可以使第 1 台电动机停车。这说明只有在第 2 台电动机停车后，第 1 台电动机才能停车。

4.4 低压成套设备的安装与调试

本节内容的目的是使读者了解成套设备的作用、分类、组成及常见的型号，并掌握低压配电盘和电气控制柜安装接线与调试的一般技术要求和基本技能，并结合实际生产、参观等教学手段，建立实物概念。

低压成套开关设备是由一个或多个低压开关电器和相关的控制、测量、信号、保护和调节单元构成，由制造厂完成所有内部电器和机械连接，用结构部件完整组装在一起的一种组合体。

4.4.1 低压成套配电装置(低压配电屏)

1) 低压配电屏简介

低压配电屏是按一定的线路方案将一、二次设备组装而成的一种低压成套配电装置，在低压配电系统中用来控制受电、馈电、照明、电动机及补偿功率因数。根据应用场合的不同，屏内可装设自动断路器、刀开关、接触器、熔断器、仪用互感器、母线以及信号和测量装置等不同设备。低压配电屏按结构形式可分为固定式、抽屉式和组合式。

国产新系列低压配电屏全型号的表示及含义如图 4.33。

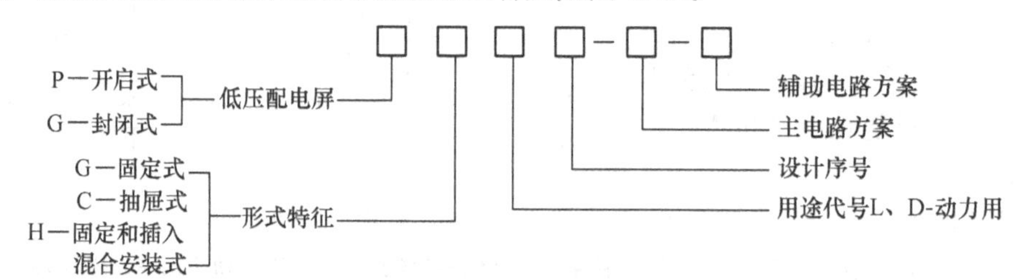

图 4.33 国产新系列低压配电屏全型号的表示及含义

固定式低压配电屏将一、二次设备均固定安装在柜中。柜面上部安装测量仪表，中部安装刀开关的操作手柄，柜下部为外开的金属门。母线装在柜顶，自动断路器和电流互感器都装在柜后。目前多采用 GGD 和 GGL 型固定式低压配电屏。GGD 型固定式低压开关柜的外形如图 4.34 所示。该型低压开关柜采用 DW15 型或更先进的断路器，具有分断能力高、动稳定性好、组合灵活方便、结构新颖和安全可靠等特点。

图 4.34 GGD 型固定式低压开关柜实物图

GGD 型交流低压配电柜的柜体采用通用柜的形式，框架用冷弯型钢局部焊接或组装而成。柜体设计时充分考虑到柜体运行中的散热问题。热量从柜体上、下两端槽孔排出，而冷风不断由下端槽孔补充进柜，使密封的柜体自下而上形成一个自然通风道，达到散热的目的。按照现代工业产品造型设计的要求，采用黄金分割比的方法设计柜体外形和各部分的分割尺寸，使整柜美观大方。柜门用转轴式活动铰链与构架相连，安装、拆卸方便。门的折边处嵌有一根山形橡塑条，关门时门与框架之间的嵌条有一定的压缩行程，能防止门与柜体直接碰撞，也提高了门的防护等级。装有电器元件的仪表用多股软铜线与框架相连。柜内的安装件与框架间用滚花垫圈连接，整柜构成完整的接地保护系统。柜体面漆可选用聚酯橘形烘漆，亦可选用喷塑粉工艺处理，它们均具有附着力强、质感好等优点。整柜呈亚光色调，这避免了眩光效应，给值班人员创造了较舒适的视觉环境。柜体的顶盖在需要时可拆除，便于现场主母线的装配和调整，柜顶的四角装有吊环，用于起吊和装运。

抽屉式低压配电屏为封闭式结构，主要设备均放在抽屉内或手车上。当回路有故障时，可换上备用手车或抽屉，迅速恢复供电，以提高供电的可靠性。抽屉式低压配电屏还具有布置紧凑、占地面积小、检修方便等优点；但其结构复杂，钢材消耗多，价格较贵。目前，常用的有 GCL、GCS、GCK、GHT1 型等。其中，GHT1 型是 GCK(L)1A 型的更新换代产品。由于采用了 ME、CMI 型断路器和 NT 型熔断器等高性能新型元件，因此其性能大为改善，但价格较贵。GCK 型抽屉式低压开关柜的结构如图 4.35 所示。

图 4.35 GCK 型抽屉式低压开关柜的结构图

目前，我国应用的组合式低压配电屏有 GZL1、GZL2、GZL3 型及引进国外技术生产的多米诺(DOMINO)、科必可(CLBIC)等类型低压配电柜，它们均采用模数化组合结构，其标准化程度高，通用性强，柜体外形美观，而且安装灵活方便。

2) 动力和照明配电箱

从低压配电屏引出的低压配电线路一般经动力和照明配电箱接至各用电设备，它们是车间和民用建筑的供、配电系统中对用电设备的最后一级控制和保护设备。

动力和照明配电箱的种类很多，按其安装方式可分为靠墙式、悬挂式和嵌入式。靠墙式是靠墙落地安装，悬挂式是挂在墙壁上明装，嵌入式是嵌在墙壁里暗装。

动力和照明配电箱全型号的一般表示和含义如图 4.36。

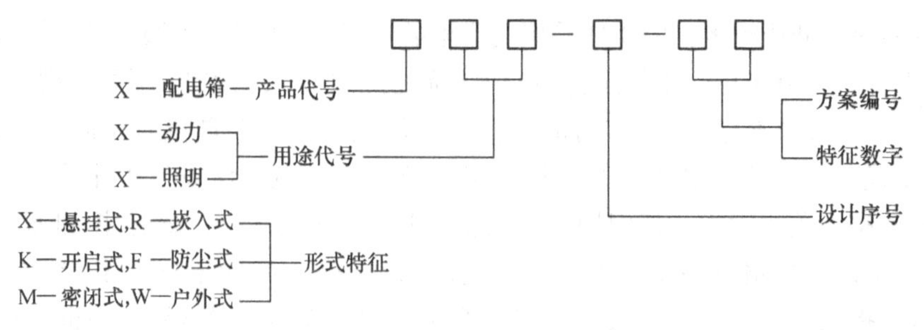

图 4.36　动力和照明配电箱全型号的一般表示和含义

(1) 动力配电箱

动力配电箱通常具有配电和控制两种功能,主要用于动力配电和控制,但也可用于照明的配电与控制。常用的动力配电箱有 XL、X1-10、BGL、BGM 型等,其中 BGL 型和 BGM 型多用于高层建筑的动力和照明配电。XL-21 型为户内装置,采用钢板折弯焊接而成,单扇左手开门,也可上、下两道门,刀开关操作手柄可装在上道门,门上可装测量仪表、控制按钮、信号元件等,打开门后,全部安装元件敞露,便于检修维护,进出线采用电缆线,安全可靠。门与箱体结合部分贴有密封橡皮,防止液体渗入。其主要用于工业、民用建筑、工矿企业、高层大厦、车站、医院、学校、机关、住宅及一些特殊的环境中。如图 4.37 为 XL 型动力配电箱实物图。

图 4.37　XL 型动力配电箱实物图

(2) 照明配电箱

照明配电箱主要用于照明和小型动力线路的控制、过负荷和短路保护。照明配电箱的种类和组合方案繁多,其中,XXM 系列和 XRM 系列适用于工业和民用建筑的照明配电,也可用于小容量动力线路的漏电、过负荷和短路保护。

4.4.2　低压配电盘的安装接线

本部分主要讲述低压配电盘电器元件的选用安装和配线操作技能,以及怎样应用电气识图知识。

在低压配电盘上的低压配电装置装有控制电器和保护电器。控制电器包括断路器、隔离开关和负荷开关。其中断路器用于切断过载电流和短路电流;负荷开关则只能用于切、合负荷电流;隔离开关只能在无负荷时拉开作为断路点,在断路器的电源侧应装有隔离开关,以便检修时隔离开电源。

保护电器的作用通常分短路保护、过载保护和漏电保护三类。短路保护由熔断器或断路器中的电磁脱扣器来实现;过载保护可由热继电器、过电流继电器或断路器中的热脱扣器来实现;漏电保护通常由漏电继电器和断路器中的漏电脱扣器来完成。

低压配电盘电器元件的选用

1) 隔离开关的选用

低压隔离开关常选用 HD 型、HS 型(又称低压刀开关),其中 HD 型为单投式,HS 型为双投式。它们用于交流 50 Hz、额定电压为 380 V,直流额定电压为 440 V、额定电流为 1 500 A 及以下的低压成套配电装置。

选用低压隔离开关要注意以下几点：

(1) 结构形式的选择

根据开关的作用和安装位置确定结构形式。具体考虑以下几点：

① 刀开关仅用来隔离电源时,应选无灭弧装置的,而用来分断小负荷电流时则应选用有灭弧装置的。

② 确认正面操作还是侧面操作。

③ 确认直接操作还是杠杆操作。

④ 确认板前接线还是板后接线,一般选用 HD11-14 型和 HS11-14 型。

(2) 额定电流的选择

刀开关的额定电流应大于或等于所控制的各支路的负载额定电流的总和。如果负载是电动机,则应按电动机的起动电流来选择。

2) 低压空气断路器的选用

低压空气断路器又称自动开关或自动断路器,一般包括 DW10 型万能式断路器和 DZ10 型装置式断路器。

低压断路器作为一种可以自动切断故障电路的配电电器,应用于 500 V 及以下的低压供电系统,作为线路或单台用电设备的控制和过载、短路及失电压保护。在正常情况下也可以用作不频繁地接通和分断带负荷电路。

选用低压断路器需注意以下几点：

(1) 一般低压断路器的选择

① 低压断路器额定电压应不小于线路额定电压。

② 低压断路器额定电流应不小于线路计算负载电流。

③ 低压断路器的极限通断能力应不小于最大短路电流。

④ 脱扣器额定电流应不小于线路计算电流。

⑤ 欠电压脱扣器额定电压等于线路额定电压。

⑥ $\frac{\text{线路末端单相对地短路电流}}{\text{低压断路瞬时(或短延时)脱扣器整定电流}} \geqslant 1.25$。

(2) 配电用低压断路器的选择

① 长延时动作整定电流值＝(0.8～1)导线允许载流量。

② 3 倍长延时动作电流整定值的可返回时间应不小于线路中最大起动电流的电动机起动时间。

③ 短延时动作电流整定值应不小于 $1.1(I_{jx}+1.35KI_{dem})$,式中：I_{jx}为线路计算负载电流；K 为电动机起动电流倍数；I_{dem}为最大一台电动机额定电流。

④ 短延时的延时时间按被保护对象的热稳定校核。

⑤ 无短延时的瞬时电流整定值应不小于 $1.1(I_{jx}+K_1KI_{dem})$,式中：K_1为电动机起动电流的冲击系数,$K_1 \approx 1.7 \sim 2$。

⑥ 有短延时的瞬时电流整定值应不小于 1.1,下一级开关按进线端计算短路电流值。

(3) 电动机保护用断路器的选择

① 长延时电流整定值等于电动机额定电流。

② 6 倍长延时电流整定值的可返回时间不小于电动机实际起动时间。

③ 瞬时整定电流：笼型电动机为 8～15 倍脱扣器额定电流，绕线转子电动机为 3～6 倍脱扣器额定电流。

(4) 照明用断路器的选择

① 长延时电流整定值不大于线路计算负载电流。

② 瞬时动作整定值＝6～20 倍线路计算负载电流。

③ 对起动电流倍数较大、实际负荷较小，且过电流整定较小的线路(设备)可选用 DZ 型。对容量较大、作为电流和线路总保护或需远方控制的，则可选 DW 型。

3) 交流接触器的选用

交流接触器适用于 500 V 及以下的低压系统中，可频繁带负荷分合电动机等电路。

选择交流接触器需注意以下几点：

(1) 主触头额定电流、电压。

$$I_{NC}=\frac{P_N}{(1\sim1.4)U_N}$$

式中：I_{NC} 为主触头额定电流(A)；P_N 为电动机额定功率(W)；U_N 为电动机额定电压(V)。

如接触器控制的电动机起、制动频繁或正反转频繁，应将其主触头额定电流降一级使用。主触头的额定电压应不小于负载额定电压。

(2) 线圈额定电压的选择。线圈额定电压不一定等于接触器铭牌上所标的主触头的额定电压。当线路简单、使用电器少时，可直接选用 380 V 或 220 V 电压；当使用电器超过 5 个时，可用 24 V、48 V 或 110 V 电压的线圈。

(3) 操作频率的选择。操作频率是指接触器每小时通断的次数。若操作频率超过了该型号的规定值，应选用额定电流大一级的接触器。

4) 熔断器的选用

熔断器在线路中作为电气设备的短路和过载保护。选择熔断器时需注意以下几点：

(1) 熔体额定电流。一台电动机负载的短路保护为：

$$I_{N\cdot r}\geqslant(1.5\sim2.5)I_N$$

式中：$I_{N\cdot r}$ 为熔体额定电流；I_N 为电动机额定电流。

多台电动机负载的短路保护为：

$$I_{N\cdot r}\geqslant(1.5\sim2.5)I_{N\cdot\max}+\sum I$$

式中：I_N 为最大电动机的额定电流；$\sum I$ 为其余电动机计算负荷电流。

对于输配电线路为 $I_{N\cdot r}\leqslant I_{sa}$，式中 I_{sa} 为线路安全电流。

对于变压器、电炉、照明负载，有 $I_{N\cdot r}\geqslant I_{fz}$，式中 I_{fz} 为负载电流。

(2) 熔断器的选择

熔断器的选择依据下列公式：

$$U_{Nrd}\geqslant U$$
$$I_{Nrd}\geqslant I$$

式中：U_{Nrd} 为熔断器额定电压；U_1 为线路电压；I_{Nrd} 为熔断器额定电流；I_1 为线路电流。

5）热继电器的选用

热继电器一般作为交流电动机的过载保护用，常和接触器配合使用。选用热继电器需注意以下几点：

(1) 类型选择。轻载起动、长期工作的电动机及周期性工作的电动机选择二相结构的热继电器；电源对称性较差或环境恶劣的电动机可选择三相结构的热继电器；三角形连接的电动机应选用带断相保护装置的热继电器。

(2) 额定电流的选择。热继电器的额定电流应大于电动机的额定电流。

(3) 热元件额定电流选择。热元件的额定电流应略大于电动机额定电流。

总之，选用热继电器时还要注意下列几点：

(1) 先由电动机额定电压和额定电流计算出热元件的电流范围，然后选型号及电流等级。例如，电动机额定电流 $I_N=14.7$ A，则可选 JR0-40 型热继电器，因其热元件电流 $I_R=16$ A。工作时，将热元件的动作电流整定在 14.7 A。

(2) 要根据热继电器与电动机的安装条件和环境的不同，将热元件电流做适当调整。如高温场合，热元件的电流应放大 1.05～1.2 倍。

(3) 设计成套电气装置时，热继电器应尽量远离发热电器。

(4) 通过热继电器的电流与整定电流之比称为整定电流倍数。其值越大发热越快，动作时间越短。

(5) 对于点动、重载起动、频繁正反转及带反接制动等运行的电动机，一般不用热继电器作过载保护。

6）低压配电盘电器元件的安装与调整

(1) 低压隔离开关(刀开关)的安装与调整

① 刀开关的主体部分由两根支件(角钢)固定。先固定下角钢，注意槽孔对入，无孔面在下，再根据刀开关安装孔决定上角钢位置。上角钢槽孔对入，无孔面向上。

② 刀开关应垂直安装，并注意静触头在上，动触头在下，这样可以防止刀开关打开时由于自重向下掉落而发生误动作。刀座装好后先不将螺钉拧紧。

③ 操作手柄要装正，螺母要拧紧。将手柄放到合闸位置。

④ 将手柄连杆与刀座连接起来并拧紧螺母。

⑤ 打开刀开关，再慢慢合上，检查三相是否同时合上，如不同时则予以调整，试合 3～4 次，直到三相基本一致。最后拧紧固定螺母。

⑥ 检查触刀与静触头是否接触良好。如接触面不够，应将手柄连杆收短，如果有回弹现象，则适当放长。

(2) 低压空气断路器(自动开关)的安装与调整

① 低压断路器应垂直安装，安装件也是角钢。先固定上角钢，长槽孔对入，有小孔的面朝上，安装高度视具体情况而定，下角钢位置由开关孔距确定。

② 注意开合位置，“合”在上，“分”在下。操作力不应过大。

③ 触头在闭合、断开过程中，可动部分与灭弧室的零件不应有卡阻现象。应将铁芯极面上的防锈油擦净。

(3) 接触器的安装与调整

① 安装前应先检查线圈的电压与电源的电压是否相符；各触头接触是否良好，有无卡

阻现象。最后将铁芯极面上的防锈油擦净，以免油垢黏滞造成不能释放的故障。

② 接触器安装时，其底面应与地面垂直，倾斜角小于 5°。

③ CJ20 系列交流接触器安装时，应使有孔两面放在上、下位置，以利于散热。

④ 安装时切勿使螺钉、垫圈落入接触器内，防止造成机械卡阻或短路故障。

⑤ 检查接线正确无误后，应在主触头不带电的情况下，先使线圈通电分合数次，查其动作是否可靠，然后才可投入使用。

(4) 熔断器的安装与调整

熔断器是低压电路及电动机控制线路中作过载和短路保护的电器。它串联在电路中使线路或电气设备免受短路电流或很大的过载电流的损害。

① 先将熔断器安装在安装支架上，在底座和安装件间要加纸垫，注意安装螺钉不要拧得太紧，然后将安装支架装到盘上。

② 螺旋式熔断器安装时，应将电源进线接在瓷底座的下接线端上，出线应接在螺纹壳的上接线端上。

③ 安装熔丝时，应将熔丝顺时针方向弯曲，压在垫圈下，以保证接触良好。必须注意不能使熔丝受到机械损伤，以免减少熔体面积，产生局部发热而造成误动作。

④ 更换熔丝时，应先切断电源。一般情况下不要带电拔出熔断器。确需带电拔出熔断器时也应先切除负荷。

(5) 热继电器的安装和调整

① 安装前，应清除触头表面尘污，以免因接触电阻太大或电路不通而影响动作性能。

② 按产品说明书中规定的方式安装。应注意将其安装在其他电器的下方，以免其他电器的发热影响热继电器的动作性能。

③ 热继电器出线端的导线的材料和粗细均影响到热元件端触点的传热量，过细的导线可能使热继电器提前动作，过粗则滞后动作。额定电流为 10 A 和 20 A 的热继电器分别采用截面积为 2.5 mm^2 和 4 mm^2 的单股铜芯塑料线；额定电流为 60 A 和 150 A 时则分别采用截面积为 16 mm^2 和 35 mm^2 的多股铜芯橡皮软线。

(6) 电流互感器的安装与调整

① 电流互感器的一次侧 L_1、L_2 应与被测回路串联，二次侧 K_1、K_2 应与各测量仪表串联。L_1 与 K_1 为同极性端(同名端)，安装和使用时应注意极性正确，否则可能烧坏电流表。

② LMZ 型穿心互感器直接装在角钢上。角钢的无孔面向上，电流互感器的接线端子应朝上。

③ 使用中不得使电流互感器二次侧开路，安装时二次侧接线应保证接触良好和牢靠。二次侧不得串入开关或熔断器。

④ 电流互感器的铁心应可靠接地，电流互感器二次侧一端要接地。

4.5 实训项目

项目 三相交流电动机正反转控制的技能训练

1) 实训目标

(1) 掌握常用低压电器元器件型号的识别与选择。

(2) 掌握三相异步电动机正反转控制线路的分析方法。

(3) 能正确连接三相异步电动机正反转控制线路。

2) 实训器材

(1) 电工刀	1把
(2) 钢丝钳	1把
(3) 剥线钳	1把
(4) 接线排(TD-2503)	1只
(5) 螺旋式熔断器(RL1-1)	4只
(6) 交流接触器(CJX1-9/22)	2只
(7) 热过载继电器(JR36-20)	1只
(8) 线排(RB-1510)	2只
(9) 按钮(HB2-EA31)红色	1只
(10) 按钮(HB2-EA45)绿色	2只
(11) 热继电器(JR36-20)	1只
(12) 螺旋式熔断器座、体(380 V-15 A)	1套
(13) 铝芯聚氯乙烯绝缘单股单芯电线(BLV-2.5)红色	5 m
(14) 铝芯聚氯乙烯绝缘单股单芯电线(BLV-2.5)黑色	3 m
(15) 单相交流电动机(YY56-4)	1台

3) 实训内容及要求

(1) 了解低压电器型号及识别。

(2) 熟练掌握电动机正反转(电气互锁)控制线路的电气原理，如图 4.38 所示。

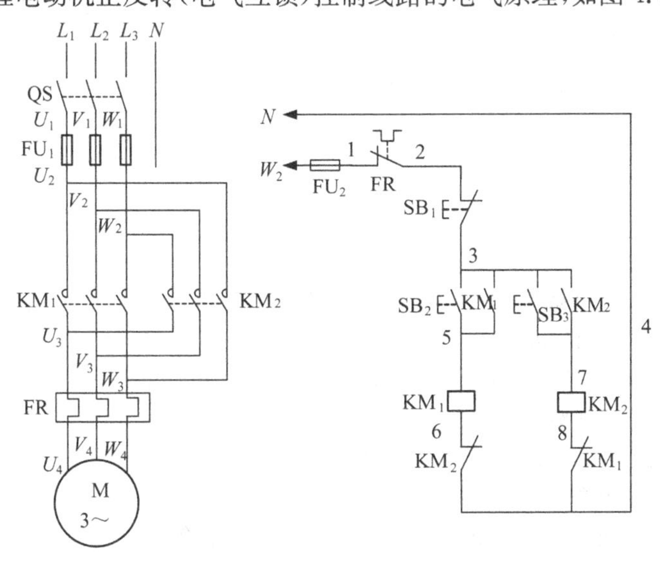

图 4.38　交流电动机电气互锁原理图

(注意，本实训项目提供的交流接触器线圈额定电压为 220 V)

(3) 画出交流电动机正反转控制电路的安装接线图，图 4.39 为交流电动机电气互锁控制接线图。

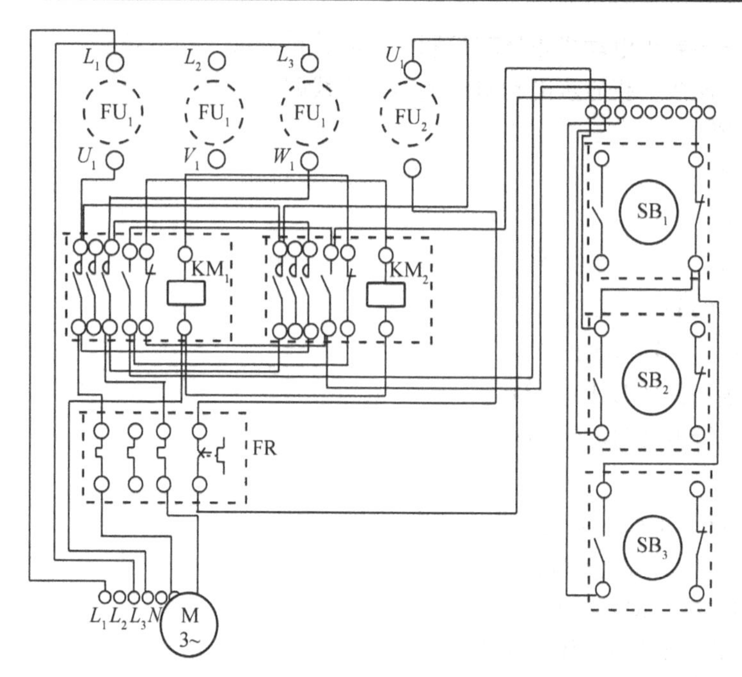

图 4.39　三相异步电动机电气互锁电路接线图

(4) 完成交流电动机电气互锁线路的连接。

(5) 学会使用万用表检查线路,并进行电路调试。

4) 验收标准

(1) 依照导线连接要求检查学生线路连接,要求“横平竖直,不许飞线”。

(2) 回答指导老师的有关提问。

(3) 在指导老师的监督下通电验看电路的运行。

思考题 4

4.1　接触器、熔断器、自动空气开关、转换开关和热继电器的图形符号及文字符号是哪些?

4.2　画电气原理图应遵循哪些原则?

4.3　电气原理图中,电器元件的技术数据如何标注?

4.4　选用低压电器有哪些基本原则?

4.5　熔断器在电路中起什么作用? 其型号含义如何?

4.6　漏电保护器的基本原理是什么? 有哪几类?

4.7　电动机的起动电流很大,当电动机起动时,热继电器是否会动作? 为什么?

4.8　机床对电气线路的基本要求是什么?

4.9　机床电气故障的种类有哪些?

4.10　如何排除电气故障?

5 电子工艺基础

5.1 焊接技术

5.1.1 焊接基础知识

焊接是通过加热使金属连接的一种方法。在两种金属的接触面，通过焊接材料的原子或分子的相互扩散作用，使两种金属间形成一种永久的牢固结合。

1）焊接分类

焊接分为熔焊、钎焊和接触焊三类。

(1) 熔焊

熔焊是指加热被焊件使其熔化后形成合金的焊接技术，如气焊、电弧焊、超声波焊等。

(2) 接触焊

接触焊是指不使用焊料和焊剂就可以获得可靠焊接的技术，如点焊、碰焊。

(3) 钎焊

钎焊是用加热熔化焊料把固体金属连接在一起的方法。焊料的熔点必须低于焊接金属的熔点。钎焊按照熔点的不同，分为硬钎焊和软钎焊。焊料的熔点高于 450 ℃的称为硬钎焊，焊料的熔点低于 450 ℃的称为软钎焊。焊接普通电子元器件称为锡焊，它使用的是锡铅焊料，熔点比较低。

2）焊机理

加热后呈熔融状态的锡铅合金沿着工件金属的凹凸面，靠毛细管的作用扩展。焊料原子与工件金属原子就可以接近到能够相互结合的距离，上述过程为焊料的浸润。

金属原子在晶格点阵中呈热振荡状态，因此在温度升高时，会从一个晶格点阵自动转移到其他晶格点阵，这个现象叫扩散。锡焊时，焊料和工件金属表面的温度较高，焊料与工件金属表面的原子相互扩散，在两者界面形成新的合金。

焊接完成后，在焊接处形成焊料层，称为“界面层”。冷却时，界面层首先以适当的合金状态开始凝固，形成金属结晶，而后结晶向未凝固的焊料生长。

5.1.2 焊接工具和材料

1）焊接工具

(1) 电烙铁

电烙铁是手工焊接的主要工具，选择合适的电烙铁对于保证焊接质量至关重要。

① 电烙铁的分类及其特点

按照加热方式分，电烙铁可以分为：直热式、感应式、气体燃烧式等。按照烙铁的功率可以分为:25 W、35 W 等。

电子实习中所使用的电烙铁是直热式电烙铁。直热式电烙铁分为外热式、内热式、恒温式三类。加热体位于烙铁头外面的称为外热式,位于烙铁头内部的称为内热式,通过内部的温度传感器及开关进行烙铁温度控制的称为恒温式。内热式电烙铁比外热式加热速度快,热效率高。

② 烙铁头的选择与修整

圆斜面式的烙铁头适用于焊接不太密集的焊点。尖锥式和圆锥式的烙铁头适合焊接高密度的焊点。一般印制板电路焊接,导线安装选用 20 W 内热式电烙铁,或 30 W 外热式电烙铁,集成电路选择 20～25 W 内热式电烙铁。

选择烙铁头的标准是:使其尖端接触面小于焊盘面积。烙铁头接触面积过大会使过量的热量传递给焊接部位,损坏元器件及印制板。

烙铁头一般都是紫铜材料制成的,在其表面有镀层,一般不需要打磨。经过一段时间的使用后由于高温和助焊剂的作用,烙铁头会被氧化,阻止热量传递出去,影响焊接,这个时候就需要对烙铁头进行修整。修整方法一般是将烙铁头卸下来,根据焊接对象的形状及焊点的密度,确定烙铁头的形状和粗细。夹到台钳上用粗锉刀修整,然后用细锉刀修平,最后用细砂纸打磨抛光。修整完成后的烙铁头要马上镀锡。

(2) 尖嘴钳

尖嘴钳头部细,适用于夹持小型金属零件或修整元件管脚。

(3) 平嘴钳

平嘴钳钳口是平的,适用于导线拉直和整形。

(4) 镊子

用于夹持细小的导线,便于装配焊接。用镊子夹持器件焊接的时候还可以起到散热的作用。

(5) 螺丝刀

有“一”字和“十”字螺丝刀两种。根据螺丝的种类和大小来选择相匹配的螺丝刀。

2) 焊接材料

(1) 焊料

焊料是一种合金,合金的熔点低于被焊金属。焊料熔化时,在被焊金属表面形成合金而与被焊金属连接在一起。焊料按照成分可分为锡铅焊料、铜焊料、银焊料等。一般电子产品装配中使用锡铅焊料。

共晶焊锡的成分是铅 38.1%,锡 61.9%。它的熔点和凝固点都是 183 ℃,是锡铅焊料里面品质最好的一种。

锡铅合金是锡与铅按照一定比例熔合后形成的,它具有锡和铅所不具备的一些优点。

① 熔点低。

② 冷却后机械强度高。

③ 熔化后表面张力小,便于液态流动。

④ 抗氧化性好。

(2) 助焊剂

助焊剂是由活化剂、树脂、扩散剂、溶剂四部分组成。

助焊剂的主要作用是清除焊盘表面的氧化层，保证焊料能够很好浸润的一种化学剂。

助焊剂大体可以分为有机焊剂、无机焊剂和树脂剂三大类。其中以松香为主要成分的树脂焊剂在电子产品生产中占有重要的地位。

助焊剂的作用如下：

① 除去氧化膜。

② 防止氧化。液态焊锡及加热焊件金属都容易和空气中的氧气接触而氧化。助焊剂熔化后，漂浮在焊料表面，形成隔离层，因而防止了接触面的氧化。

③ 减少表面张力，增加焊锡的流动性。

④ 使焊点美观，保持焊点的光泽。

(3) 阻焊剂

为了提高焊点质量，需要耐高温的阻焊涂料使焊料只在需要的焊点上进行焊接，而把不需要焊接的部分保护起来，起到一种阻焊作用。阻焊剂分为热固性和光固化性两大类。

阻焊剂的作用如下：

① 防止焊接桥连、短路及虚焊。

② 因为印制电路板面部分被阻焊剂覆盖，焊接时受热的冲击小，降低了印制板的温度使板面不容易起泡、分层，同时也起到保护元件和集成电路的作用。

③ 焊盘位置需要上锡，其他部位都不需要上锡，这样可以节约焊料。

图 5.1 绿色区域就是阻焊剂(绿油)，涂覆在印制电路板不需焊接的线路和基材上，属于光固化性阻焊剂。

图 5.1 涂覆绿油的电路板图

5.1.3 焊接操作基本步骤

为了得到良好的焊点，需要掌握好烙铁的温度和焊接时间，选择恰当的烙铁头，还要正确地进行操作。正确的操作过程分为五个步骤(见图 5.2～图 5.6)。

(1) 准备焊接

左手拿焊锡丝，右手握烙铁，进入备焊状态。烙铁头保持干净。

(2) 加热被焊件

烙铁头靠在焊件与焊盘之间的连接处，进行加热，时间约 2 s。如果在印制板上焊接元器件，要注意烙铁头同时接触焊盘和元件的引脚，元件引脚要与焊盘同时均匀受热。

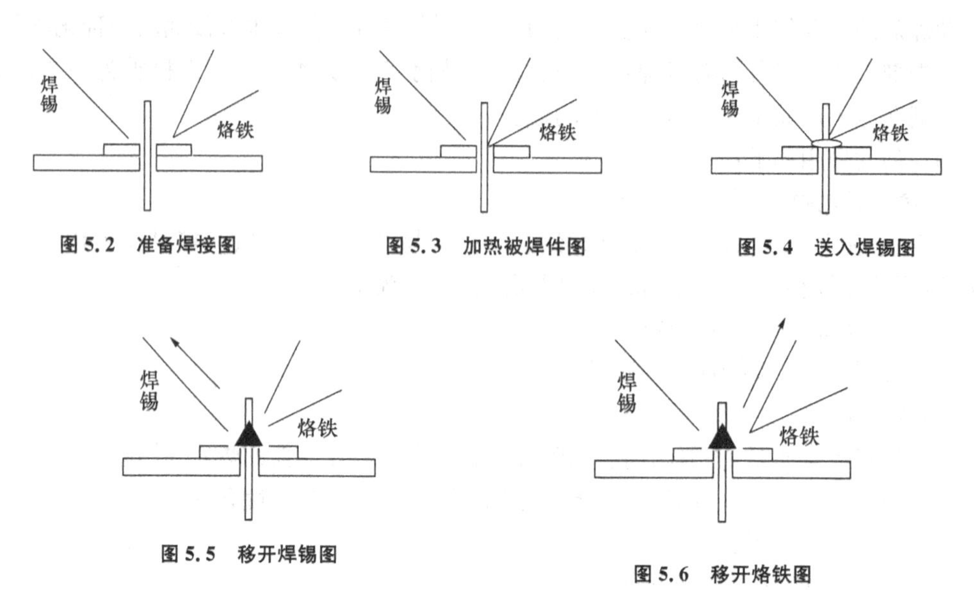

图 5.2 准备焊接图

图 5.3 加热被焊件图

图 5.4 送入焊锡图

图 5.5 移开焊锡图

图 5.6 移开烙铁图

(3) 送入焊锡丝

当焊件的焊接点被加热到一定温度时，焊锡丝从烙铁对面接触焊件。

(4) 移开焊锡丝

当焊锡丝熔化一定量后立即向左上 45°方向移开焊锡丝。

(5) 移开烙铁

当焊锡浸润焊盘和焊件的施焊部位以形成焊件周围的合金后，向右上 45°方向移开烙铁。从第 3 步开始到第 5 步结束，时间大约 2 s。

5.2 常用电子元件

电子元器件是组成电子产品的基础。了解常用电子元器件的种类、性能、参数含义，能正确选用电子元器件是掌握电子技术的基本功。

5.2.1 电阻

电阻在电子线路里面主要起到限流、分流、分压的作用。

1) 电阻的命名方法

根据国家标准的规定，电阻器的型号由以下四个部分组成。

第一部分，主称，用字母 R 表示；

第二部分，材料，用字母表示；

第三部分，分类，用阿拉伯数字表示，个别类型也用字母表示；

第四部分，序号，用数字表示。

电阻器型号中各符号的含义如表 5.1 所示。

表 5.1 电阻型号含义

主称		材料		分类				序号
含义	字母	字母	含义	符号	产品名称			
R	电阻器	T	碳膜	1	普通	G	高功率	数字表示
		H	合成膜	2	普通	T	可调	
		S	有机实芯	3	超高频	L	测量用	
		N	无机实芯	4	高阻	Y	高压	
		J	金属膜	5	高阻	J	精密	
		Y	金属氧化膜	6		W		
		C	化学氧化膜	7	精密	D		
		I	玻璃釉膜	8	高压			
		X	线绕	9	特殊			

注：第 4 部分用的是数字表示序号，以区别外形尺寸和性能指标。对材料、特征相同，仅尺寸、性能指标略有差别，但基本不影响互换的产品给同一序号；对材料、特征相同，仅尺寸、性能指标有所差别不明显影响互换(但该差别并非本质的，而属于今后统一技术标准时应予以的差别)，任给统一序号，但在序号后用一字母作为区别代号。此时该字母作为该型号的组成部分，但在统一该产品技术标准时应取消区别代号。

2) 电阻的主要参数

电阻器的主要参数有标称阻值及允许误差、额定功率、温度系数、电压系数、极限电压、噪声等。

(1) 标称阻值(见表 5.2、表 5.3)

标称阻值是指电阻体表面上标志的电阻值，其单位为欧姆(Ω)，$1\ \text{M}\Omega=10^3\ \text{k}\Omega=10^6\ \Omega$。一个电阻器的实际阻值不可能绝对等于标称阻值，总有一定的误差，因此，把电阻器的实际阻值与标称阻值之间的相对误差定义为电阻值的误差，以下列公式计算电阻的阻值精度。

$$\Delta=\frac{R_{实}-R_{标}}{R_{标}}\times 100\%$$

式中：$R_{实}$为电阻的实际电阻值；$R_{标}$为电阻的标称电阻值；Δ 为电阻的允许误差。

表 5.2 通用电阻标称阻值系列

系列名称	允许误差(%)		电阻器标称阻值系列
E24	Ⅰ	±5	1.0,1.1,1.2,1.3,1.4,1.5,1.6,1.8,2.0,2.2,2.4,2.7,3.0,3.3,3.6,3.9,4.3,5.1,5.6,6.2,6.8,7.5,8.2,9.1
E12	Ⅱ	±10	1.0,1.2,1.5,1.8,2.2,2.7,3.3,3.9,4.7,5.6,6.8,8.2
E6	Ⅲ	±20	1.0,1.5,2.2,3.3,4.7,6.8

表 5.3 通用电阻误差符号系列

误差	±0.1	±0.25	±0.5	±1	±5	±10	±20	+20	+30	+50	+80	+100
字母代号	B	C	D	F	J	K	M			S	E	H
曾用符号				0	Ⅰ	Ⅱ	Ⅲ	Ⅳ	Ⅴ	Ⅵ		
备注	精密元件				一般元件				适用一部分电容			

(2) 额定功率(见表 5.4)

额定功率是指电阻在直流或交流电路中,在一定大气压下(87 kPa～107 kPa)和在产品规定的温度和湿度范围内,长期连续工作所允许承受的最大功率,即最高电压和最大电流的乘积,通常选择额定功率大于实际功率 1.5～2 倍以上。

表 5.4 常用电阻外形尺寸与额定功率的关系

额定功率(W)	碳膜电阻(RT)		金属膜电阻(RJ)		合成碳膜电阻(RH)	
	长度(mm)	直径(mm)	长度(mm)	直径(mm)	长度(mm)	直径(mm)
1/8	11.0	3.9	6.0～7.0	2.0～2.2	12.0	2.5
1/4	18.5	5.5	8.0	2.6	15.0	4.5
1/2	28.0	5.5	10.8	4.2	25.0	4.5
1	30.5	7.2	13.0	6.6	28.0	6.0
2	48.5	9.5	18.5	8.6	46.0	8.0

(3) 电阻的温度系数

电阻的温度系数是表示电阻热稳定性随温度变化的物理量。温度系数越大,其热稳定性越差。

温度系数用 α_T 表示,它表示温度每升高一度(℃),电阻值的相对变化量。

$$\alpha_T=\frac{R_2-R_1}{R_1(T_2-T_1)}$$

式中:R_2 为环境温度为 T_2 时的阻值(Ω);R_1 为参考温度为 T_1 时的阻值。

(4) 电阻的电压系数

电阻的阻值与其所加的电压有关,这种关系可用电压系数(K_U)表示。电压系数指外加电压每改变 1 V 时,电阻值相对变化量,即

$$K_U=\frac{R_2-R_1}{R_1(U_2-U_1)}\times 100\%$$

式中:U_2、U_1 为外加电压;R_2、R_1 为 U_2 和 U_1 相应的电阻值。

(5) 电阻的噪声

电阻的噪声是电阻中产生的一种不规则的电压起伏,它包括热噪声和电流噪声两种。任何电阻都有热噪声,降低电阻的工作温度,可以减少热噪声;电流噪声与电阻内的微观结构有关,合金型电阻无电流噪声,薄膜型电阻较小,合成型电阻最大。

(6) 电阻的最大工作电压

最大工作电压指电阻长期工作不发生过热或电击穿损坏现象的电压。从电阻的发热状态来考虑,允许加到电阻的最大电压数值等于它的额定电压 U_n,即

$$P=\frac{U^2}{R}$$

$$U_n=\sqrt{P_n\times P_n}$$

式中:P_n 为额定功率;R_n 为标称功率。

3) 电阻的标识方法

电阻的标识方法分为直标法、文字符号法、色标法、数字法。

(1) 直标法(见图 5.7)

将电阻器的主要参数直接标在电阻的表面。

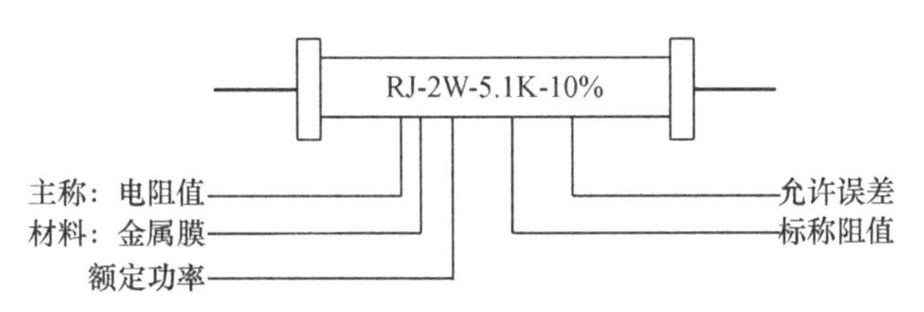

图 5.7　电阻直标法

(2) 文字符号法(见表 5.5)

文字符号法是用文字、数字符号两者有规律地组合起来标在电阻的表面上。

表 5.5　文字符号标识电阻标称阻值

标称阻值	文字符号	标称阻值	文字符号
0.1 Ω	R10	1 MΩ	1M0
0.332 Ω	R332	3.32 MΩ	3M32
1 Ω	1R0	10 MΩ	10M
3.32 Ω	3R32	33.2 MΩ	33M2
10 Ω	10R	100 MΩ	100M
33.2 Ω	33R2	332 MΩ	332M
100 Ω	100R	1 GΩ	1G0
332 Ω	332R	3.32 GΩ	3G32
1 kΩ	1K0	10 GΩ	10G
3.32 kΩ	3K32	33.2 GΩ	33G2
10 kΩ	10K	100 GΩ	100G
33.2 kΩ	33K2	332 GΩ	332G
100 kΩ	100K	1 TΩ	1T0
332 kΩ	332K	3.32 TΩ	3T32

(3) 色标法(见图 5.8～图 5.10,表 5.6、表 5.7)

色标法是将电阻的参数用不同颜色的色环标识在电阻的表面上。

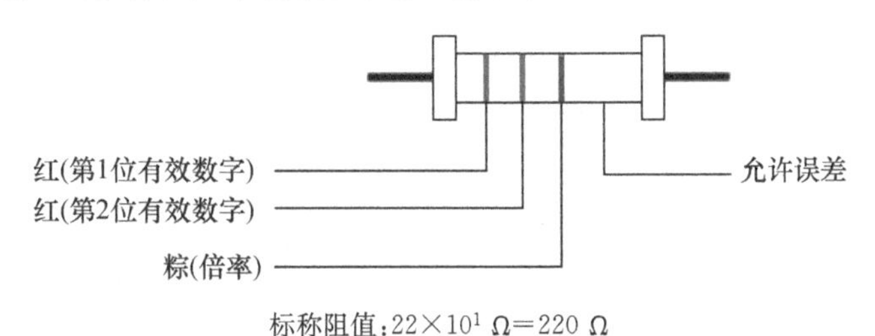

标称阻值：22×10^{1} Ω=220 Ω

图 5.8　三色环电阻

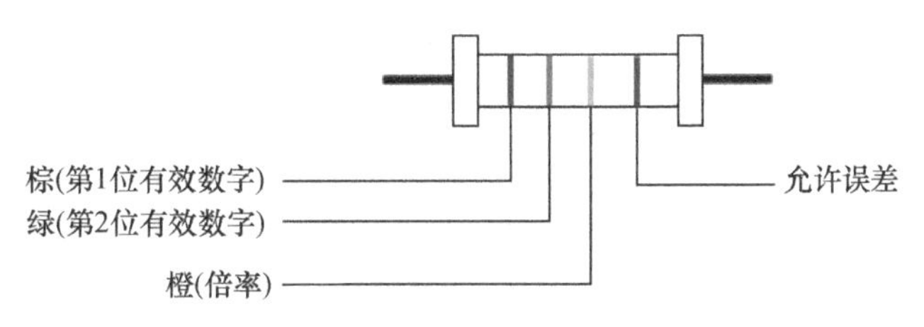

标称阻值：15×10^{3} Ω=15 kΩ

图 5.9　四色环电阻

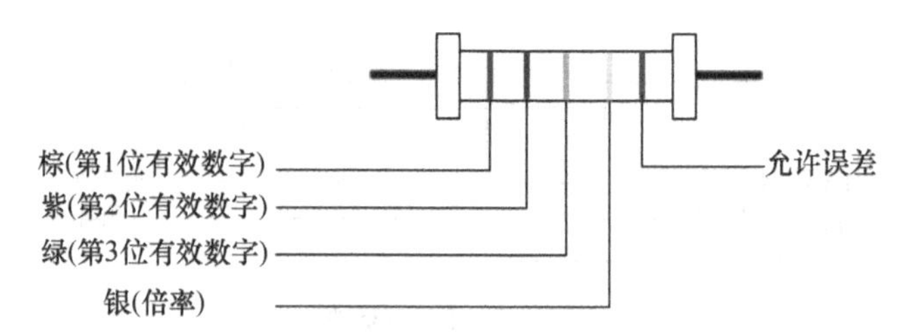

标称阻值：$175\times10^{-2}\ \Omega=1.75\ \Omega$

图 5.10　五色环电阻

表 5.6　四色码系统表

颜　色	第 1 位有效数字	第 2 位有效数字	倍率	允许误差
黑	0	0	10^0	
棕	1	1	10^1	
红	2	2	10^2	
橙	3	3	10^3	
黄	4	4	10^4	
绿	5	5	10^5	
蓝	6	6	10^6	
紫	7	7	10^7	
灰	8	8	10^8	
白	9	9	10^9	
金			10^{-1}	±5%
银			10^{-2}	±10%
无色				±20%

表 5.7　五色码系统表

颜　色	第 1 位有效数字	第 2 位有效数字	第 3 位有效数字	倍率	允许误差
黑	0	0	0	10^0	
棕	1	1	1	10^1	±1%
红	2	2	2	10^2	±2%
橙	3	3	3	10^3	
黄	4	4	4	10^4	
绿	5	5	5	10^5	±0.5%
蓝	6	6	6	10^6	±0.25%
紫	7	7	7	10^7	±0.1%
灰	8	8	8	10^8	±0.05%
白	9	9	9	10^9	
金				10^{-1}	
银				10^{-2}	

4）电阻的检测与选用

电阻的常规检测用数字或模拟万用表，其基本检测步骤是：

（1）置电阻挡。旋转挡位开关置于测量标识区域，并将数字万用表红表笔插入 V/插孔，黑表笔插入 COM 插孔。

（2）量程选择。根据对被测阻值的估计，选择恰能测量阻值的最小阻值挡。若所选量程小于被测电阻的阻值，则数字表表头显示为“1”，这时应该改用更大的一挡量程。对于模拟指针表，由于欧姆挡刻度的非线性关系，它的中间一段分度较为精细，因此应使指针指示值尽可能落到刻度的中间位置，即全刻度起始的 20%～80%弧度范围内，以使测量更准确。根据电阻误差等级不同，读数与标称阻值之间允许有标示的误差。如不相符，超出误差范围，则说明该电阻值变值了。

（3）零位检查。把两支表笔相互短接，数字万用表显示为“000”，两表笔开路，数字万用表显示应该为“1”。此举用以校验示值显示是以 0 为基准。

（4）电阻阻值测量。把两支表笔并在被测电阻的两引脚上，测得的电阻值应与该电阻标称阻值相符。测量电阻时，两手不能同时捏住电阻脚；不能带电或“在线”测电阻，以免损坏万用表或影响测试精度。

在电路需要的阻值确定以后，电阻选用应注意把握以下两点：

① 满足功率要求。选择电阻额定功率应高于实际消耗功率 2 倍以上。

② 满足特定工作性能要求。在高频电路中，对电阻的无感性、安装方式和产品的小体积化都可能提出较高的要求。减小电阻尺寸有利于减小高频电路尺寸，有利于提高高频电路的性能。

5）常见电阻实物图（见图 5.11）

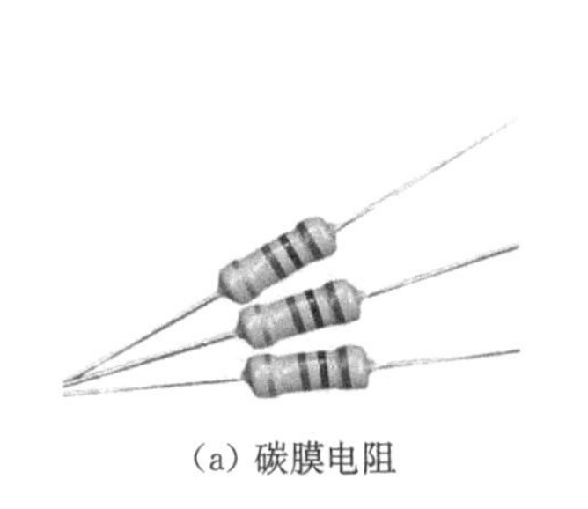

（a）碳膜电阻

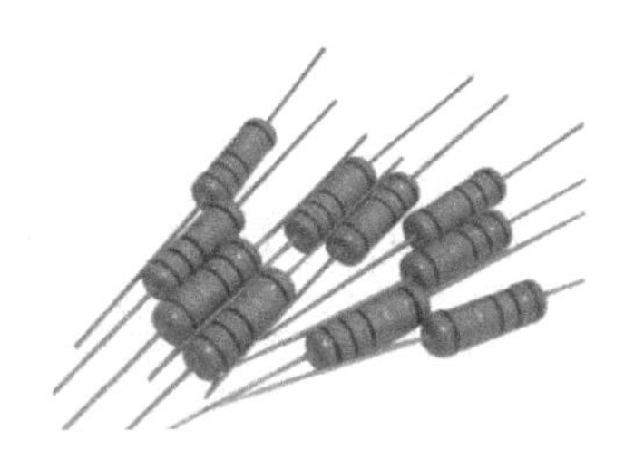

（b）金膜电阻

（c）贴片电阻

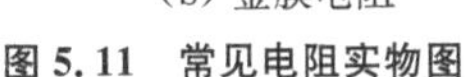

图 5.11　常见电阻实物图

5.2.2　电容

电容器是一种储能元件，在电路中主要起耦合、旁路、滤波等作用。

1）电容器的命名方法（见表 5.8、表 5.9，图 5.12）

电容器的型号一般由四部分组成；

第一部分，主称，用字母 C 表示；

第二部分，材料，用字母表示；

第三部分，分类，用阿拉伯数字表示，个别类型也用数字表示；

第四部分，序号，用数字表示。

表 5.8　电容的主称、材料和符号含义

主称		材料			
C	电容器	代　号	含义	代号	含义
		A	钽电容	S	
		C	高频陶瓷	T	低频陶瓷
		D	铝电容	V	云母纸
		E	其他材料电解	X	
		G	合金电容	Y	云母
		H	纸膜符合	Z	纸介
		I	玻璃釉		
		J	金属化纸介		
		N	铌电解		
		O	玻璃膜		
		Q	漆膜		

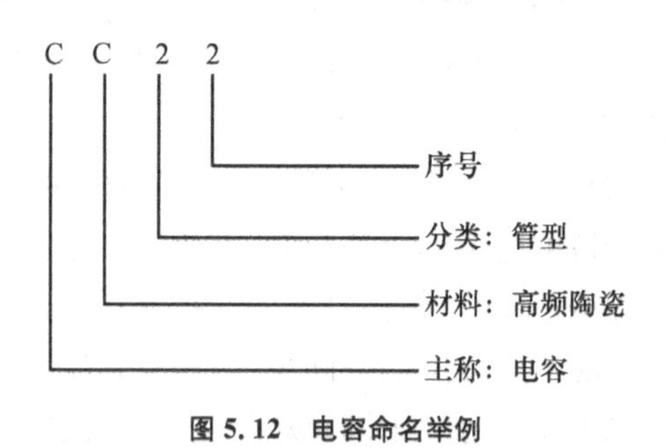

图 5.12　电容命名举例

表 5.9　分类符号的含义

分　类						
代　号	瓷介电容	云母电容	有机电容	电解电容	字母	含义
1	圆形	非密封	非密封	箔式	G	高功率型
2	管型	非密封	非密封	箔式	J	金属化型
3	叠片	密封	密封	烧结　非固体	Y	高压型
4	独石	密封	密封	烧结粉　固体	W	微调型
5	穿心		穿心			
6	支柱等					
7				无极性		
8	高压	高压	高压			
9			特殊	特殊		

2）电容器的分类

电容分类一般按照材料、容量是否可调进行分类(见表 5.10)。

表 5.10　电容的分类

电　容　器			
按介质材料分		按容量是否可调分类	
有机介质 复合介质	纸介电容 塑料电容：涤纶、聚苯乙烯、聚苯烯、聚碳酸酯、聚四氟乙烯 薄膜电容	固定电容 可变电容	空气介质 塑模介质
无机介质	云母电容 玻璃釉电容：圆片、管状、矩形、片状、穿心 陶瓷电容	微调电容	陶瓷介质 空气介质 塑膜介质
气体介质	空气电容；真空电容；充气电容		
电介质	普通铝电解电容；钽电解电容、铌电解电容；钛电解电容； 合金电解电容		

3）电容器的主要参数

电容器的主要参数有：标称电容与允许误差、额定工作电压、绝缘电阻、温度系数、电容损耗、频率特性等。

（1）电容器的标称容量与允许误差（见表5.11）

标识在电容表面上的电容量称为标称容量，其单位为法拉，用字母F表示。

表5.11　电容器的标称容量值

系列	允许误差		电容器标称阻值系列
E24	Ⅰ	±5	1.0,1.1,1.2,1.3,1.4,1.5,1.6,1.8,2.0,2.2,2.4,2.7,3.0,3.3,3.6,3.9,4.3,5.1,5.6,6.2,6.8,7.5,8.2,9.1
E12	Ⅱ	±10	1.0,1.2,1.5,1.8,2.2,2.7,3.3,3.9,4.7,5.6,6.8,8.2
E6	Ⅲ	±20	1.0,1.5,2.2,3.3,4.7,6.8

（2）电容器的额定工作电压

在电容器的规定温度范围内，能够长期施加在电容器上最大直流电压或交流电压有效值。其大小与介质的种类和厚度有关。

钽、钛、铌、固体铝电解电容的直流工作电压，是指85 ℃条件下能长期正常工作的电压。如果电容器工作在交流电路中，则应注意所加的交流电压的最大值（峰值）不能超过额定直流工作电压。

电容器常用的额定电压有：6.3 V、10 V、16 V、25 V、63 V、100 V、160 V、250 V、400 V、630 V、1 000 V、1 600 V、2 500 V等。

（3）电容器的温度系数

温度变化会引起电容器容量的微小变化，常用温度系数来表示电容器的这种特性。温度系数是指在一定温度范围内，温度每变化1 ℃电容量的相对变化量。电容器的温度系数用字母α_c表示，它主要与电容的结构和介质材料的温度特性等因素有关。

一般电容器的温度系数越大，电容量随温度变化也越大，为了使电子电路稳定工作，一般情况下应选用温度系数小的电容器。

$$\alpha_c=\frac{C_2-C_1}{C_1(T_2-T_1)}\times 100\%$$

式中：C_2是温度T_2时的电容量；C_1是温度T_1时的电容量。

（4）电容器的漏电流

电容器的介质不是完全绝缘的，总会有漏电流。一般电解电容的漏电流较大，其他电容器的漏电流较小。漏电流用字母I_L表示，漏电流越大，其绝缘电阻越小。当漏电流较大时，电容器会发热；发热严重时，电容器会因为过热而损毁。

（5）电容器的绝缘电阻

电容器的绝缘电阻等于加在电容器两端的电压与通过电容器的漏电流之比。电容器的绝缘电阻与电容器的介质材料和面积、引线的材料和长短、制造工艺和温度等因素有关。对于同一介质的电容器，电容量越大，绝缘电阻越小。

高质量的电容器绝缘电阻越高，如云母电容器的绝缘电阻阻值为几兆至几千兆欧姆。电容器绝缘电阻的大小和变化会影响电子设备的工作性能，对于一般家用电子设备用电容器，应尽量选择绝缘电阻大的电容器。

(6) 电容器的频率特性

电容器的频率特性是指电容器在交流电路中工作时，其电容量等参数随电磁场频率变化的性质。电容器在高频电路工作时，随频率的增高，介电常数减小，电容量减小，电损耗增加，并影响电容器的分布参数(见表 5.12)。

表 5.12 电容等效电感和极限工作频率

电容器类型	大型纸介电容	中型纸介电容	小型纸介电容	中型云母电容	小型云母电容	中型片型瓷介电容	小型片型瓷介电容	片型瓷介电容	高频片型瓷介电容	CC10 型瓷介电容	CC101 型瓷介电容
等效电感 ($\times 10^{-3}$ μH)	500～100	30～60	6～11	15～25	4～6	20～30	3～10	2～4	1～1.5		
极限工作频率(MHz)	1～1.5	5～8	50～80	75～100	150～250	50～70	15～200	200～300	2 000～3 000	400～500	800

(7) 电容器损耗因数($\tan\delta$)

电容器的损耗因数是有功损耗与无功损耗之比。即

$$\frac{P}{P_n}=\frac{UI_{\sin\delta}}{UI_{\cos\delta}}=\tan\delta$$

式中：P 为有功损耗；P_n 为无功损耗；U 为电容器上的电压有效值；δ 为损耗值。

实际电容相当于理想电容器上并联一个等效电阻。当电容器工作时一部分电能通过电阻 R 变成无用有害的热能，造成电容器的损耗。显然损耗因数 $\tan\delta$ 表征电容器损耗的大小。特别在交流、高频电路中损耗因数是一个重要的参数。

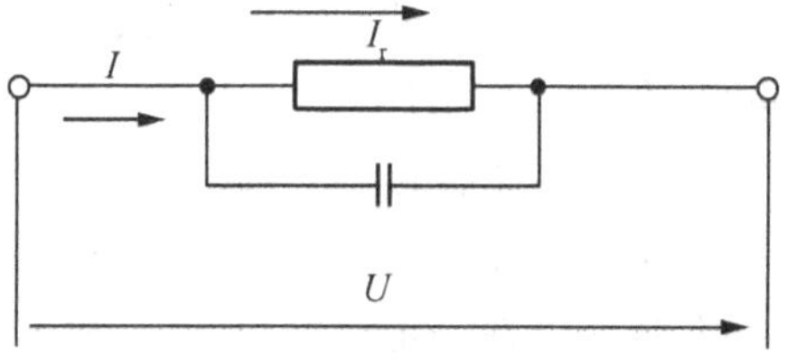

图 5.13 电容器等效电路

4) 电容器的标识方法

电容器常用的标识方法有：直标法、文字符号法、色标法、数字表示法。

(1) 电容器的直标法(见图 5.14)

电容器的直标法是将电容器的主要参数直接标识在电容器的表面上。

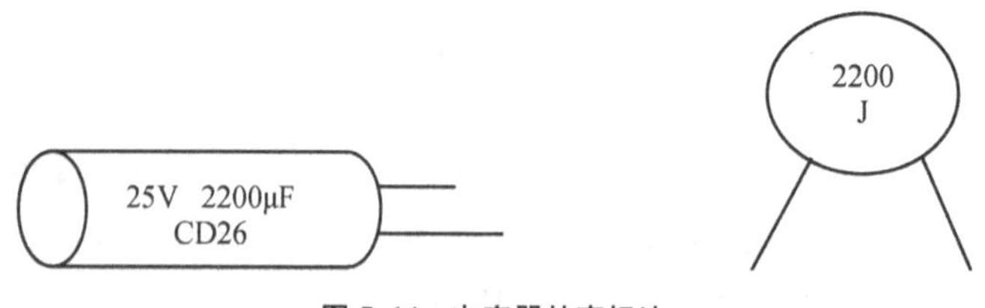

图 5.14 电容器的直标法

(2) 电容器的文字符号法(见图 5.15)

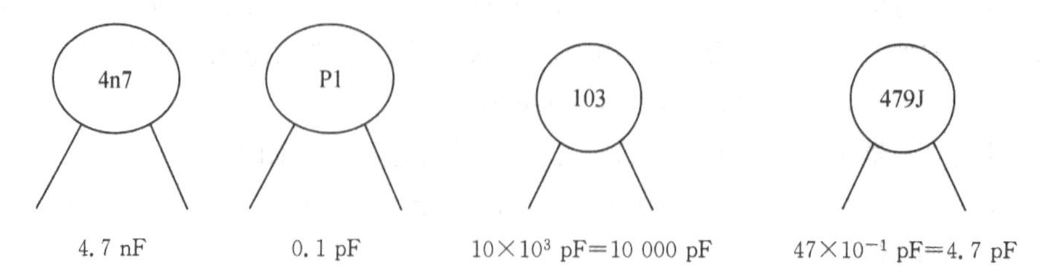

图 5.15 电容器的文字符号法　　图 5.16 电容器容量标识举例

(3) 数字表示法

一般用3位数来表示电容的容量大小，其单位为“pF”。前2位表示有效数字，第3位表示倍率，若第3位数为9时则表示10^{-1}。

(4) 色标法(见表5.13)

色标法是用不同颜色的色带和点在电容器表面上标识出主要参数。

表5.13 色标法各颜色表示含义

颜色	棕色	红色	橙色	黄色	绿色	蓝色	紫色	灰色	白色	黑色	金色	银色	无色
有效数	1	2	3	4	5	6	7	8	9	0			
倍率	$\times10^1$	$\times10^2$	$\times10^3$	$\times10^4$	$\times10^5$	$\times10^6$	$\times10^7$	$\times10^8$	$\times10^9$	$\times10^0$	$\times10^{-1}$	$\times10^{-2}$	
允许误差(%)	±1	±2			±0.5	±0.25	±0.1		+50 −20		±5	±10	±20
工作电压(V)	—	—	4	6.3	10	16	25	32	40	50	63	—	—

色点法是用不同的色点直接标在电容器的表面上，用色点表示电容器的主要参数。通常使用七个色点。第1个色点表示特性；第2、3个色点表示有效数字；第4个色点表示乘数；第5个色点表示误差；第6个色点表示工作电压，红、绿分别表示耐压250 V、500 V；第7个色点为等级。特性色点被省略；等级表示适用的温度范围，X为−55 ℃～+85 ℃，Y和Z为−30 ℃～+85 ℃(见图5.17、图5.18、表5.14)。

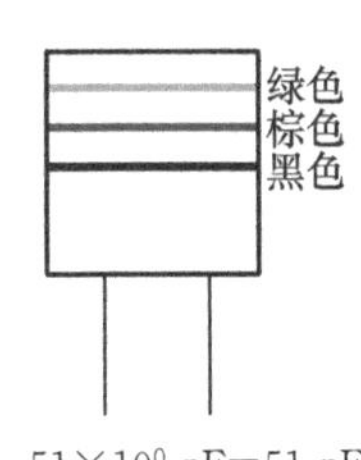

图5.17 色码表示法

表5.14 电容器色点表示的含义

色标	等级	标称容量			误差	工作电压(V)
		第1位数	第2位数	倍率		
棕色	Z	1	1	$\times10^0$	±1	
红色	Z	2	2	$\times10^2$	±2	250
橙色		3	3	$\times10^3$		
黄色		4	4	$\times10^4$		
绿色		5	5		±5	500
蓝色		6	6			
紫色		7	7			
灰色	Y	8	8	$\times10^{-1}$	±80～20	
白色		9	9	$\times10^{-2}$	±10	
黑色	X	0	0	1	±20	

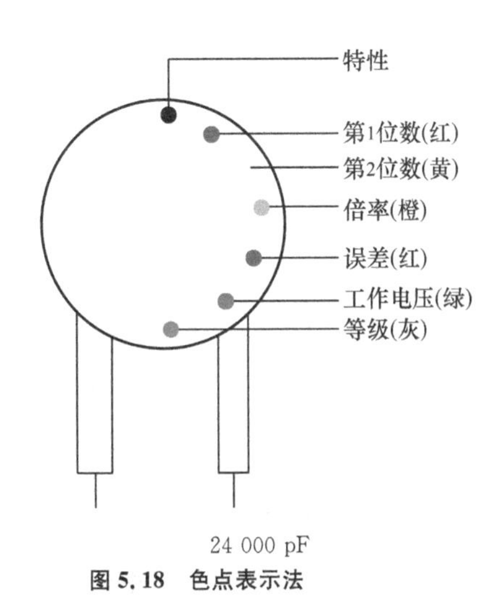

图5.18 色点表示法

5) 电容器的正确选用

电容器的准确选用需要注意以下几点：

(1) 电容量设计确定。从能量转换的角度看，低频运作的转换器需要用大的电容量来存储两个工作周期之间的电荷，这时要采用电解电容；当把转换器的频率明显提高以后，就可以选择陶瓷电容来代替电解电容。电解电容只能用于直流偏置场合，如直流电源滤波、音频OTL放大器、交流小信号耦合等等，不能工作在反向直流偏置下(电解电容在极性接反后很容易发生爆炸)。

(2) 电容的工作耐压。当电容器工作于脉动电压下时,交直流分量总和须小于额定电压。在交流分量较大的电路中,电容器耐压应有充分的裕量,在滤波电路中,电容的耐压值不要小于交流有效值的 1.42 倍。一般非电解电容的额定电压比实际电子电路的电源电压高很多,但高耐压电容用于低电压电路时,其额定的电容量会减小。由于高耐压一般有高价格,且体积也明显加大,选择时应综合考虑。

(3) 其他性能要求。电容的种类很多,区分其制作材料和工艺的差别,有不同的适用场合;电容工作电流的变化率、电容的等效串联电阻和等效串联电感是选择的关键参数。一般在要求不高的低频电路和直流电路,通常选用低频瓷介(CT)电容;对要求较高的中高频、音频电路、可选用塑料薄膜(CB、CL 型)电容;高频电路一般选用高频瓷介(CC 型)电容。对电源滤波、退耦、旁路等电路中需用大容量电容,可选铝电解电容;钽(铌)电解电容的性能稳定可靠,但价格较高,通常用在要求高的定时、延时电路中。

(4) 安装空间体积要求。传统的圆柱状铝电解电容的体积明显大于其他的电容,新工艺下铝电解电容已有多种贴片式小封装。在无明确的性能和经济要求时,各种材质电容的可选余地较大,作为产品时电容必然应有一个综合性价比最佳的选择。

6) 常见电容器实物图(见图 5.19)

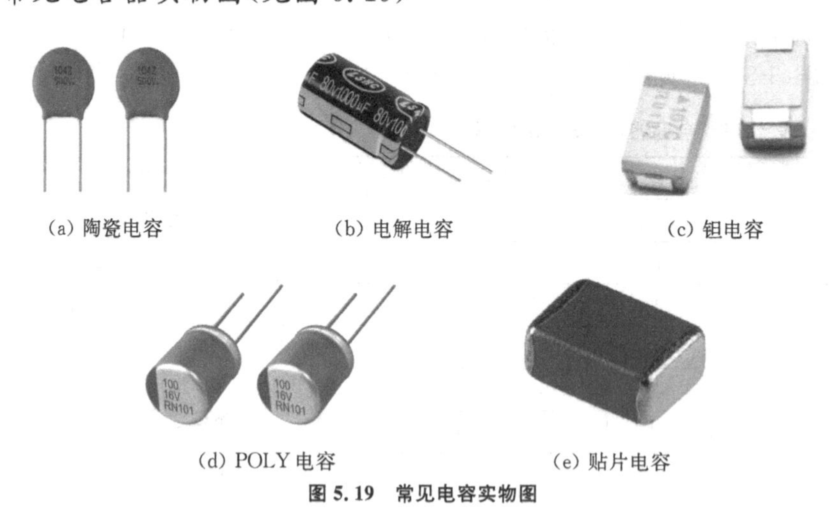

(a) 陶瓷电容　　(b) 电解电容　　(c) 钽电容

(d) POLY 电容　　(e) 贴片电容

图 5.19　常见电容实物图

5.2.3　电感

电感是一种能够存储磁场能量的电子元件,又称电感线圈,它具有通低频、阻高频特性,主要用于调谐、振荡、耦合、匹配、滤波、陷波、延迟、补偿及偏转等电路。

1) 电感的命名方法

电感的型号一般由四部分组成:

第一部分:主称,用字母 L 表示,ZL 表示阻流圈;

第二部分:特征,用字母表示,G 表示高频;

第三部分:型号,用字母表示,X 表示小型;

第四部分:区别代号,用字母表示。

【例 1】 LGX 为小型高频电感。

各个厂家对固定电感的型号命名方法有所不同，有的生产厂用 LG 加产品序号；有的厂家用 LG 加字母后缀，其后缀字 1 表示卧式；2 表示立式；E 表示耳朵形环氧树脂包封。也有厂家采用 LF 并加数字和字母后缀。

【例 2】 LF10RD01。LF 为低频电感，10 为特征尺寸，RD 为工字形瓷芯，01 表示产品序号。

2）电感的分类

电感有多种分类方式，具体分类见表 5.15。

表 5.15 电感器的分类

分 类	电 感 器
按结构及特性分类	绕线式 非绕线式 固定式：立式电感、卧式电感、片状电感、空心电感、磁芯电感、铁芯电感 可调式：磁芯调式、铜芯调式、滑动接点调式、串联互感调式、多头调式
按工作频率分类	高频电感、中频电感、低频电感
按用途分类	振荡电感：行振荡线圈、高频振荡线圈、本振线圈
	校正电感：行线性校正线圈
	显像管偏转电感：行偏转线圈、厂偏转线圈
	阻流电感：高频阻流圈、低频阻流圈、电子振荡器阻流圈、电视机行频阻流圈、电视机场频阻流圈
	滤波电感：电源滤波电感、高频滤波电感
	隔离电感
	补偿电感

3）电感的主要参数

（1）电感量

线圈电感量的大小，主要取决于线圈的圈数（匝数）、绕制方式及磁芯材料。电感的单位是亨利（H）。

（2）允许误差

允许误差是指电感器上的标称电感量与实际电感量的允许误差。

（3）品质因数（Q 值）

品质因数是衡量电感质量的重要参数，用字母"Q"表示。它是指电感在某一频率的交流电压工作时，线圈所呈现的感抗和电感器的直流电阻的比值。

$$Q=\frac{2\pi fL}{R}$$

式中：f 为电路工作频率；L 为电感的电感量；R 为电感的总损耗电阻（包括直流电阻、高频电阻及介质损耗电阻）。

Q 值反映电感损耗的大小，Q 值越高，损耗功率越小，电路效率越高，频率选择性越好。一般调谐回路要求 Q 值高，对耦合电感的 Q 值要求可以低一些；对高频和低频阻流圈，则无要求。

(4) 固有电容和直流电阻

电感匝与匝之间的导线，通过空气、绝缘层和骨架而存在着分布电容，此外，屏蔽罩之间，多层绕组的层与层之间，绕组与底板之间也都存在着分布电容，这样电感实际可等效成图 5.20 所示的等效电路。

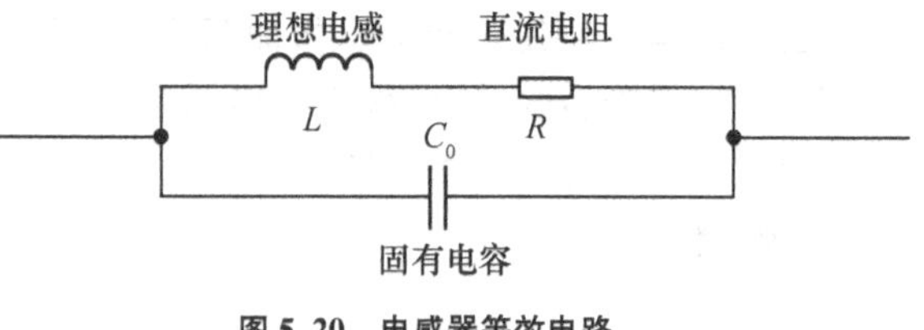

图 5.20　电感器等效电路

从电感等效电路来看，在直流和低频工作情况下，电感的电阻影响不大，R 值可以忽略不计，C 的容抗小，也可以忽略不计，电感就可以看成理想的。工作频率提高到某一定值，容抗感抗在数值上达到相等，将出现谐振现象，达到了电感的固有频率。如果再提高工作频率，分布电容的作用就突出起来，这时电感就相当于小电容，所以电感只有在固有频率下工作时，才具有电感特性。为了减小电感器的固有电容，可以减小电感器骨架直径，用细导线绕指线圈，或采用间绕法、蜂房式绕法。

(5) 电感的额定电流(见表 5.16)

电感在正常工作时，允许通过的最大电流叫额定电流。若工作电流大于额定电流，电感就会发热而改变原有参数，甚至烧坏。

表 5.16　电感最大电流

电流等级	A	B	C	D	E
允许工作电流(mA)	50	150	300	700	1 600

(6) 电感的稳定性

线圈产生几何变形、温度变化引起的固有电容和漏电损耗增加，都影响电感器的稳定性。电感的稳定性，通常用电感温度系数 α_L 和不稳定系数 β_L 来衡量，它们越大，表示电感的稳定性越差。以下式表示电感的温度系数：

$$\alpha_L=\frac{L_2-L_1}{L_1(T_2-T_1)}$$

式中：L_2 和 L_1 分别表示温度为 T_2 和 T_1 的电感量；α_L 用于衡量电感量相对于温度的稳定性。

$$\beta_L=\frac{L-L_t}{L}$$

式中：L 和 L_t 分别为原来的循环变化后温度所对应的电感量；β_L 表示了电感量经过温度循环变化后不再能恢复到原来值的这种不可逆变化。

4) 电感的标识方法

电感的标识方法有直标法、色标法。

(1) 电感的直标法(见图 5.21)

用文字将电感的主要参数直接标在电感线圈的外壳上。

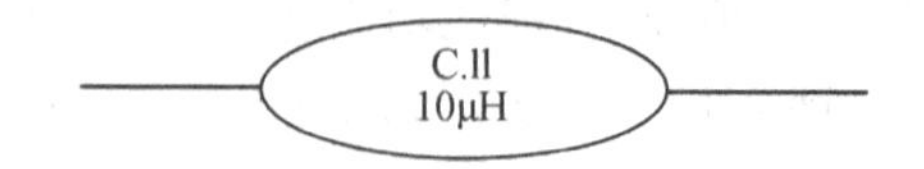

电感量：10 μH；误差±10%；最大工作电流为 150 mA

图 5.21　电感直标法

(2) 电感的色标法(见图 5.22)

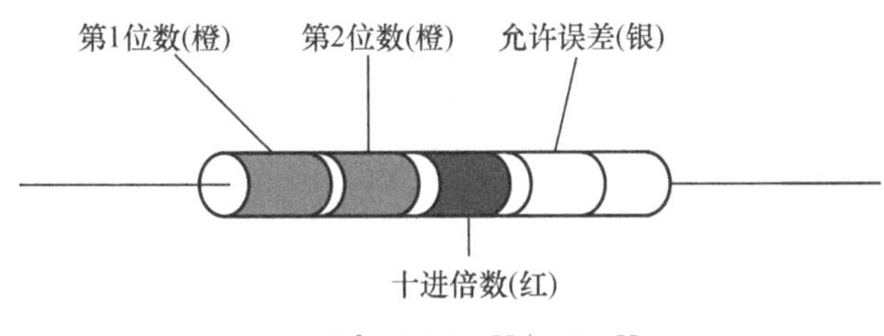

$33\times10^2=3\ 300\ \mu H\pm330\ \mu H$

图 5.22　电感色标法

5) 电感的检测与选用

判断电感的好坏,可以利用万用表直接测量其直流电阻。如果测量电阻为无穷大,可以判断线圈开路。如果所测电阻比标称电阻小得多,则可判断线圈短路。这两种情况下电感不能继续使用了。如果检测的电阻与原定的阻值一样,可以初步判断线圈是好的。

线圈电感量和品质因数 Q 值的检测,一般要专门的仪器(RLC 测试仪、Q 表等),在实际工作中,一般不进行这种检测。

选用电感时,首先应考虑其性能参数(电感量、额定电流、品质因数等)及外形尺寸是否符合要求。对于系列化生产的电感产品,了解其不同生产工艺、材料,掌握其性能特点,也是选用电感时必须重视的环节。

应用中各种小型的固定电感和色环电感之间,只要电感量、额定电流相同,外形尺寸相近,可以直接代换使用。半导体收音机中的振荡线圈,虽然型号不同,但只要其电感量、品质因数及频率范围相同,也可以相互代换。而电视机中的行振荡线圈,应尽可能选用同型号、同规格的产品,否则会影响其安装及电路的工作状态。电视机的偏转线圈一般与显像管及行、场扫描电路配套使用,但其规格、性能参数相近,即使型号不同,也可相互代换。

6) 常见电感实物图(见图 5.23)

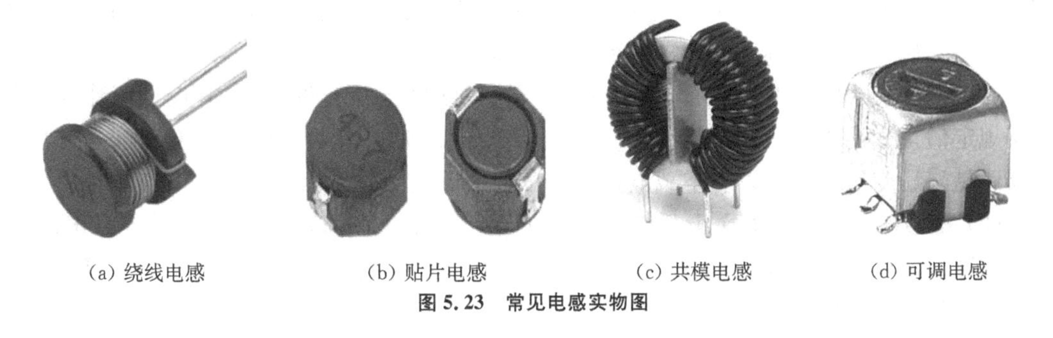

(a) 绕线电感　(b) 贴片电感　(c) 共模电感　(d) 可调电感

图 5.23　常见电感实物图

5.2.4　变压器

变压器由铁芯(或磁芯)和线圈组成,线圈有两个或两个以上的绕组,其中接电源的绕组叫初级线圈,其余的绕组叫次级线圈。当初级线圈中通有交流电流时,铁芯(磁芯)中便产生交流磁通,使次级线圈中感应出电压(或电流)。变压器在电路中主要作用是变换电压、电流和阻抗,还可使电源与负载之间进行隔离等。变压器广泛应用于家用电器、电子仪器、开关电源等用电设备中。

1）变压器的种类

变压器电路符号如图 5.24 所示。其中图 5.24(a)为电源变压器电路符号；图 5.24(b)为自耦变压器电路符号；图 5.24(c)为可调磁芯变压器电路符号。

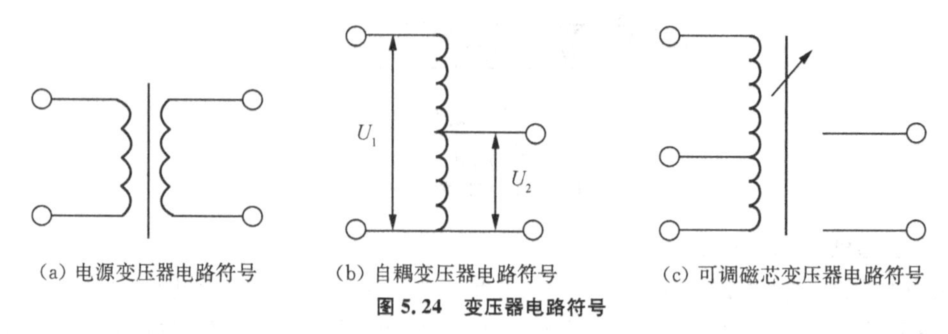

(a) 电源变压器电路符号　(b) 自耦变压器电路符号　(c) 可调磁芯变压器电路符号

图 5.24　变压器电路符号

众多的日用电器设备工作都要靠(380 V 或 220 V)公共电网供电，在一般的电器中，都有低电压供电模块，这种低电压常常要靠降压变压器降压，并经过整流电路，将交流变换为直流后使用。

变压器可以根据其工作频率、用途及铁心形状等进行分类。

(1) 工作频率分类：高频变压器、中频变压器和低频变压器。

(2) 按用途分类：电源变压器(单相、三相、多相)、音频变压器、脉冲变压器、恒压变压器、耦合变压器、自耦变压器、隔离变压器等。

(3) 按铁芯(或磁芯)形状分类：芯式变压器(插片铁芯、C 型铁芯、铁氧体铁芯)、壳式变压器(插片铁芯、C 型铁芯、铁氧体铁芯)、环型变压器、金属箔变压器。

2）变压器的性能参数

电源变压器特性参数：

(1) 额定功率和额定频率。它指在规定的频率和电压下，变压器长时间工作不超过规定温升的最大输出功率。变压器和铁芯中的磁通密度(铁芯损耗)与频率有关，因此变压器设计时必须确定其使用频率。这一频率就称为额定工作频率。

(2) 额定电压与变比。额定电压指在变压器的线圈上所允许施加的电压，工作时不得大于规定值。变比指变压器的初级和次级绕组电压比，这个参数表明了该变压器是升压变压器还是降压变压器。可以有空载电压比和负载电压比两种指标。

(3) 空载电流。变压器次级开路时，初级仍有一定的电流，这部分电流称为空载电流。

空载电流由磁化电流(产生磁通)和铁损电流(由铁芯损耗引起)组成。对于 50 Hz 电源变压器而言，空载电流基本上等于磁化电流。

(4) 空载损耗。指变压器次级开路时，在初级测得功率损耗。主要损耗是铁芯损耗，其次是空载电流在初级线圈铜阻上产生的损耗(铜损)，这部分损耗很小。

(5) 温升。它指变压器通电后，温度上升到稳定时，变压器的温度高出环境温度的数值。这一参数的大小关系到变压器的发热程度，一般要求其值越小越好。

(6) 效率。变压器输出功率占输入功率的百分数，称为变压器效率。显然，变压器的效率越高，各种损耗就越小。通常变压器的额定功率愈大效率愈高。

(7) 绝缘电阻。它指绕组与绕组间、绕组与铁芯间、绕组与外壳间的绝缘电阻值。绝缘电阻的高低与所使用的绝缘材料的性能、温度高低和潮湿程度有关。

音频变压器和高频变压器还有频率响应、通频带和初次级阻抗比等特性参数指标。

标注有 220 V/12-0-12 V/1 A 的电源变压器，表示初级电压为 220 V，次级有带中心抽头的两组 12 V 输出（中心 0 V 端和任意一个 12 V 端构成一组），输出电流为 1 A。这种变压器也可以两个 12 V 端组对形成 24 V 输出。

电源变压器初级引脚和次级引脚一般都是分别从两侧引出的，并且初级绕组多标有 220 V 字样，次级绕组则标出额定电压值，如 15 V、24 V、35 V 等。根据这些标记可进行初、次级绕组的识别。

3）变压器检测

以小功率电源变压器为例说明变压器基本特性的检测。

(1) 测直流电阻。用万用表电阻挡可以测量变压器的初级和次级绕组的直流电阻值，可判断绕组有无断路或短路现象。

(2) 测绝缘电阻。测量初级与次级绕组之间、初级与外壳之间的电阻值、次级与外壳之间的电阻值。阻值为无穷大时正常；阻值为零则有短路；阻值为大于零的非∞定值时有漏电。具体绝缘电阻值应用兆欧表测量，正常值应大于千兆欧。

(3) 空载电流和空载电压测试。将电源变压器初级绕组接 220 V 交流电源，次级不带负载，然后分别测量次级空载电压和初级空载电流。初级空载电流一般小于初级额定电流的 10％，次级空载电压应比额定电压高 10％左右。

(4) 温升。让变压器在额定输出电流下工作一段时间，然后切断电源，用手摸变压器和外壳，即可判别温升情况。如果是温热，表明变压器温升符合要求；若感觉非常烫手，则表明变压器温升指标不合要求。

电源变压器发生短路性故障后的主要症状是发热严重和次级绕组输出电压失常。通常，线圈内部匝间短路点越多，短路电流就越大，而变压器发热就越严重。检测判断电源变压器是否有短路性故障的简单方法是测量空载电流。存在短路故障的变压器，其空载电流值将远大于满载电流的 10％。当短路严重时，变压器在空载加电后几十秒钟之内便会迅速发热，用手触摸铁心会有烫手的感觉。此时不用测量空载电流便可断定变压器有短路点存在。

在使用电源变压器时，有时为了得到所需的次级电压，可将两个或多个次级绕组串联起来使用。采用串联法使用电源变压器时，参加串联的各绕组的同名端必须正确连接，否则，变压器不能正常工作。

4）常见变压器实物图（见图 5.25）

(a) 电源变压器

(b) 自耦变压器

(c) 音频变压器

(d) 中频变压器

图 5.25 常见变压器实物图

5.2.5　二极管

二极管是一个封装起来的 PN 结。从 PN 结的导电原理可知，只有在正向偏置条件下（阳极加正电压、阴极加负电压），二极管才处于导通状态，所以二极管具有单向导电性，即正向导通、反向截止。二极管主要用于整流、稳压、检波、变频等电路。

常用二极管电路符号如图 5.26 所示。图 5.26(a)为普通二极管，图 5.26(b)为稳压二极管，图 5.26(c)为变容二极管，图 5.26(d)为发光二极管。

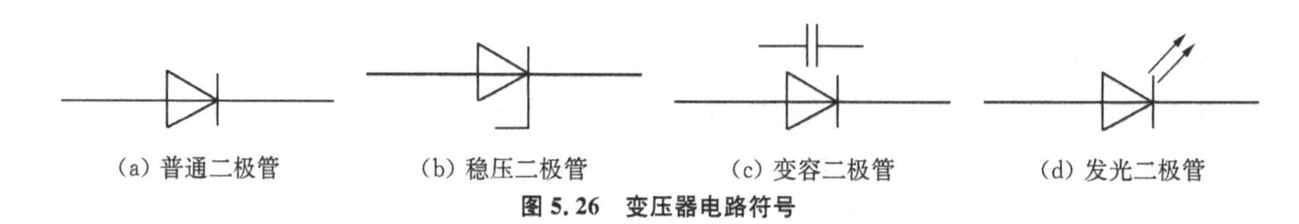

图 5.26　变压器电路符号

1）二极管的种类

按材料可分为锗、硅二极管；按 PN 结的结构分点接触型和面接触型（点接触型二极管用于小电流的整流、检波、开关等电路；面接触型二极管主要用于功率整流）；按工作原理分为肖特基二极管、隧道二极管、雪崩二极管、齐纳二极管、变容二极管等；按用途可分为整流二极管、开关二极管、稳压二极管、发光二极管等。

下表列出了常用二极管的种类及应用特点。

表 5.17　二极管应用特点

名　称	主要应用特点
开关二极管	由导通变为截止或由截止变为导通所需的时间比一般二极管短，主要用于电子计算机、脉冲和开关电路
稳压二极管	工作在反向击穿状态，主要用于无线电设备和电子仪器中作直流稳压，在脉冲电路中作为限幅器
变容二极管	相当于一个可变电容，工作在反向截止状态。它的特点是结电容随加在管子上的反向电压大小而变化。主要用于收音机、电视机调谐电路
发光二极管	正向压降 1.8～2.5 V，主要用于电路电源指示、通断指示或数字显示，有不同颜色，高亮管也可用于照明
整流二极管	体积小，造价低，工作频率较低，主要用于电源整流电路
快恢复二极管	快恢复二极管是近年生产的一种新型的二极管，具有开关特性好，反向恢复时间短、正向电流大、体积小等优点，可广泛用于脉宽调制器，开关电源，不间断电源中，作高频、高压、大电流整流、续流及保护二极管用
整流桥堆	由 2 个或 2 个以上整流二极管组合成电源整流桥路，主要为了缩小体积和便于安装

2）二极管的基本特性

二极管伏安特性如图 5.27 所示。

当外加正向偏置电压 U 小于 U_{th} 点电压时，正向电流为零；当 U 大于 U_{th} 点电压时，开始出现正向电流，并按指数规律增长。硅二极管的死区电压 $U_{th}=0.5$ V 左右；锗二极管的死区电压 $U_{th}=0.2$ V 左右。导通后的二极管有一个最大可连续工作电流上限 I_F，正常工作二极管两端的电压基本上保持不变（锗管约为 0.3 V，

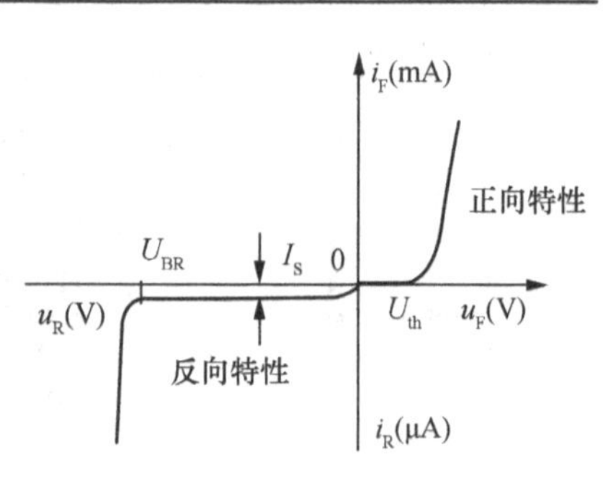

图 5.27　二极管伏安特性曲线

硅管约为 0.7 V),称为二极管的“正向压降”。

当外加反向偏置电压 $U_{BR}<U<0$ 时,反向电流很小,且基本不随反向电压的变化而变化,此时的反向电流也称反向漏电流 I_S。反向电流与温度有着密切的关系,硅二极管比锗二极管在高温下具有更好的稳定性。当 $U \geqslant U_{BR}$ 时,反向电流急剧增加,U_{BR} 称为反向击穿电压。

二极管反向击穿分为电击穿和热击穿。反向击穿并不一定意味着器件完全损坏。如果是电击穿,则外电场撤销后器件能够恢复正常;如果是热击穿,则意味着器件损坏,不能再次使用。工程实际中的电击穿往往伴随着热击穿。为了保证二极管使用安全,规定了最高反向工作电压 U_{BRM}。

不同用途的二极管,其参数要求也不同。

(1) 整流、开关二极管

这类二极管有两个相同的主要参数,即最大整流电流 I_F 和最大反向电压 U_{BRM}。应用时,实际流过管子的电流不可超过 I_F。U_{BRM} 一般小于反向击穿电压值。对开关二极管,快恢复二极管,因工作于脉冲电路,需特别注意选反向恢复时间短的二极管。

(2) 稳压二极管

稳压二极管主要参数有稳定电压 U_Z(稳压范围为数伏至数十伏)、最大工作作电流 I_{ZM}、动态电阻 R_Z 和稳定电流 I_Z 等。

(3) 发光二极管

发光二极管的主要参数有最大正向电流 I_{FM}、正向工作电压 U_F、反向耐压 U_R 和发光强度 T_V。一般常用的发光二极管 I_{FM} 为 20～40 mA;U_F 为 1.8～2.5 V;$U_R \geqslant 5$ V;I_U 为 0.3～1.0 mcd。使用发光管最重要的是平均工作电流不可超过 I_{RM},其次是加在管子两端的正向电压要大于 U_F,反向电压小于 U_R。

3) 二极管的极性判别及性能检测

根据二极管正向电阻小、反向电阻大的特点,用数字或模拟万用表可判别二极管极性及好坏。

(1) 使用模拟万用表,针对整流、变容、开关、稳压二极管判断。

将万用表量程置于欧姆挡(用 $R\times100$ 或 $R\times1$ k 挡),将红、黑表笔接触二极管两引脚:

① 若指针偏转大,与黑表笔相接的一端为正,红表笔相接的一端为负;

② 若指针无偏转,与红表笔相接的一端为负,黑表笔相接的一端为正;

③ 若正反向电阻都很大,二极管两端开路;

④ 若正反向电阻都很小,二极管两端短路;

⑤ 若正反向电阻相差不大,二极管失效。

(2) 使用模拟万用表,针对发光二极管判断

发光二极管除低压型外,其正向导通电压大于 1.8 V,所以测量发光二极管要用万用表 R×10k 挡(内装 9 V 电池),判断方法与普通二极管相似。

(3) 使用数字万用表判断极性

把数字万用表量程置在二极管挡,两表棒分别接触二极管两个电极,对一般硅二极管,若表头显示 0.5～0.7 V,对发光二极管,表头显示 1.8 V 左右,则红表笔接触的是二极管正极。若表头显示为“1”,则黑表笔接触的为正极。

(4) 使用数字万用表进行稳压二极管稳压值测量

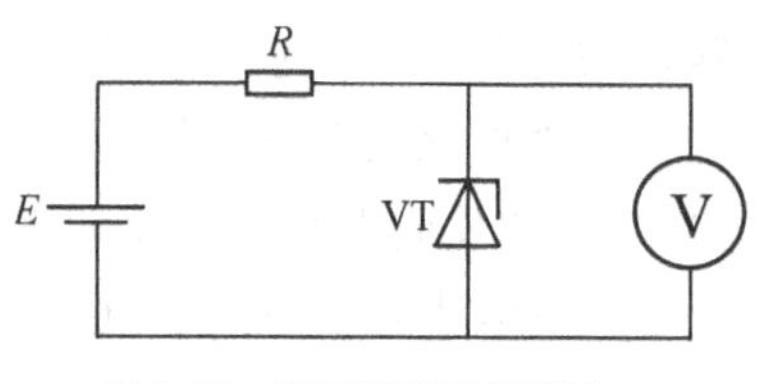

图 5.28　稳压管稳压值测量

稳压二极管稳压值可用如图 5.28 方法来测量,可用直流电源,也可用模拟万用表内高压电池做电源。在测量时电源电压要大于稳压二极管的稳压值,使稳压二极管工作在反向击穿状态,用数字万用表电压挡测稳压二极管稳压值。

4) 常见二极管实物图(见图 5.29)

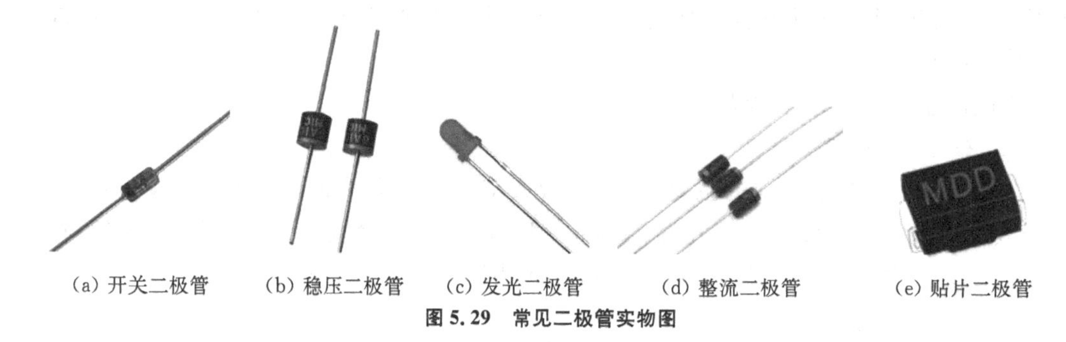

(a) 开关二极管　(b) 稳压二极管　(c) 发光二极管　(d) 整流二极管　(e) 贴片二极管

图 5.29　常见二极管实物图

5.2.6　三极管

三极管是由两个背靠背做在一起的 PN 结加上相应的电极引线封装组成,有集电极 c、基极 b 和发射极 e 三个电极。由于三极管具有电压、电流和功率放大作用,因此它是各种电路中十分重要的器件之一。用它可以组成放大、开关、振荡及各功能的电子电路,同时也是制作各种集成电路的基本单元电路。

1) 三极管的种类

三极管按材料可以分为硅管和锗管;按 PN 结不同的组合方式,可以分为 PNP 管和 NPN 管;根据生产工艺,可分为合金型、扩散型、台面型和平面型等三极管;按功率大小,可以分为大功率管、中功率管、小功率管;按工作频率分有高频管、中频管、低频管;按功能和用途分有放大管、开关管、低噪管、高反压管等。

电路设计时不同功率要求和频率特性要求,是三极管选用时需要特别加以关注的(见图 5.30)。

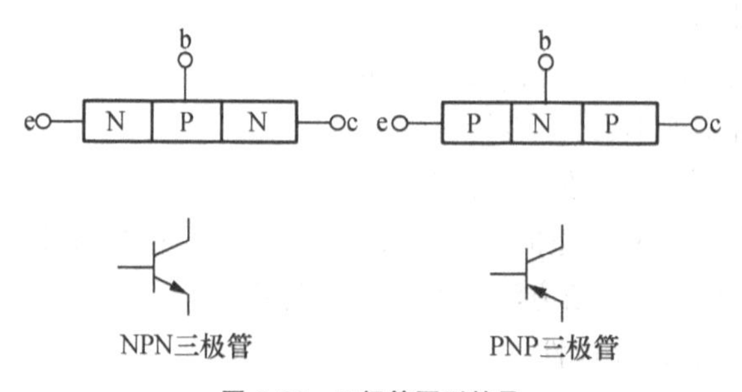

图 5.30　三极管图形符号

2) 三极管的基本特性

三极管的输入特性曲线与二极管的 $U-A$ 特性相同，这是因为三极管 b－e 之间就是个 PN 结。当三极管作为开关元件时，只能工作在饱和区和截止区，放大区仅是由饱和到截止或由截止到饱和的过渡区。硅管的基极与发射极间电压 $U_{be}\approx 0.7$ V 时，三极管就处于饱和导通状态，此时的管压降 U_{ce} 为 0.1～0.3 V，所以三极管饱和导通时如同闭合的开关，而当 $U_{be}\leqslant 0.5$ V 时，三极管便转入截止区，如同断开的开关，这就是三极管的开关特性，三极管作为开关元件正是利用了这个特性。

当三极管作为放大元件时，放大区内电流 I_c 的变化随 I_b 成正比例变化。当 U_{ce} 过大时，可引起 c、e 两极之间击穿，电流 I_c 迅速增加，这表示三极管已经损坏。

三极管参数是工程实际中选择三极管的基本依据。以下列出的是表征三极管特性的常用参数。

(1) 放大倍数 β：三极管的基极电流 I_b 微小的变化能引起集电极电流 I_c 较大的变化，这就是三极管的放大作用。常用中小功率三极管的 β 值在 20～250 之间。

(2) 集电极最大允许电流(I_{CM})：集电极电流大到三极管所允许的极限值称集电极最大允许电流。使用三极管时，集电极电流不能超过 I_{CM} 值。

(3) 集电极最大允许耗散功率(P_{CM})：三极管工作时，集电结要承受较大的反向电压和通过较大的电流，因消耗功率而发热。当集电极所消耗的功率过大时，就会产生高温而烧坏。因此规定三极管集电极温度升高到不至于将集电结烧坏所消耗的功率为集电极最大耗散功率。三极管在使用时，不能超过这个极限。

(4) 集电极—发射极反向击穿电压 U_{CEO}：基极开路时，允许加在集电极与发射极之间的最高电压值，集电极电压过高，会使三极管击穿，所以加在集电极电压即直流电源电压，不能高于 U_{CEO}。一般应取 U_{CEO} 高于电源电压的一倍。

3) 三极管的检测

用万用表判别三极管极性的依据是：NPN 型三极管基极到发射极和集电极均为 PN 结的正向，而 PNP 型三极管基极到集电极和发射极均为 PN 结反向。

(1) 用模拟万用表判断三极管极性

① 判断三极管的基极

对于功率在 1 W 以下的中小功率管，可用万用表的 $R\times100$ 或 $R\times1$k 挡测量，对于功率大于 1 W 以上的大功率管，用万用表的 $R\times1$ 或 $R\times10$ 挡测量。

用黑表棒接触某一管脚，用红表棒分别接触另两个管脚，如表头指针偏转大，则与黑表棒接触的那一管脚为基极，该管为 NPN 型。若用红表棒接触某一管脚，而黑表棒分别接触另两个管脚，指针偏转较大，则与红表棒接触的那一管脚为基极，此三极管为 PNP 型。

② 判别三极管发射极 e 和集电极 c

以 NPN 型三极管为例，基极确定后，假定其余的两只脚中的一只为 c，将黑表棒接到 c 极，红表棒接到 e。用手捏住 c、b 两极(但不能相碰)记录测试阻值，然后作相反假设，记录测试阻值，阻值小的一次假设成立，黑表棒接的为 c，剩下的一只脚为 e。

(2) 用数字万用表判断三极管极性

① 将数字万用表量程开关置二极管挡，将红表棒接三极管的某一个管脚，黑表捧分别

接触其余两个管脚，若两次表头都显示 0.5～0.8 V(硅管)，则该管为 NPN 三极管，且红表棒接的是基极；将黑表棒接三极管的某一个管脚，红表棒分别接触其余两个管脚，若两次表头都显示 0.5～0.8 V(硅管)，则该管为 PNP 三极管，且黑表笔接的是基极。

② 判别三极管发射极 e 和集电极 c。将数字万用表量程开关置 h_{FE}挡。对于小功率三极管，在确定了基极及管型后，分别假定另外两电极，直接插入三极管测量孔，读放大倍数 h_{FE}值，放大倍数 h_{FE}值大的那次假设成立。

注意：用 h_{FE}挡区分中小功率三极管的 c、e 极时，如果两次测出的值都很小(几到几十)，说明被测管的放大能力很差，这种管子不易使用；在测量大功率三极管的 h_{FE}值时，若为几至几十，属正常。

(3) 在路检测三极管好坏

所谓"在路检测"，是指不将三极管从电路中焊下，直接在电路板上进行测量(电路断电)，以判断其好坏。以 NPN 型三极管为例，用数字万用表二极管挡，将红表棒接被测三极管的基极 b，用黑表棒依次接发射极 e 及集电极 c，若数字万用表表头两次都显示 0.5～0.8 V，则认为管子是好的。如表头显示值小于 0.5 V，则可检查管子外围电路是否有短路的元器件，如没有短路元件则可确定三极管有击穿损坏；如表头显示值大于 0.8 V，则很可能是被测三极管的相应的 PN 结有断路损坏，将管子从电路中焊下复测。

注意：若被测管 PN 结两端并接有小于 700 Ω 电阻，而测得的数字偏小时，则不要盲目认为三极管已损坏。此时可焊开电阻的一引脚再进行测试，此外，测量时应在断电的状态下进行。

4) 常见三极管实物图(见图 5.31)

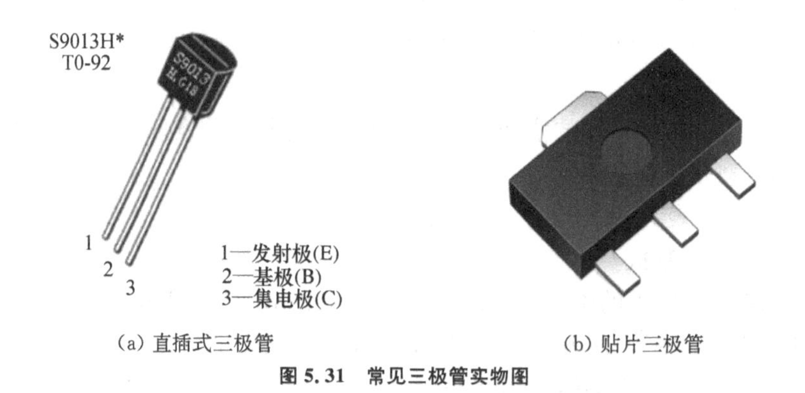

(a) 直插式三极管　　(b) 贴片三极管

图 5.31　常见三极管实物图

5.3 SMT 技术

现代电子系统的微型化、集成化要求越来越高，传统的通孔安装技术逐步向新一代电子组装技术——表面贴装技术过渡，表面贴装技术又称为表面安装技术(SMT，Surface Mount Technology)。

表面安装技术是一门包括电子元器件、装配设备、焊接方法和装配辅助材料等内容的系统性综合技术，是突破了传统的印刷电路板通孔基板插装元器件方式，并在此基础上发展起来的第四代组装方法，是当前最热门的电子组装技术，也是今后电子产品能有效地实现“轻、薄、短、小”，多功能，高可靠，优质量，低成本的重要手段之一。SMT是集表面安装元件(SMC)、表面安装器件(SMD)、表面安装电路板(SMB)及自动安装、自动焊接、测试等技术的一整套完整的工艺技术的总称。

(1) 表面贴装技术的优点

表面贴装技术和通孔插装技术相比具有以下优点：

① 实现了微型化。表面贴装技术使用的贴片元器件(SMC、SMD)尺寸小，能有效利用印刷板的面积，整机产品的部件、体积一般可减小到通孔插装元器件的10%～30%，重量可减轻70%～90%，实现微型化。

② 信号传输速度快。由于结构紧凑、引线短、安装密度高、数据传输速率增加和传输延时时间短，可实现高速度的传输，这对于超高速运行的电子设备具有重大意义。

③ 高频特性好。由于元器件无引线，自然消除了射频干扰，减小了电路分布参数，使高频性能改善。

④ 有利于自动化生产，提高了成品率和生产效率。由于片状元器件外形尺寸标准化、系列化及焊接条件的一致性，所以表面装配技术的自动化程度很高。重量轻、抗震能力强，由焊接造成的元器件失效大大减小，焊点可靠性提高。

⑤ 简化了生产工序，降低了成本。在印刷电路板上安装时，由于元器件引线短或无引线，不需要元器件的成型、剪腿，因而使整个生产过程缩短，同样功能电路的加工成本低于通孔装配方式，综合成本下降30%以上。

(2) 表面贴装技术的种类

① 单面或双面全部采用表面贴装(见图5.32)

印制板上没有通孔元件，各种表面贴装元件在印刷板的一面或两侧。

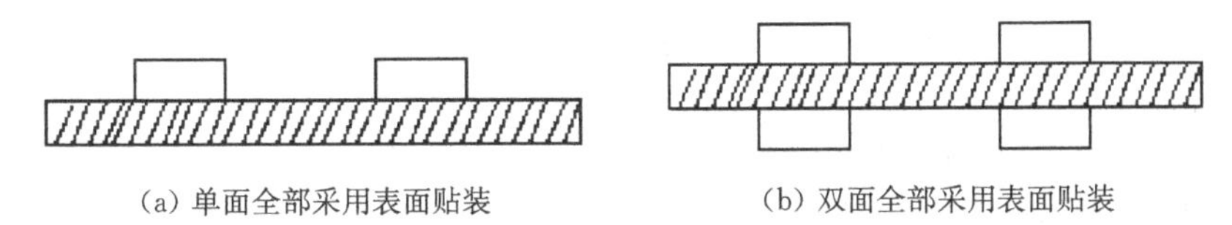

(a) 单面全部采用表面贴装　　(b) 双面全部采用表面贴装

图5.32 单面或双面贴装

② 单面混合安装(见图5.33)

印制板的一面既有表面贴装元件，又有通孔插装元件，称为单面混合安装。

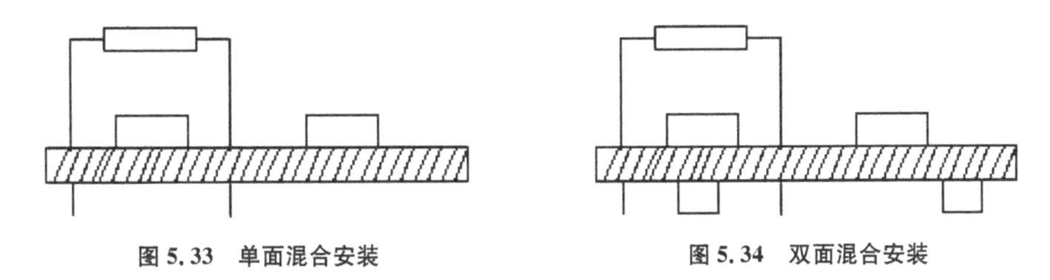

图5.33 单面混合安装　　**图5.34 双面混合安装**

③ 双面混合安装(见图5.34)

印制板的两侧既有表面贴装元件，又有通孔插装元件，称为双面混合安装。

(3) 表面贴装工艺流程

不同的表面贴装方式有不同的工艺流程。以下介绍不同安装方式的典型工艺流程。

① 全部采用表面贴装的工艺流程。全部采用表面贴装分为单面或双面全部采用表面贴装。

a. 单面全部采用表面贴装的工艺流程为：

固定基板→涂敷焊膏→贴装 SMD→烘干→回流焊→清洗→检测。

b. 双面全部采用表面贴装的工艺流程为：

固定基板→电路板 A 面涂敷焊膏→贴装 SMD→烘干→回流焊→清洗→翻板→电路板 B 面涂敷焊膏→烘干→回流焊→清洗→检测。

② 单面混合安装的工艺流程：

固定基板→涂胶黏剂→贴装 SMD→胶黏剂固化→波峰焊→清洗→检测。

③ 双面混合安装的工艺流程：

固定基板→电路板 A 面涂敷焊膏→贴装 SMD→焊胶烘干→回流焊→溶剂清洗→插装 THC→波峰焊→清洗→检测。

思 考 题 5

5.1　手工焊接分为几步？

5.2　助焊剂在焊接过程中起到什么作用？

5.3　色环电阻分为几类，读色环的规则是什么？

5.4　如何利用指针式万用表判断三极管的类型，以及如何判断出基极、集电极、发射极？

5.5　稳压管工作在什么状态下？

5.6　安装有极性电容时要注意什么？如何测量有极性电容的正、反向漏电阻？

5.7　电感的特点是什么？电容的特点是什么？

5.8　如何判断电感的好坏？如何去测量线圈的电感量和品质因数？

5.9　变压器空载电流的作用是什么？

6 电子线路设计

6.1 电子产品设计方法

设计方法是实现设计目标的途径。在电子产品设计中，有很多实用而有效的设计方法，这里只进行简要的说明。

6.1.1 系统论设计法

在电子产品设计中引进系统论设计法，是设计方法上的变革。系统论设计法是以整体分析及系统观点来解决各个领域中具体问题的科学方法，主要分为系统分析、系统设计和系统实施三个步骤。其中系统分析可以分为总体分析、任务与要求分析、功能分析、指标分配、方案研究、分析模拟、系统优化和系统综合等。在设计时，系统论设计法综合考虑设计对象以及与之相关的各个方面的功能分配与协调等。

6.1.2 优化设计法

产品优化设计法是指以数学最优化理论为基础，在满足给定的各种约束条件的前提下，合理地选择设计变量数值，以获得一定意义上的最佳方案和设计方法，实现产品设计优化。优化设计要求设计者尽最大的努力使所设计的产品结构合理、用料省、能耗小、成本低、工作性能好。在优化设计过程中，首先要建立优化设计的数学模型，根据数学模型选择最佳优化方法；其次要编写优化程序，制定目标要求；最后通过计算机求解并输出优化结果。

6.1.3 模块化设计法

模块化设计法是在产品设计时将产品按功能作用的不同分解为几个不同的模块（或子系统），模块之间保持相对的独立性，然后将模块互相连接起来构成完整的系统。模块化设计也被视为实现产品多样化的主要途径，具体为通过模块的不同组合得到不同功能的产品。利用模块化设计方法可以使原来复杂问题简单化，使设计工作能平行开展，条理分明，而且同一模块可被用于不同系统设计中，有效提高了设计效率，缩短设计周期。此外，由于各模块之间相对独立，调试、查找和改正问题也十分方便。

6.1.4 可靠性设计法

可靠性设计法目的是为了保证产品满足给定的可靠性指标，防止故障发生。包括对产品可靠性进行预计、分配、技术设计、评定等工作。可靠性预计是指从各元件等现实可靠性指标来综合预计出产品可能达到的可靠性水平；可靠性分配是指当可靠性预计值达不到要求的可靠性指标时，将产品的目标可靠性指标合理分配到产品的各元件；可靠性技术设计主要有元件选择和控制、热设计、简化设计、降额设计、漂移设计、抗干扰及暂态保护设计、工艺设计、冗余和容错设计等。

6.1.5 计算机辅助设计法

计算机辅助设计(Computer Aided Design，CAD)是指以计算机软件和硬件为依托，以数字化、信息化为特征，计算机参与产品设计的一种现代化的设计方式和手段。它把计算机所具有的运算快、计算精度高、有记忆、逻辑判断、图形显示以及绘图等特殊功能与人们的经验、智慧和创造力结合起来，在产品设计的应用中，不但减轻了设计人员的劳动，而且显著提高了产品的设计质量，以及大大缩减了产品的设计周期。下面一节将详细介绍电子线路的计算机辅助设计方法。

6.2 电子线路计算机辅助设计

随着电子工业的飞速发展，新型器件尤其是集成电路的不断涌现，电路板设计越来越复杂，手工设计越来越难以适应电路设计的发展需要。此外，为了确保设计电路的成功，消除潜在的设计缺陷，在理论设计完成后，需要通过电路仿真验证其正确性及可行性。基于此，计算机辅助设计越来越受到众多电子设计爱好者及设计工程师的青睐。Proteus 和 Altium Designer 是目前国内普及率较高的计算机辅助设计软件，其中 Proteus 主要用于电路仿真，Altium Designer 主要用于电路原理图绘制、PCB 设计。

6.2.1 电路的仿真

Proteus 软件是英国 Lab Center Electronics 公司开发的电路分析与实物仿真软件，它不仅具有其他 EDA 工具软件的仿真功能，还能仿真单片机及外围器件，但本节对 Proteus 与单片机结合仿真不作介绍。

简单电路仿真的基本流程如图 6.1 所示，本文以 Proteus 7.8 版本软件为例进行说明。

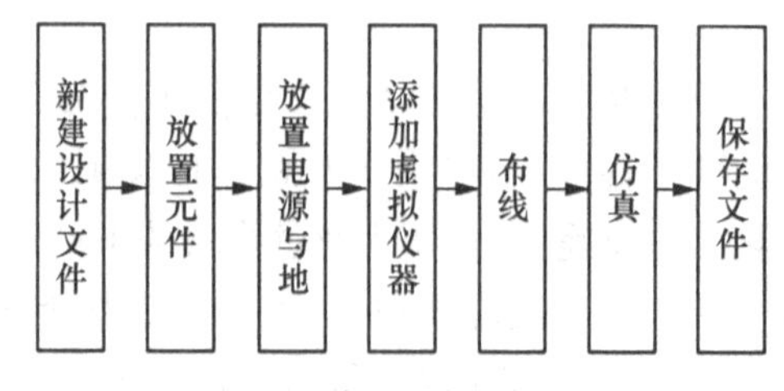

图 6.1 电路仿真基本流程

1) 新建设计文件

执行菜单命令【文件】/【新建设计】，打开如图 6.2 所示对话框，根据需要选择新建设计的模板，本例选择“DEFAULT”模板，单击“确定”按钮，即可打开如图 6.3 所示的工作界面，完成设计文件的新建。

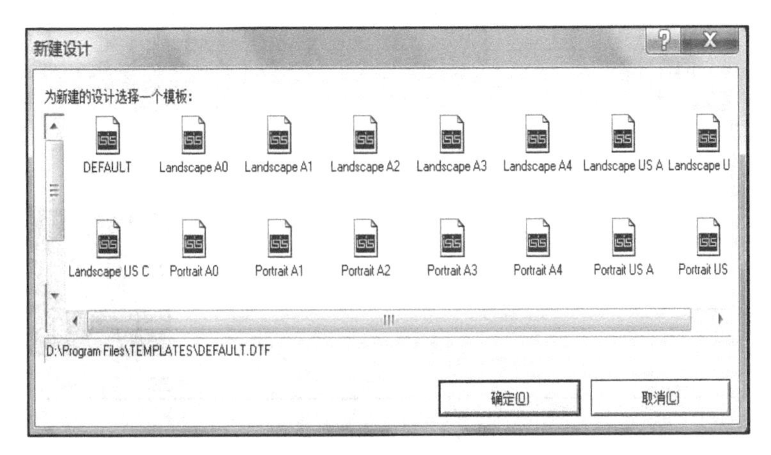

图 6.2 新建设计文件对话框

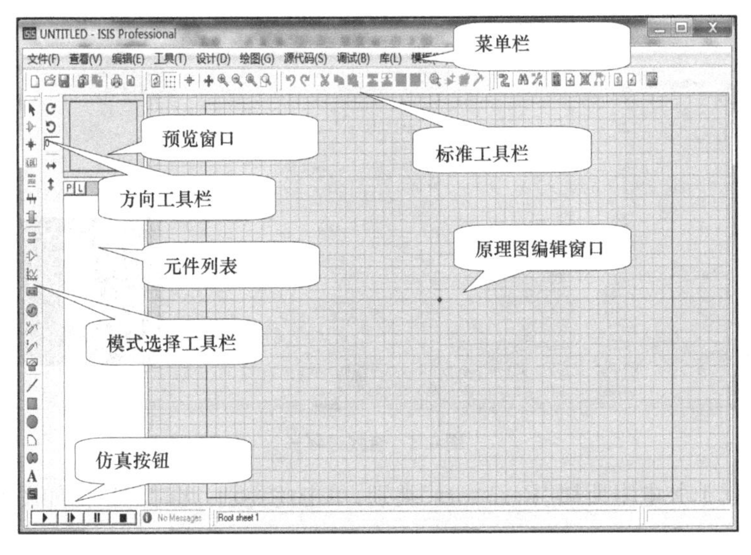

图 6.3 Protel ISIS 工作界面

该工作界面中元件列表用于显示已经选用的所有元器件。而预览窗口有两个作用:一是当在元件列表中选中一个元件时,它会显示该元件的预览图;二是当鼠标焦点落在原理图编辑窗口时,它会显示整张原理图的缩略图,并会显示一个绿色的方框,绿色方框里面的内容就是当前原理图窗口中显示的内容。因此,可用鼠标在它上面单击来改变绿色方框的位置,从而改变原理图的可视范围。工作界面中还有方向工具栏、仿真工具栏等,不再一一说明。

2) 放置元件

(1) 查找元件

放置元件第一步操作是查找元件,目前查找元件方法主要有通过关键字查找和通过索引查找两种方法。

① 通过关键字查找元件

Step1:单击模式工具栏中按钮,再单击 P L DEVICES 中"P"按钮,弹出挑选元件对话框,如图 6.4 所示。

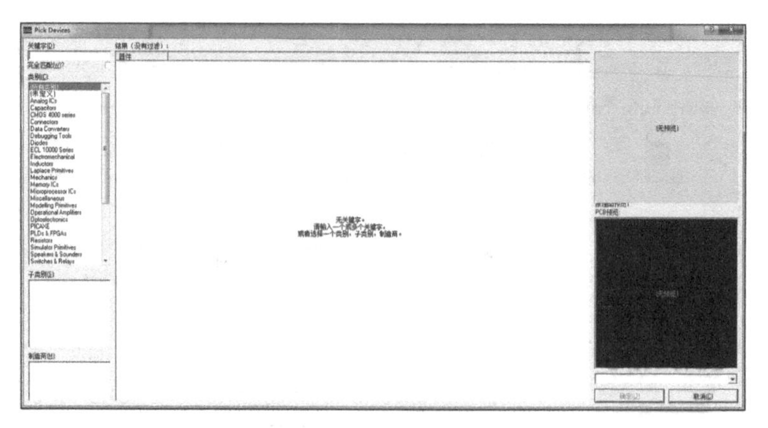

图 6.4　挑选元件对话框

Step2：以查找 10k 电阻为例，在关键字处输入“10K”，对话框如图 6.5 所示。

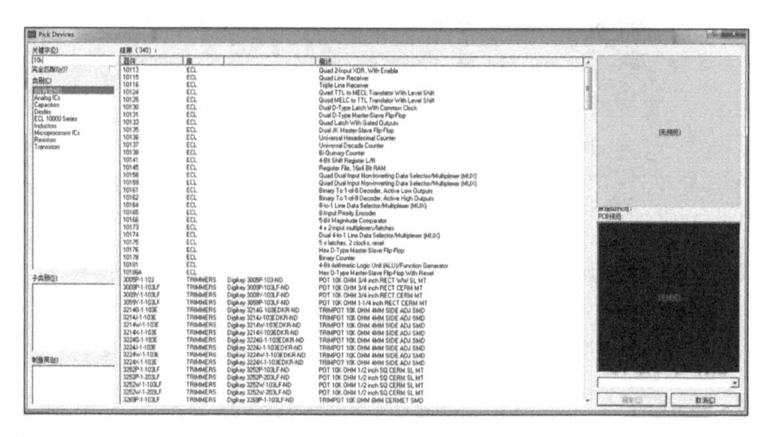

图 6.5　查找过程一

Step3：根据 10k 电阻所属“Resistors”类别，单击此类别，此时对话框如图 6.6 所示。

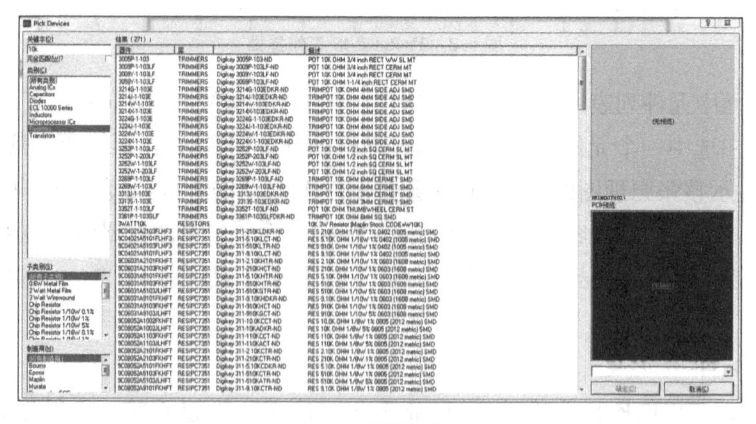

图 6.6　查找过程二

Step4：再根据 10k 电阻所属“0.6W Metal Film”类别，单击此子类别，此时对话框如图 6.7 所示。

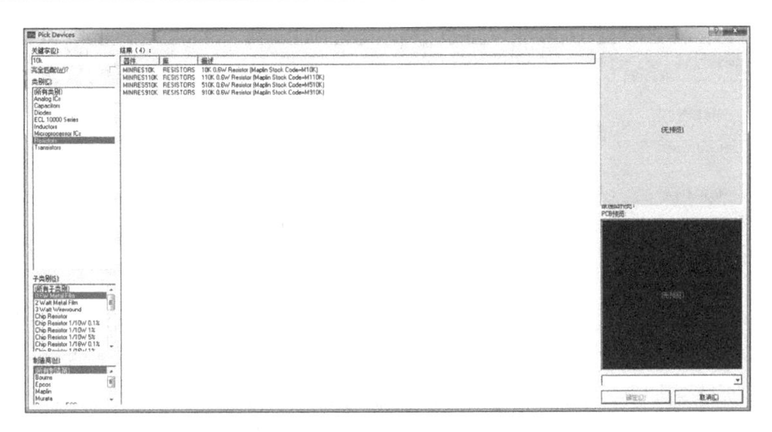

图 6.7　查找过程三

Step5：在结果列表中单击元件“MINRES 10K”，然后单击“确定”按钮，返回工作界面，此时元件列表中列出“MINRES 10K”。

② 通过索引查找元件

当用户不确定元件的名称或不清楚元件的描述时，可采用该方法。以三极管 2N2222A 为例，在图 6.4 挑选元件对话框中，关键字为空，类别选择“Transistors（三极管）”，子类别选择“Bipolar”，结果如图 6.8 所示，滑动列表滚动条，查找到 2N2222A，单击元件，然后单击“确定”即可在元件列表中发现该元件。

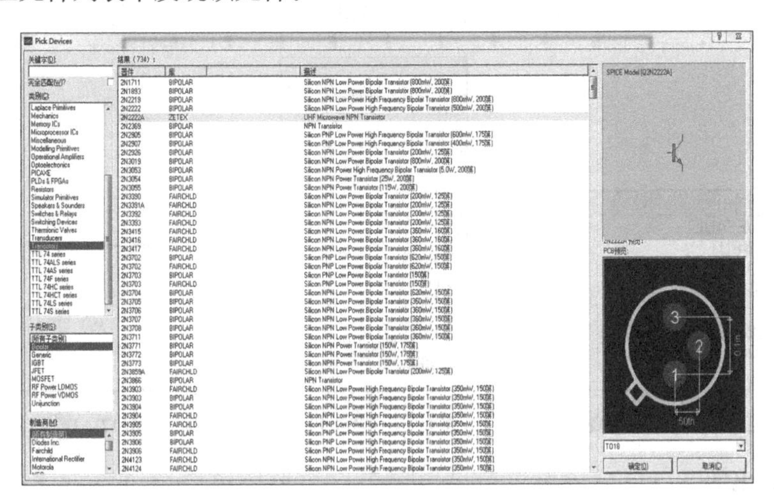

图 6.8　通过索引查找元件

(2) 放置元件

在元件列表中左键选取所需要的元器件（此时若需要调整元器件的方向，可单击方向工具栏中对应的按钮），然后在原理图编辑窗口中单击左键，完成元件的放置，再单击左键可继续放置同样的元件。另外，也可以在查找元件对话框按“确定”按钮关闭后，直接返回原理图编辑区，移动鼠标到合适位置，单击鼠标左键，完成元件的放置。

(3) 编辑元件

元件放置完成后，双击元件，即可打开元件编辑对话框，图 6.9 所示为电阻的编辑对话框。一般我们编辑元件时，只对元件在原理图中的标号和标称值进行修改。

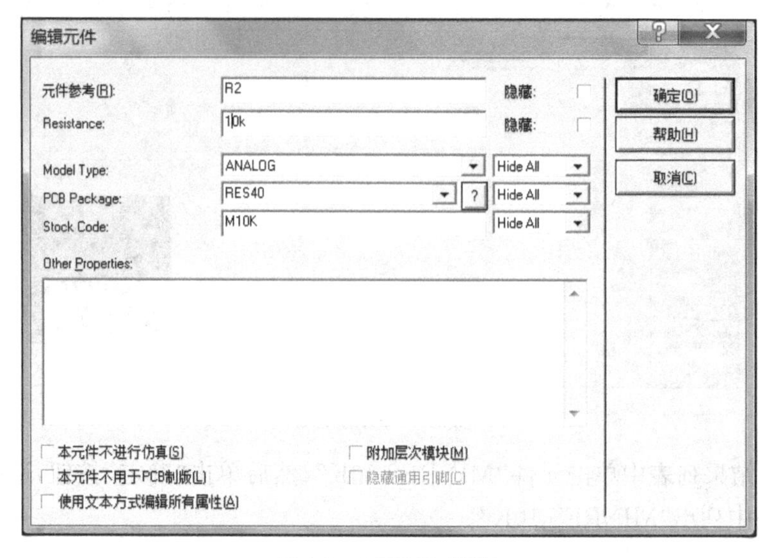

图 6.9　电阻编辑对话框

3) 放置电源与地

(1) 放置地

每个电路在仿真时,都需要一个参考地。单击模式工具栏中按钮,列表如图 6.10 所示,单击“GROUND”,并在原理图编辑区单击左键,即完成了地的放置。

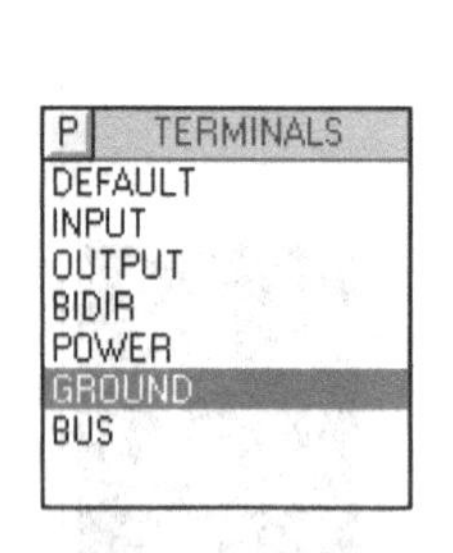

图 6.10　元件列表

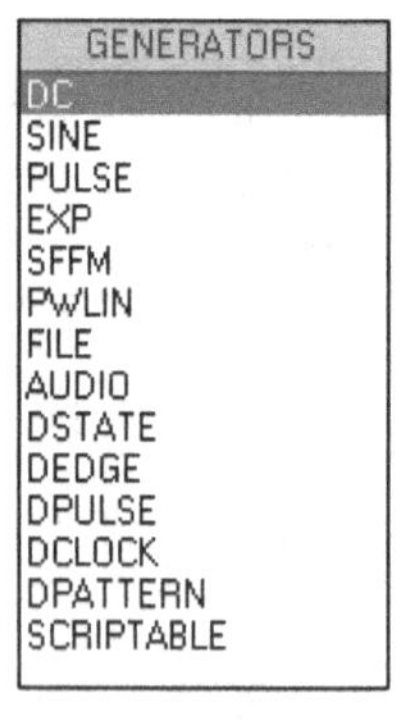

图 6.11　电源列表

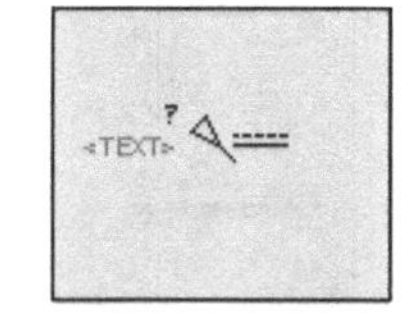

图 6.12　DC 电源

(2) 放置电源

单击模式工具栏中按钮,列出了所有的电源,如图 6.11 所示。下面介绍两种常用的电源。

① DC 电源

在上面列表中,单击“DC”,预览窗口显示如图 6.12 所示。其放置方法和其他元件一样,双击打开直流电压源属性对话框,如图 6.13 所示。在激励源名称处输入具体名称,若需要的是直流电压源,只需在 Voltage(Volts)处输入电源的电压值,然后单击“确定”按钮即可;若需要的是直流电流源,还需要在对话框左下方勾选“电流源”复选框,然后在图 6.14 所示 Current(Amps)处输入电源的电流值,最后单击“确定”按钮即可。

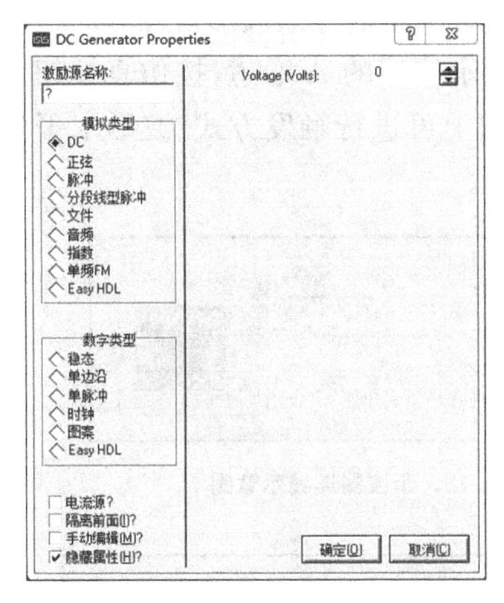

图 6.13 直流电压源属性对话框

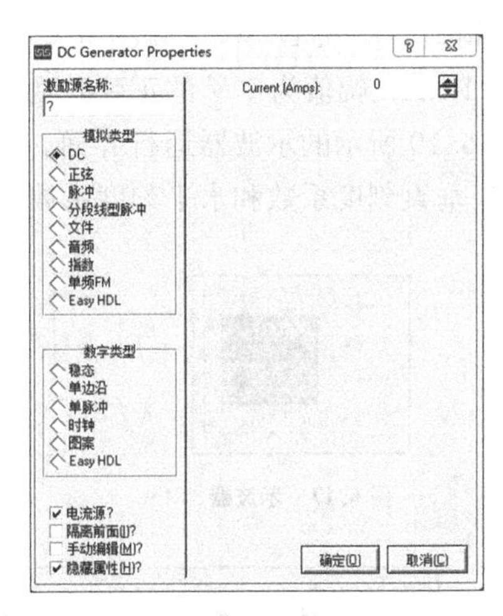

图 6.14 直流电流源属性对话框

② SINE 电源(正弦交流电源)

在图 6.11 列表中,单击"SINE",预览窗口如图 6.15 所示。双击打开正弦交流电源属性对话框,如图 6.16 所示。在激励源名称处输入具体名称,在 Offset(Volts)处输入偏置电压值。Amplitude(Volts)栏设置信号的大小,幅度、峰值、有效值任意设置一个即可。时间栏设置信号的频率,频率、周期、循环次数任意设置一个即可,一般设置频率。延时栏设置信号的初相位,一般设置相位为 0。所有设置完成后单击"确定"按钮即可。

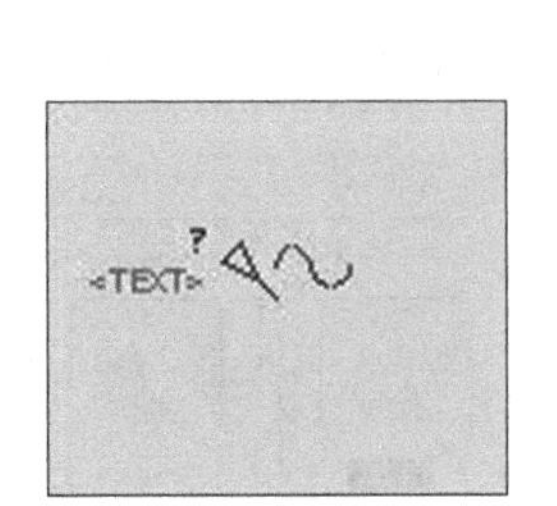

图 6.15 SINE 电源

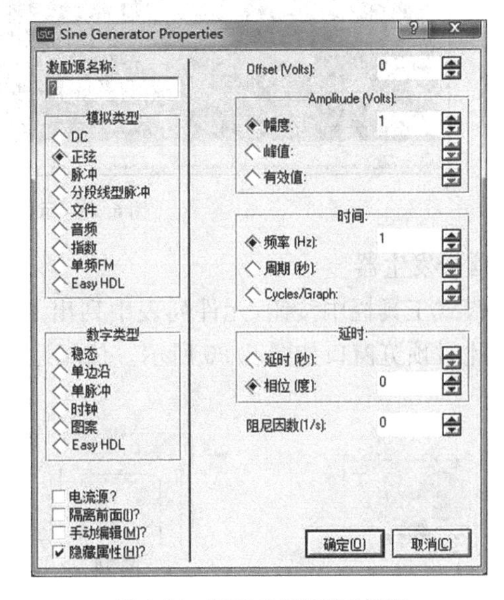

图 6.16 SINE 电源属性对话框

4) 添加虚拟仪器

在电路仿真时,我们经常需要添加虚拟仪器来观察参数数据或波形,常用的有示波器、信号发生器、电压表及电流表等。

(1) 示波器

单击模式工具栏中按钮,元件列表中列出了所有的虚拟仪器,单击"OSCILLOSCPPE",

此时预览窗口如图 6.17 所示。该示波器能同时观看四路信号的波形，按图 6.18 所示连线，把频率为 1 kHz、幅值为 1 V 的正弦激励信号加到示波器的 A 通道，按仿真按钮开始仿真，出现如图 6.19 所示的示波器运行界面。在该界面上可进行触发方式、波形水平位置、波形垂直位置、垂直刻度系数和水平刻度系数等的设置。

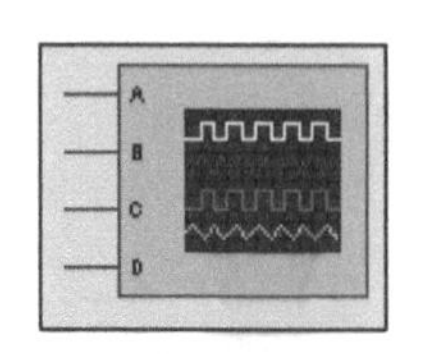

图 6.17　示波器

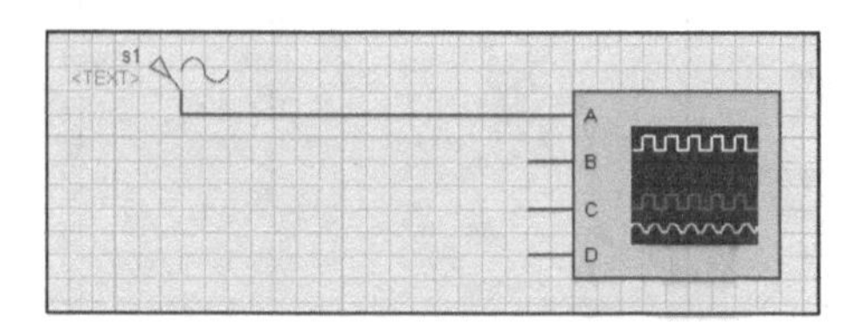

图 6.18　示波器连线示意图

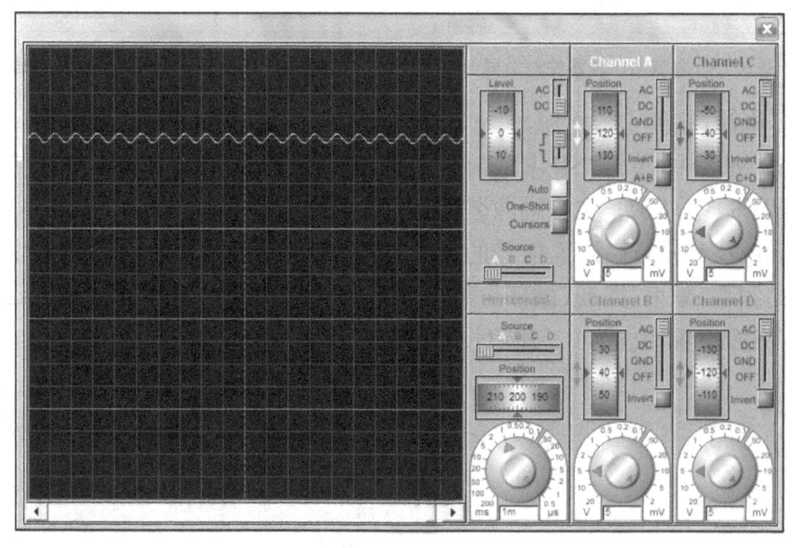

图 6.19　示波器窗口

(2) 信号发生器

单击模式工具栏中按钮，元件列表中列出了所有的虚拟仪器，单击“SIGNAL GENERATOR”，此时预览窗口如图 6.20 所示。仿真运行后，出现如图 6.21 所示信号发生器窗口。

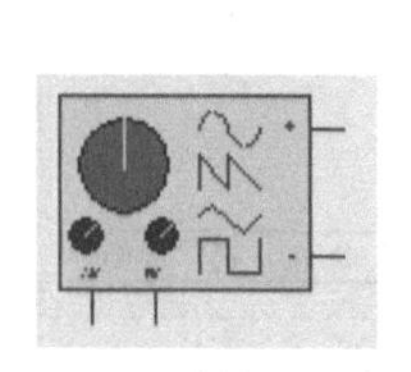

图 6.20　信号发生器

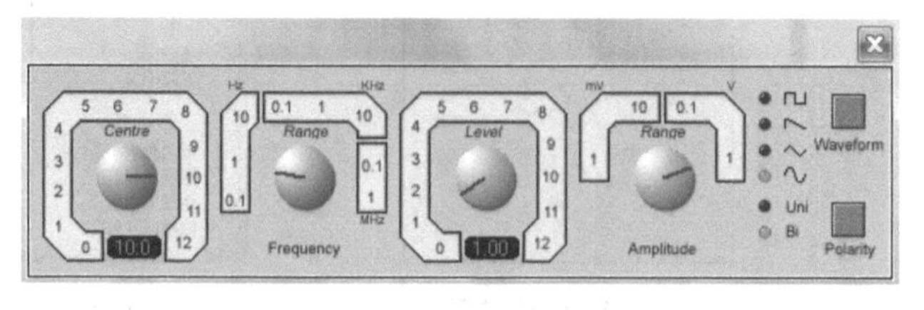

图 6.21　信号发生器窗口

该窗口最右上方按钮，用来调节信号波形，可在方波、锯齿波、三角波和正弦波四种波形间切换。最左边两个旋钮用来调节信号的频率，左边是微调旋钮，右边是粗调旋钮，频率的具体值可以通过左边第一个旋钮下面的小显示屏获得。最右边两个旋钮用来调节信号的幅值，左边是微调旋钮，右边是粗调旋钮，幅值的具体值可以通过微调旋钮下面的小显示屏获得。

(3) 电压表和电流表

在仿真时，我们常需要测量电路电压和电流值，Protel 软件提供了两种电压表和两种电流表。单击模式工具栏中按钮，元件列表中列出了所有的虚拟仪器，最后四个分别为直流电压表、直流电流表、交流电压表、交流电流表，如图 6.22 所示。在使用时，电压表并联在电路中，电流表串联在电路中。

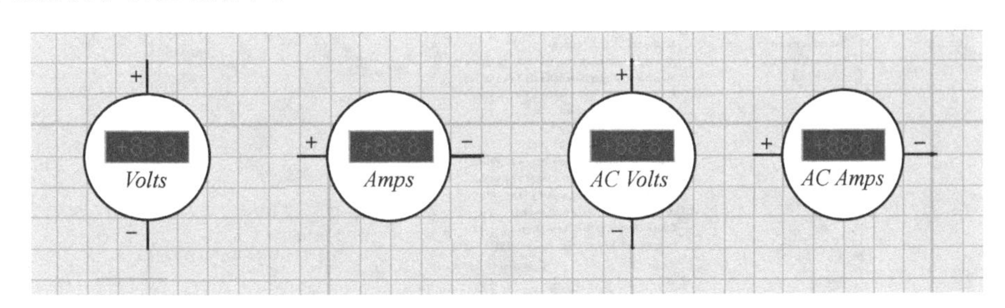

图 6.22　电压表和电流表

5) 布线及仿真

所有元件都放置完成后，需要进行布线操作。将鼠标移到待连接的元件一端，此时光标中心出现一个小方框，在该处单击鼠标左键，完成一端连接。移动鼠标至另一待连端，光标中心又出现一个小方框，再次单击鼠标左键完成连接。连线过程中可以单击鼠标左键改变连线走向。

按上面步骤，选取合适的元件、电源、地和虚拟仪器，并完成布线操作后，单击仿真按钮中第一个按钮，开始仿真，如添加了示波器，则弹出示波器窗口显示仿真结果，如添加了电压表和电流表，则在电路中电压表和电流表会显示具体数值。按仿真按钮中第二个按钮，电路按预先设定的时间步长进行单步仿真，如果选中该按钮不放，电路仿真一直持续到放开该按钮。按仿真按钮中第三个按钮，可暂停仿真，再次按下该按钮可继续被暂停的仿真，也可以在暂停后接着进行单步仿真。按仿真按钮中最后一个按钮可停止仿真。

仿真完成无误后，即可执行菜单命令【文件】/【保存设计】或单击工具栏上保存按钮保存该文件。

6.2.2　电路的原理图绘制

电路仿真无误后，我们需要进行电路板设计工作。电路板设计主要包括两个阶段：原理图绘制和 PCB 设计。原理图绘制是整个电路设计的第一步，也是 PCB 设计过程的基础。本节以 Altium Designer 14 软件为例，该软件相对于 Protel 软件，设计界面更加人性化，操作更加方便、高效。原理图绘制的基本流程如图 6.23 所示。

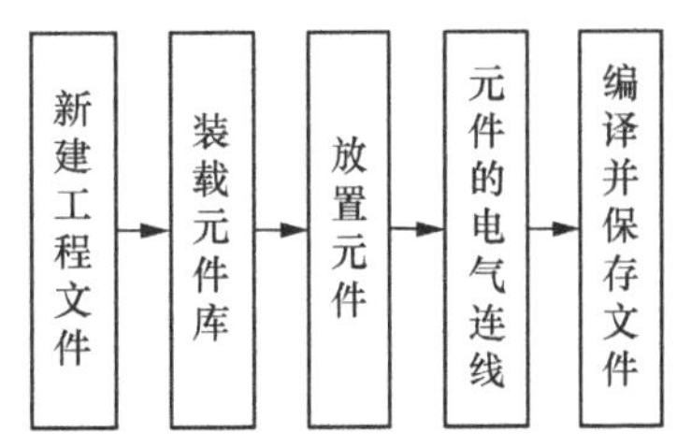

图 6.23　原理图绘制基本流程

本节只简单介绍如何绘制电路的原理图文件，对工作环境设置和图纸参数设置等不作介绍，统一使用系统默认设置。

1) 新建工程文件

打开 Altium Designer 14 软件，执行菜单命令【File】/【New】/【Project】，弹出如图 6.24 所示

对话框。在该对话框中 Project Types 处选择 PCB Project，Project Templates 处选择 Default，Name 处可输入工程名，一般采用默认名“PCB_Project”。点击【Browse Location…】按钮可以设置默认存储路径，设置完成后点击【OK】按钮，即完成了一个工程文件的新建。

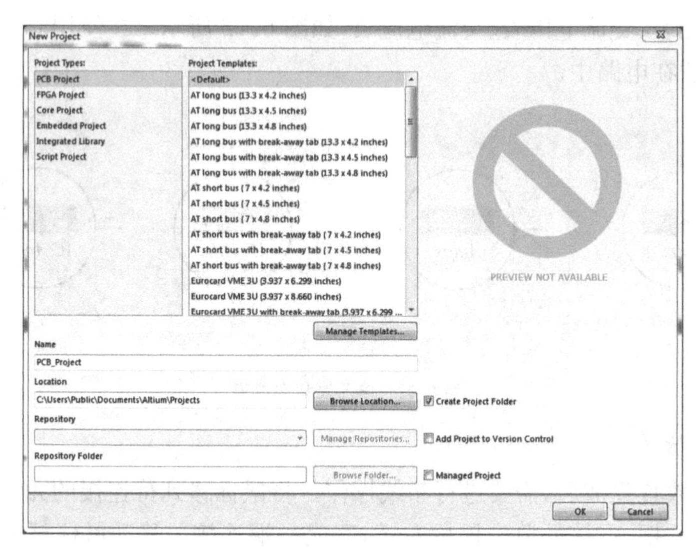

图 6.24　新建工程对话框

执行菜单命令【File】/【New】/【Schematic】，工程面板中将出现一个新的原理图文件，系统自动将其保存在已打开的工程文件中，同时整个窗口新增了许多菜单项和工具项，原理图编辑环境如图 6.25 所示。在新建的原理图文件处单击鼠标右键，在弹出的右键快捷菜单中，选择“save”菜单项，然后在弹出的保存对话框中输入原理图文件的文件名，即可保存并重命名新创建的原理图文件。

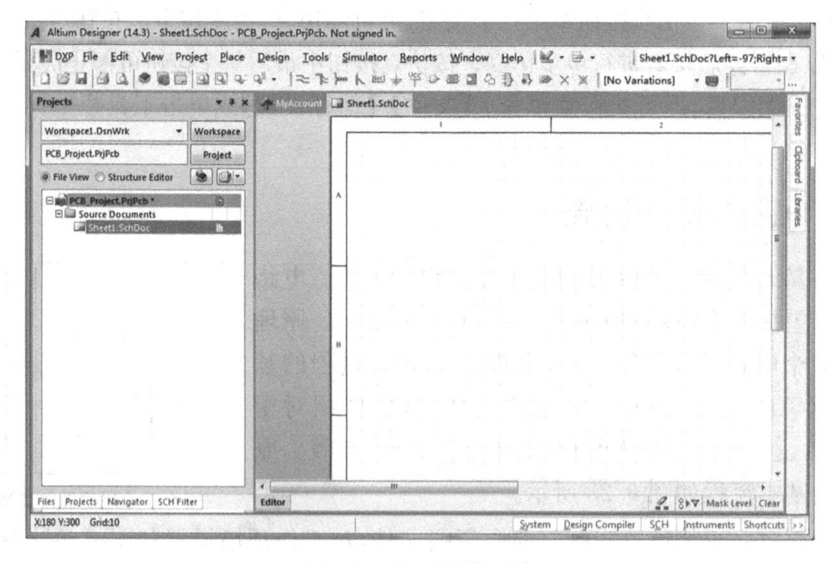

图 6.25　原理图编辑环境

2）装载元件库

执行菜单命令【Design】/【Add/Remove Library】，或者将光标箭头放置在工作窗口右侧的 Libraries 标签上，此时系统自动弹出库面板，如图 6.26 所示，单击库面板左上角的“Libraries”按钮，系统将弹出如图 6.27 所示的可用库对话框。在该对话框中有 3 个选项卡，Project 列出的是用户为当前设计项目自己创建的库文件；Installed 列出的是当前安装的系统库文件；Search Path 是搜索路径。

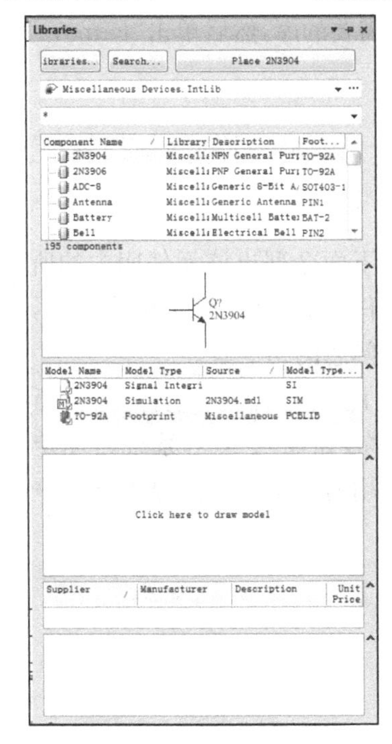

图 6.26 Libraries 面板

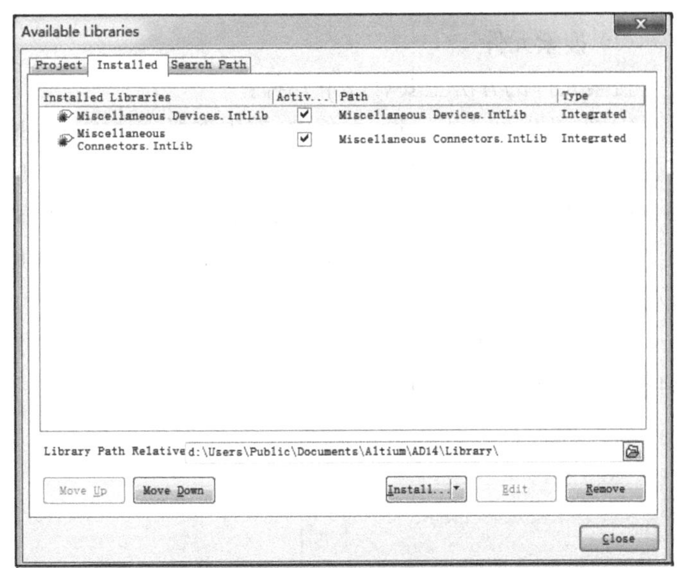

图 6.27 “可用库”对话框

在 Installed 选项卡中，单击右下角“Install”按钮，选择“Install from file”，系统弹出如图 6.28 所示对话框。在该对话框中选择特定的库文件夹，然后选择相应的库文件，单击“打开”按钮，所选的库文件就会添加在“Installed”选项卡下。

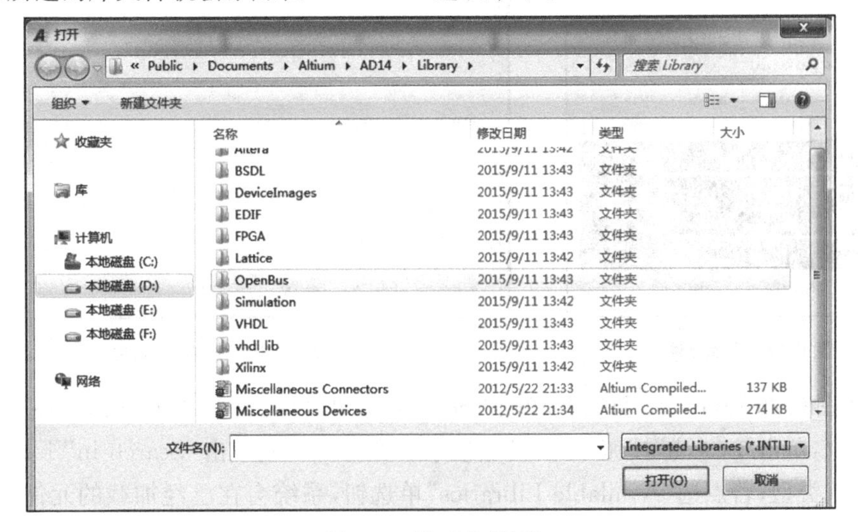

图 6.28 “打开”对话框

重复上述操作就可以把所需要的各种库文件添加到系统中，作为当前可用的库文件。加载完毕后，单击“close”按钮，关闭可用库对话框。这时所有加载的元件库都显示在 Libraries 面板中，用户可以选择使用。一般我们常用的库文件是 Miscellaneous Devices. IntLib 和 Miscellaneous Connectors. IntLib。

当不需要某些元件库时，直接在图 6.27 对话框中，选中不需要的库，然后单击“Remove”按钮就可以将其卸载。

3）放置元件

（1）搜索元件

搜索元件的方法主要有以下几种：

① 在图 6.26 Libraries 面板中，首先选择需要的元件库，下面会列出该元件库中的所有元件，鼠标点击任一元件，均可以看到该元件的元件符号和元件封装，从上到下依次浏览，选择自己需要的元件。该方法适用于对元件在库中参考名称不熟悉的初学者。

② 在图 6.26 Libraries 面板中，首先选择需要的元件库，下面会列出该元件库中的所有元件，在元件库下面的对话框中，输入元件在库中的参考名称，如输入 Res，系统自动定位 Res 开头的元件，如图 6.29 所示。不记得部分名称字母的可以用通配符 * 代替，如输出 C * p，系统自动定位到电容元件。

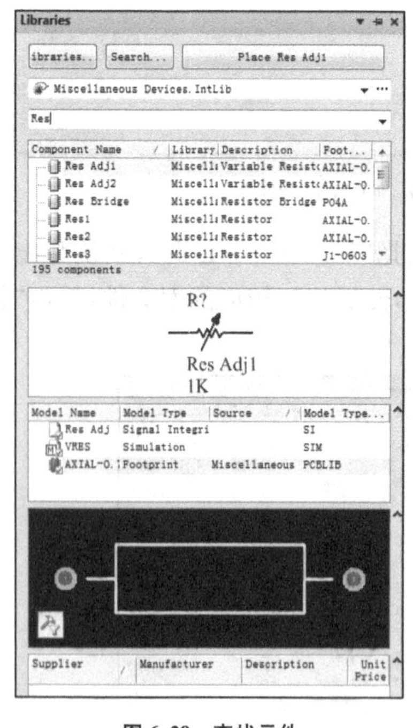

图 6.29　查找元件

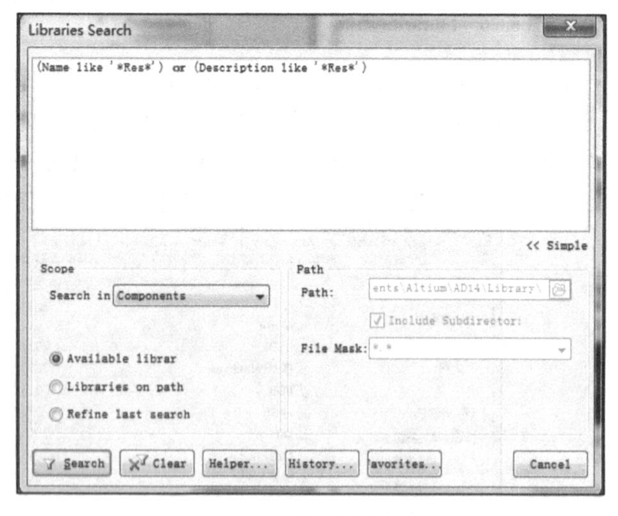

图 6.30　“搜索”对话框

③ 在图 6.26 Libraries 面板中，单击“Search”按钮，弹出图 6.30 对话框。在文本框中输入元件信息，单击“Search”按钮，系统开始搜索。在 Scope 处单击“Search in”下拉列表框可以选择查找类型；若点选“Available Libraries”单选钮，系统会在已经加载的元件库中查找；若点选“Libraries on path”单选钮，系统会安装设置的路径进行查找；若点选“Refine last search”单选钮，系统会在上次查询结果中进行查找。

④ 直接利用原理图编辑环境提供的工具栏，单击和按钮可选择常用电阻、电容和电源元件。

需要说明的是，我们搜索到的元件的封装必须与实物相匹配。如果在元件库中找不到需要的元件，或者找到的元件封装不符合实物时，就需要我们自己创建元件库及元件封装，详见第 6.2.4 节。

（2）放置元件

放置元件的方法主要有以下几种：

① 通过 Libraries 面板放置元件

在 Libraries 面板中选中元件，确定该元件是所要放置的元件后，单击面板右上方的 Place 按钮或双击选中元件，此时光标将变成十字形状并附带着元件符号出现在工作窗口中，如图 6.31 所示。

移动光标至合适位置，此时按〈Tab〉键，可完成元件的旋转。单击鼠标左键，元件将被放置在光标停留的位置。此时系统仍处于放置元件的状态，可以继续单击以放置该元件。在完成选中元件的放置后，右击或者按〈Esc〉键退出元件放置的状态，结束元件的放置。

重复上述操作，即可完成原理图中所有元件的放置。

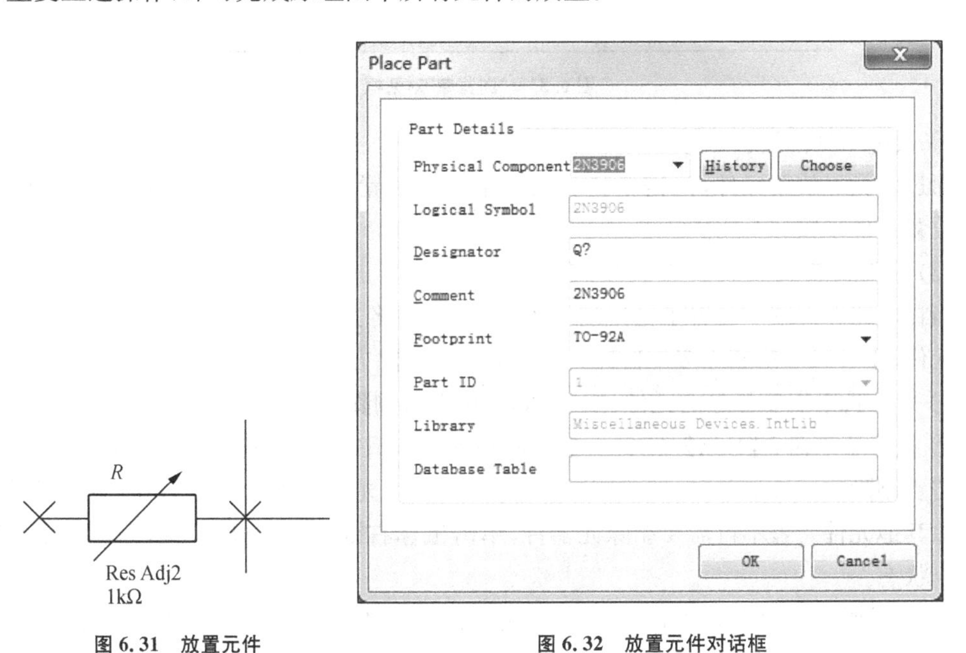

图 6.31 放置元件 **图 6.32 放置元件对话框**

② 通过菜单命令放置元件

执行菜单命令【Place】/【Part】，系统将弹出如图 6.32 所示放置元件对话框。在该对话框中，单击“Physical Component”下拉列表框右侧的“Choose”按钮，系统将弹出如图 6.33 所示的浏览库对话框。在该对话框中查找元件方法和在 Libraries 面板中类似，选中需要放置的元件后，单击“OK”按钮，返回至放置元件对话框，再次单击“OK”按钮，后面的步骤和通过 Libraries 面板放置元件步骤完全相同，不再赘述。在完成选中元件的放置后，右击或者按〈Esc〉键退出该元件放置的状态，但系统仍弹出放置元件对话框，此时关闭对话框即可。

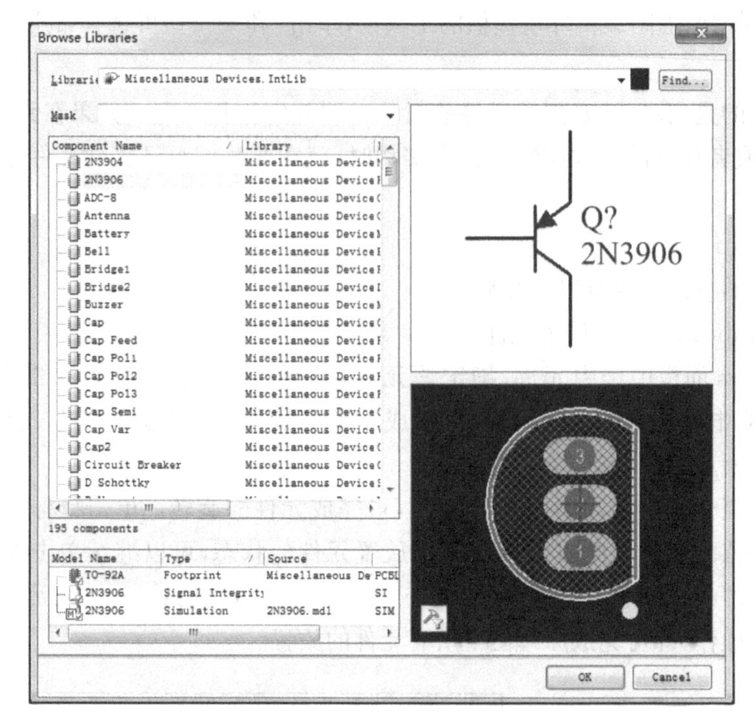

图 6.33 “浏览库”对话框

③ 通过工具栏放置元件

通过工具栏放置元件，只需单击工具栏中所需放置元件，后面的步骤和通过 Libraries 面板放置元件步骤完全相同。

(3) 删除元件

当在电路原理图上放置了错误的元器件时，需要将其删除。在原理图上可以一次删除一个元件，也可以一次删除多个器件。常用的元件删除方法有：

① 单击选中需要删除的元件，按〈Delete〉键即可删除该元件。

② 执行菜单命令【Edit】/【Delete】，在原理图的编辑窗口中，光标变成十字形，将光标移动到需要删除的元件上单击，即可删除该元件。此时，光标仍处于十字形状态，可以继续单击删除其他元件。若不再需要删除元器件，单击鼠标右键或者按〈Esc〉键，即可退出删除元件命令状态。

③ 若需要一次性删除多个元件，可先用鼠标选取要删除的多个元件，然后执行菜单命令【Edit】/【Clear】或者按〈Delete〉键。

(4) 编辑元件

在原理图上放置的所有元件都具有自身的特定属性，在放置好每一个元件后，应该对其属性进行正确的编辑和设置，以免使后面的网络表生成及 PCB 的制作产生错误。一般我们简单的原理图设置，编辑元件属性时只需注意元件标号、元件封装、标称值、注释是否可视化等即可。元件属性编辑可分为手工设置和自动设置两种。

① 手动设置

双击原理图中元件，或执行菜单命令【Edit】/【Change】，在原理图的编辑窗口中，光标变成十字形，将光标移到需要设置属性的元件上单击，系统会弹出相应的属性设置对话框。如图 6.34 是电阻的属性设置对话框。用户根据自己的实际情况进行设置，完成后，单击“OK”按钮。

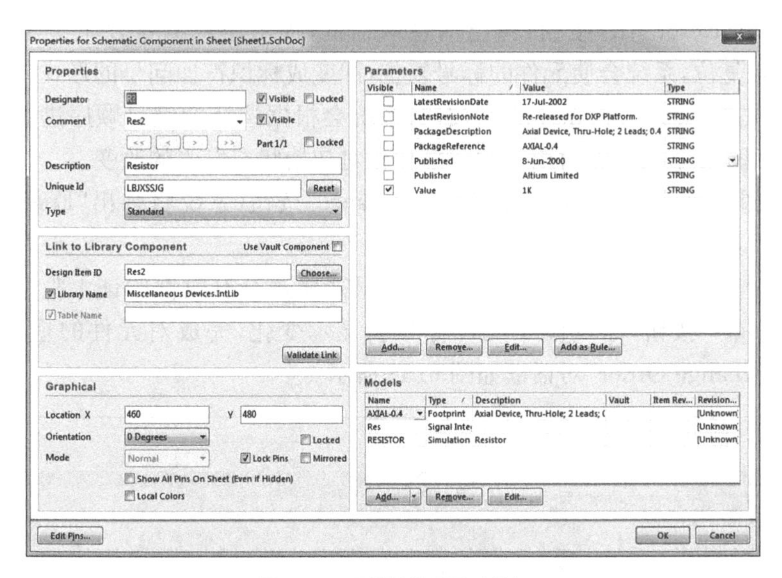

图 6.34 元件属性设置对话框

② 自动设置

对于元件较多的原理图，手动设置元件属性比较繁琐，且易出错，Altium Designer 14 提供了元件编号自动标识的功能。具体操作步骤如下：

Step1：执行菜单命令【Tools】/【Annotate Schematics】，系统将弹出如图 6.35 所示注释对话框。

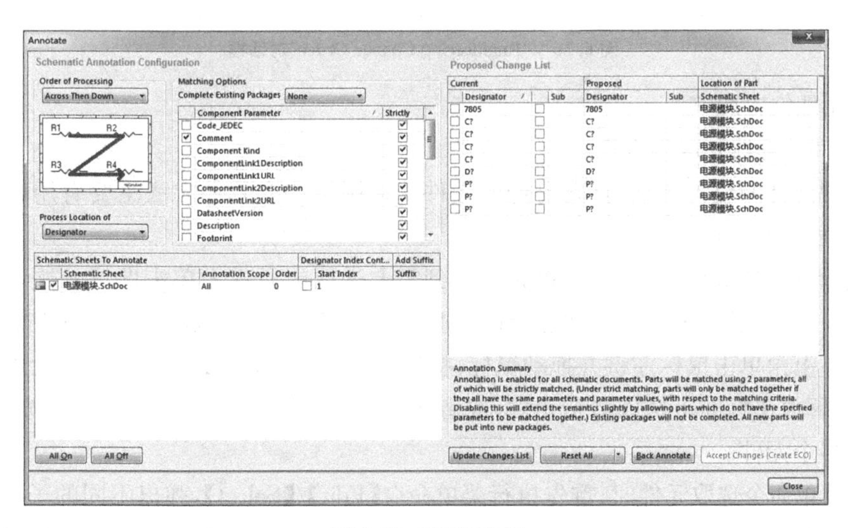

图 6.35 注释对话框

Step2：在对话框左侧列出了当前工程的所有原理图文件，通过勾选文件名前的复选框，选择对哪些原理图进行重新标号。

Step3:在对话框左上角的“Order of Processing”下拉列表中列出了四种编号顺序,分别为先向上后左右、先向下后左右、先左右后向上、先左右后向下,用户根据自身实际选择一种编号顺序。

Step4:单击“Reset All”按钮,弹出信息对话框,提示用户编号发生了哪些变化,单击“OK”按钮确定复位,系统会使元件的标号复位,即变成标识符加问号的形式。

Step5:单击“Update Change List”按钮,系统会根据选择的编号顺序进行重新编号,并弹出信息对话框,提示用户相对前一次状态和相对初始状态发生的改变。

Step6:如果对编号满意,则单击“Accept Change”按钮,系统将弹出“Engineering Change Order”对话框,显示出元件标号的变化情况。

Step7:单击“Validate Changes”按钮,对标号变化进行有效性验证。验证可行后,单击“Execute Changes”按钮,原理图中元件标号会显示变化,完成对元件的重新标号。最后“Engineering Change Order”对话框如图 6.36 所示。

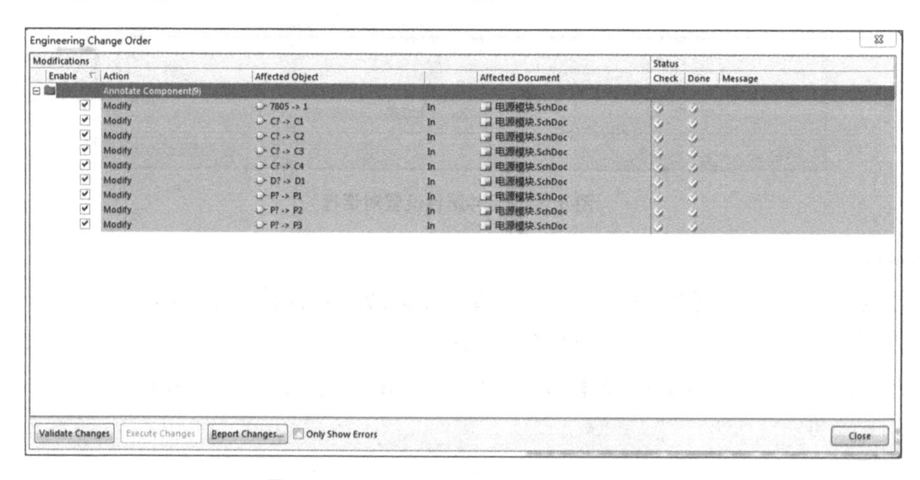

图 6.36 “Engineering Change Order”对话框

(5) 元件位置调整

① 元件的选取和取消选取

要实现元件的位置调整,首先要选取元件。常用的选取元件方法主要有用鼠标直接选取和利用菜单命令选取。

用鼠标直接选取单个元件时,将光标移到需要选取的元件上单击即可。这时该元件周围会出现一个绿色框,表明该元件已经被选取。若要用鼠标选取多个元件,则在需要选取元件范围的左上角单击鼠标左键并拖动鼠标,拖出一个矩形框,将要选取的多个元件包含在该矩形框中,释放鼠标即可选取多个元件,或者按住 shift 键,用鼠标逐一单击要选择的元件,也可选取多个元件。

利用菜单命令选取元件时,首先执行菜单命令【Edit】/【Select】,弹出不同的子菜单。执行“Inside Area”命令后,光标变成十字形状,用鼠标选取一个区域,则区域内的元件被选取;执行“Outside Area”命令后,光标变成十字形状,用鼠标选取一个区域,则区域外的元件被选取;执行 All 命令后,电路原理图上的所有元件都被选取;执行“Connection”命令后,若单击某一导线,则此导线及与其相连的元件都被选取;执行“Toggle Selection”命令后,元件的选取状态将被切换,即原来处于选取状态的元件取消选取，原来处于未选取状态的元件被选取。

元件的取消选取可以直接单击原理图中的空白区域，也可直接在选中元件上单击，也可执行菜单命令【Edit】/【Deselect】，操作方法与元件选取类似，不再累述。

② 元件的移动

为了合理排列电路原理图中元件位置，我们常常需要移动元件。移动元件包括移动单个元件和同时移动多个元件。

移动单个元件时，可以将光标移动到需要移动的元件上，按住鼠标左键不放，拖动鼠标，元件将会随光标一起移动，到达指定位置后松开鼠标左键。也可执行菜单命令【Edit】/【Move】/【Move】，光标变成十字形状，鼠标单击需要移动的元件后，元件会随光标一起移动，到达指定位置后再次单击鼠标左键，完成移动。

移动多个元件时，首先要将所有要移动的元件选中。在其中任一元件上按住鼠标左键不放，拖动鼠标，所有选中的元件将随光标整体移动，到达指定位置后松开鼠标左键。或者执行菜单命令【Edit】/【Move】/【Move Selection】，或者单击工具栏按钮，光标变成十字形状，单击鼠标左键，拖动鼠标，将所有选中元件移动到指定位置后，再次单击鼠标左键，完成移动。

③ 元件的旋转

在绘制原理图过程中，为了布线方便，往往要对元件进行旋转操作。单击需要旋转的元件并按住不放，等到光标变成十字形后，按空格键可以对元件进行旋转操作，每按一次空格键，元件逆时针旋转 90°；按〈X〉键可以对元件进行左右对调操作；按〈Y〉键可以对元件进行上下对调操作。

④ 元件的排列与对齐

在布置元件时，移动元件有时不能满足电路图美观及连线方便的要求，这就需要使用 Altium Designer 14 中的排列与对齐功能。执行菜单命令【Edit】/【Align】，弹出不同的子菜单，执行"Align Left"命令将选定的元件向左边的元件对齐；执行"Align Right"命令将选定的元件向右边的元件对齐；执行"Align Horizontal Centers"命令将选定的元件向最左边和最右边元件的中间位置对齐；执行"Distribute Horizontally"命令将选定的元件向最左边和最右边元件之间等间距对齐；执行"Align Top"命令将选定的元件向最上面的元件对齐；执行"Align Bottom"命令将选定的元件向最下面的元件对齐；执行"Align Vertical Centers"命令将选定的元件向最上面和最下面元件的中间位置对齐；执行"Distribute Vertically"命令将选定的元件在最上面和最下面元件之间等间距对齐；执行"Align To Grid"命令将选中元件对齐在网格点上，便于电路连接；执行"Align"命令，弹出"排列对象"对话框，用户根据自身需求设置对齐操作，实现效果与上述命令相同。另外也可直接单击工具栏上按钮，在其下拉列表里选择需要的对齐方式。

4）元件的电气连接

（1）放置导线

导线是电气连接中最基本的组成单位，执行菜单命令【Place】/【Wire】，或单击工具栏中按钮，此时光标变成十字形并附加一个交叉符号。将光标移到想要完成电气连接的元件的引脚上，出现一个红色的×表示电气连接成功，单击鼠标左键放置导线的起点。移动光标至另一需要完成电气连接的元件引脚上，在导线转折处和终点处单击鼠标左键确定导线的位置，每转折一次都需要单击鼠标一次。另外，在导线转折时可以通过按〈Shift〉+〈空格〉键来切换导线转折的模式，共有三种模式，分别是直角、45°角和任意角，如图 6.37 所示。

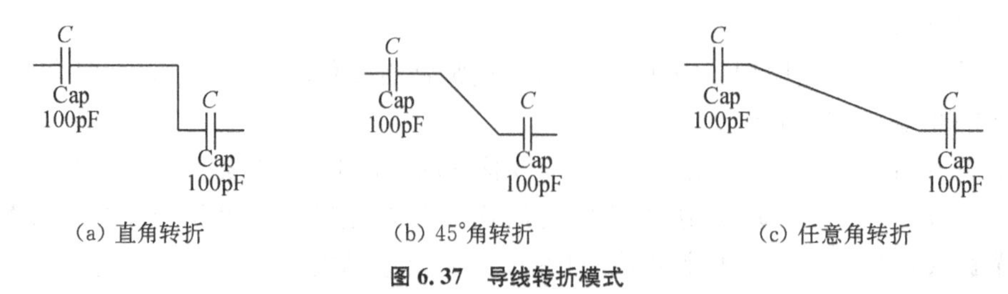

(a) 直角转折　　(b) 45°角转折　　(c) 任意角转折

图 6.37　导线转折模式

放置完第一条导线后，右击鼠标退出。但此时系统仍处于放置导线状态，重复上面操作可继续放置其他导线。放置完所有的导线后，单击鼠标右键退出放置导线状态，此时光标由十字形变成箭头。

(2) 放置电气节点

元件布线时，系统会自动在 T 型交叉处放置电气节点，表示所画线路在电气意义上是连接的。但在十字交叉处，系统无法判断导线是否连接，因此不会自动放置电气节点。如果导线确实是相互连接的，就需要用户自己手动放置电气节点。

执行菜单命令【Place】/【Manual Junction】，此时光标变成十字形状，且光标上有一个红色的圆点，如图 6.38 所示。移动光标到需要放置电气节点的地方，单击即可完成放置。此时光标仍处于放置节点的状态，重复操作即可放置其他节点。节点全部放置完成后，单击鼠标右键退出放置节点状态。双击电气节点，弹出对话框，在该对话框中可以设置节点的颜色和大小。

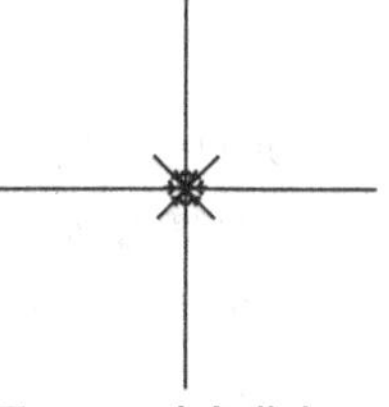

图 6.38　电气节点

(3) 放置网络标号

在原理图的绘制过程中，元件之间的电气连接除了使用导线外，还可以通过设置网络标号的方式来实现。网络标号实际上是一个电气连接点，具有相同网络标号的电气连接表明是连在一起的。在元件较多、部分元件连线不方便时，可采用网络标号进行连接。

执行菜单命令【Place】/【Net Label】或单击工具栏上Net按钮，此时光标变成十字形状，并带有一个初始标号“Net Label1”，如图 6.39 所示。移动光标到需要放置网络标号的位置，当出现红色交叉标志时，单击即可完成放置。移动鼠标到其他位置，重复操作可继续放置其他网络标号，右击或者按〈Esc〉键即可退出操作。最后，按〈Tab〉键，弹出对话框，在该对话框中修改在电气意义上连接的网络标号名称一致。

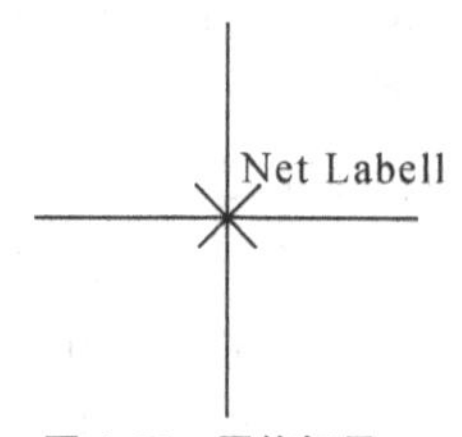

图 6.39　网络标号

(4) 放置电源和接地符号

电源和接地符号是电路原理图中必不可少的组成部分。执行菜单命令【Place】/【Power Port】或者单击工具栏中⏚(GND)或VCC(V_{CC})按钮，此时光标变成十字形，并带有一个电源或接地符号。移动光标至需要放置电源或接地符号的位置，单击即可完成放置。右击或按〈Esc〉键退出放置状态。

5) 编译并保存文件

执行菜单命令【Project】/【Compile Document xx.sch】,如果原理图有错误,则会弹出“messages”对话框。双击显示信息,系统弹出如图 6.40 对话框,对话框中指出具体错误原因,并列出系统认为有误的元件。单击元件,即可自动跳转到原理图中该元件,进行修改。如果没有弹出“messages”对话框,则表示原理图无误。

修改无误后,执行菜单命令【File】/【Save】或单击工具栏中保存按钮,保存该原理图文件。

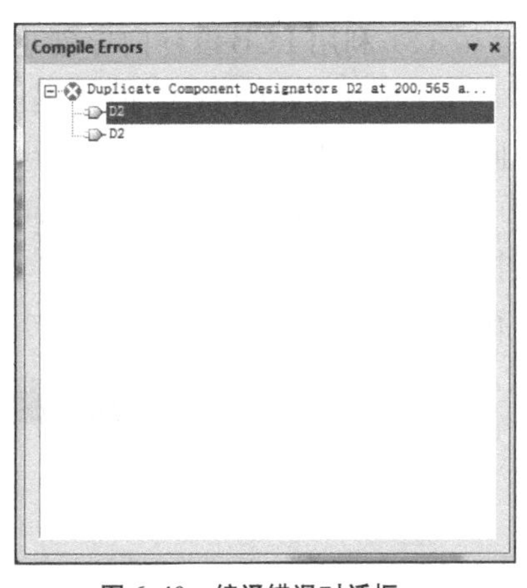

图 6.40 编译错误对话框

6.2.3 电路的 PCB 设计

设计 PCB 是整个工程设计的最终目的。原理图设计得再完美,如果 PCB 设计得不合理则性能将大打折扣,严重时甚至不能正常工作。PCB 设计的基本流程如图 6.41 所示。

同原理图绘制介绍一样,本节只简单介绍如何设计 PCB 板,对电路板物理结构及编辑环境参数设置等不作介绍,统一采用系统默认设置。

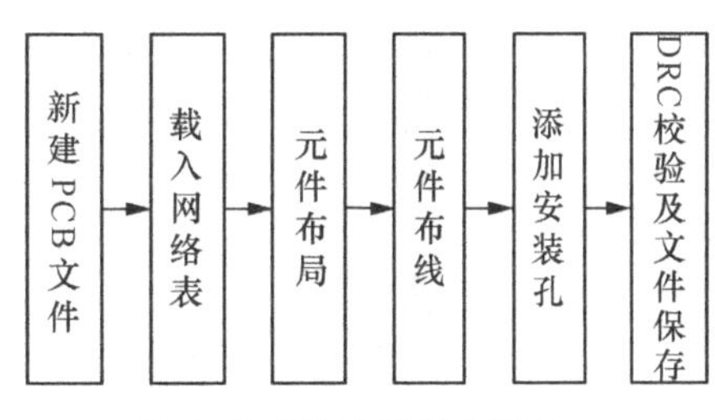

图 6.41 PCB 设计基本流程

1) 新建 PCB 文件

新建 PCB 文件有三种方法,下面分别进行介绍。

(1) 利用菜单命令创建 PCB 文件

执行菜单命令【File】/【New】/【PCB】,或者单击 Files 面板 New 选项栏中“PCB File”选项,即可创建一个空白的 PCB 文件。新创建的 PCB 文件的各项参数均采用系统默认值,在具体设计时,如有需求也可再对文件的各项参数进行设置。

(2) 利用模板创建 PCB 文件

打开 Files 面板,在“New from template”选项栏中,单击“PCB Templates”选项,弹出如图 6.42 所示的“Choose existing Document”对话框。在该对话框中选择所需的模板文件,然后单击“打开”按钮即可生成一个 PCB 文件,生成的文件将显示在工作窗口中。

图 6.42 “Choose existing Document”对话框

(3) 利用 PCB 设计向导创建 PCB 文件

Altium Designer 14 除了提供通过 PCB 模板创建 PCB 文件方式外，还提供了 PCB 设计向导。打开 Files 面板，在"New from template"选项栏中，单击"PCB Board Wizard"选项，即可打开 PCB 设计向导对话框，如图 6.43 所示。单击"Next"按钮，即可依次完成单位、外形、板层等设置，这里不再一一赘述。通过 PCB 设计向导创建 PCB 文件，操作十分便利，尤其是在设计一些通用的标准接口板时，大大减少了设计工作量。

图 6.43 PCB 设计向导对话框

2) 载入网络表

网络表是原理图和 PCB 图之间的联系纽带，原理图和 PCB 图之间的信息可以通过在相应的 PCB 文件中载入网络表的方式完成同步。但在载入网络表之前，需要装载元件的封装库。对大多数设计而言，由于 Altium Designer 14 采用的是集成的元件库，在原理图设计元件库加载的同时已经加载了元件的封装库，一般可以忽略该操作。但 Altium Designer 14 同时也支持单独的元件封装，只要 PCB 文件中有一个元件封装不在集成的元件库中，就需要单独加载该封装所在的元件库。

元件封装全部加载完成后，即可进行网络表的载入工作。具体操作步骤如下：

Step1：在原理图绘制完成和 PCB 文件新建后，打开原理图文件，使之处于当前的工作窗口中，同时应保证 PCB 文件也处于打开状态。

Step2：执行菜单命令【Design】/【Update PCB Document PCB1. PcbDoc】，系统弹出如图 6.44 所示对话框。

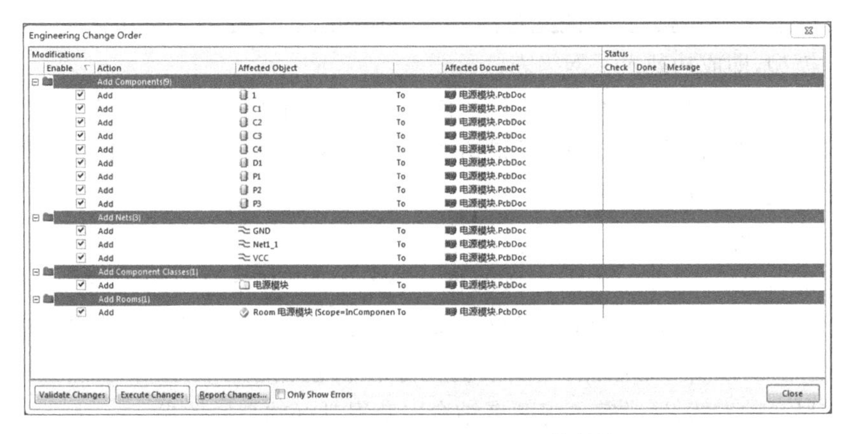

图 6.44 "Engineering Change Order"对话框

Step3:单击"Validate Changes"按钮,系统将扫描所有的更改操作项,并检查能否在 PCB 上执行所有的更新操作。如能执行更新则在"check"栏中将显示✔标记,如图 6.45 所示。

Engineering Change Order
Modifications
Enable
Action
Affected Object
Affected Document
Status
Check
Done
Message
Add Components(9)
Add
1
C1
C2
C3
C4
D1
P1
P2
P3
To
电源模块.PcbDoc
Add Nets(3)
GND
Net1_1
VCC
Add Component Classes(1)
电源模块
Add Rooms(1)
Room 电源模块 (Scope=InComponen
Validate Changes
Execute Changes
Report Changes...
Only Show Errors
Close

图 6.45 检查 PCB 能否执行所有更新操作

Step4:检查后如能执行所有更新操作,则单击"Execute Changes"按钮,系统将完成网络表的载入工作,同时在"Done"一栏中显示✔标记提示载入成功,如图 6.46 所示。

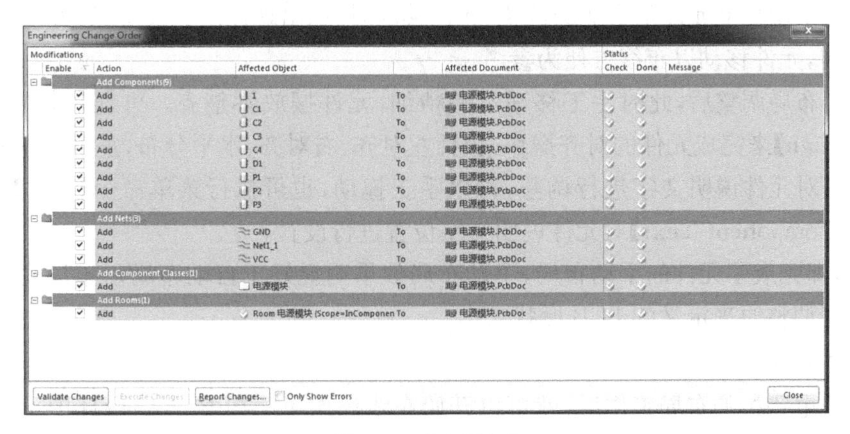

图 6.46 载入网络表

Step5：单击“Close”按钮，关闭此对话框。这时可以看到PCB文件中出现了导入的所有元件的封装模型，即成功载入了网络表。

如果后面对原理图或者PCB图进行了修改，可先打开PCB文件，使之处于当前的工作窗口，然后执行菜单命令【Design】/【Update Schematics in PCB_Project. PrjPcb】完成原理图与PCB图设计之间的同步更新。

3）元件布局

载入网络表之后，元件已经处于PCB图中，此时可以开始元件的布局。元件的布局是指将元件放置在PCB板上，是PCB设计的关键一步。元件布局整体要求是整齐、美观、对称、元件密度均匀，还要考虑散热、电磁干扰及将来布线方便性等问题。元件布局有自动布局和手动布局两种方式，通常需要将两者结合以获得良好的布局效果。

（1）自动布局

Step1：载入网络表后，PCB图中导入的元件的封装都在一个矩形框内，该框为Room规则。选中“Keep-out Layer”，执行菜单命令【Place】/【Line】或者单击工具栏中画线工具，在Keep-out层绘制一个矩形边框，设置布线区，并移动所有元件封装至布线区内。

Step2：执行菜单命令【Tools】/【Component Placement】/【Arrange Within Room】，此次光标变成十字形，移动光标至Room，单击鼠标，即完成元件的自动布局，右击退出布局状态。

Step3：选中Room矩形框，按〈Delete〉键删除。

自动布局结果往往差强人意，存在很多不合理的地方，因此还需要对自动布局进行手动调整。

（2）手动布局

元件的手动布局是指手动确定元件的位置，使PCB看起来整齐、对称、美观，且布线方便，比较完美的布局一般需要一定的经验积累。

Step1：与自动布局一样，载入网络表后，PCB图中导入的元件的封装都在一个矩形框内，该框为Room规则。选中“Keep-out Layer”，执行菜单命令【Place】/【Line】或者单击工具栏中画线工具，在Keep-out层绘制一个矩形边框，设置布线区，并移动所有元件封装至布线区内。

Step2：手动移动元件至合适的位置，元件移动时，如出现连线交叉情况，可按〈Tab〉键进行元件翻转，元件移动以布线方便为参考。

Step3：布局调整后，此时手工移动不够精细，元件摆放不整齐。可通过执行菜单命令【Edit】/【Align】来完成元件的对齐操作，包括左对齐、右对齐、水平分布、垂直分布等命令。

Step4：对元件说明文字进行调整，可以手工拖动，也可执行菜单命令【Edit】/【Align】/【Position Component Text】对元件说明文字位置进行设置。

如此，即完成了元件的手动布局，手动布局效果明显好于自动布局。布局完成后，可根据布局情况调整原来定义的PCB形状大小。

4）元件布线

在完成电路板的布局工作后，就可以开始布线操作了。在PCB的设计中，布线是最重要的一步，其要求最高、技术最细、工作量最大。在PCB上布线的首要任务就是在PCB板上布通所有导线，建立电路所需的所有电气连接。布线要求一般为：走线长度尽量短而直，以保证电气信号的完整性；走线中尽量少使用过孔；走线的宽度要尽量宽；输入输出端的边线应避免相邻平行，以免产生反射干扰等。布线的方式主要有自动布线和手动布线两种，通常自动布线无法达到电路的实际要求。而且布线操作之前需要设置布线规则和布线策略，本文采用软件默认设置。

(1) 自动布线

自动布线操作主要是通过“Auto Route”菜单进行的。用户不仅可以通过执行菜单命令【Auto Route】/【All】进行整体布局，也可执行其他子菜单命令对指定区域(【Auto Route】/【Area】)、网络(【Auto Route】/【Net】)及元件(【Auto Route】/【Component】)等进行单独布线。

(2) 手动布线

自动布线会出现一些不合理的布线情况，如有较多的绕线、走线不美观等。此时可以通过手动布线进行修正，对于元件网络较少的 PCB 板也可以完全采用手动布线。对于手动布线，要靠用户自己规划元件布局和走线路径，这时为了方便观察和走线，在布线阶段网格应设置得小一点，如 5 mil 甚至更小。

手动布线的步骤如下：

Step1：执行菜单命令【Place】/【Interactive Routing】或单击工具栏中按钮，此时光标变成十字形状。

Step2：移动光标到元件的一个焊盘上，单击放置布线的起点。

Step3：移动光标至另一个焊盘，期间可多次单击改变布线方向。手动布线模式主要有任意角度、90°拐角、90°弧形拐角、45°拐角和 45°弧形拐角 5 种，按〈Shift〉+〈Space〉键即可在五种模式之间切换，按〈Space〉键可以在每一种的开始和结束两种模式间切换。

布线过程中如需拆除布线，选中导线按〈Delete〉键即可，也可执行菜单命令【Tools】/【Un-Route】快速地拆除布线。另外，布线时如需切换层，按〈 *〉键即可在不同的层之间切换，在不同的层间进行布线时，系统将自动为其添加一个过孔。

电路板设计中，元件布局和元件布线是最耗时、最重要的步骤，完美的布局和布线需要平时的经验积累。电路板布线完成后，还需进行添加安装孔和覆铜等操作，这里不作说明。

5) DRC 校验及文件保存

电路板布线完毕，在输出设计文件之前，还要进行一次完整的设计规则检查(Design Rule Check，DRC)。设计规则检查是 Altium Designer 14 进行 PCB 设计时的重要检查工具，系统会根据用户设计规则的设置，对 PCB 设计的各个方面进行检查校验，如导线宽度、元件间距、安全距离等，DRC 是 PCB 板设计正确性和完整性的重要保证。设计者应灵活运用 DRC，可以保障 PCB 设计的顺利进行和最终生成正确的输出文件。

批量 DRC 校验的步骤如下：

Step1：执行菜单命令【Tools】/【Design Rule Check】，弹出如图 6.47 所示对话框。

Step2：在该对话框中，点击左侧列表中“Rules To Check”一项，配置检查规则。在规则列表中，将部分“Batch(批量)”选项中被禁止的规则选中，允许其进行该规则检查。选择项必须包括 Clearance(安全间距)、Width(宽度)、Short_Circuit(短路)、Un-Routed Net(未布线网络)、Component Clearance(元件安全间距)等，其他选项可采用系统默认设置。

Step3：单击“Run Design Rule Check”，运行批处理 DRC。

Step4：系统执行批处理 DRC，运行结果在“Message”面板中显示出来。对于批处理 DRC 中检查到的违例信息项，可以通过错误定位进行修改，这里不再赘述。

Step5：修改后，再次 DRC 检查，无误后，即可单击工具栏中【保存】按钮，保存文件。

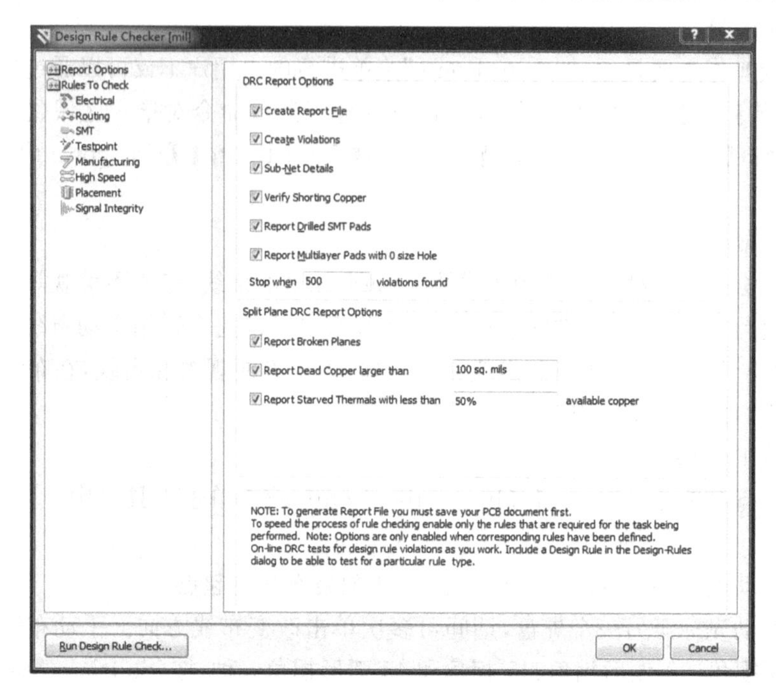

图 6.47　“DRC”对话框

6.2.4　创建原理图库及封装库

虽然 Altium Designer 14 为我们提供了丰富的元件库资源，但在实际电路设计中，由于电子元件制造技术的不断更新，仍有许多元件需要我们自行制作。本节将主要介绍如何创建元件库及元件封装。

1) 创建原理图库

(1) 绘制简单库元件

绘制简单库元件的一般步骤如下：

Step1：执行菜单命令【File】/【New】/【Library】/【Schematic Library】，打开原理图元件库文件编辑器，创建一个新的原理图元件库文件，默认名为“Schlib1. SchLib”，可在文件名处右击执行“save”命令进行重命名。

Step2：单击工具栏中按钮，下拉列表中出现多种原理图符号绘制工具，其中各按钮的功能与“Place”菜单中的各命令具有对应关系，可以绘制直线、曲线、多边形、矩形、引脚等。一般我们自制库元件以芯片为主，这里以串行温度传感器 TCN75 为例说明。单击原理图符号绘制工具中的放置矩形按钮，光标变成十字形状，并附有一个矩形符号。在原点处单击一次，移动鼠标至矩形合适大小再次单击，即完成绘制了一个矩形。矩形大小应根据要绘制的库元件引脚数的多少来决定。

Step3：单击原理图符号绘制工具中的放置引脚按钮，光标变成十字形状，并附有一个引脚符号。移动该引脚至矩形边框处，单击完成放置，如图 6.48 所示。在放置引脚时，一定要保证具有电气连接特性的一端，即带有“X”号的一端朝外，这可以通过在放置引脚时按〈空格〉键旋转来实现。

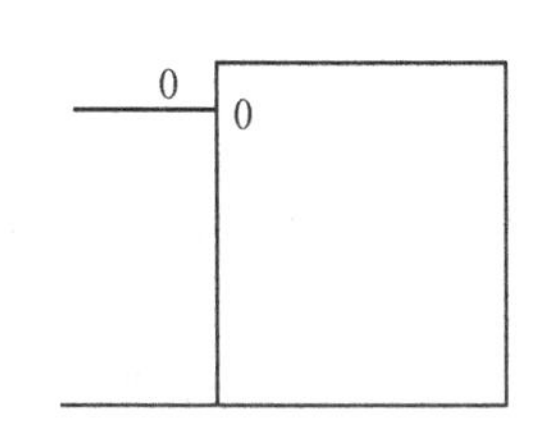

图 6.48　放置元件引脚

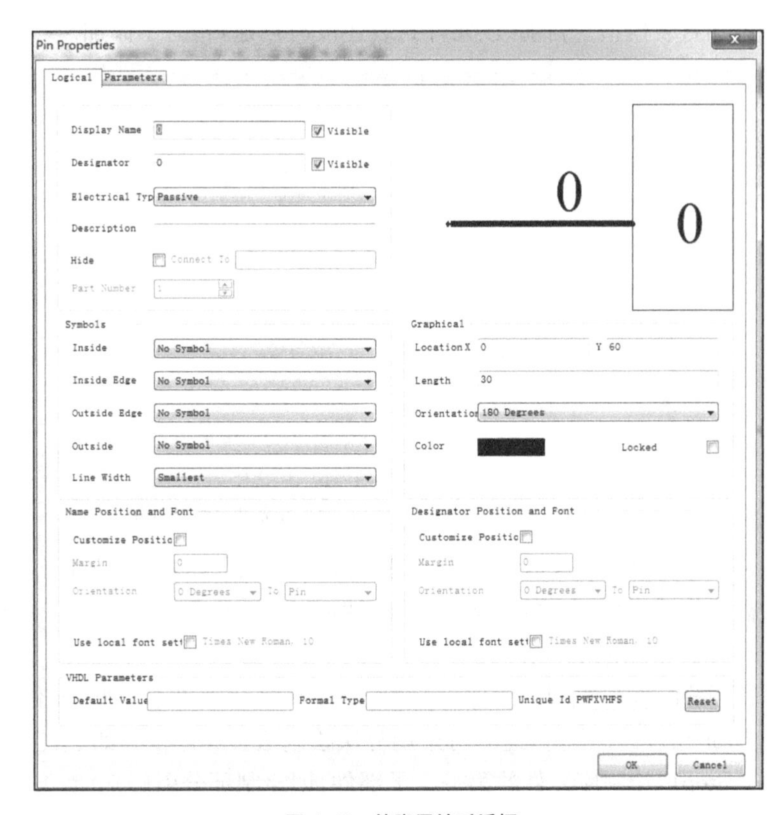

图 6.49　管脚属性对话框

Step4：在放置引脚时按〈Tab〉键，或双击已放置好的引脚，系统将弹出如图 6.49 所示的管脚属性对话框，在该对话框中设置引脚的各项属性。“Display Name”为库元件引脚的名称；“Designator”为库元件引脚的编号；“Electrical Type”为库元件引脚的电气特性，可在下拉里进行选择，有“Input”、“I/O”等 8 种选型，这里选择“Passive”，表示不设置电气特性；“Symbols”用来选择库元件引脚的特性描述，与“Place”菜单中“IEEE Symbols”命令的子菜单中的各命令具有对应关系，选择合适的特性描述有助于电路编译查错，但也可以全部选择“No Symbol”。

Step5：按照同样的操作，完成其余 7 个引脚的放置，并设置好相应的属性，放置好全部引脚的库元件符号如图 6.50 所示。

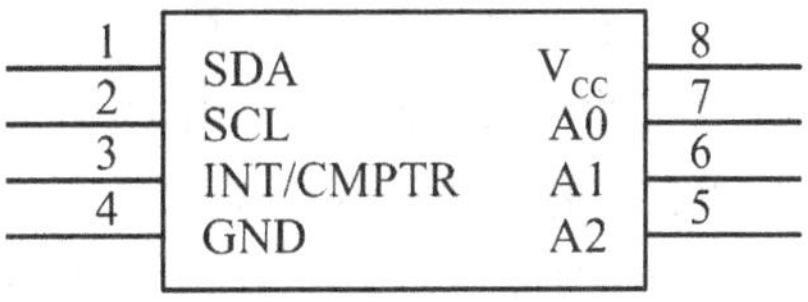

图 6.50　放置好全部引脚的库元件符号

Step6：打开 SCH Library 面板，双击面板原理图符号名称栏的库元件名称，弹出如图 6.51 所示的库元件属性对话框。在该对话框中可以对自己所创建的库元件进行特性描述，并且设置其他属性参数。“Default Designator”为默认符号文本框，即把该元件放置到原理图文件中时，系统最初默认显示的元件标号,这里设置为"U?";"Default Comment"用于说明库元件型号,这里设置为"TCN75";"Description"用于描述库元件功能,可写可不写;"Type"为库元件符号类型,一般采用默认设置"Standard";"Symbol Reference"为库元件在系统中的标识符,这里设置为"TCN75";在 Mode 列表框中,单击【Add】按钮,可以为该元件库添加其他的模型,一般添加封装模型。目前,该元件封装还没有创建,暂时不添加。

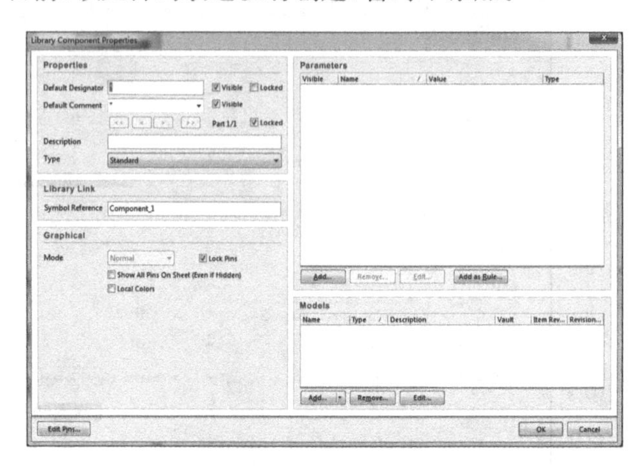

图 6.51　库元件属性对话框

Step7:设置完成后,单击【OK】按钮,即完成了该库元件的创建。在绘制电路原理图时,只需要将该元件所在的库文件打开,就可以随时取用该元件了。

(2) 绘制复杂库元件

当我们需要绘制的元件引脚数较多时,绘制成单个元件,元件符号较大且连线不方便,如 MSP430F149 芯片,此时可采用分块绘制法。具体步骤如下:

Step1:绘制库元件的第一个子部件,即绘制部分引脚功能,方法与绘制简单库元件方法一致。

Step2:第一个子部件绘制完成后,执行菜单命令【Tools】/【New Part】,此时库元件名称如图 6.52 所示。Part A 为刚绘制的第一个子部件,Part B 为空,采用同样方法可进行绘制第二个子部件。

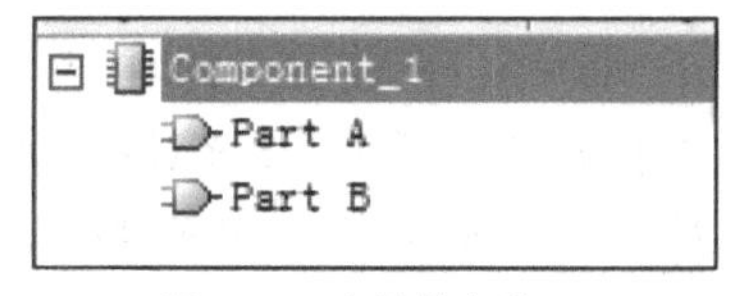

图 6.52　库元件名称

Step3:重复上述操作,即可完成多个子部件的绘制。

Step4:所有子部件绘制完成后,进行库元件属性设置,方法与绘制简单库文件一致。

2) 创建 PCB 封装库

电子元件种类繁多,其封装形式也是多种多样。Altium Designer 14 提供了两种创建元件封装的方法,分别是利用 PCB 元件向导创建 PCB 元件封装和手动创建 PCB 元件封装。这里仍以串行温度传感器 TCN75 为例说明,其芯片封装资料可上网查询。封装尺寸具体信息为:引脚宽度为 16 mil,引脚长度为 28 mil,引脚上下间距为 26 mil,两边引脚最大间距 195 mil,外框轮廓长 120 mil。

(1) 利用 PCB 元件向导创建 PCB 元件封装

利用 PCB 元件向导创建 PCB 元件封装的操作步骤如下:

Step1:执行菜单命令【File】/【New】/【Library】/【PCB Library】,打开 PCB 库编辑环境,新建了一个空白 PCB 库文件“PcbLib1. PcbLib”。右击执行“save”命令,可保存并修改该库文件名称,这里重命名为“myPcbLib. PcbLib”。

Step2:执行菜单命令【Tools】/【Component Wizard】,系统将弹出如图 6. 53 所示的元件向导对话框。

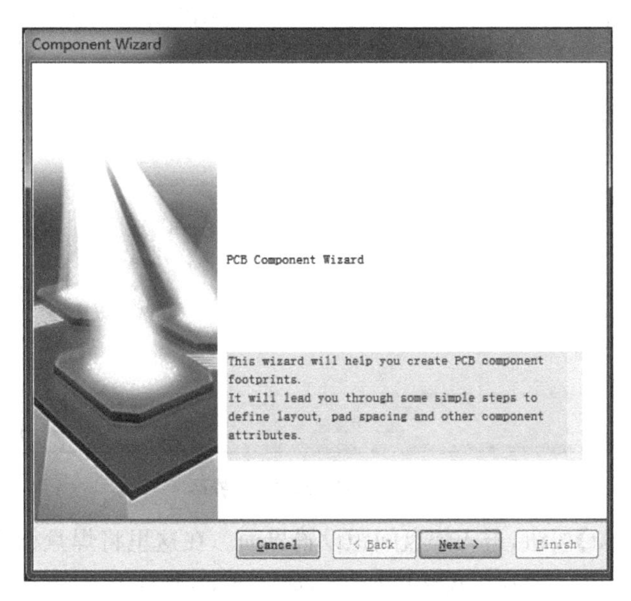

图 6. 53　元件向导对话框

Step3:单击【Next】按钮,进入元件封装模式选择界面。在模式类表中列出了各种封装模式,如图 6. 54 所示。这里选择 SOP 封装模式,在“Select a unit”下拉列表框中,选择“Imperial(mil)”。

图 6. 54　元件封装模式选择界面

Step4:单击【Next】按钮,进入焊盘尺寸设定界面。在这里考虑到焊接时烙铁放置,设置焊盘长为 80 mil,宽为 16 mil,如图 6.55 所示。

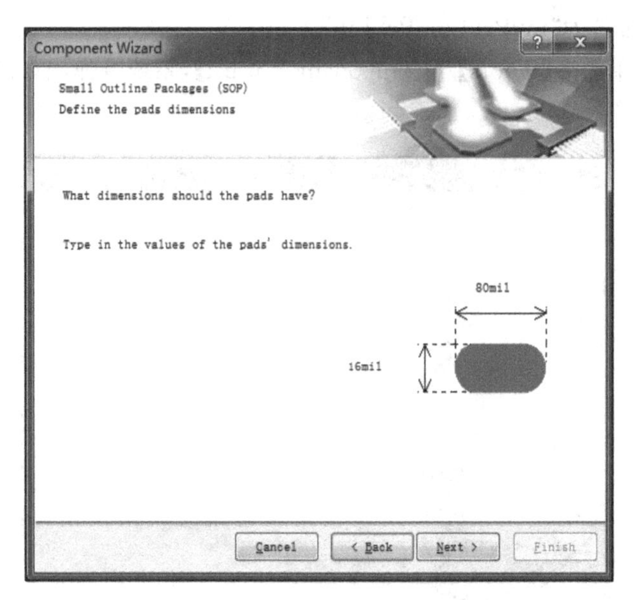

图 6.55 焊盘尺寸设置界面

Step5:单击【Next】按钮,进入焊盘间距设置界面。在这里将焊盘行间距设置为 26 mil,列间距设置为 224 mil(考虑到焊盘长度加长),如图 6.56 所示。

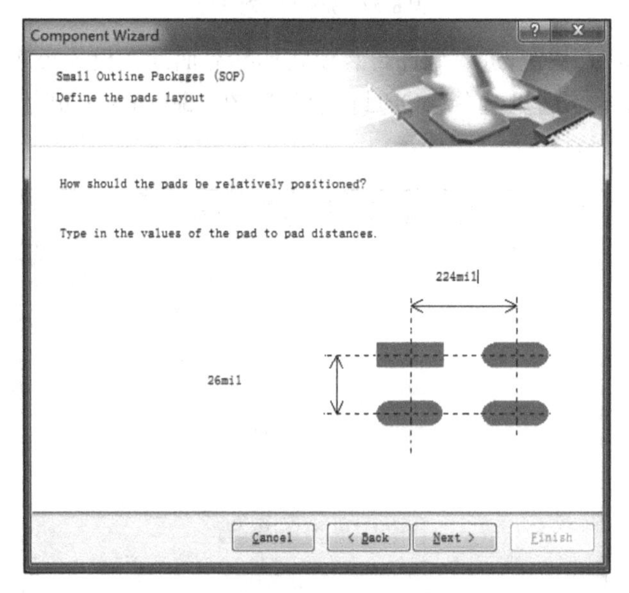

图 6.56 焊盘间距设置界面

Step6:单击【Next】按钮,进入外框宽度设置界面。在这里使用默认设置 10 mil,如图 6.57 所示。

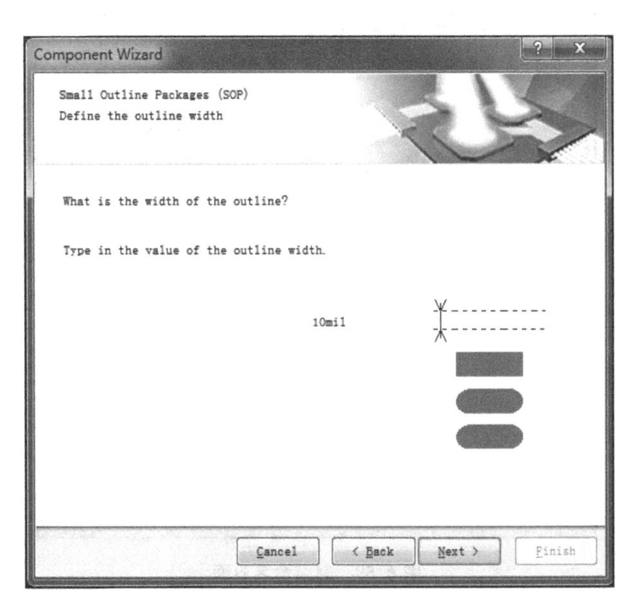

图 6.57 外框设置界面

Step7:单击【Next】按钮,进入焊盘数目设置界面。在这里设置焊盘数目为 8,如图 6.58 所示。

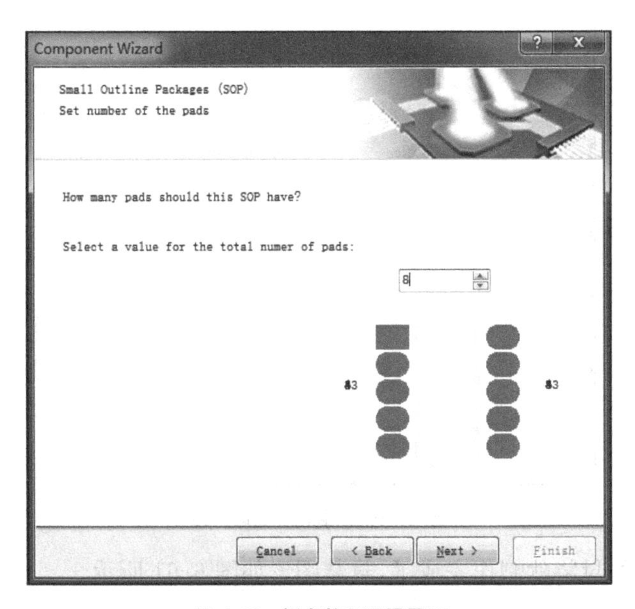

图 6.58 焊盘数目设置界面

Step8:单击【Next】按钮,进入封装命名界面。将封装命名为“TCN75”,如图 6.59 所示。

图 6.59 封装命名界面

Step9:单击【Next】按钮,进入封装制作完成界面,如图 6.60 所示。单击【Finish】按钮,退出封装向导。

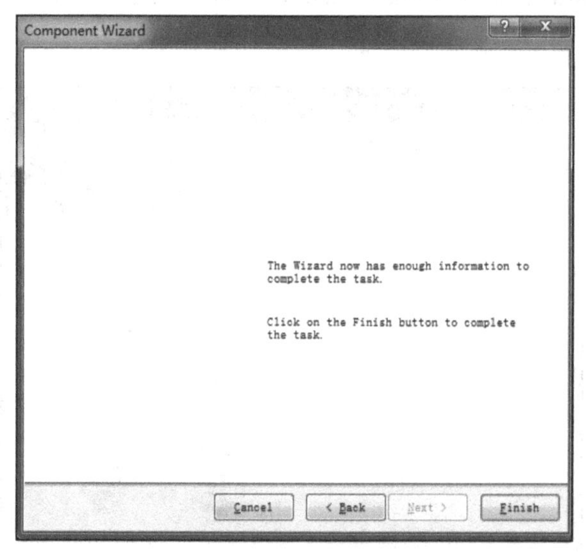

图 6.60 封装制作完成界面

至此,TCN75 的封装就制作完成了,封装图形如图 6.61 所示。

图 6.61 TCN75 的封装图形

(2) 手动创建 PCB 元件封装

手动创建元件引脚封装，需要用直线或曲线来表示元件的外形轮廓，然后添加焊盘来形成引脚连接。元件封装的参数可以放置在 PCB 板的任意工作层上，但元件的轮廓只能放置在顶层丝印层上，焊盘只能放在信号层上。当在 PCB 板上放置元件时，元件引脚封装的各个部分将分别放置到预先定义的图层上。

手动创建 PCB 元件封装的操作步骤如下：

Step1：创建新的空元件文档。打开 PCB 元件库“myPcbLib. PcbLib”，执行菜单命令【Tools】/【New Blank Component】，这时在“PCB Library”面板的元件封装列表中会出现一个新的“PCBCOMPONENT_1”空文件。双击该文件，在弹出的对话框中将元件名称改为“Temperature transducer”，如图 6.62 所示。

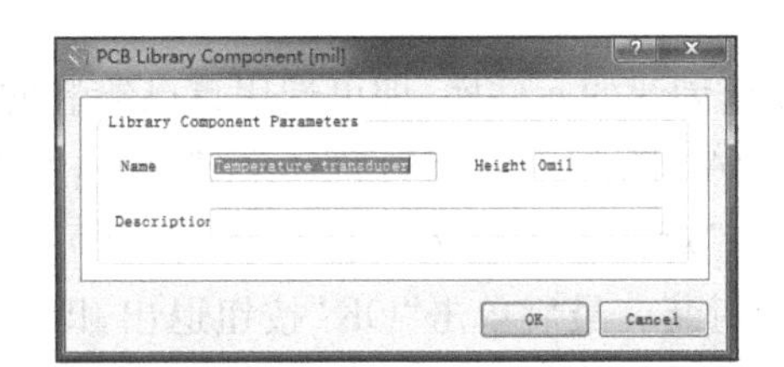

图 6.62 “PCB Library Component”对话框

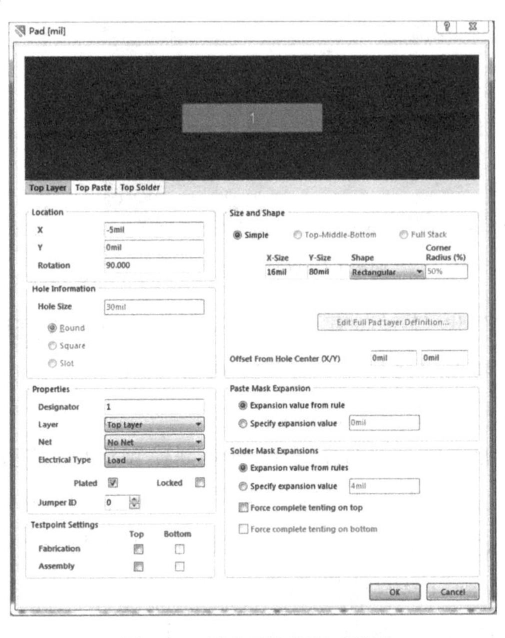

图 6.63 焊盘属性设置对话框

Step2：放置焊盘。执行菜单命令【Place】/【Pad】或者单击工具栏中◎按钮，光标箭头上悬浮一个十字光标和一个焊盘，单击确定焊盘的位置，单击鼠标右键退出放置状态。

Step3：设置焊盘属性。双击焊盘进入焊盘属性设置对话框，如图 6.63 所示。Designator（标号）设置为 1，Layer（层）设置为 Top Layer（因为 TCN75 为贴片元件），设置 X-Size 为 16 mil，Y-Size为 80 mil，shape 为 Rectangular。设置完成后，单击【OK】按钮。

Step4：重复上面操作，依次放置 8 个焊盘。利用“Align”命令调整焊盘位置对齐，并执行菜单命令【Reports】/【Measure Distance】测量焊盘之间间距，确保上下焊盘中心间距为 26 mil，两端焊盘间距保证贴片可以放置即可，这里取 224 mil。

Step5：绘制外框。单击工作区窗口下方标签栏中的“Top Overlay”选项，将活动层设置为丝印层。执行菜单命令【Place】/【Line】或者单击工具栏中⁄按钮，此时光标变为十字形状，单击确定外框的起点，移动光标，在四个转折处分别单击鼠标，绘制矩形框图。单击工具栏中按钮，在矩形上绘制一条弧线，如图 6.64 所示。

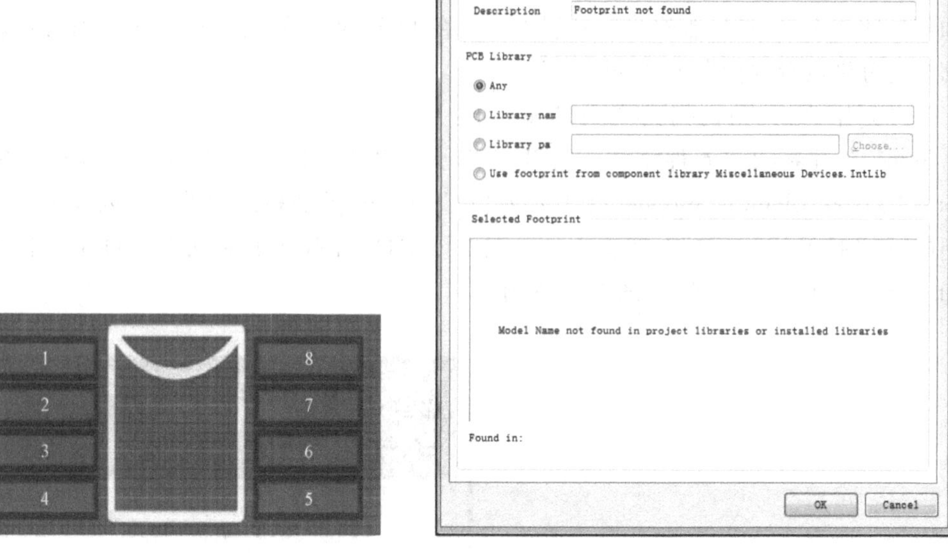

图 6.64　元件封装　　　　**图 6.65　元件封装添加对话框**

至此，手动创建的 PCB 元件封装就制作完成了。我们可以看到，在 PCB Library 面板的元件列表中多出了一个“Temperature transducer”的元件封装，而且在该面板中还列出了该元件封装的详细信息。

原理图元件库和元件封装创建完成后，装载该新创建的元件库，即可选用自己绘制的元件，双击打开元件属性对话框，在 Models 区域单击“Add”按钮，选择“Footprint”，单击“OK”按钮，弹出如图 6.65 所示对话框，可直接在“Name”对话框中输入元件封装名，也可单击“Browse”按钮，选择 PCB 元件库，进而查找适合的封装。最后单击“OK”按钮退出，即完成了元件封装的添加。此方法同样适用于系统自带元件库中元件封装不匹配的情况。另外也可把元件库和元件封装集成到一起，最后直接加载集成库文件即可。

6.3　基本单元电路

6.3.1　直流稳压电源电路

直流稳压电源一般由变压器、整流电路、滤波电路和稳压电路组成，其组成框图如图 6.66 所示。

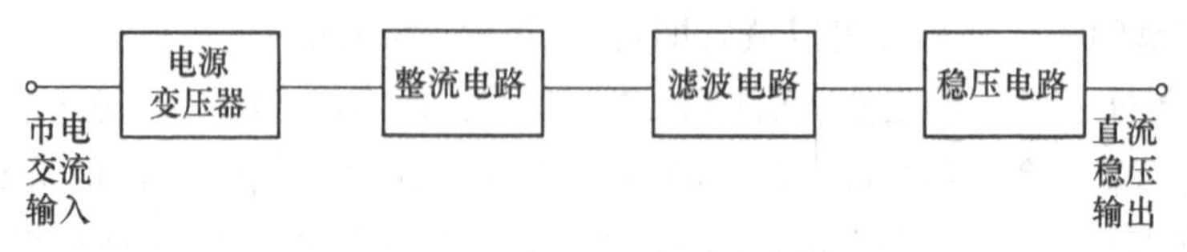

图 6.66　直流稳压电源基本组成框图

图中,变压器主要用于将市电电压变换成整流电路要求的交流电压;整流电路由整流二极管构成,利用二极管的单向导电性,把交流电转为单方向脉动的直流电,但这种脉动电压含有很大的纹波成分,一般不能直接使用;滤波电路一般由储能元件(电容 C、电感 L)构成,利用电容 C 两端电压不能突变、电感 L 中电流不能突变的性质,滤除整流后脉动电压中的纹波成分,从而得到比较平滑的直流电;稳压电路主要确保在输入电压、负载、环境温度、电路参数等发生变化时输出电压仍稳定。本节将分别介绍直流稳压电源各单元电路的设计。

1) 整流电路

直流稳压电源中,常用的整流电路有单相桥式整流电路、单相半波整流电路和单相全波整流电路,如图 6.67 所示。

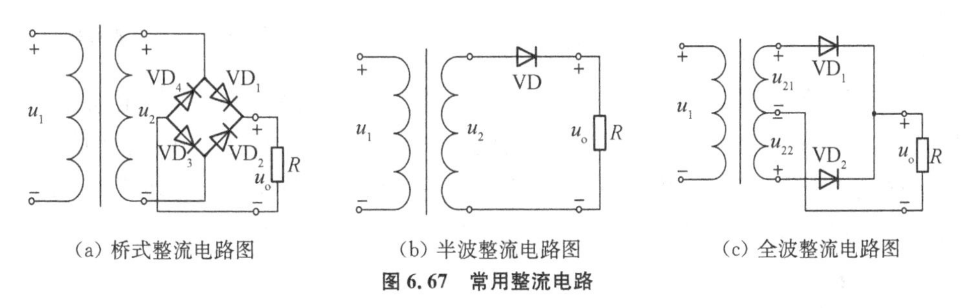

(a) 桥式整流电路图　(b) 半波整流电路图　(c) 全波整流电路图

图 6.67　常用整流电路

三种电路中,单相全波整流电路相比单相桥式整流电路虽然少了两只整流二极管,但它要求电源变压器次级具有中心抽头,制作麻烦,而且其整流二极管的反向耐压是桥式整流电路中二极管耐压值的两倍。单相半波整流电路相比单相桥式整流电路虽然结构简单,但输出电压低,且单相半波整流电路效率低,输出只获得正弦波的正半部分。所以,目前桥式整流电路应用最为广泛,并且已有多种不同性能指标的集成电路,称为"整流桥"。整流桥分为全桥和半桥两类,全桥是将连接好的桥式整流电路中四个整流二极管封装在一起;半桥则是将桥式整流电路的一半封装在一起,用两个半桥可组成一个桥式整流电路。

在桥式整流电路中,流过每个整流二极管的平均电流是负载电流的一半,每个整流二极管最大反向耐压等于 u_2 的最大值,即$\sqrt{2}U_2$。所以在电路设计时,整流二极管的选取应满足正向平均电流大于负载最大电流的一半,最大反向电压大于$\sqrt{2}U_2$。

2) 滤波电路

常见的滤波电路有电容滤波、电感滤波和复式滤波,其中以电容滤波在小功率电源中应用最为广泛。

(1) 电容滤波

电容滤波电路是使用最多也是最简单的滤波电路,其结构为在整流电路的输出端并联一较大容量的电解电容,利用电容对电压的充放电作用使输出电压趋于平滑,一般适用于输出电流较小的场合,电路如图 6.68 所示。具体滤波原理为:当变压器次级电压 u_2 大于电容上电压 u_C 时,电容充电,输出电压升高,当变压器次级电压 u_2 小

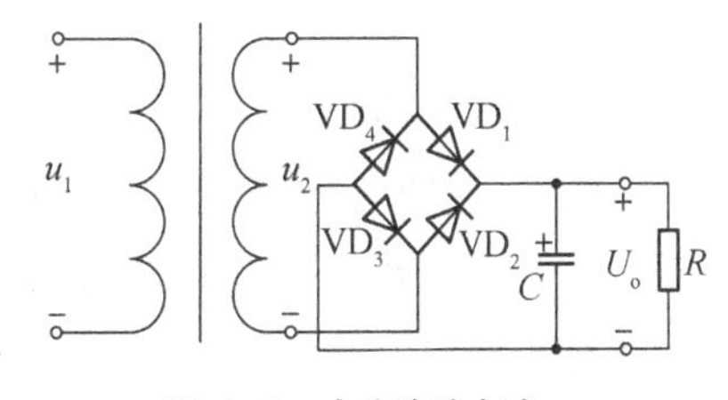

图 6.68　电容滤波电路

于电容上电压 u_C时，电容放电，输出电压下降。如此充放电的不断重复，在负载上将得到比较平滑的输出电压。为了获得较好的滤波效果，一般电容容量选择满足 $C \geqslant (3\sim5)\frac{T}{2R_L}$，此时输出电压 $U_o \approx (1.1\sim1.2)U_2$。

（2）电感滤波

电感滤波电路利用储能元件电感器 L 的电流不能突变的性质，把电感 L 与整流电路的负载 R 相串联，使输出电流趋于平滑，一般适用于负载电流比较大的场合，电路如图 6.69 所示。具体滤波原理为当通过电感线圈的电流增大时，电感线圈产生的自感电动势与电流方向相反，阻止电流的增加，同时将一部分电能转化成磁场能存储于电感之中，当通过电感线圈的电流减小时，自感电动势与电流方向相同，阻止电流的减少，同时释放出存储的能量，以补偿电流的减少。如此反复，负载电流及电压脉动趋于平滑。另外，电感滤波延长了整流二极管的导通角，避免了过大的冲击电流，延长了二极管的使用寿命。电感滤波电路缺点是体积大，成本高。

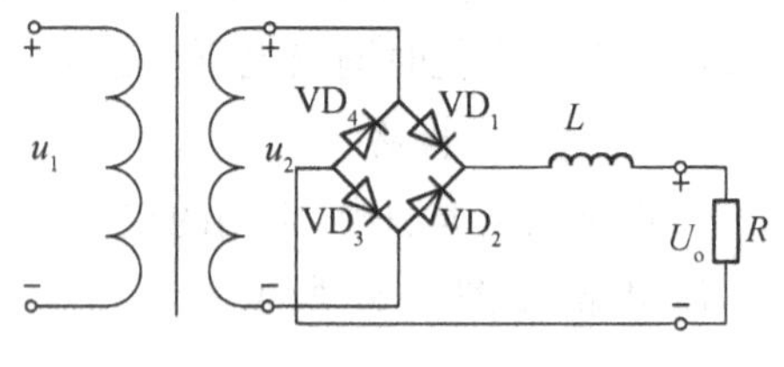

图 6.69　电感滤波电路

（3）复式滤波

为改善滤波特性，常把两个或两个以上滤波元件进行组合，形成复式滤波电路。主要有 RC-π 型滤波电路、L-C 型滤波电路、LC-π 型滤波电路等，电路如图 6.70 所示。

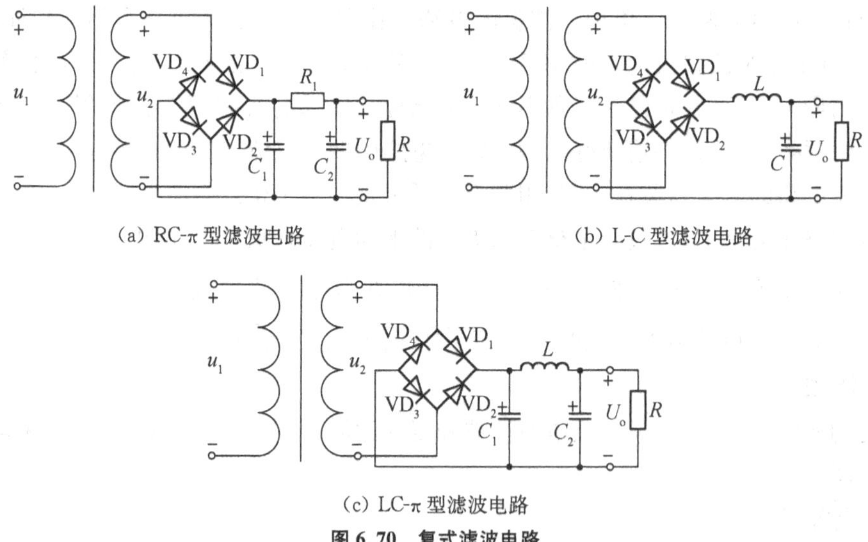

（a）RC-π 型滤波电路　　（b）L-C 型滤波电路

（c）LC-π 型滤波电路

图 6.70　复式滤波电路

3）稳压电路

经整流、滤波后输出的直流电压，虽然平滑程度较好，但其稳定性仍比较差。所以还需要接入稳压电路，以满足系统对电源稳定性的要求。稳压电路按调整器件的工作状态分为线性直流稳压电路和开关直流稳压电路，随着电子技术的发展，这两种稳压电路都有集成化的产品，称为集成稳压器。与分立器件构成的稳压电路相比，它们不但稳压效果好，可靠性高，而且设计简单，构成方便。集成稳压器连接在整流滤波电路的输出端，在输入电压变化、负载电流变化、温度变化时均有恒定电压输出。常用的集成稳压器有3个端子，输入端、输出端和公共(接地)端，三端集成稳压器因此得名。本节主要介绍三端线性集成稳压电路及其设计方法。

(1) 三端固定输出集成稳压电路

三端固定输出集成稳压电路属于串联型稳压电路，分为正电压输出和负电压输出两类。以78XX系列和79XX系列为典型代表，每类稳压器电路输出电压有5 V、6 V、8 V、9 V、10 V、12 V、15 V、18 V和24 V，输出电流一般为0.1 A(78LXX/79LXX)，0.5 A(78MXX/79MXX)，1.5 A(78XX/79XX)等。典型应用电路如图6.71所示。图中，C_1用于改善纹波特性，通常取值为0.33 μF；C_2用于消除芯片自激振荡和改善瞬态响应，通常取值为0.1 μF。

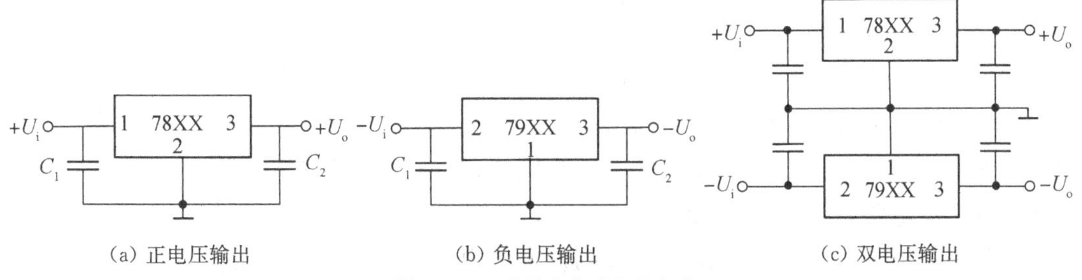

(a) 正电压输出　(b) 负电压输出　(c) 双电压输出

图6.71　固定输出集成稳压电路

虽然78XX和79XX系列典型应用电路非常简单，在具体使用时还需注意以下几个方面：

① 为在输出端获得稳定的输出电压，一定保证输入端和输出端之间至少有2～3 V的压差。

② 实际使用中的最高输入电压不能超过产品允许的最大输入电压，否则稳压器会击穿损坏。

③ 若负载电流较大或输入/输出电压差较大时，应加散热片散热。

(2) 可调输出集成稳压电路

可调输出集成稳压电路可以通过改变外接元件的参数来调节输出电压，使用灵活方便，稳压精度高，输出纹波小。以LM117/217/317系列和LM137/237/337系列为典型代表，前者输出电压在1.25～37 V连续可调，后者输出电压在−37～−1.25 V之间连续可调。每类稳压器电路的输出电流又分为0.1 A(LMx17L/LMx37L)，0.5 A(LMx17M/LMx37M)，1.5 A(LMx17/LMx37)等多种。典型应用电路如图6.72所示。

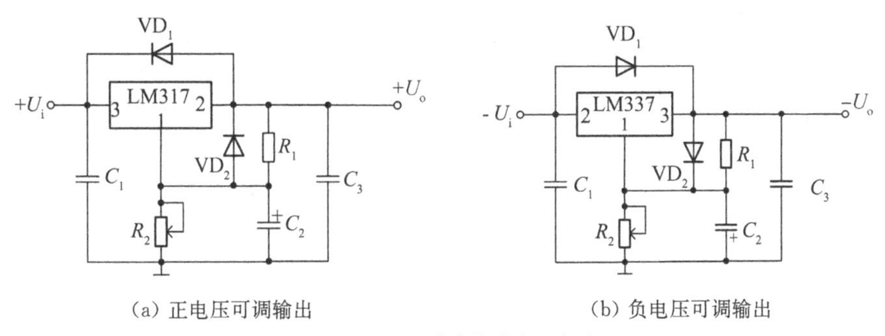

(a) 正电压可调输出　(b) 负电压可调输出

图6.72　可调输出集成稳压电路

如果集成稳压器离滤波电容较远，应在稳压器靠近输入端接上旁路电容 C_1，一般取值为 0.33 μF。接在调整管和地之间的电容 C_2 是用来旁路电位器 R_2 两端的纹波电压，当 C_2 取值 10 μF 时，纹波抑制比可提高 20 dB。C_3 是为了消振，防止稳压器自激，一般取值为 1 μF。由于该稳压器承受反向电压的能力比较低，当输入发生短路时，二极管 VD_1、VD_2 为 C_3、C_2 提供放电通路，以保护稳压器。为了使电路中偏置电流和调整管的漏电流被吸收，一般设定 R_1 为 120～240 Ω。

以正电压可调输出电路为例，该电路输出电压为：

$$U_o = 1.25 \times (1 + R_2/R_1) + I_{adj} \times R_2 \approx 1.25 \times (1 + R_2/R_1)$$

式中：1.25 为 LM317 的基准电压；U_o 是输出引脚 2 脚电压；I_{adj} 是调整脚的电流，较小可忽略。由该式可知，电路中 R_1、R_2 应选用同材料做成的电阻，这样温度系数相同，R_2/R_1 不受影响，输出电压相对稳定。

(3) 三端集成稳压器扩大输出电流

若所需输出电流大于稳压器标称值时，可外接大功率管或多个集成稳压器直接并联来扩大输出电流，外接大功率管扩流电路如图 6.73 所示。

电路中二极管的作用是补偿三极管的发射极电压，使电路输出电压等于三端集成稳压器的输出电压，电流扩大倍数近似为 β 倍。

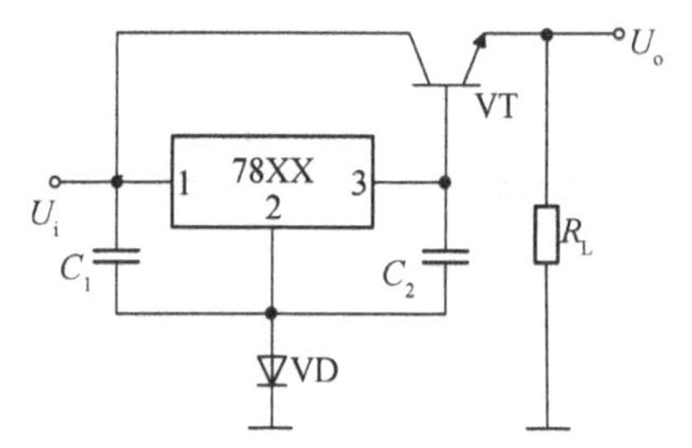

图 6.73 扩大输出电流电路

(4) 三端集成稳压器扩大输出电压

当所需电压大于稳压器标称值时，可采用外接电路来扩大输出电压，常用扩压电路如图 6.74 所示。图 6.74(a)采用稳压二极管，输出电压始终比原电压大一个稳压二极管的稳压值。图 6.74(b)利用串联电阻分压原理扩大输出电压，如果 R_2 选用可调电阻，则该电路既提高了输出电压，又使其可调。图 6.74(c)在图(b)的基础上引入电压跟随器，克服了稳压器静态电流的影响，提高了扩展精度。输出电压表达式分别如下：

$$U_a = U'_a + U_Z$$

$$U_b = (1 + R_2/R_1)U'_b$$

$$U_c = (1 + R_2/R_1)U'_c$$

式中：U'_a、U'_b、U'_c 分别为 3 个三端稳压器的输出电压值。

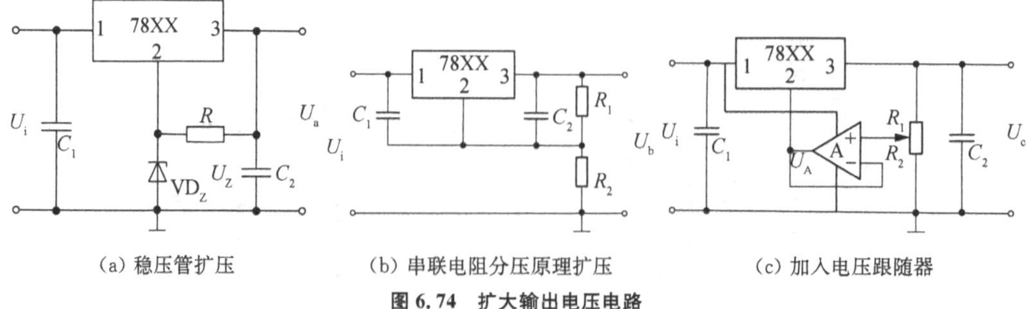

(a) 稳压管扩压　(b) 串联电阻分压原理扩压　(c) 加入电压跟随器

图 6.74 扩大输出电压电路

6.3.2 驱动电路

1) 发光二极管驱动

发光二极管(通称 LED)由于耗电省、寿命长、驱动容易而获得广泛的应用。LED 实际上是一个电流驱动的低电压单向导电器件,LED 驱动电路除了要满足安全要求外,另外的基本功能应有两个方面,一是尽可能保持恒流特性,尤其在电源电压发生±15%的变动时,仍应能保持输出电流在±10%的范围内变动。二是驱动电路应保持较低的自身功耗,这样才能使 LED 的系统效率保持在较高水平。

目前我们常用电源串联电阻驱动电路驱动 LED,电路如图 6.75 所示。该电路只要电源电压保持恒定,LED 的光强就基本恒定(光强会随环境温度的升高而有所减弱),通过改变串联电阻的阻值能够将光强调到所需的强度。这里电阻的主要作用是限流,从而保护 LED 不受损坏。此驱动电路简单,成本低,但电阻发热消耗功率,导致用电效率低,仅适合小功率 LED 范围,如电源或功能指示灯。

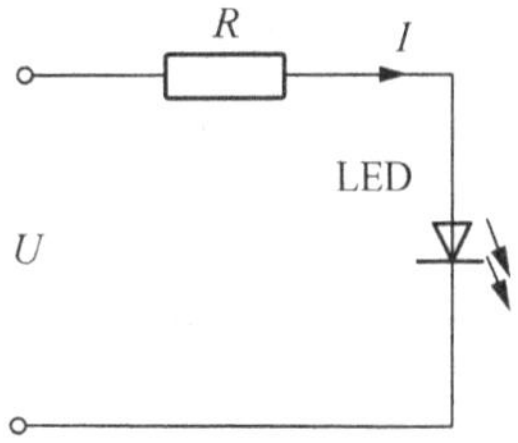

图 6.75 电源串联电阻驱动电路

2) 数码管驱动

常见的数码管驱动方式有静态驱动和动态驱动,按数码管的分类,每一种又有共阴和共阳之分。图 6.76(a)是共阴和共阳静态驱动的典型电路。驱动电压为 5 V 时,限流电阻可选用 1 kΩ,此时数码管的段电流约为 3 mA。减小限流电阻会增加数码管的驱动电流,但数码管的发光亮度不再明显增强,反而会增加电源的负担。图 6.76(b)是数码管动态扫描驱动的典型电路。动态驱动把所有数码管的同名端连在一起,另外为每个数码管的 COM 端增加位选通控制电路,位选通由各自独立的 *I/O* 线控制,输出字形码时,所有数码管都接收到相同的字形码,但只有选通控制打开的数码管才显示字形,其余数码管不亮。如此,通过分时轮流控制各个数码管的 *COM* 端,就可以使各个数码管轮流受控显示。在轮流显示过程中,由于人的视觉暂留现象,尽管实际上各位数码管并非同时点亮,但只要扫描速度足够快,给人的印象就是一组稳定的显示数据。动态驱动相对静态驱动占用 *I/O* 资源少,但也有不足。

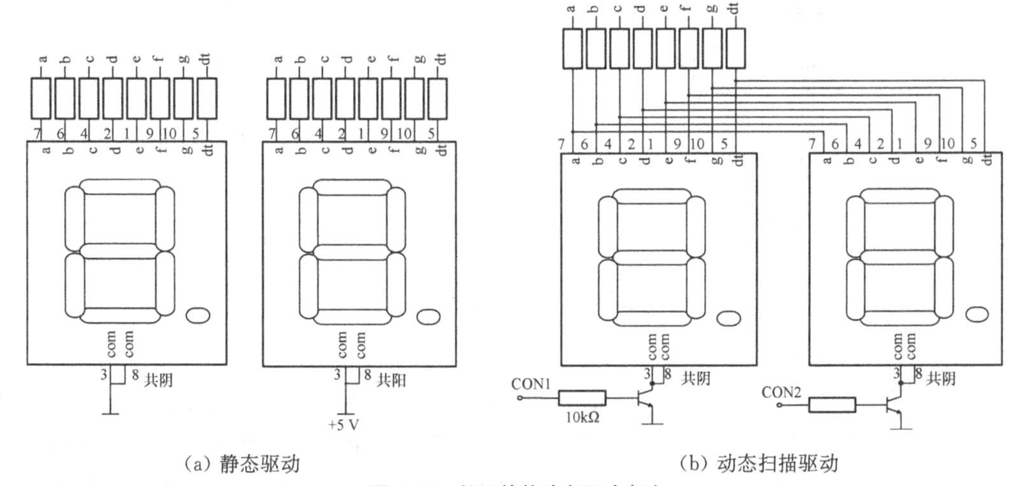

(a) 静态驱动　　(b) 动态扫描驱动

图 6.76 数码管静动态驱动电路

比如电源电压相同情况下，动态驱动要获得与静态驱动显示近似的亮度，限流电阻应成倍减少。如图中两个数码管轮流显示，则限流电阻取 1/2 kΩ。此外，为避免数码管闪烁，每个数码管的点亮频率应高于人眼的临界闪烁频率，即 46 Hz。

3）继电器驱动

继电器是一种电控制器件，是当输入量(激励量)的变化达到规定要求时，在电气输出电路中使被控量发生预定的阶跃变化的一种电器，通常应用于自动化的控制电路中。它实际上是用小电流去控制大电流运作的一种“自动开关”，故在电路中起着自动调节、安全保护、转换电路等作用。

电磁式继电器常见的工作电压有＋12 V和＋24 V，图 6.77 以＋12 V为例。图 6.77(a)利用驱动芯片 ULN2003 实现，当 ULN2003 输入端为高电平时，对应的输出口输出低电平，继电器线圈通电，触点吸合；当 ULN2003 输入端为低电平时，继电器线圈断电，触点断开。图 6.77(b)利用三极管驱动继电器，当三极管基极被输入高电平时，三极管导通，继电器线圈通电，触点吸合；当三极管基极被输入为低电平时，三极管截止，继电器线圈断电，触点断开。常见的继电器正常工作时电流为几十毫安，本电路中三极管 9013 的最大工作电流可达 500 mA，最大耐压为 50 V。选取 R_1 为 10 kΩ，可为三极管提供约 0.5 mA 的基极电流，而三极管的放大倍数超过 150 倍，所以可为继电器提供 75 mA 以上的电流，保证继电器正常工作。另外，由于继电器的绕组是一个电感，绕组中又有衔铁，因此绕组通电后要存储磁能；在继电器绕组断电的瞬间，磁能释放会产生很高的反向电动势，这个瞬间的反向电动势一方面会干扰其他电路的正常工作，另一方面，反向电动势的电压通常比正常电压高数倍，很容易击穿驱动继电器工作的 ULN2003 和三极管，所以图 6.77(a)和图 6.77(b)中继电器都并联了一个反向二极管来减少绕组所产生的瞬间反向电压峰值。

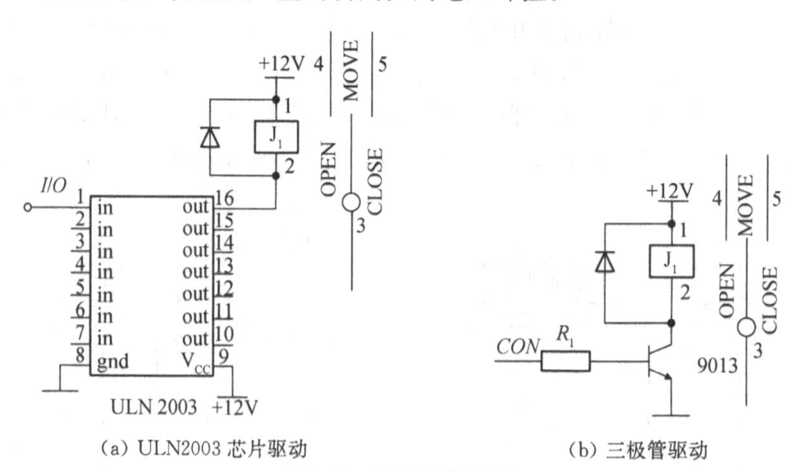

(a) ULN2003 芯片驱动　　(b) 三极管驱动

图 6.77　继电器驱动电路

4）光耦合驱动

光电耦合器是以光为媒介传输电信号的一种电—光—电转换器件，重要特点之一是抗干扰性强，在传输信号的同时能有效地抑制各种干扰。它由发光源和光敏感器件两部分组成，把它们组装在同一密闭的壳体内，彼此间用透明绝缘体隔离。发光源的引脚为输入端，光敏感器件的引脚为输出端。光电耦合器种类较多，常见有光电二极管型、光电三极管型、光敏电阻型、光控可控硅型、光电达林顿型等，常用于信号隔离及信号电平转换，用途极为广泛。这里主要以光电三极管型为例进行介绍光耦合驱动电路。

图 6.78 是光电三极管的典型应用电路。图 6.78(a) 当输入为低电平时，输入端的发光二极管不发光，输出光敏三极管截止，输出为高电平；反之，输入为高电平时，输入端发光二极管亮(R_1 的取值使发光二极管的电流约为 10 mA)，输出光敏三极管导通，输出为低电平。图 6.78(b) 当输入为低电平时，输入端的发光二极管不发光，输出光敏三极管截止，输出为低电平；反之，当输入为高电平时，输入端的发光二极管发光，输出光敏三极管导通，输出为高电平。

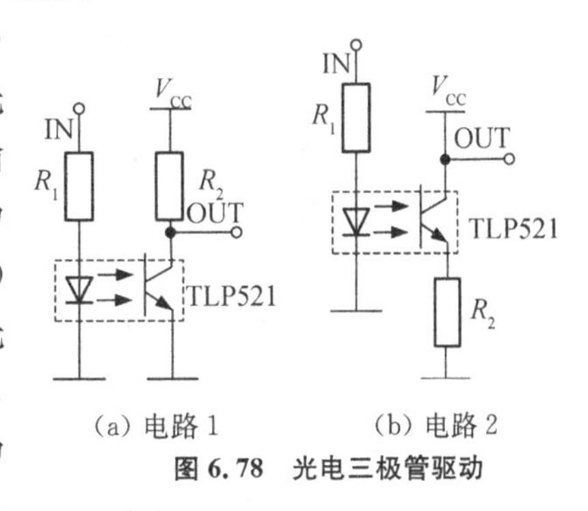

图 6.78 光电三极管驱动

5) 直流电机正反转驱动

直流电机正反转控制在很多场合会使用到，常用的驱动电路有功率管 H 桥驱动电路和继电器驱动两种方式。

(1) H 桥电路驱动直流电机正反转

图 6.79 为典型的 H 桥驱动电路。要使电机运转，必须导通对角线上的一对三极管，根据不同三极管对的导通情况，电流可能会从左至右或从右至左流过电机，从而控制电机的转向。当控制信号 CON_1 和 CON_2 为 00 时，VT_1、VT_2 导通，VT_3、VT_4 截止，加在电机两端上的电压差为 0，电机不转。当 CON_1 和 CON_2 为 01 时，VT_1、VT_4 导通，VT_2、VT_3 截止，电流方向为从左至右，电机正转。当 CON_1 和 CON_2 为 10 时，VT_1、VT_4 截止，VT_2、VT_3 导通，电流方向为从右至左，电机反转。当 CON_1 和 CON_2 为 11 时，VT_1、VT_2 截止，VT_3、VT_4 导通，加在电机两端上的电压差为 0，电机不转。本电路中光敏三极管有效保证了当 CON_1 和 CON_2 不论是低电平还是高电平时，两个同侧的三极管不会同时导通。但是当 CON_1 和 CON_2 悬空时，+5 V 电压经 R_1、TLP521 的内部发光二极管、LED_1、R_4、VT_3 形成零点几毫安的电流，使 VT_3 一定程度的导通，该电流使光耦 TLP521 输出端微弱导通，进而拉低 VT_1 基极电位，使 VT_1 一定程度导通；同理，VT_2 和 VT_4 也一定程度导通，从而电源经 VT_1、VT_3 和 VT_2、VT_4 短路到地，会损害三极管，故 CON_1 和 CON_2 不允许悬空。

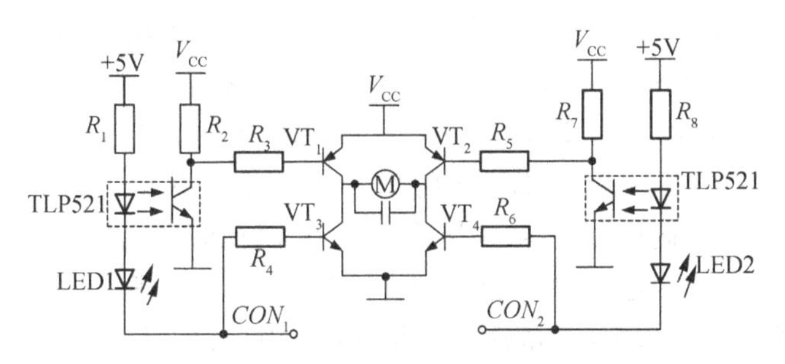

图 6.79 H 桥电路驱动直流电机正反转

电路中 R_1 和 R_8 阻值的选择原则是使流经发光二极管的电流为 10 mA 左右，R_3、R_4、R_5、R_6 的选择原则是能够为三极管提供足够的驱动电流，三极管的选择由电机的工作电压和工作电流决定，因电机启动瞬间存在浪涌电流，所以三极管的电流限额应为电机正常工作电流的 4～5 倍。目前市面上已有很多封装好的 H 桥集成电路，使用方便可靠，如 L298N、L293D 等。

(2) 继电器驱动直流电机正反转

图 6.80 是典型的直流电机继电器驱动电路。这里继电器驱动采用上文介绍的三极管驱动方式，直流电机的工作状况由 CON_1 和 CON_2 的逻辑状态决定。当 CON_1 和 CON_2 的逻辑电平为 00 时，三极管 VT_1 和 VT_2 均截止，继电器 J_1 和 J_2 均不吸合，电机两端接在继电器 J_1、J_2 的常闭触点上，都接地，电机两端压差为 0，电机不工作。当 CON_1 和 CON_2 的逻辑电平为 01 时，三极管 VT_1 截止，VT_2 导通，继电器 J_1 不吸合，J_2 吸合，电机两端接在继电器 J_1 的常闭触点、J_2 的常开触点，电机反转。当 CON_1 和 CON_2 的逻辑电平为 10 时，三极管 VT_2 截止，VT_1 导通，继电器 J_2 不吸合，J_1 吸合，电机两端接在继电器 J_1 的常开触点、J_2 的常闭触点，电机正转。当 CON_1 和 CON_2 的逻辑电平为 11 时，三极管 VT_1 和 VT_2 均导通，继电器 J_1 和 J_2 均吸合，电机两端接在继电器 J_1、J_2 的常开触点上，都接电源，电机两端压差为 0，电机不工作。当 CON_1 和 CON_2 悬空时，VT_1、VT_2 截止，电机不转。由此可见，继电器驱动直流电机电路比三极管 H 桥驱动直流电机电路简单、直观，不存在禁止状态，而且控制相同功率的电机成本较低。但由于继电器触点寿命有限，所以该电路使用寿命有限。本电路中 R_1 和 R_2 阻值的选择须使 VT_1、VT_2 能为继电器提供 70～80 mA 的电流；电压的选择由电机的工作电压决定；因电机启动时存在浪涌电流，故继电器的标称触点电流应是电机正常工作电流的 4～5 倍；R_3 和 C_1 主要用来吸收电机的电火花干扰。

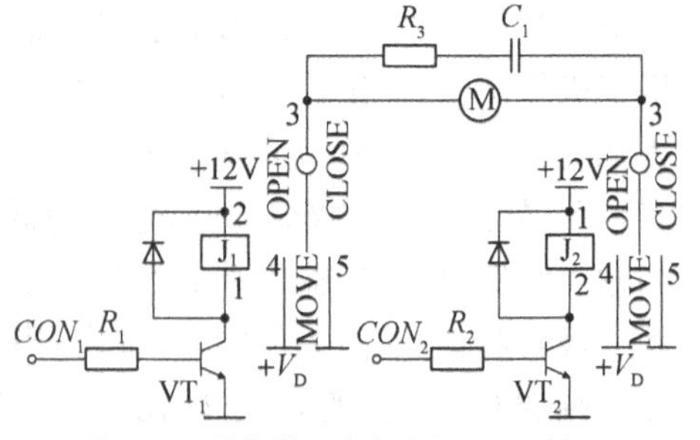

图 6.80　继电器驱动直流电机正反转

6.3.3　运算放大电路

1) 运算放大器概述

运算放大器是目前应用最广泛的一种器件，当外部接入不同的线性或非线性元器件组成输入和负反馈电路时，可以灵活地实现各种特定的函数关系。在线性应用方面，可以组成比例、加法、减法、积分、微分等模拟运算电路。运算放大器有两个输入端 P 和 N，一个输出端 O。P、N 两端分别为同相输入端(用符号“＋”表示)和反相输入端(用符号“－”表示)，意即当 P 端加入电压信号 $u_P(u_N=0)$ 时，在 O 端得到的输出电压 u_o 与 u_P 同相；而当在 N 端输入电压信号 $u_N(u_P=0)$ 时，u_o 与 u_P 反相，这里的“＋”、“－”号并不是电压参考方向的正负极性，图 6.81 为国内外常用的运算放大器的图形符号。在实际运用时经常把运放理想化，理想化运放的两个重要特性就是“虚短”和“虚断”，“虚短”即 $u_P \approx u_N$，“虚断”即 $i_P=-i_N \approx 0$。

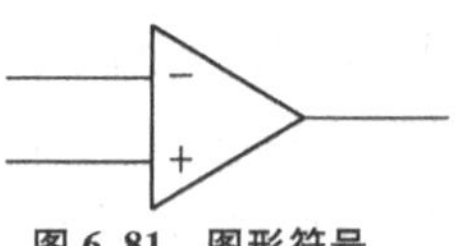

图 6.81　图形符号

按照运算放大器参数来分，运算放大器可分为通用型、高阻型、高精密型、高速型、低功耗型等。通用型运放价格低廉、产品量大面广，一般对运放无特殊要求时，尽量采用通用型运放；高输入阻抗运放的输入电路常用场效应管组成，其输入阻抗一般大于 10^{12} Ω，输入电流非常小；精密运放漂移和噪声非常低，温漂系数和共模抑制比等参数非常高，主要用于对放大处理精度有要求的地方；高速型运放具有较高的转换速率和较宽的频率响应；低功耗运放常用于对功耗有限制的场所。

特别注意的是，在运放用于直流放大时，必须妥善进行调零。有调零端的运放可按数据手册推荐的电路进行调零，没有调零端的运放可按图 6.82 所示电路进行调零。

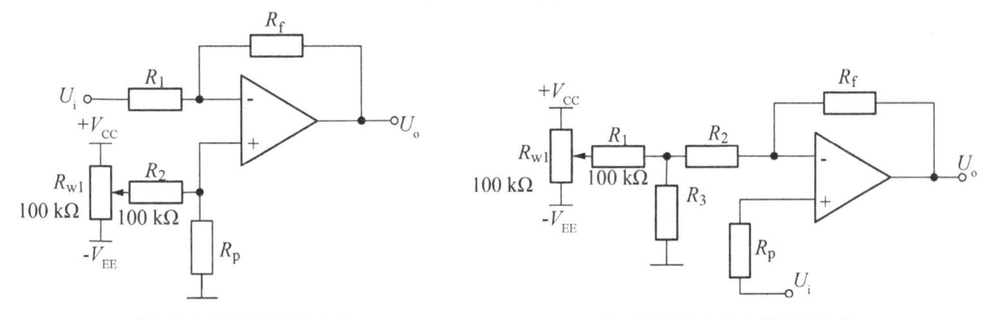

(a) 反相输入放大器调零电路 (b) 同相输入放大器调零电路

图 6.82 常用调零电路

2）比例运算电路

(1) 反相比例电路

反相输入比例运算电路如图 6.83 所示，输入电压 u_i通过电阻 R_1接在运放的反向输入端；R_f是反馈电阻，接在输出端与反相端之间；R_p为平衡电阻，为了减小输入级偏置电流引起的误差，取值应为 R_1和 R_f的并联值。该电路的输出电压与输入电压之间关系表达式为：

$$u_o = -\frac{R_f}{R_1}u_i$$

由表达式可知，反相比例运算放大电路的放大倍数仅由外接电阻 R_f和 R_1的比值决定，与运放本身参数无关，下面几个电路同样如此。反相比例电路对运放的共模抑制比要求低，但对输入信号的负载能力有一定的要求。

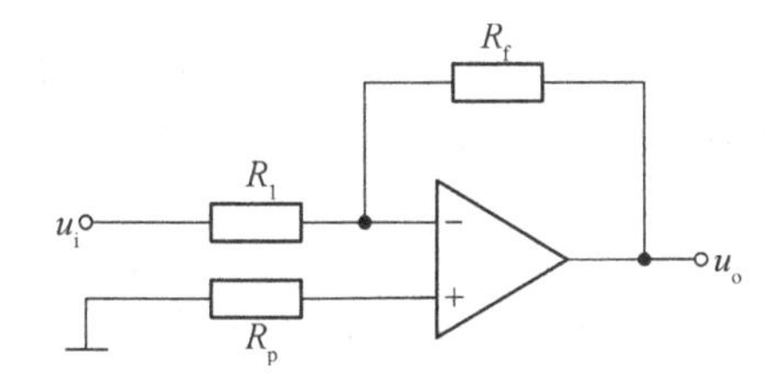

图 6.83 反相输入比例运算放大电路

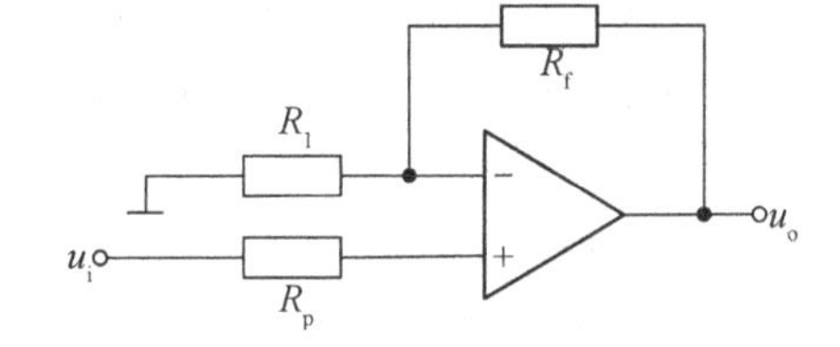

图 6.84 同相输入比例运算放大电路

(2) 同相比例电路

同相输入比例电路如图 6.84 所示，电路本质与反相输入比例电路近似。该电路输出电压与输入电压之间的关系表达式为：

$$u_o = \left(1+\frac{R_f}{R_1}\right)u_i$$

R_p取值同反相比例电路。同相比例电路对运放的共模抑制比要求高。另外，如果 $R_f=0$，则输出等于输入，电路即为电压跟随器。

(3) 差动比例电路

差动比例电路如图 6.85 所示，输入信号分别加在反相输入端和同相输入端。该电路输出电压和输入电压关系表达式为：

$$u_o=-\frac{R_f}{R_1}u_1+\left(1+\frac{R_f}{R_1}\right)\frac{R_3}{R_2+R_3}u_2$$

为保证输入端处于平衡状态，两个输入端对地的电阻相等，同时为降低共模电压放大倍数，通常使 $R_1=R_2$，$R_f=R_3$。此时，输出电压和输入电压之间关系为：

$$u_o=\frac{R_f}{R_1}(u_2-u_1)$$

可以看出该电路实际上完成的是对输入两信号的差运算。

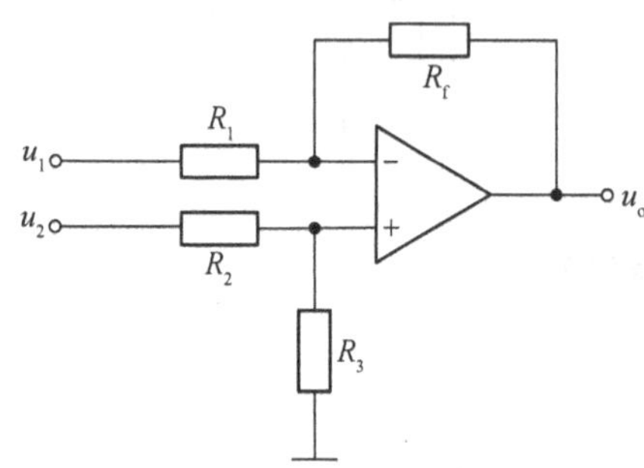

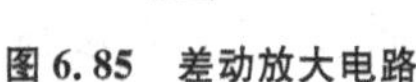
图 6.85　差动放大电路

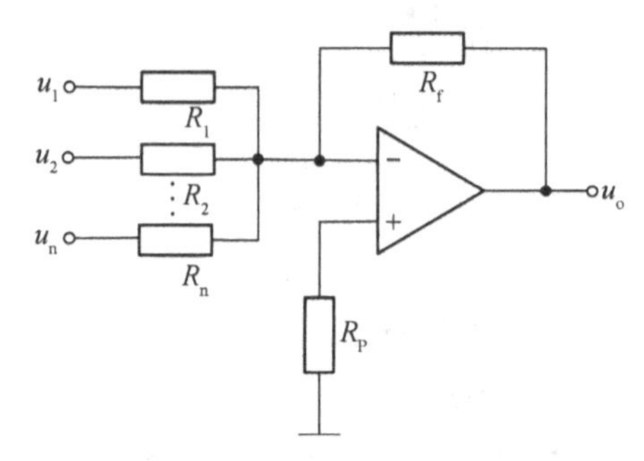

图 6.86　反相输入求和电路

3）加减运算电路

（1）反相输入求和电路

在反相比例运算电路的基础上，增加输入支路，就构成了反相输入求和电路，如图 6.86 所示。其中 R_p 取值为 R_f 与 R_1，R_2，…，R_n 的并联值。该电路输出电压与输入电压之间关系表达式为：

$$u_o=-\left(\frac{R_f}{R_1}u_1+\frac{R_f}{R_2}u_2+\cdots+\frac{R_f}{R_n}u_n\right)$$

该电路可以十分方便地通过改变某一电路的输入电阻，来改变电路的比例关系，而不影响其他支路的比例关系。另外，当 R_1，R_2，…，R_n 取值等同 R_f 时，该电路输出等于各输入反相之和。

（2）和差电路

和差电路如图 6.87 所示，此电路功能是对 u_1、u_2 进行反向求和，对 u_3、u_4 进行同相求和，然后进行叠加，即为和差结果。该电路的输出电压与输入电压关系为：

$$u_o=R_f\left(\frac{u_3}{R_3}+\frac{u_4}{R_4}-\frac{u_1}{R_1}-\frac{u_2}{R_2}\right)$$

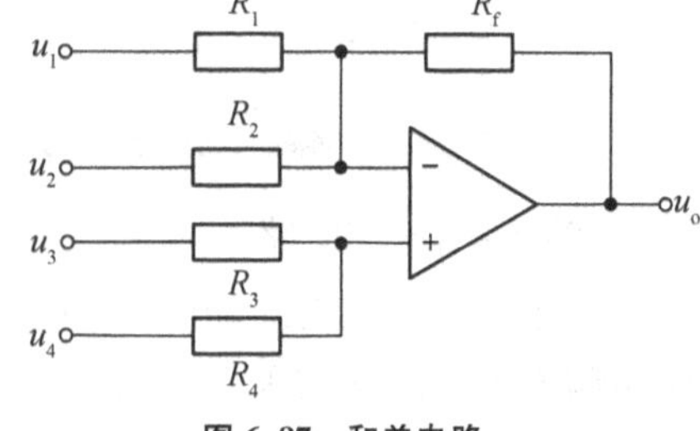

图 6.87　和差电路

4）微积分运算电路

（1）积分运算电路

积分运算电路利用电容的充放电来实现，如图 6.88(a)所示，其输出电压为 $u_o=-\frac{1}{R_1C}\int_0^t u_i\,dt$。该电路除了进行积分运算外，很多情况下可应用于波形变换电路，如输入为方波时，输出为三角波。在实际应用中，为了限制低频电压增益，常在电容 C 两端并联一个电阻 R_f，如图 6.88(b)所示。当输入信号 u_i 的频率远小于 $1/2\pi R_f C$ 时，电路近似为反相输入比例运算电路，当输入信号 u_i 的频率大于 $1/2\pi R_f C$ 时，电路为积分运算电路。

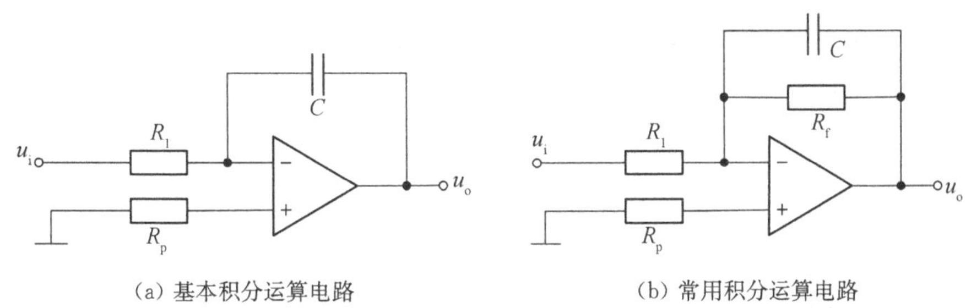

(a) 基本积分运算电路　　(b) 常用积分运算电路

图 6.88　积分运算电路

(2) 微分运算电路

将基本积分运算电路中的反相输入电阻和反馈电容互相交换位置后，即为基本微分运算电路，如图 6.89(a)所示，输出电压为 $u_o(t)=-RC\frac{\mathrm{d}u_i(t)}{\mathrm{d}t}$。在实际应用中，常在输入端串联电阻 R_1 以抑制振荡，在 R 两端并联电容 C_1 以降低高频噪声的影响，如图 6.89(b)所示。

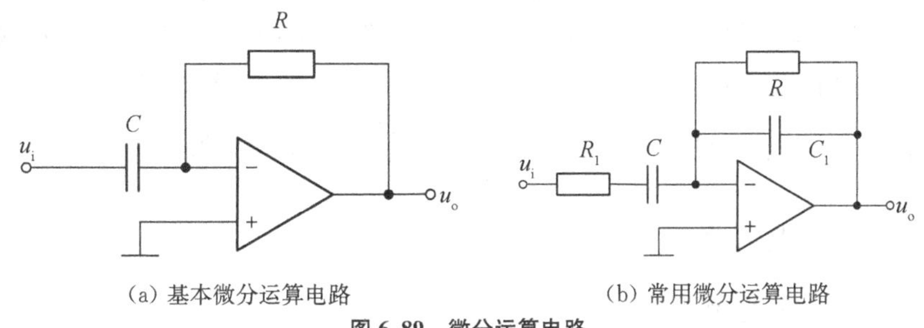

(a) 基本微分运算电路　　(b) 常用微分运算电路

图 6.89　微分运算电路

5) 单电源放大电路

(1) 单电源反相交流放大电路

为使电路能对交流信号放大而不失真，单电源供电的运放电路可以采用电源偏置电路，把供电所采用的单电源相对的变成“双电源”，具体可通过两个电阻分压实现，如图 6.90 所示。图中 R_3、R_4 为静态偏置电阻，$R_3=R_4$ 时，运放输出端的静态电压为 $V_{CC}/2$。C_1、C_3 为交流耦合电容，其取值可由所要求的最低输入频率和电路的输入阻抗(对于 C_1)或负载(对于 C_3)来确定。该电路的增益为 $A_f=-\frac{R_2}{R_1}$。

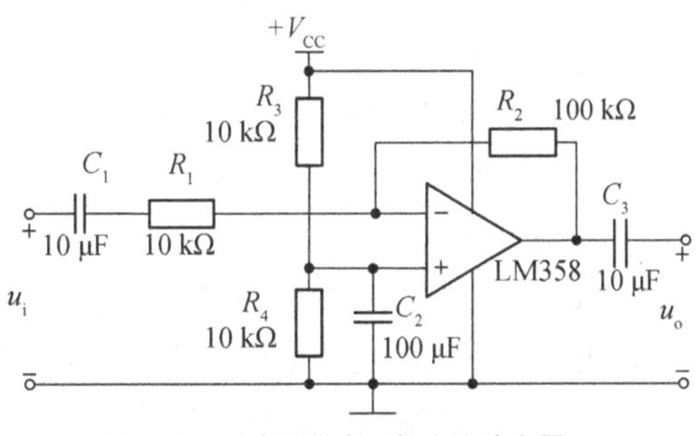

图 6.90　单电源供电反相交流放大器

(2) 单电源同相交流放大电路

单电源同相交流放大器如图 6.91 所示，其原理与单电源反相交流放大器类似。该电路增益 $A_f=1+\frac{R_f}{R_4}$，其中 R_1、R_3 为偏置电阻，保证运放输出端的静态电压为 $V_{CC}/2$，R_2 是为增加放大器输入电阻而设。

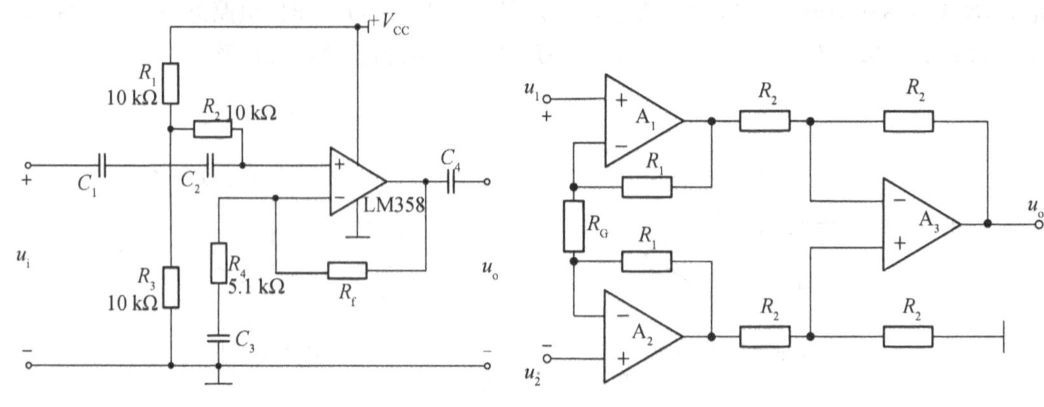

图 6.91　单电源供电同相交流放大器　　图 6.92　测量放大电路

6）测量放大电路

测量放大电路具有高输入阻抗、低输出阻抗、强抗共模干扰、低温漂、低失调电压等特点，适用于放大微弱信号，电路如图 6.92 所示。测量放大器由三个运放放大器 OP07 组成，共有两级运放，第一级运放由 A_1、A_2两个同相放大器组成，为对称结构，输入信号加在 A_1、A_2的同相输入端。第二级运放是差动放大器 A_3，其作用是抑制共模信号，并将双端输出转变为单端放大输出，以适应接地负载的需要。增益分配一般前级取高值，后级取低值，图示电路 A_3增益为 1，该电路电压放大倍数为 $A=1+\frac{2R_1}{R_G}$，R_G 为增益调节电阻。

6.3.4　信号产生电路

1）正弦信号产生电路

正弦信号产生电路也称正弦波振荡电路，在没有外加输入信号的情况下，依靠自激振荡输出正弦波信号。一般由放大电路、反馈网络、选频网络、稳幅电路组成。电路自激振荡必须满足两个条件：一是相位条件，必须保证电路的反馈电压与原输入电压同相位；二是幅度条件，必须保证电路的反馈电压的幅度大于原输入电压的幅度，即 $|AF|>1$。常用的正弦信号产生电路主要有 RC 振荡电路、LC 振荡电路、石英晶体正弦波振荡电路。

（1）RC 桥式振荡电路

RC 桥式振荡电路是一种广泛使用的低频振荡器，其优点是波形好、振幅稳定及频率调节方便。工作频率范围可以从 1 Hz 以下的超低频到 1 MHz 左右的高频频段。图 6.93(a)为 RC 桥式振荡电路最基本的形式，由集成运算放大器和正、负两个反馈网络构成。R_1、C_1、R_2、C_2构成 RC 串并联选频网络作正反馈，这是产生振荡所必须具备的。R_F和 R_3组成负反馈网络，以提高振荡器的性能指标。正、负反馈网络正好构成电桥的四个臂，放大器的输出电压同时加在正、负反馈网络的两端，而正、负反馈网络另一端则分别接在放大器的同相输入端和反相输入端，正好构成一个电桥，故此振荡电路也称为 RC 桥式振荡电路。若 $R_1=R_2$，$C_1=C_2$，则输出频率 $f_0=1/2\pi R_1C_1$，当 $f=f_0$时，该电路选频网络的反馈系数为 1/3，而电路的电压放大倍数 $A_u=1+\frac{R_f}{R_3}$。考虑到起振条件 $|AF|>1$，一般选取 R_f值略大于两倍的

R_3。R_f的取值不宜过大，否则会引起电路输出失真。在实际使用时，常增加稳幅电路，如图 6.93(b)所示，把原反馈电阻R_f分成两部分(R_{f1}、R_{f2})，在R_{f2}上正反并联两个二极管，它们在输出电压的正负半周内分别导通。在起振初期，由于幅值很小，尚不足以导通二极管，正反向二极管都近似开路，此时，$R_f > 2R_3$。随着振荡幅度的增加，二极管在正负半周内分别导通，其正向电阻逐渐减小，直到$R_f = 2R_3$，振荡稳定。热敏元件也可用于实现稳幅电路。

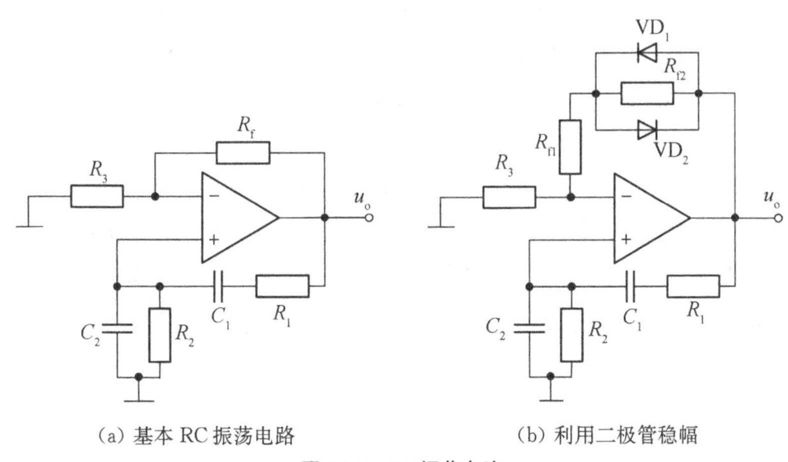

图 6.93 RC 振荡电路

(2) LC 振荡电路

LC 振荡电路的选频电路由电感和电容构成，可以产生高频振荡。由于高频运放价格较高，所以一般用分离元件组成放大电路。按反馈耦合的方式可分为三种：变压器反馈式、电感反馈式、电容反馈式，电路如图 6.94 所示。

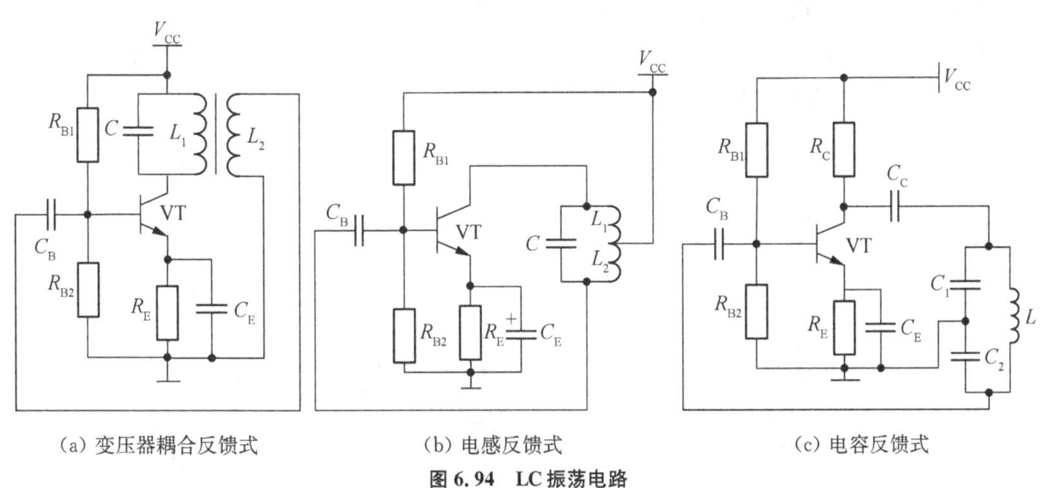

图 6.94 LC 振荡电路

这三种电路都可以满足振荡的幅度条件和相位条件。图(a)为变压器耦合反馈式正弦波振荡器，变压器的一次线圈L_1与电容C构成选频网络，二次线圈L_2取出反馈信号送到放大器的输入端。电源接通后，集电极电流含有各种频率分量正弦波(噪声或电源接入引起)。集电极电流流过L_1C并联电路时，频率为$\omega_0 = 1/\sqrt{L_1C}$的频率分量产生最大电压(谐振)。经变压器的二次线圈L_2反馈到放大器的输入端，再经放大器使频率为ω_0的正弦波得到进一步放大，从而形成了振荡，最终输出稳定的电压。该电路易于产生振荡，但稳定性不高。图(b)为电感反馈式振荡电路，L_1、L_2、C 构成并联谐振电路，L_1、L_2 对回路电压进行分压，形成反馈。该电路的振荡频率通过调节电容而改变，调频过程不改变反馈系数，调节方便。但在高频振荡时，晶体管的寄生电容将使振荡器停振，所以一般只用于几十兆赫兹以下的振荡。图(c)为电容反馈式振荡电路，C_1、C_2、L 构成并联谐振回路，C_1、C_2 对回路电压进行分压，形成反馈。该电路的振荡频率不能通过调节电容来改变，否则将改变反馈系数，要靠调节电感来调节电路的频率，因此频率调节很不方便。在高频振荡时，晶体管的寄生电容和振荡电容并联，不会破坏振荡条件，所以该电路常用于高频固定频率振荡。

(3) 石英晶体正弦波振荡电路

由石英晶体组成的选频网络具有非常稳定的固有频率，常用于对振荡频率稳定性要求非常高的电路中。石英晶体的等效电路如图 6.95 所示，C_0 是晶片的静态电容，L、C、R 为晶片振动时的等效电感、电容和摩擦损耗，其中 $C \ll C_0$。该等效电路串联谐振频率 $f_s = \frac{1}{2\pi\sqrt{LC}}$，并联谐振频率 $f_p = \frac{1}{2\sqrt{L\frac{CC_0}{C+C_0}}} = f_s\sqrt{1+\frac{C}{C_0}} \approx f_s$。

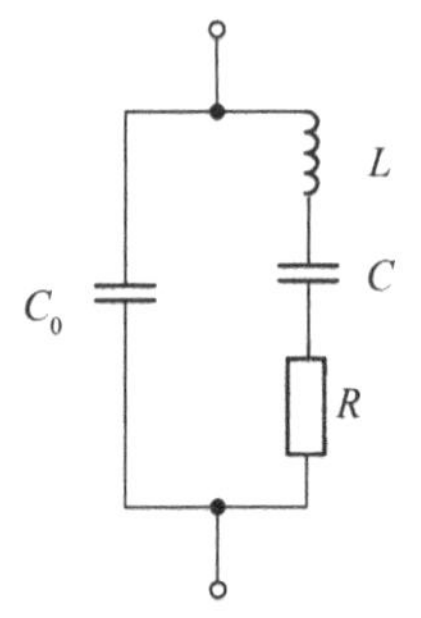

图 6.95　石英晶体等效电路

石英晶体正弦波振荡电路有并联型和串联型两种类型，如图 6.96 所示。图 6.96(a)为并联型石英晶体振荡电路，其实质是把电容反馈式 LC 振荡电路中的电感 L 用石英晶体来替代，石英晶体在电路中起电感 L 的作用。电路的振荡频率处于石英晶体的串并联谐振频率之间 $f_s < f_0 < f_p$。

图 6.96(b)为串联型石英晶体振荡电路，由两级放大器组成，第一级为共基极电路，第二级为共集电极电路，石英晶体所在支路为放大器的反馈网络。串联型石英晶体振荡电路的振荡频率为石英晶体的串联谐振频率 f_s。

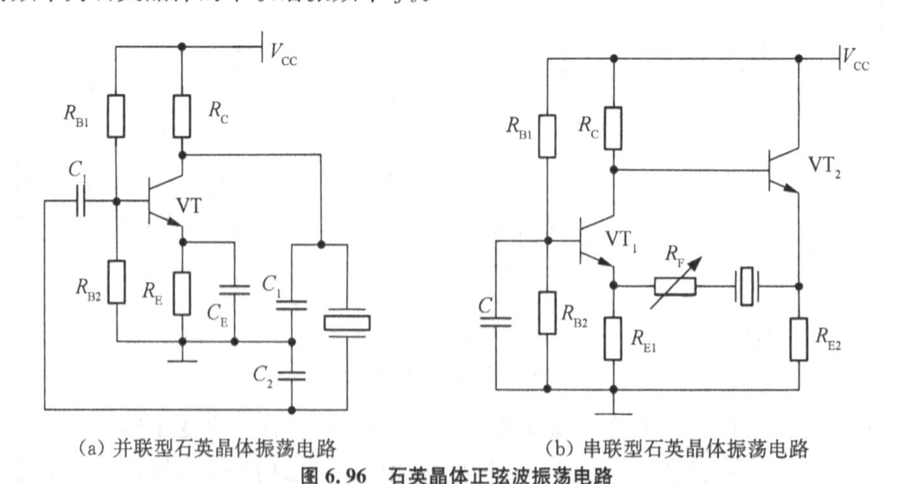

(a) 并联型石英晶体振荡电路　　(b) 串联型石英晶体振荡电路

图 6.96　石英晶体正弦波振荡电路

2) 非正弦信号产生电路

(1) 方波产生电路

方波可以利用电压比较器来实现，如过零比较器、滞回比较器等。以滞回比较器为例，方波产生电路如图 6.97(a)所示，输出电压 u_o 为 $\pm U_{om}$ 的反复翻转。输出高电平的时间为 $t_H = R_f C\ln\left(1+\frac{2R_2}{R_1}\right)$，输出低电平的时间为 $t_L = R_f C\ln\left(1+\frac{2R_2}{R_1}\right)$，该电路周期 $T=t_H+t_L=2R_f C\ln\left(1+\frac{2R_2}{R_1}\right)$，占空比为 $Q=50\%$。实际应用中，为了使输出电压的幅值更加稳定，可在运算放大器的输出端加接一个双向稳压管，如图 6.97(b)所示。方波正、负半周时间 T_1 和 T_2 由电路充放电时间常数决定，如要实现占空比可调的方波，可让正向充电经电阻 R_{f1} 进行，而放电和反向充电经电阻 R_{f2} 进行，调节电位器 R_P 使充放电电阻不相等，如图 6.97(c)所示。该电路周期为 $T=(R_{f1}+R_{f2}+R_P)\ln\left(1+\frac{2R_2}{R_1}\right)$，占空比为 $Q=\frac{R_{f1}+R_{P1}}{R_{f2}+R_{P2}}$。

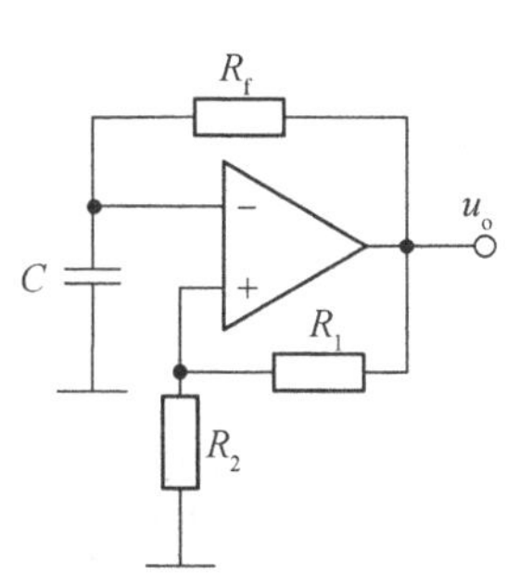

(a) 基本方波产生电路

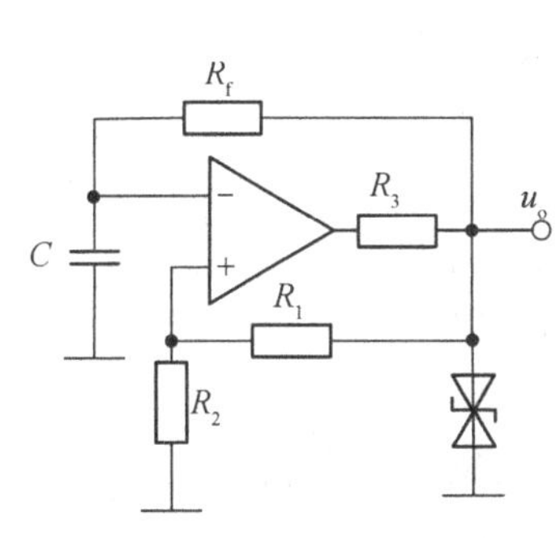

(b) 双向稳压管稳幅方波产生电路

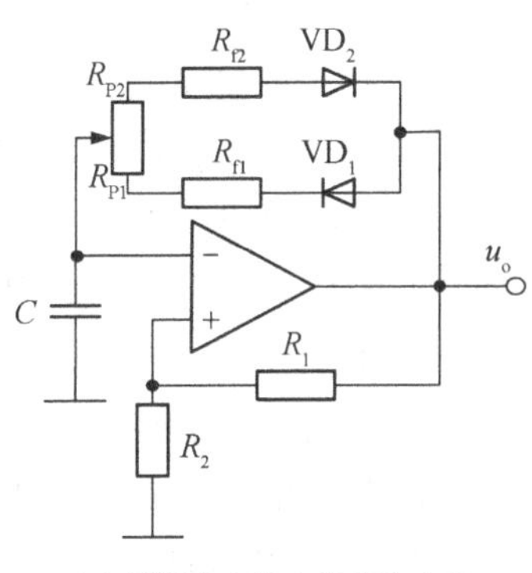

(c) 可调占空比方波产生电路

图 6.97　方波产生电路

另外，用 555 也可构成方波产生信号，电路如图 6.98 所示。输出高电平的持续时间 t_H 是电容电压 u_C 从 $\frac{1}{3}V_{CC}$ 上升到 $\frac{2}{3}V_{CC}$ 所需的时间，其近似计算公式为 $t_H\approx 0.7(R_1+R_2)C$；输出低电平的持续时间 t_L 是电容电压 u_C 从 $\frac{2}{3}V_{CC}$ 下降到 $\frac{1}{3}V_{CC}$ 所需的时间，其近似计算公式为 $t_H\approx 0.7R_2C$；输出方波的振荡周期为 $T_w=t_H+t_L\approx 0.7(R_1+2R_2)C$；输出方波的占空比为 $Q=\frac{t_H}{T_w}\approx\frac{0.7(R_1+R_2)C}{0.7(R_1+2R_2)C}\approx\frac{R_1+R_2}{R_1+2R_2}$。

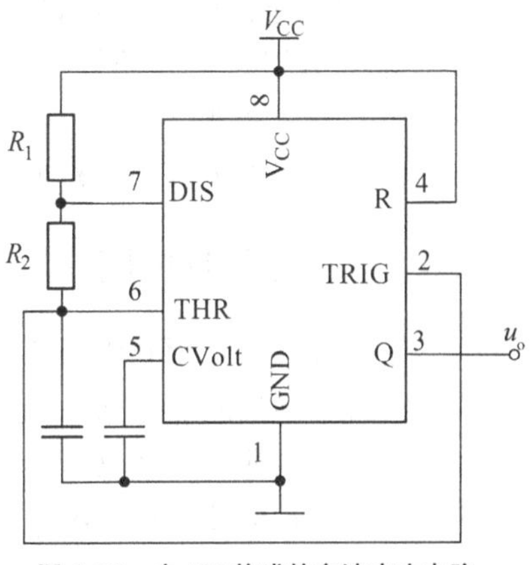

图 6.98　由 555 构成的方波产生电路

(2) 三角波和锯齿波产生电路

积分电路可以将方波变成三角波，电路如图 6.99 所示。滞回比较器的 RC 充放电回路用积分电路取代，积分电路和滞回比较器的输出互为另一个电路的输入，共同构成闭合环路。该电路电容 C 充放电时间常数相同，所以输出波形为对称三角波。该电路周期为 $T=\frac{4R_2R_4C}{R_1}$，占空比为 $Q=50\%$。电路中如果电容 C 充放电时间常数不同，则可使积分电路输出为不对称的三角波，即锯齿波，如图 6.100 所示。该电路周期为 $T=\frac{2R_2(R_4+R_5+2r_D)C}{R_1}$，占空比为

$Q=\frac{R_4+r_D}{R_4+R_5+2r_D}$。

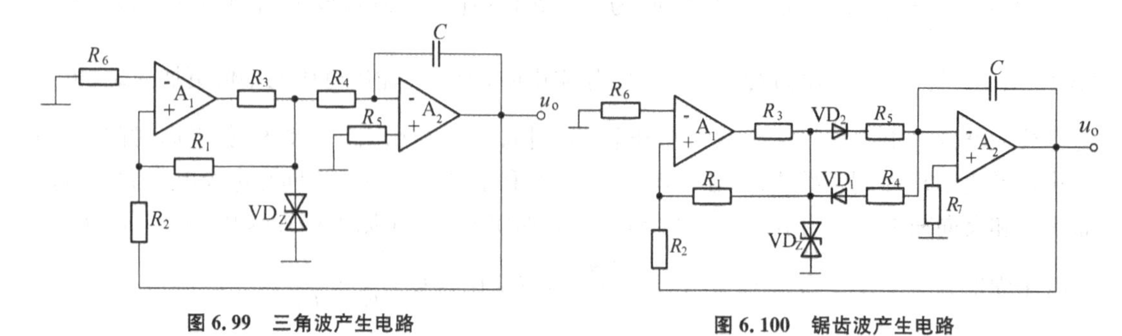

图 6.99 三角波产生电路

图 6.100 锯齿波产生电路

3）集成函数发生器 8038 典型应用

利用 8038 构成的函数发生器如图 6.101 所示，其振荡频率由电位器 R_{P1} 滑动触点的位置、C 的容量、R_A 和 R_B 的阻值决定，图中 C_1 为高频旁路电容，用以消除 8038 引脚 8 的寄生交流电压，R_{P2} 为方波占空比和正弦波失真度调节电位器，当 R_{P2} 位于中间时，引脚 9、3 和 2 的输出波形分别为方波、三角波和正弦波。

当 R_{P2} 在中间位置，调节 R_{P1} 可以改变正电源与引脚 8 之间的控制电压（即调频电压），则振荡频率随之变化，因此该电路是一个频率可调的函数发生器。

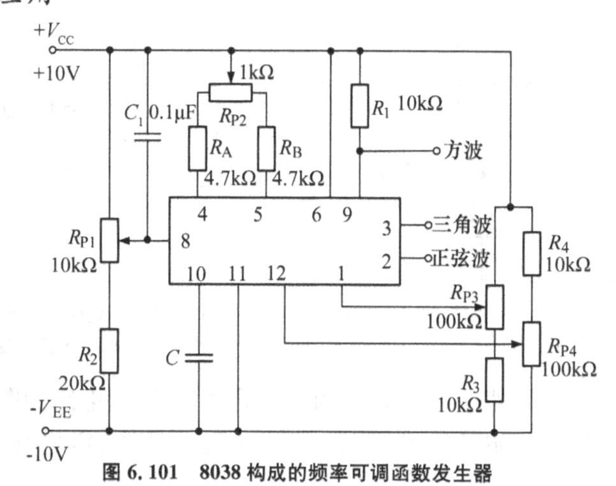

图 6.101 8038 构成的频率可调函数发生器

6.3.5 信号处理电路

信号处理电路是指利用集成运算放大器或者专用模拟集成电路，配以少量的外接元件构成的具有各种功能的电路，主要有信号放大、信号滤波、信号隔离、信号抗扰、信号转换等，放大电路和无源滤波上文已有介绍，这里主要介绍信号有源滤波电路和信号转换电路。有源滤波器是一种能使有用频率信号通过而同时抑制或衰减无用频率信号的电子装置，由运算放大器和 RC 网络组成，具有体积小、重量轻、具有放大作用、增益可调、稳定性高等优点，但因运放带宽的限制，工作频率难以做得很高。有源滤波器可分为低通滤波器、高通滤波器、带通滤波器和带阻滤波器。信号转换电路主要包括电压/电流转换电路、电流/电压转换电路、电压/频率转换电路。

1）信号滤波电路

（1）低通滤波器

如果在一级 RC 低通电路的输出端再加上一个电压跟随器，使之与负载很好地隔离开，就构成了一个简单的一阶低通滤波器。如果希望电路不仅有滤波功能，而且能起放大作用，则只需将电路中的电压跟随器改成同相比例电路即可，如图 6.102 所示。但一阶低通滤波器的带外衰减速率较慢，为了使输出电压在高频段以更快的速率下降，改善滤波效果，常采用高阶滤波器。图 6.103 所示为常用的二阶低通滤波器，其上限截止频率为 $f_H = 1/2\pi RC$，幅频响应表达式为：

$$\left|\frac{A(j\omega)}{A_0}\right| = \frac{1}{\sqrt{\left[1-\left(\frac{\omega}{\omega_n}\right)^2\right]^2+\left(\frac{\omega}{\omega_n Q}\right)^2}}$$

式中：$A_0 = A_{vf} = 1+\frac{R_f}{R_1}$；$\omega_n = \frac{1}{RC}$；$Q = \frac{1}{3-A_{vf}}$。若 $Q=0.707$，则称这种滤波器为巴特沃斯滤波器。该电路只有在 $A_0 = A_{vf} < 3$ 时才能稳定工作，当 $A_0 = A_{vf} \geq 3$ 时，电路将自激振荡。

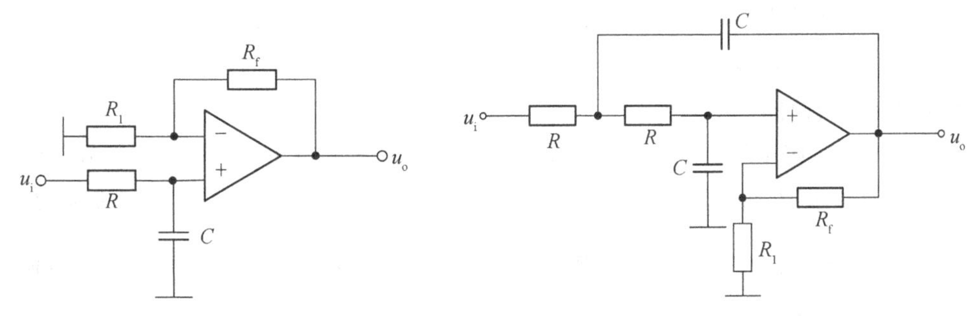

图 6.102　一阶低通滤波器　　**图 6.103　二阶低通滤波器**

(2) 高通滤波器

将低通滤波器中 R 和 C 位置互换，就可得到高通滤波器，如图 6.104 所示。该电路下限截止频率为 $f_L = 1/2\pi RC$、幅频响应表达式为：

$$\left|\frac{A(j\omega)}{A_0}\right| = \frac{1}{\sqrt{\left[1-\left(\frac{\omega_n}{\omega}\right)^2\right]^2+\left(\frac{\omega_n}{\omega Q}\right)^2}}$$

式中：$A_0 = A_{vf} = 1+\frac{R_f}{R_1}$；$\omega_n = \frac{1}{RC}$；$Q = \frac{1}{3-A_{vf}}$。

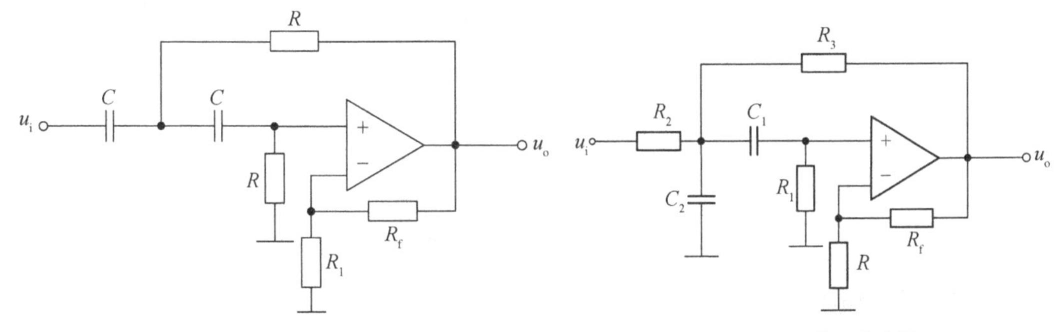

图 6.104　二阶高通滤波器　　**图 6.105　带通滤波器**

(3) 带通滤波器

带通滤波器的作用是只允许某一段频带内的信号通过，而将该频带以外的信号阻断，可通过低通滤波器和高通滤波器的串联组合来实现，且需保证高通滤波器的下限截止频率 f_1 低于低通滤波器的上限截止频率 f_2，电路如图 6.105 所示。该电路通频带即为低通滤波器和高通滤波器频带的覆盖部分，即为$[f_1, f_2]$。

(4) 带阻滤波器

带阻滤波器的作用与带通滤波器相反，即在规定的频带内，信号被阻断，而在此频带之外，信号能顺利通过，可通过低通滤波器和高通滤波器的并联组合来实现，且需保证高通滤波器的下限截止频率 f_1 高于低通滤波器的上限截止频率 f_2，电路如图 6.106 所示。所有 $f<f_2$ 的信号均可以从低通滤波器通过，所有 $f>f_1$ 的信号均可以从高通滤波器通过，唯有 $f_2<f<f_1$ 的信号被阻断。

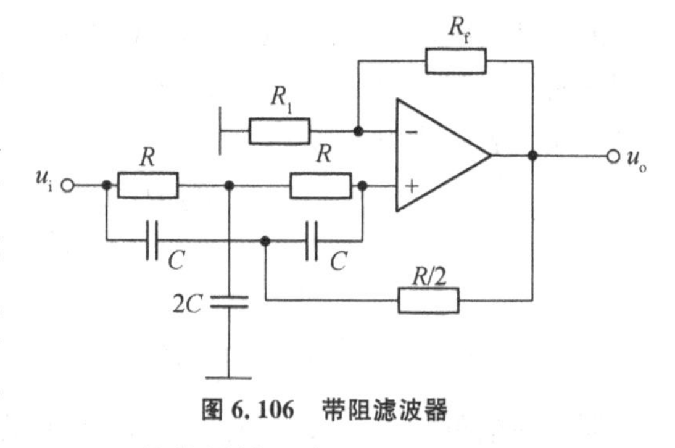

图 6.106 带阻滤波器

2) 信号转换电路

(1) V/I 转换电路

V/I 转换电路用于将输入电压转换为与之成线性关系的输出电流信号。图 6.107(a)为简单的 V/I 转换电路。R_L 为负载电阻，信号电压在运放同相端输入，利用理想运放特性，可得电流 $I=\dfrac{U}{R_1+R_2}$，输入电压 U 变换成电流 I 信号输出，变换系数可由 R_2 调节。为降低功耗、增大输出电流、提高转换精度，可采用图 6.107(b)所示电路。运放 A_1 构成比较器，A_3 构成电压跟随器，起负反馈作用。输入信号 U_i 与反馈信号 U_f 比较，在比较器 A_1 的输出端可得到输出电压 U_1，U_1 控制运放 A_2 的输出电压 U_2，从而改变晶体管 VT_1 的输出电流 I_L，而输出 I_L 又影响反馈电压 U_f，达到跟踪输入电压 U_i 的目的。输出电流 I_L 的计算式为 $I_L=U_f/(R_W+R_7)$，因负反馈使 $U_i=U_f$，所以 $I_L=U_i/(R_w+R_7)$，调节 R_W 可改变其变换系数。

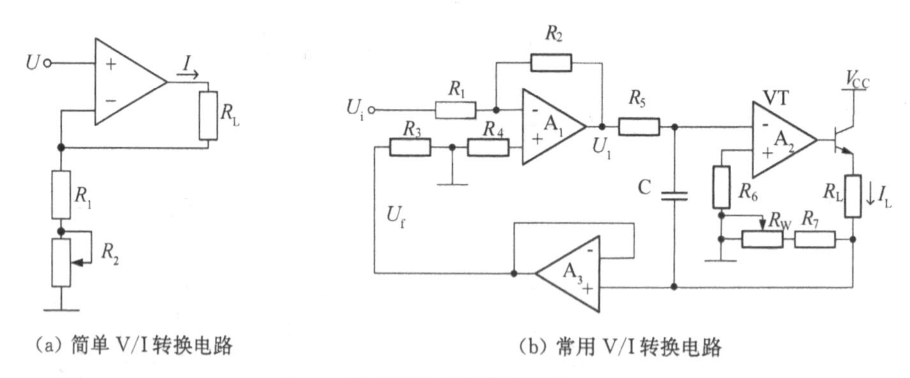

(a) 简单 V/I 转换电路　　(b) 常用 V/I 转换电路

图 6.107 V/I 转换电路

(2) I/V 转换电路

最简单的 I/V 转换电路可以利用一个电阻将电流信号转换为电压信号，如用 500 Ω 的精密电阻，可将 0～10 mA 的电流信号转换为 0～5 V 的电压信号，电路如图 6.108(a)所示。其中 R、C 构成低通滤波网络，R_W 用于调整输出电压值，该电路只适用于不存在共模干扰的直流信号。图 6.108(b)为常用的 I/V 转换电路，图中运放 A_1 选用较高共模抑制比的运算放大器，放大倍数为 $A=1+R_f/R_1$。输入电流为 I_i，则在运放同相输入端输入电压为 I_iR_4，经放大后输出电压为 AI_iR_4。

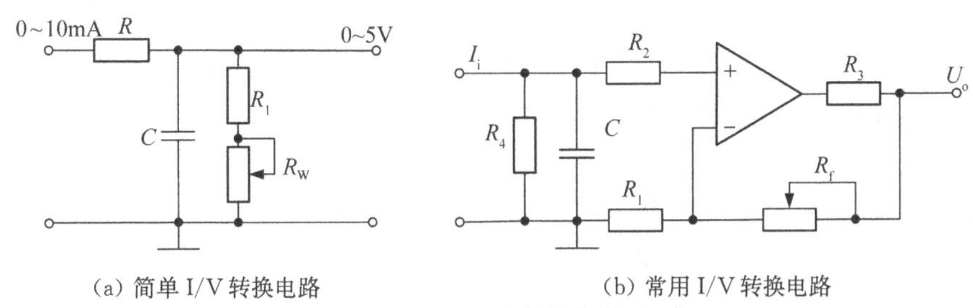

(a) 简单 I/V 转换电路　　(b) 常用 I/V 转换电路

图 6.108　I/V 转换电路

(3) V/F 转换电路

V/F 转换电路能将输入信号电压转换为相应的频率信号，LM331 是目前一种十分常用的电压/频率转换器，由美国 NS 公司生产，还可用作 A/D 转换器、线性频率调制解调器、长时间积分器等。LM331 内部带有温度补偿的电压基准电路，在 4～40 V 的工作电压范围内非线性失真度小于 0.01%，转换精度高，用作 A/D 转换时可达 12 位分辨率，配合几个外围元件便可完成电压-频率、频率-电压转换，采用集电极开路输出，便于与各种逻辑电平的电路连接。LM331 可采用单电源或双电源供电，单电源供电时为 4～40 V，双电源供电正负电源电位差小于 40 V，输出端可接高达 40 V 的电压。

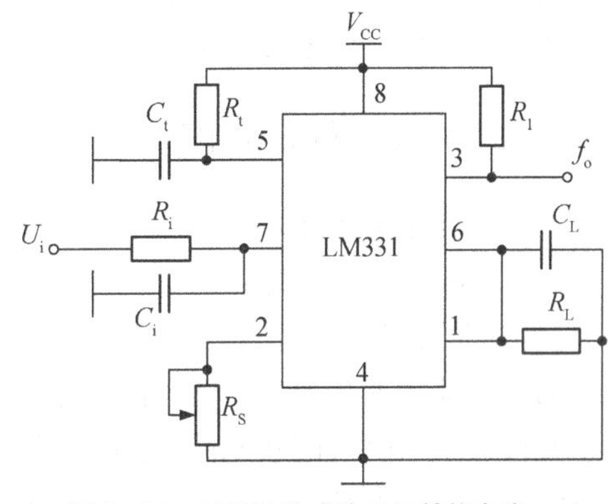

图 6.109　LM331 构成的 V/F 转换电路

LM331 的 V/F 转换电路如图 6.109 所示，LM331 内部由输入比较器、定时比较器、R-S 触发器、输出驱动、复零晶体管、能隙基准电路和电流开关等部分组成。输出驱动管采用集电极开路形式，因而可以选择逻辑电流和外接电阻，灵活改变输出脉冲的逻辑电平，以适配不同的逻辑电流。当输入端(7 管脚)U_i输入一正电压时，输入比较器输出高电平，LM331 内部触发器置位，输出高电平，输出驱动管导通，3 管脚输出端 f_0为逻辑低电平。同时由于复零晶体管截止，电源 V_{CC}也通过电阻 R_t对电容 C_t充电，当电容 C_t两端充电电压大于 V_{CC}的 2/3 时，LM331 内部触发器复位，输出低电平，输出驱动管截止，3 管脚输出端 f_0为逻辑高电平。同时，复零晶体管导通，电容 C_t通过复零晶体管迅速放电；电子开关使电容 C_L对电阻 R_L放电。当电容 C_L放电电压等于输入电压时，输入比较器再次输出高电平，使内部触发器置位，如此反复循环，构成自激振荡。输出脉冲频率 f_0与输入电压 U_i成正比，从而实现了电压-频率的线性变换。其输出频率和输入电压关系为$f_0=U_i/(R_L I_R t_1)$，$I_R=1.9/R_S$，$t_1=1.1R_tC_t$，选用器件时，R_s、R_L、R_t、C_t直接影响转换结果，所以应选用精度较高、温漂较小的器件。R_t、C_t可取典型值 6.8 kΩ 和 0.01 μF，即为 7.5 μs。电容 C_L对转换结果虽然没有直接的影响，但应选择漏电流小的电容。R_i、C_i构成输入滤波电路，可减小输入电压的毛刺干扰信号，提高输出频率的稳定性。

(4) F/V 转换电路

由 LM331 构成的 F/V 转换电路如图 6.110 所示，输入脉冲 f_i经 R_1、C_1组成的微分电路加到输入比较器的反相输入端。当输入脉冲的下降沿到来时，经微分电路 R_1、C_1产生负向尖峰脉冲，当负向尖峰脉冲大于 $V_{CC}/3$ 时，输入比较器输出高电平使触发器置位，其内部的电流源对电容 C_L 充电，同时因复零晶体管截止而使电源 V_{CC} 通过电阻 R_t 对电容 C_t 充电。当电容 C_L 两端电压达到 $2V_{CC}/3$ 时，定时比较器输出高电平使触发器复位，电容 C_L 通过电阻 R_L 放电，同时，复零晶体管导通，定时电容 C_t 迅速放电，完成一次充放电过程。此后，每当输入脉冲的下降沿到来时，电路重复上述的工作过程。从前面的分析可知，电容 C_L 的充电时间由定时电路 R_t、C_t 决定，充电电流的大小由电流源决定，输入脉冲的频率越高，电容 C_L 上积累的电荷就越多，输出电压（电容 C_L 两端的电压）就越高，实现了频率-电压的变换，其输出电压和输入频率关系为 $U_o=\dfrac{2.09R_LR_tC_tf_i}{R_S}$。器件选用时，若 C_1 容量太小，则微分后幅度太小，但 C_1 容量小，有利于提高转换电路的抗干扰能力；电阻 R_L 和电容 C_L 组成低通滤波器，C_L 取值大，输出电压 U_o 纹波小，但 C_L 取值小，当输入脉冲频率变化时，输出响应快。因此对 C_1、C_L 的取值应根据具体电路综合权衡。

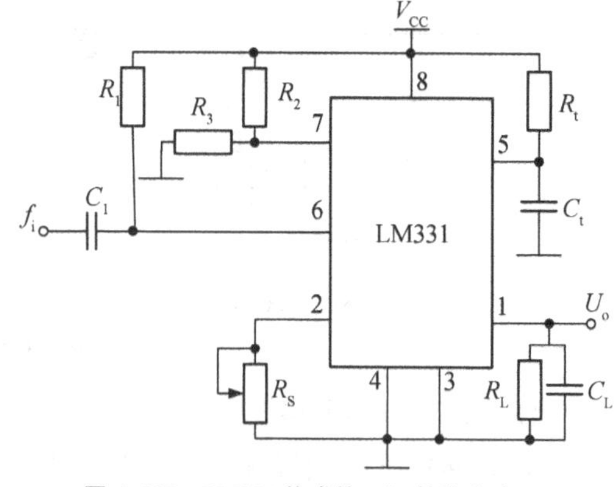

图 6.110 LM331 构成的 F/V 转换电路

6.3.6 传感器应用电路

1) 传感器简介

(1) 传感器的定义

传感器是指能感受并响应被测物理量，并按照一定的规律将其转换成为可供测量的输出信号的器件或装置。传感器的组成并无严格的规定。一般说来，可以把传感器看做由敏感元件（热敏元件、磁敏元件、光敏元件等）和变换元件两部分组成。敏感元件指能直接感受或响应被测量的部分；转换元件指将敏感元件感受或响应的被测量转换成适于传输或测量的电信号部分。传感器的输出信号一般都很微弱，需要有信号调整与转换电路对其进行放大、运算等，有的调整与转换电路与敏感元件集成在同一芯片上。此外，传感器工作必须有辅助的电源。

(2) 传感器的分类

传感器种类繁多，有多种分类方法。按检测功能可分为温度、光敏、压力、磁敏、声音、湿度、气体等传感器；按工作原理可分为压电式、光电式、吸附式、压阻式、热点式等传感器；按制造材料可分为金属、聚合物、半导体、陶瓷、混合物等传感器；按输出信号形式可分为模拟信号传感器和数字信号传感器。

(3) 传感器的选用

传感器的种类多种多样，相同的物理量可选用不同工作原理的传感器，因此要根据实际情况选用适宜的传感器。一般需要考虑以下几个方面：一是测量条件，根据测量目的、测量范围、被测信号带宽、测量精度和每次测量所需时间等不同条件正确选型；二是传感器的性能，根据传感器的测量精度、稳定性、响应速度、模拟或数字输出以及输出电平等性能正确选型；三是传感器的使用条件，根据传感器的工作场所、工作环境、测量时间、输出信号传递距离和与外设连接方式等使用条件正确选型。

2）温度传感器

温度传感器是一种将温度变化转换为电学量变化的装置，常用于温度测量，可分为热敏电阻温度传感器、热电阻温度传感器、热电偶温度传感器、集成温度传感器等类型。

(1) 热敏电阻温度传感器

热敏电阻按半导体电阻随温度变化的典型特性分为三种类型：负温度系数热敏电阻NTC(Negative Temperature Coefficient)、正温度系数热敏电阻 PTC(Positive Temperature Coefficient)、临界温度系数热敏电阻 CTR(Critical Temperature Resistor)。CTR 在某一特性温度下电阻值会发生突变，主要用作温度开关。PTC 常用于彩电消磁、各种电器设备的过热保护和发热源的定温控制等。NTC 常用于温度测量、自动控制和电子线路的温度补偿等。NTC 热敏电阻的电阻值与温度的关系为：

$$R_t = R_0 \exp\left[B\left(\frac{1}{T} - \frac{1}{T_0}\right)\right]$$

式中：T 为被测温度(K)；B 为热敏电阻的材料常数，其值主要取决于热敏电阻的材料。一般情况下，B=2 000～6 000 K；R_t、R_0分别为 T、T_0时的热敏电阻值。

图 6.111 是利用热敏电阻和 555 构成的双限温度控制器。电路中 R_{t1}、R_{t2} 为负温度系数热敏电阻。当温度为 t_1 时，调整 R_{w1}，使 $R_{w1}=R_{t1}/2$，则 555 的 2 脚输入电压为 $V_{CC}/3$。当温度为 t_2($t_2>t_1$)时，调整 R_{w2}，使 $R_{w2}=2R_{t2}$，则 555 的 6 脚输入电压为 $2V_{CC}/3$。当温度低于 t_1 时，555 的 2 脚输入电压低于 $V_{CC}/3$，6 脚输入电压低于 $2V_{CC}/3$，3 脚输出为高电平，继电器吸合，指示灯 LED2 亮，LED1 灭；温度上升高于 t_1时，555 的 2 脚输入电压高于 $V_{CC}/3$，6 脚输入电压低于 $2V_{CC}/3$，3 脚输出保持不变；当温度上升高于 t_2 时，555 的 2 脚输入电压高于 $V_{CC}/3$，6 脚输入电压高于 $2V_{CC}/3$，3 脚输出为低电平，继电器停止工作，指示灯 LED1 亮，LED2 灭。

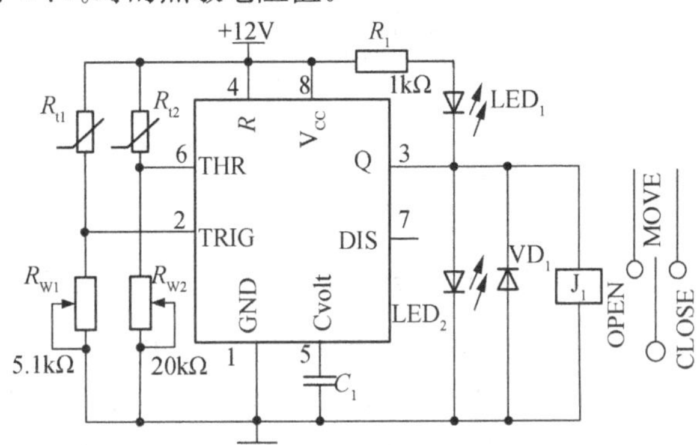

图 6.111 热敏电阻和 555 构成的双限温电路

(2) 热电阻温度传感器

通常采用的热电阻有铂电阻、铜电阻和镍电阻。其中，铂电阻具有很好的稳定性和测量精度，常用作工业测温元件和温度标准。常用的铂电阻有 Pt_{100}、Pt_{1000}等，下标表示铂电阻在 0 ℃时的阻值。

图 6.112 是铂电阻温度传感器的典型应用电路，该电路中铂电阻为 Pt_{1000}，不同温度下电阻值 $R_t=1\ 000(1+At+Bt^2)$，其中 A、B 为分度系数，A=0.003 862 313 972 8，B=−0.000 000 653 149 326 26。运放 A 把变化的阻值转换成对应的电压信号，输出电压为 $U_{OA}=-\frac{R_t}{R_1}U_{ref}$，运放 B 输出电压为 $U_{OUT}=-\frac{R_4}{R_3}U_{OA}-\frac{R_4}{R_2}U_{ref}$，根据输出电压值就可计算出温度值。

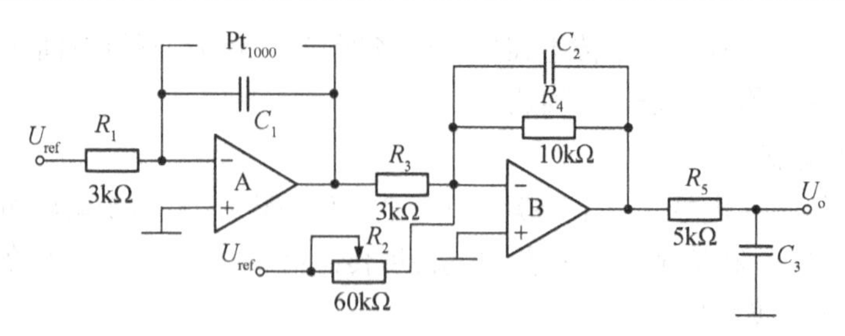

图 6.112 铂电阻测温电路

(3) 热电偶传感器

两种不同的金属 A 与 B 按图 6.113 所示组合，当两个接点温度不同时回路将产生电势，该电势的方向和大小取决于两导体的材料及两接点之间的温度差，而与导体的粗细、长短无关。这种现象称为热电效应，组成的测量传感器称为热电偶。测量时将工作端或热端(T)置于被测温度场中，自由端或冷端(T_0)恒定在某一温度，此时热电偶的热电势是测量端温度 T 的单值函数。热电偶有三大基本定律，分别为均质导体定律、中间导体定律、标准电极定律，利用中间导体定律，把测量仪表及引线作为第三种导体构成热电偶回路，可以测出输出电势，图 6.114 为热电偶测量单点温度的基本电路。

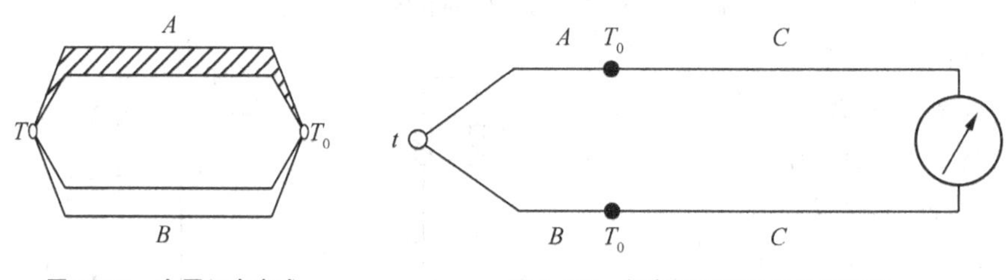

图 6.113 金属组合方式

图 6.114 热电偶测量单点温度电路

(4) 集成温度传感器 AD590 及其应用

AD590 是美国模拟器件公司生产的单片集成两端感温电流源，它是利用 PN 结正向电流与温度关系制成的电流输出型两端传感器。该器件具有线性好、精度适中、灵敏度高、体积小、使用方便等特点。其主要特性有：流过器件的电流 I_o(μA)等于器件所处环境的热力学温度 T(K)；测温范围为－55 ℃～＋150 ℃；电源电压范围为 4～30 V；输出电阻为 710 MΩ；精度高，共有 I、J、K、L、M 五挡，其中 M 挡精度最高，在－55 ℃～＋150 ℃范围内，非线性误差为±0.3 ℃。

AD590 用于测量热力学温度的基本应用电路如图 6.115 所示。因为流过 AD590 的电流与热力学温度成正比，当电阻 R_1 和电位器 R_{w1} 的电阻之和为 1 kΩ 时，输出电压 U_o 随温度的变化为 1 mV/K。但由于 AD590 的增益有偏差，电阻也有偏差，因此应对电路进行调整。调整的方法为：把 AD590 放于冰水混合物(0 ℃环境)中，调整电位器 R_{w1}，使 U_o＝273.2 mV。或在室温下(25 ℃环境)调节电位器，使 U_o＝273.2＋25＝298.2 mV。但这样调整只可保证在 0 ℃或 25 ℃附近有较高精度。图 6.116 为 AD590 摄氏温度测量电路，AD581 是高精度集成稳压器，输入电压最大为 40 V，输出电压为 10 V。电路中电位器 R_2 用于调整零点，电位器 R_4 用于调整运放的增益。调整方法如下：在 0 ℃时调整 R_2，使输出 U_o＝0，然后在 100 ℃时调整 R_4 使 U_o＝100 mV。如此反复调整多次，直至 0 ℃时 U_o＝0，100 ℃时 U_o＝100 mV

为止。最后在室温下进行校验，如果室温为 25 ℃，那么 U_o应为 25 mV。若要使图 6.116 中输出变化为 200 mV/℃，可通过增大反馈电阻来实现。

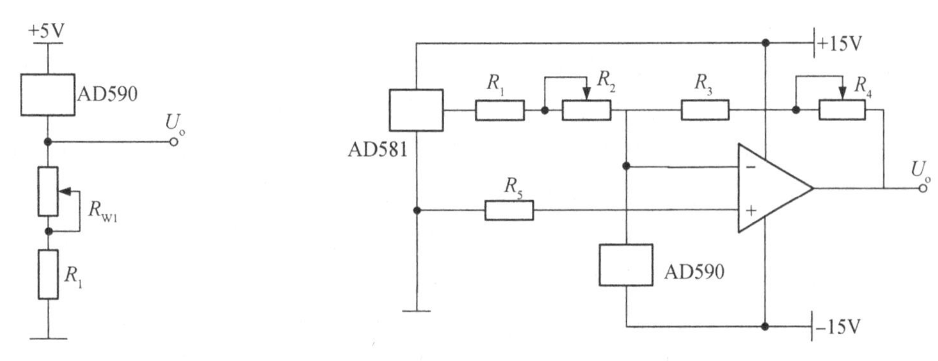

图 6.115　AD590 基本应用电路

图 6.116　AD590 测量摄氏温度电路

利用两块 AD590，可按图 6.117 组成温差测量电路。两块 AD590 分别处于两个被检点，它们的温度分别为 t_1(℃)和 t_2(℃)，假设两块 AD590 输出电压随温度的变化均为 K_T mV/℃，则运放的输出电压 $U_o=(t_1-t_2)(R_3+R_4)K_T$。电路中引入电位器 R_1，通过隔离电阻 R_2注入一个校正电流，以获得平稳的零位误差，而电位器 R_4主要用于调整运放的增益。

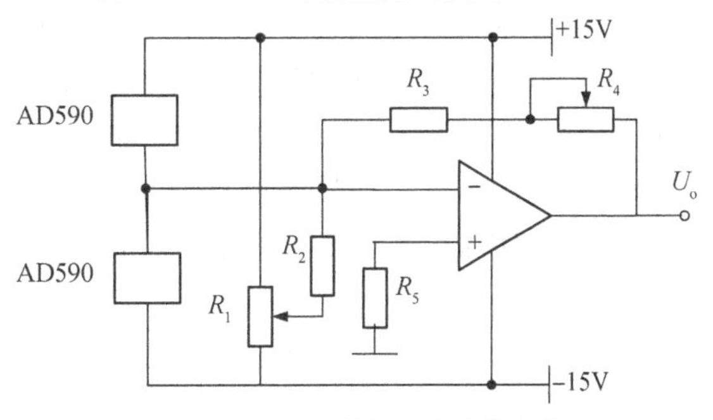

图 6.117　AD590 测量两点温度差电路

3）光敏传感器

光敏传感器是把光信号转化成电信号的传感器件，广泛应用于自动控制、产品计数、检测、安全报警等电路中。光敏传感器主要类型有光敏电阻、光敏二极管、光敏三极管、集成光敏传感器、光纤传感器等。本节只简单介绍光敏电阻传感器的原理及应用。

光敏电阻的作用机理是基于半导体材料的光电导效应，即当光照射半导体时，将使半导体中的电子—空穴对数量发生变化，从而使半导体的电导率发生变化。多数光敏电阻的暗电阻一般在兆欧数量级，亮电阻在几千欧以下。在应用中，光敏电阻可以当做一个电阻元件使用，利用电阻值在有光和无光两种情况下的锐变来实现特定电路的功能，常用于开关量的测量。图 6.118 为用光敏电阻控制的照明灯自动开关电路，R_p为光敏电阻，KM 为电流继电器。在黑暗状态下，R_P阻值很大，继电器不动作，其动断触头处于接通状态，照明灯亮；当有光照射光敏电阻时，其 R_p值减小，电流增大，继电器动作，其动断触头断开，照明灯灭。

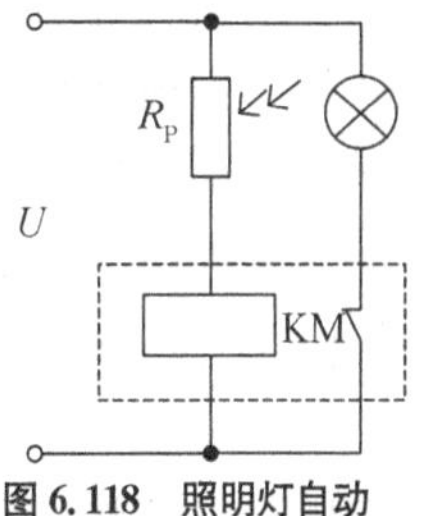

图 6.118　照明灯自动开关电路

4）磁敏传感器

磁敏传感器能把磁场信号转换成电信号，不但可用于检测磁场和磁通量，还可用于测量电流、电功率、位移、转速、加速度等物理量，也可用作无触点开关。根据材料不同主要有磁敏电阻、磁敏晶体管、霍尔传感器、干簧管等。

干簧管是最简单的磁控机械开关，由带磁性和不带磁性的两个触点构成，在没有外加磁场作用时，这两个触点是断开（常开型）或接通（常闭型）。在外加磁场作用下闭合或断开。常应用于简易报警、保温、照明电路。

把一个磁场加到一个通有电流的导体上，在该导体的两侧面就会产生一个电压，这就是霍尔效应。根据霍尔效应，人们用半导体材料制成的元件叫霍尔元件。由于霍尔元件产生的电势差很小，通常将霍尔元件与放大器电路、温度补偿电路及稳压电源电路等集成在一个芯片上，即是霍尔传感器。霍尔传感器可分为开关型和线性型两种，开关型霍尔传感器由稳压器、霍尔元件、差分放大器和输出级组成，输出数字量，通过磁感应强度控制传感器“开”（输出低电平）或“关”（输出高电平），可用作转速测量等；线性型霍尔传感器由霍尔元件、线性放大器和射极跟随器组成，输出为模拟量，其输出电压与外加磁感应强度成正比，可用作位移测量等。

转速测量是开关型霍尔传感器的典型应用。如图 6.119(a)所示，在非磁性材料的圆盘上粘一块磁钢，将开关型霍尔传感器置于圆盘之外（其感应面对着磁钢），圆盘每旋转一周，霍尔传感器就输出一个脉冲，可用频率计或单片机配合来测得转速。常用的霍尔传感器有 UGN3040，是一个三端器件，只要接上电源、地即可工作，输出通常为集电极开路门输出，所以输出端需加接一个上拉电阻，其工作电压范围宽达 4.5～25 V，接线图如图 6.119(b)所示。实际应用时也可加接三极管以提高其带负载能力。

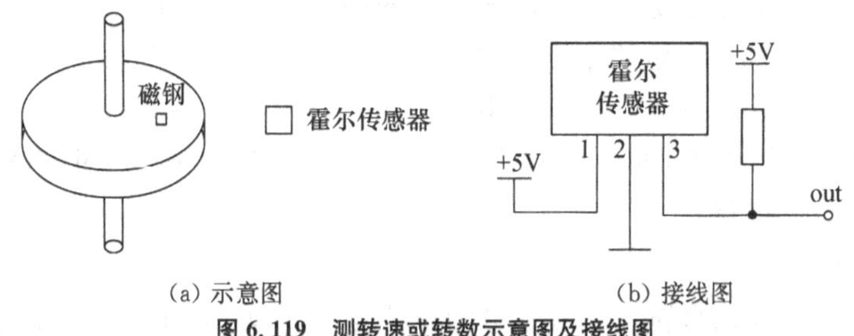

(a) 示意图　　(b) 接线图

图 6.119　测转速或转数示意图及接线图

5）压力传感器

某些电介质（石英晶体、钛酸钡、锆钛酸铅），当沿着一定方向对其施力而使它变形时，内部就产生极化现象，同时在它的两个表面上便产生符号相反的电荷，当外力去掉后，又重新恢复到不带电状态，这种现象称压电效应。压力传感器就是利用压电效应制成的，可以将压力转换为电信号输出，在气压、液压监测、加速度、电子称重、报警等方面有着广泛应用。如气体压力传感器 MPX5700，其输出电压与气体压力成正比，在 0～85 ℃工作温度范围内误差小于 2.5%，具有良好的互换性、测量精度高、响应速度快、便于与微处理器连接等特性。应用时只需将其 1 号引脚的输出信号送到单片机进行 A/D 转换，即可测得气体压力。

6.4　实训项目

6.4.1　项目 6.1　可调直流稳压电源

1）实训目标

① 设计并制作一个连续可调直流稳压电源。

② 利用仿真软件模拟仿真测试。

2）实训器材

变压器、稳压器、二极管、电容、电阻、电位器。

3）实训内容及要求

(1) 设计任务及要求

设计并制作一个连续可调直流稳压电源，主要技术指标要求如下：

① 输出电压在+5～+12 V之间连续可调；

② 最大输出电流 I_{omax}=1 A；

③ 纹波电压峰峰值≤5 mV；

④ 稳压系数≤3%；

⑤ 输出电阻≤30 mΩ。

(2) 方案论证

根据6.3.1节可知直流稳压电源主要包括变压器、整流、滤波、稳压几部分，电路组成框图如图6.120所示。本电路设计的重点主要是稳压器的设计，LM317稳压器主要参数如表6.1所示，稳压系数、输出电阻和最大输出电流均满足题目要求，因此本设计采用LM317为核心设计稳压电路。

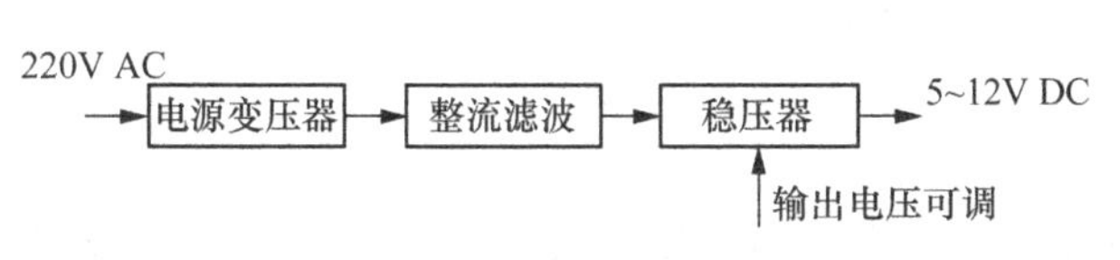

图6.120　直流稳压电源组成框图

表6.1　LM317稳压器主要参数

参　数	LM317
稳压系数(%/V)	0.02%
输出电阻(mΩ)	17
最大输出电流(A)	1.5

(3) 电路设计及器件选型

① 稳压电路

直流稳压电源电路的设计一般从稳压电路设计入手，需要确定稳压电路输入电压的范围，这样才便于整流二极管、变压器等参数选择，稳压电路如图6.121所示。

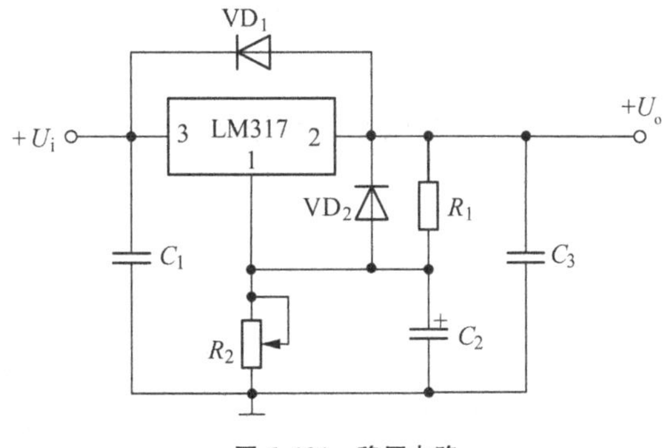

图6.121　稳压电路

根据上文可调输出集成稳压电路一节介绍，我们知道图中三种电容的作用、一般取值以及二极管的作用。这里，我们取 C_1 为0.33 μF，C_2 为10 μF，C_3 为1 μF。R_1 一般设定120～240 Ω，这里取值240 Ω。根据电路输出电压公式：

$$U_o=1.25\times(1+R_2/R_1)+I_{adj}\times R_2\approx1.25\times(1+R_2/R_1)$$

可以计算出要满足输出达到 12 V，R_2应大于 2 064 Ω，取 R_2为 4.7 kΩ 的电位器。

为保证稳压器在电网电压低时仍处于稳压状态，要求：

$$U_i\geqslant U_{omax}+(U_i-U_o)_{min}$$

式中：$(U_i-U_o)_{min}$是稳压器最小输入输出压差，典型值为 3 V。按一般电源指标的要求，当输入交流电压 220 V 变化±10%时，电源输出电压应稳定。所以稳压电路的最低输入电压为：

$$U_{imin}\approx[U_{omax}+(U_i-U_o)_{min}]/0.9$$

另一方面，为保证稳压器安全工作，要求：

$$U_i\leqslant U_{omin}+(U_i-U_o)_{max}$$

式中：$(U_i-U_o)_{max}$是稳压器允许的最大输入输出压差，典型值为 35 V。

综上，根据本实训项目要求，稳压电路的最低输入直流电压 U_{imin}为：

$$U_{imin}\geqslant[12+3]/0.9=16.67$$

这里取 U_i最小值为 17 V。

② 电源变压器

电源变压器副边电压有效值 U_2与稳压器输入电压 U_i的关系为：

$$U_2=\frac{U_i}{(1.1\sim1.2)}$$

电源变压器副边电流有效值 I_2与最大输出电流 I_{omax}的关系为：

$$I_2\geqslant I_{omax}$$

为确保电路设计的可靠性，本设计将电源最大输出电流增大到 1.1 A。因此，电源变压器副边电压有效值 $U_2\geqslant U_{imin}/1.1=17/1.1\approx15.5$ V，取 16 V，I_2 为 1.1 A。变压器副边的功率 $P_2=U_2I_2\geqslant16\times1.1=17.6$ W。若选用效率为 0.7 的变压器，则原边功率 $P_1\geqslant P_2/0.7=17.6/0.7\approx25.2$ W。由上分析，可选择副边电压为 16 V，输出 1.1 A，功率为 30 W 的电源变压器。

③ 整流滤波电路

本设计选用桥式整流，电容滤波方式，如图 6.122 所示。

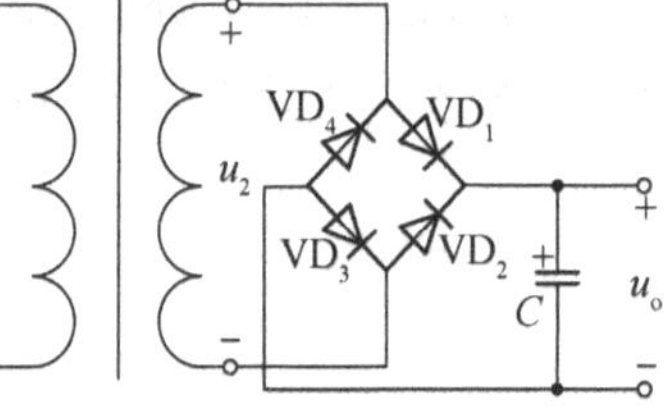

图 6.122 整流滤波电路

通过每个整流二极管的反向耐压电压 U_{RM}和正向平均电流 I_D应满足：

$$U_{RM}\geqslant\sqrt{2}U_2$$

$$I_D\geqslant I_{omax}/2$$

因此，$U_{RM}\geqslant1.414\times16\approx22.6$ V，$I_D\geqslant0.55$ A。经查找数据手册，整流二极管 1N4007 最高反向耐压为 1 000 V，最大正向平均电流为 1 A，满足参数要求，所以整流二极管 $VD_1\sim VD_4$ 可选用 1N4007。

滤波电容 C 的取值应满足：

$$C\geqslant(3-5)\frac{TI_{imax}}{2U_{imin}}$$

式中：T 为交流工频电压的周期，工频为 50 Hz，周期为 20 ms。因此，C 取值在 1 941～3 235 μF 之间，故可取 2 200 μF/25 V 的电解电容做滤波。

④ 稳压器功耗估算

当输入交流电压增加 10%时，稳压器输入直流电压最大，即

$$U_{imax} \approx 1.1 \times 1.1 \times U_2 = 1.1 \times 1.1 \times 16 = 19.36\ \text{V}$$

所以稳压器承受的最大压差为：19.36－5≈15 V，最大功耗为：

$$P_{wmax} = 15 \times 1.1 = 16.5\ \text{W}$$

故应选择散热功率大于 16.5 W 的散热器。

(4) 实物制作

① 原理图绘制

Step1：打开 Altium Designer 软件创建一个工程文件，之后新建一个原理图文件，并重命名保存。

Step2：装载原理图绘制需要的元件库。

Step3：在元件库中查找元件，放置在合适位置，并对每个元件进行属性设置(包括名称、封装、标注等)。

Step4：对放置整齐的元件进行电气连接。

Step5：对原理图文件进行编辑，检查是否有误。

② PCB 设计

Step1：创建一个 PCB 文件，系统自动与原理图文件一起放在工程文件下。

Step2：加载网络表，完成原理图和 PCB 图之间信息的同步，所有元件封装都出现在 PCB 图中。

Step3：手动布局元件，使 PCB 板整齐、美观。

Step4：手动布线，建立电路所需的所有电气连接。

Step5：添加安装孔，及覆铜等操作。

Step6：对 PCB 文件进行 DRC 检查，有误则进行修改。

③ PCB 制作

Step1：使用裁板机，按照 PCB 图的尺寸裁剪覆铜板，然后用木炭清洁覆铜板表面。

Step2：用打印机将 PCB 布线图打印在转印纸上。

Step3：用转印机将转印纸上的图转印到覆铜板上。

Step4：用三氯化铁溶液进行腐蚀。

Step5：将腐蚀好的电路板用水清洗。清洗干净后，再用钻床打孔、最后涂覆助焊剂。

④ 电路安装与调试

Step1：检查 PCB 板是否有断线、短路、破损等情况；检查元件型号、数量是否与需求清单一致。

Step2：焊接元件、安装变压器及散热器。

Step3：通电测试前进行检查，如整流二极管和滤波电容极性不能接反等。

Step4：电路性能指标测量，看是否满足设计要求。

Step5：故障诊断与排除。

经过上述过程，我们即可完成一个简单的可调直流稳压电源的设计与制作。

4）验收标准

检查学生制作的电源是否实现可调输出，性能指标是否达到要求，完成验收后每位同学提交一份实训报告，指导老师综合实物情况进行评分。

6.4.2 项目6.2 自动循迹小车

1）实训目标

设计并制作一小车，能按预定轨迹行驶，小车检测到起跑线后自动循迹行驶一周后回到起跑线停止行驶。黑色轨迹宽度约 1.5 cm，可用黑色绝缘胶带代替，轨迹两边贴有白纸，在轨迹的某位置设有一起跑线。

2）实训器材

两轮小车套件，杜邦线，导线，光电对管传感器，电压比较器，发光二极管，7805 稳压芯片，二极管，电容，电阻，三极管，电位器，电机，按键开关，插针。

3）实训内容及要求

（1）设计任务及要求

小车设计具体要求：

① 必须使用数字、模拟电路控制设计。

② 小车可用玩具汽车改装，但不可人工遥控行驶（包括有线和无线遥控）。

③ 小车从起跑线出发，能自动循迹一周再回到起跑线且停止在起跑线上。

（2）方案论证

自动循迹小车设计共分为三个模块：电源模块、传感模块和电机驱动控制模块。三个模块相互配合工作，使小车循迹行驶，电路组成框图如图 6.123 所示。

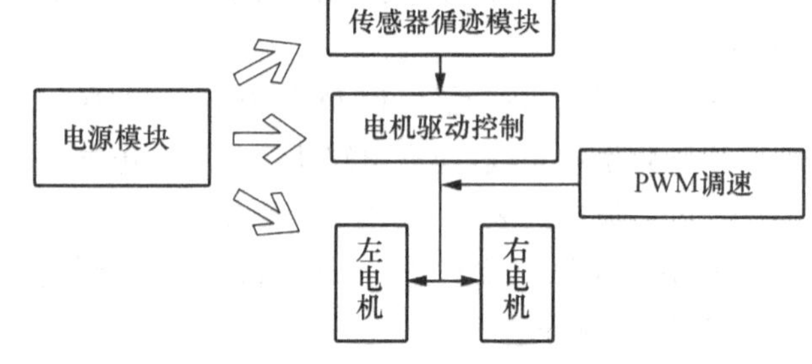

图 6.123 自动循迹小车电路组成框图

（3）单元电路设计

① 电源模块

由于系统中干扰比较大，所以可对各个模块单独供电，将各种干扰降到最低。电源可使用三端固定稳压芯片 7805 来实现稳压输出，具体电路分析详见 6.3.1 节。

② 传感模块

可以使用光电对管 RPR220 和电压比较器 LM339 构成传感模块。光电对管 RPR220 利用红外线在不同颜色物体表面上具有不同的反射特点来实现循迹，并采用三极管集电极端输出电压接线方式。小车在行驶中不断向地面发射红外光，当遇到黑色时，发射光被黑色充分吸收，三极管基极无法接收到二极管发出的红外光，三极管截止，RPR220 中三极管集电极电压为 5 V；当遇到白色时即为漫反射，发射光被白色反射，三极管饱和导通，RPR220 中三极管集电极电压为 0 V。

给电压比较器反相输入端一个固定电压（小于 5 V），同相输入接 RPR220 中三极管集电极电压，两者进行比较。若 $U_+ > U_-$，则输出 1，代表检测到黑线；若 $U_+ < U_-$，则输出 0，代

表检测到白线，控制电路根据检测结果对小车运动方向进行控制。

另外，为了确保发光二极管既不超过最大电流，又可以正常工作，我们需要选择合适的串联二极管电阻值，一般不高于 500 Ω。而为了使传感器更加灵敏，我们一般选择较大的三极管串联电阻值，如 10 kΩ，这样集电极电流会很小，受光三极管对红外光更加敏感。

③ 电机驱动控制模块

可以采用两个 PNP 三极管构成半桥电路驱动两个电机，当低电平时，电机运转；当高电平时，电机停止。另外，在小车左右两侧各安装一个传感模块，根据传感器输出信号判断当前小车运行情况，并控制左右电机的运转与停止。设两个传感器输出信号对应 A、B，电机控制信号为 W_1、W_2，传感器输出信号为 0 表示检测到白线，1 表示检测到黑线。当小车偏离黑线时，左偏时右电机停止，左电机运转；右偏时左电机停止，右电机运转。对应真值表如表 6.2 所示。

表 6.2 小车控制电路对应真值表

A	B	W_1	W_2
0	0	0	0
0	1	0	1
1	0	1	0
1	1	1	1

根据真值表可知，可以直接利用三极管控制电机运转。传感器输出信号经串联电阻接至 PNP 三极管基极，三极管集电极通过上拉电阻接电源，发射极接电机即可，可以在发射极接电阻和 LED 的显示电路，根据 LED 灯亮灭判断当前电机是否运转。当传感器输出信号为 0 时，PNP 三极管导通，电机运转；当输入信号为 1 时，PNP 三极管截止，电机停止。

另外，可以利用 555 芯片产生脉冲可调的方波信号(参见第 6.3.4 节)，利用 PWM 波对电机进行调速。一般若频率过低，小车行驶时会剧烈抖动；若频率过高，电机会不断震动，小车无法前进。因此我们一般设计频率在 100 Hz 左右，小车可正常行驶，且非常平稳。

(4) 实物制作

实物制作流程与可调直流稳压电源类似，不再详细介绍。图 6.124 为小车实物图。

图 6.124 自动循迹小车

4）验收标准

（1）实物验收：根据学生制作的小车实物，对电路设计、制作工艺、外形等综合实物情况进行验收。首先由学生给出自评分，然后指导教师给出考评分。

（2）现场测试：在测试场地上，能完成自动循迹功能，并在检测到停止线时停止。指导老师根据实地测试结果进行评分。

（3）答辩考核：每组制作 PPT 汇报，集体参加答辩。重点考核 PPT 制作质量、设计方案、电路设计、仿真结果分析、团队合作、语言表达、问题回答等。

（4）实训报告：完成验收后每位同学提交一份实训报告。

思考题 6

6.1 分别列出两种输出电压固定和输出电压可调三端稳压器的应用电路，并说明电路中接入元件的作用。

6.2 如何实现直流电机的正反转？

6.3 同相放大电路和反相放大电路的主要特征是什么？两种电路有何异同？

6.4 试比较 RC 正弦波振荡电路、LC 正弦波振荡电路和石英晶体正弦波振荡电路的频率稳定度，说明哪一种频率稳定度最高，哪一种最低。为什么？

6.5 在满足相位平衡条件的前提下，既然正弦波振荡电路的振幅平衡条件为 $|AF|=1$，如果 $|F|$ 为已知，则 $|A|=|1/F|$ 即可起振，你认为这种说法对吗？

6.6 设计一个正弦波-方波-三角波发生电路。

6.7 能否利用带通滤波电路组成带阻滤波电路？

6.8 能否利用低通滤波电路、高通滤波电路来组成带通滤波电路？组成的条件是什么？

6.9 实训项目二中小车如果采用三个传感器模块，如何设计电路？三极管如变成 NPN 型，如何改变电路？

7 典型电子产品的装配与调试

7.1 电子产品装配工艺

7.1.1 电子产品整机结构设计的概念和要求

电子产品的整机在结构上通常由组装好的印制电路板、接插件、底板和机箱外壳等构成。电子产品的整机设计，是把构成产品的各个部分科学有机地结合起来的过程，实现电路功能技术指标、完成工作原理、组成完整电子装置的过程。其中，包括元器件的选用、印制电路板的设计、安装调试、产品的外形设计、抗干扰措施及维修等方面。

其具体的设计要求如下：

(1) 实现产品的各项功能指标，工作可靠，性能稳定。

(2) 体积小，外形美观，操作方便，性价比高。

(3) 绝缘性能好，绝缘强度高，符合国家安全标准。

(4) 装配、调试、维修方便。

(5) 产品一致性好，适合批量生产或自动化生产。

7.1.2 电子产品元器件布局

1) 电子元器件的布局原则

电子元器件安装首要解决的问题就是元器件布局。

元器件布局是指按照电子产品电气原理图，将各元器件、连接导线等有机地连接起来，并保证产品可靠稳定工作。

电子元器件布局的原则如下：

(1) 根据结构要素图设置板框的尺寸，布置安装孔、接插件等需要定位的器件。

(2) 根据结构要素图设置禁止布线区域。

(3) 综合考虑 PCB 性能和加工效率选择加工流程。

优先顺序为：元件单面贴装——元件面贴插混装——双面贴装。

(4) 遵守“先大后小，先难后易”的布置原则。重要的单元电路、核心器件优先布局。

(5) 总的连线应该尽可能短。关键信号线最短，高电压、大电流与低电压、小电流信号分开，高频器件与低频器件分开，模拟信号与数字信号分开，高频元器件的间隔要充分。

(6) 相同结构电路部分应采用对称性布局。

(7) 发热元件一般要均匀分布，以利于单板散热。

(8) 元器件的排列要便于调试和维修。

(9) 元件布局时应考虑同一种电源的器件尽量放在一起,便于电源平面的划分。

(10) 布局要满足结构和工艺的要求。

常见的布局排列方法有:按照电路组成顺序成直线排列,按电路性能及特点的排列,从结构工艺上考虑元器件的排列。

下面我们将逐一介绍以上几种元器件布局排列方法。

2) 按电路组成顺序成直线排列(见图 7.1)

这种排列方式主要是按照信号的流向来进行元器件的布局排列。

收音机电路就是按照这种方式进行器件布局排列的。调幅收音机的信号流向首先是天线调谐回路,高频小信号放大,紧接着是变频得到中频信号,最后进行中频放大,接着进行检波得到音频信号,然后是音频功率放大推动喇叭输出。在器件布局的时候按照以上信号流向来实现布局的。

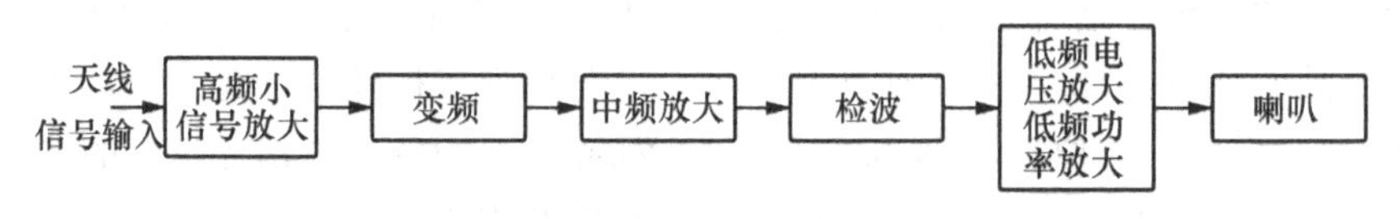

图 7.1　收音机信号流向图

这种布局的特点如下:

(1) 电路结构清晰,便于布局,便于检查,也便于避免各级电路相互干扰。

(2) 输入与输出回路相隔较远,使级间寄生反馈减小。

(3) 前后级之间衔接较好,可使连线最短,减小电路的分布参数。

3) 按照电路性能与特点进行排列

在布设高频电路组件时,由于信号频率高,因而排列时,应注意组件之间布局尽量紧凑,这样才能使信号走线短,减少信号线的交叉干扰。大功率管、整流管在高频状态下工作时产生的热量较高,所以应该将这类器件布局在通风比较好的位置,并且这些产生高热的器件要远离热敏感器件。

对于推挽和桥式等对称性较强的电路,应注意组件布设位置和走线的对称性。

为了防止电源系统对各级电路的干扰,常需要使用滤波电容。滤波电容的位置要靠近组件的电源供电端放置,并且电容接地处理要就近,以减少信号回流路径。

热敏感元器件要远离发热器件布置。磁场较强的器件布局时要注意预留适量的空间,以减少对周围器件的磁辐射。高压器件要注意和周边器件的距离,以保证爬电距离和电气间隙。

4) 从结构工艺上考虑元器件的排布

PCB 板起到对元器件支撑的作用,因此元器件的排布要尽量对称,重量平衡。如果重量不平衡将会造成 PCB 板翘曲,有可能使元器件管脚和焊盘脱离(大的 BGA 芯片尤其要注意)。如果在布局中发现通过元器件布局来平衡重量有困难,那么可以在板上铺碎铜的方式来平衡 PCB 板的重量。

金属壳体的元件特别要注意不要和别的元件相碰撞,或者和印制板走线相接触,要留有足够的空间以免造成短路。比较高大的器件在布局的时候要考虑工艺结构的限高要求,以免造成产品外壳安装出现问题。需要加固的元器件周围要留出注胶的空间。

7.1.3　电子产品元器件组装

1）电子元器件安装预处理

电子元器件安装之前要进行预处理的工作，预处理包括对 PCB 板和电子元器件进行预处理。

PCB 板预处理包括使用万用表的蜂鸣器挡测量板上的各挡电源和 GND 之间是否存在短路。有的 PCB 板在生产过程中由于制作环节的疏漏会导致板上电源和地之间短路，如果在元器件安装之前不做检查，那么当所有器件安装、焊接完成后短路问题就会隐藏得很深，甚至根本没有办法检查出来。

观察 PCB 板上铜箔质量，质量好的铜箔表面应该光亮、平整、无折痕、没有杂质，铜箔的厚度要一致。

检查通孔焊盘是否打通及金属化过孔的敷铜质量等方面。

电子元器件预处理包括元件引脚成型、去氧化层、元件引脚上锡。

电子元器件安装分为立式安装和卧式安装。立式安装可以节省空间，卧式安装美观、牢固、散热条件好、便于检查。如图 7.2，左边是立式安装方式，右边是卧式安装方式。引脚成型就是根据安装条件将器件管脚按照立式或卧式的形式来处理。贴片元件和集成电路芯片一般不需要做引脚成型处理。

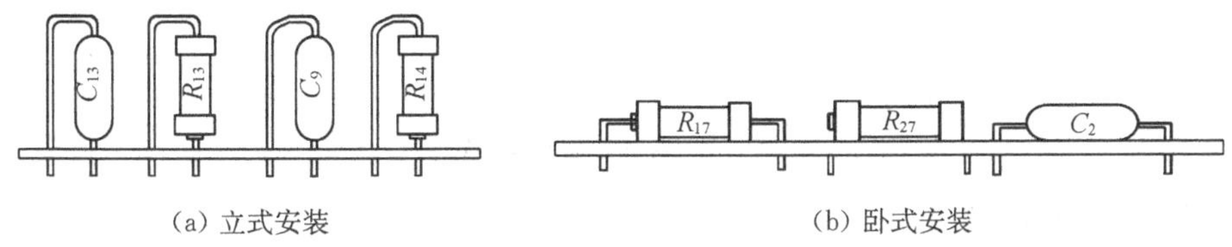

(a) 立式安装　　(b) 卧式安装

图 7.2　电子元器件安装方法图

老式的元器件必须有一个去氧化层镀锡的工序，现在多数元器件管脚已有助焊剂处理，但当元件表面明显不够光亮时，去氧化层工序仍然是必需的。去氧化层的处理方法是用细砂纸将元件管脚仔细打磨光亮，然后上锡。

2）电子元器件安装注意事项

(1) 电子元器件安装之后要能看清楚电子元器件标识，同一规格的电子元器件要尽量安装在同一高度上。

(2) 有极性的元器件安装的时候不能将极性接反，譬如电解电容、二极管、三极管等。

(3) 电子元器件安装顺序一般是先安装低矮器件，再安装高大器件；先安装重量大的器件，再安装轻的器件；先安装一般器件，再安装特殊器件。

(4) 对 CMOS 工艺制作而成的静电敏感器件在安装的时候要注意防静电处理，要带防静电手环、手套，检查电烙铁是否存在漏电。

7.2　超外差收音机的安装与调试

7.2.1　超外差收音机的基本工作原理

在进行产品安装调试之前，必须熟悉产品的工作原理。超外差收音机的功能框图及电路原理图如图 7.3 所示。

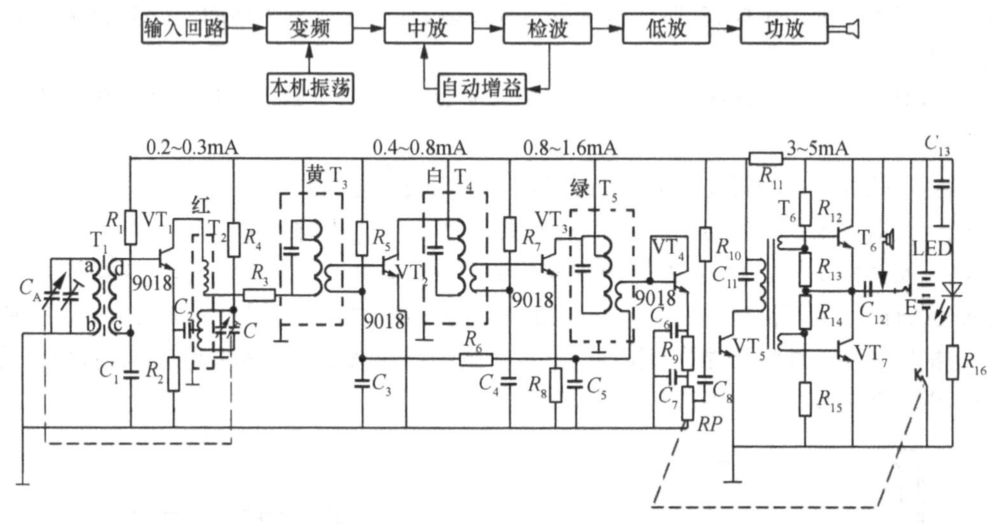

图 7.3　收音机整机电路图

1）天线调谐回路

广播电台发射来的高频调幅波信号，经磁棒天线接收到与变压器 T_1 原边所构成的调谐回路中，调谐后的高频信号通过变压器 T_1 耦合到三极管 VT_1 的基极。

图 7.4 是天线调谐回路的电路原理图、由磁棒天线、振荡线圈 T_2、双连电容构成。

2）变频级

变频级电路的主要目的是产生一个比天线调谐回路选择接收的电台信号频率高 465 kHz 的等幅变频信号（本振信号）和中频 465 kHz 信号。电路原理图如图 7.4 所示。

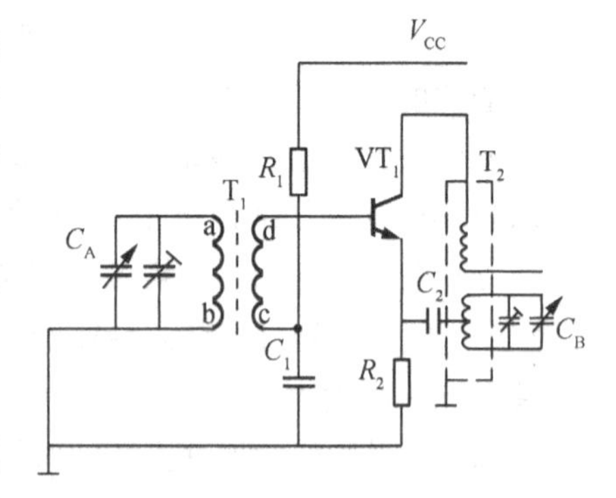

图 7.4　调谐回路原理图

本地振荡信号由 VT_1、T_2、C_B、C_2 构成的变压器耦合式振荡电路产生。C_B、T2、C_2 组成振荡调谐回路。C_1 是基极旁路电容，C_2 是耦合电容，该耦合电容的目的是将本振信号耦合到 VT_1 的发射极，再经 VT_1 放大后从它的集电极输出，然后通过变压器 T_2 耦合到本振回路，形成正反馈，从而产生本机振荡信号。

C_A 和 C_B 采用同轴的双连可变电容，以便当电容器调到任何位置时，都能使天线回路的调谐频率和本机振荡回路的谐振频率相差 465 kHz。

天线调谐回路和本机振荡回路中的电容器可以进行微调，目的是使上述两个回路的调谐频率在整个波段内始终相差 465 kHz。

将天线调谐回路选择接收到的电台信号与本地振荡信号在变频管 V_1 中混频放大，由变频管的非线性作用产生具有多种信号的合成波。当然这其中就包含有 465 kHz 的中频调幅信号。

3) 中频放大级(见图 7.5)

由变频级送来的中频 465 kHz 信号经过中频变压器 T_3，送入 VT_2 的基极。然后经过 VT_2 放大，经过中频变压器 T_4，再送入 VT_3 的基极，VT_3 将中频信号放大再送入下一级电路。其中中频变压器 T_3、T_4 主要起到选择 465 kHz 频率，阻抗匹配，隔离静态工作点的作用。

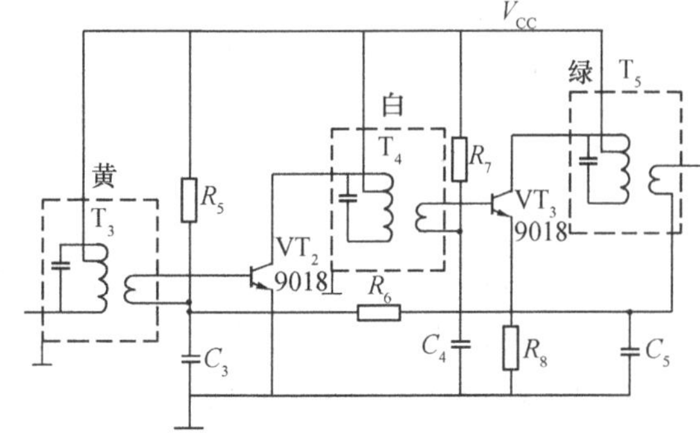

图 7.5 中频放大级电路原理图

4) 检波级

VT_4 对中放级送来的中频信号进行检波处理。VT_4 的静态工作点接近截止区，这样它的发射极起到检波二极管的作用。从 VT_4 发射极输出的信号是正半周的调幅脉动电流信号，它包含音频、直流和残余中频三种成分。该信号经过 C_6、C_7、R_9、V_R 构成的滤波电路后，滤除掉残余的中频信号，而音频信号则经过耦合电容滤除直流信号后(这里滤除直流信号的目的是防止音频变压器 T_6 磁饱和)送到低频前置放大级 V_5 的基极。电位器 V_R 同时起到音量开关的作用。

下图分别画出了检波级的电路原理图 7.6 和铁磁材料的磁滞回线图 7.7。

磁滞回线的横坐标是磁场强度 H，它的单位是 A/m(安/米)，从它的单位我们可以得知 H 实质上就是电流，纵坐标是磁感应强度。它们两者之间的关系 $\mu=(dB/dH)$，μ 是磁导率，它的单位是 H/m(亨/米)，从这个单位上可以发现磁导率实质上就是电感。观察磁滞回线我们可以发现磁导率随着磁场强度是在不断变化的，当电场强度达到一定水平后，磁滞回线达到下图中所标识的 b 点，这个位置可以认为磁导率 μ 为零。C_8 隔直电容的目的就是将前级电路的直流量去掉，防止其造成功放电路变压器的励磁电感磁饱和。

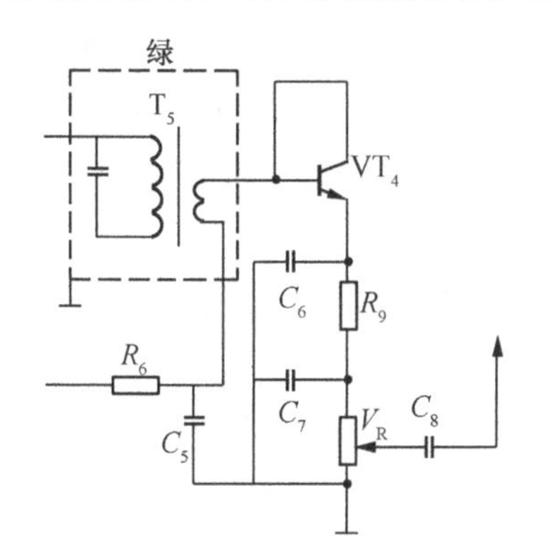

图 7.6 检波级电路原理图

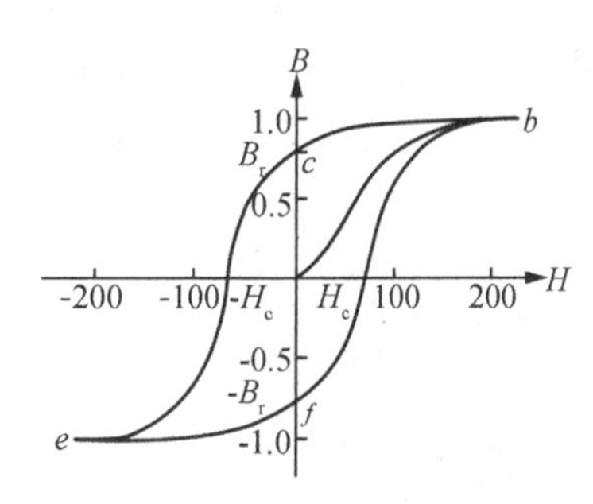

图 7.7 磁滞回线

5）低频前置放大级和低频功率放大级

低频前置放大级的工作目的是为低频功率放大级提供具有一定输出电压的音频信号，从而推动功率放大级。为了获得较大的功率增益，其输出采用变压器耦合，同时为了适应推挽功放级的需要，变压器 T_6 的二次侧有中心抽头，把本级的输出信号对中心头分成大小相等、相位相反的两个信号，分别推动功放管 VT_6 和 VT_7 工作（见图 7.8）。

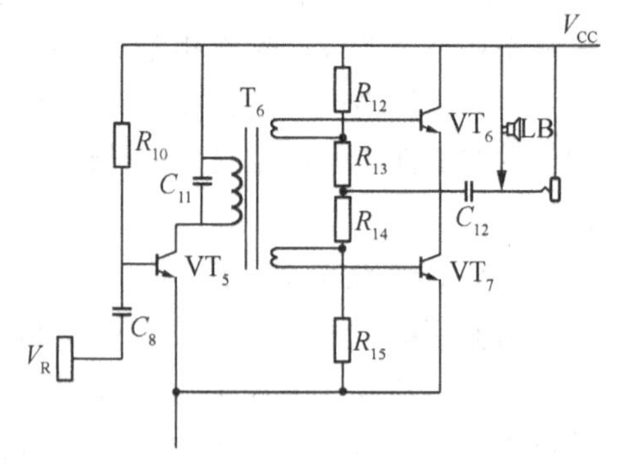

图 7.8　低频前置放大级和低频功率放大级电路原理图

VT_6、VT_7、T_6、C_{12}、R_{12}、R_{13}、R_{14}、R_{15} 构成低频功率放大器，VT_6 和 VT_7 各自放大音频信号的半个周期，即一管导通，另一管截止的交替工作。R_{12}、R_{13}、R_{14}、R_{15} 给 VT_6、VT_7 提供起始电流，以避免产生交越失真，所以 VT_6、VT_7 实际上工作在甲乙类状态。

7.2.2　超外差收音机的整机装配

下面以 RW08-7B 型袖珍超外差式收音机的机芯部件装配工序和整件装配工艺卡为例，介绍超外差式收音机的整机装配方法。

1）机芯部件装配工序

（1）将元器件插入印制板相应位置，并焊接、剪脚。元器件要贴紧印制板面安装。

元器件插装时无论是卧式安装、立式安装都必须紧贴印制电路板表面安装，如图 7.9、图 7.10 所示。元器件安装完成后必须做剪脚处理。

图 7.9　元器件表面插装图

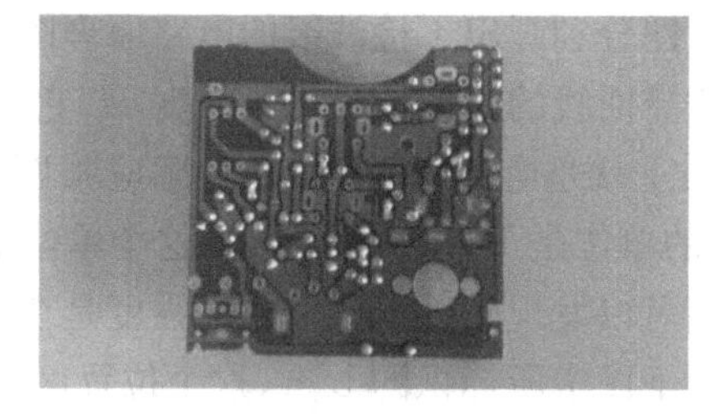

图 7.10　元器件安装完成后的剪脚处理图

（2）中频变压器插入印制板，中频变压器外壳向内弯脚、掀平，要求中频变压器着根装配、不外斜。中频变压器要按照红、黄、绿、白四种颜色对应地安装到相应的位置，千万不能安装错误，其中红色的是振荡变压器，绿色、白色、黄色是中频变压器。中频变压器的外壳管脚要弯脚、掀平后再做焊接处理（见图 7.11、图 7.12）。

图 7.11　元器件表面插装图中频变压器安装图

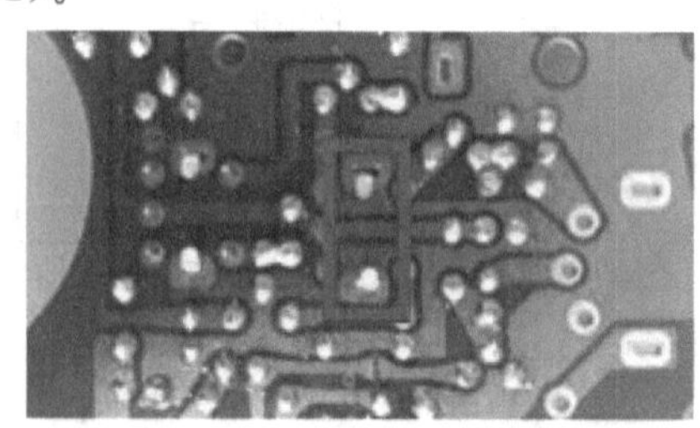

图 7.12　中频变压器外壳向内弯脚掀平图

（3）用螺丝钉将双联、磁棒支架紧固于已焊接好元器件的机芯印制板，要求双联、磁棒支架紧固可靠，螺丝钉不滑牙（见图 7.13、图 7.14）。

图 7.13　双连电容和磁棒支架装配图

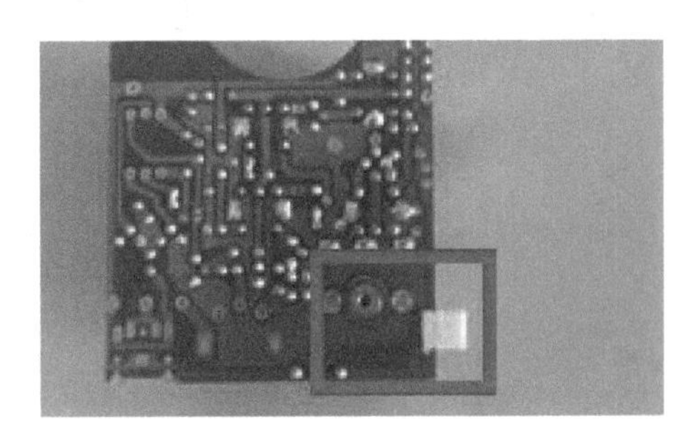

图 7.14　磁棒支架和双连电容紧固图

（4）焊接双连电容和四种颜色的中周。

（5）磁棒套入线圈后插入磁棒支架，将线圈引线头搭焊于印制电路板相应位置，并整理好引线，在磁棒与支架间滴上 303-1 胶水。要求线圈搪锡头全部埋入焊点，线圈管拉至磁棒末端，引线不混乱，磁棒与支架胶粘可靠（见图 7.15、图 7.16）。

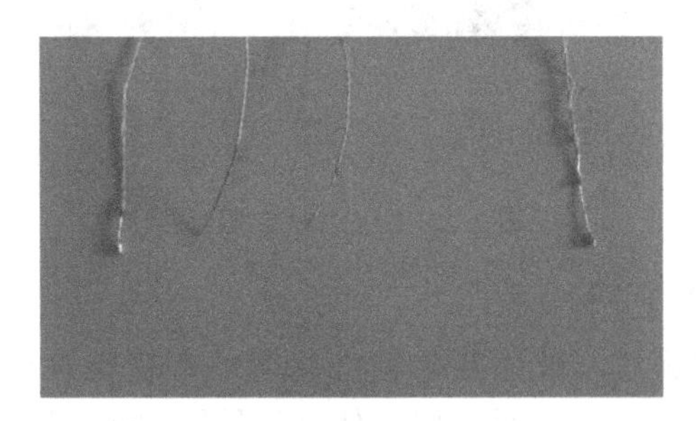

图 7.15　磁棒天线引脚搪锡图

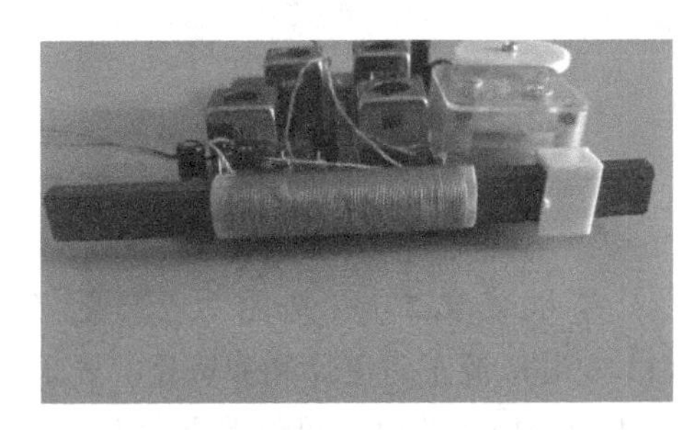

图 7.16　磁棒固定于支架安装图

（6）焊接、紧固电位器拨盘，焊接耳机插座（见图 7.17、图 7.18）。

图 7.17　电位器拨盘和耳机插座安装图

图 7.18　电位器实物图

（7）安装、焊接音频变压器。音频变压器安装的时候要注意和印制电路板上的小白点相互对应。

（8）安装发光二极管。发光二极管的安装比较特殊，要求插装面和焊接面是同一面，而且安装的时候要注意不能将二极管的阳极和阴极搞反。发光二极管长脚为阳极，短脚为阴极。

（9）将机芯接上 3 V 稳压电源和喇叭，电位器开至最大，旋动双连能收到电台播音或覆盖信号。

(10) 在开口时振动机芯，能正常工作，无接触不良现象(见图 7.19～图 7.22)。

图 7.19　音频变压器实物图

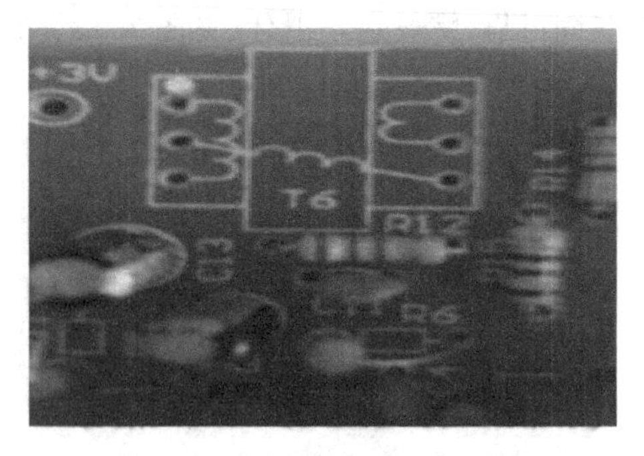

图 7.20　印制电路板小白点位置图

图 7.21　发光二极管实物图

图 7.22　发光二极管焊接图

2) 整机装配工序(见图 7.23、图 7.24)

(1) 安装电源正负极片和弹簧片。要求弹簧片与极片需焊牢，电源导线焊接位置正确，焊点的边缘与极片的边缘间距需要大于 1 mm，以免插入外壳时卡住，可用焊油助焊，但需要用酒精洗掉焊油。

图 7.23　安装电源正负极片和弹簧片图

图 7.24　电源线、喇叭、电位器拨盘、频率拨盘安装总图

(2) 安装喇叭、电池架组件、插孔组件、粘贴商标并贴保护罩。要求喇叭、电池架、插孔、商标、喇叭罩装配可靠，无松动现象，装配位置正确。

(3) 装配频率拨盘，焊接电源线、插座线、喇叭线、机芯装入机壳并用螺钉紧固。要求螺钉旋紧，无滑牙现象，旋动频率拨盘应平稳，无卡壳和晃动现象。频率盘上的频率线必须符合指标要求。

(4) 总装检查。本工序质量管理点：① 外观、结构：外壳正面无明显刻痕，字迹清晰，调谐平稳，无卡住和打滑现象，导线不压在纸盒上，且不绕在负极弹簧上。② 性能：收到覆盖信号，示波器上波形不失真，静态电流为 20 mA，关闭电位器时电流为零。

(5) 划开关标记，将棉纶带穿扣于外壳，进行外观检查、验听。

(6) 用酒精汗巾擦去整机表面的污秽痕迹，进行小包装。

7.2.3 超外差收音机的整机调试

完全成熟的或者大批量生产的收音机，按照设计给定的印制电路板、元器件、机壳面板等进行装配后，整机调试可参照下列步骤进行：外观检查→调试工作点电流和开口试听→调试低频放大部分的最大功率输出，额定输出时的失真度，以及低频放大部分的总增益→调中频→统调外差跟踪(校准频率刻度和调整补偿)→全部性能测试。

调试收音机常用的仪器仪表有：高频信号发生器、低频信号发生器、示波器、失真度仪、音频毫伏表、直流稳压电源、万用表以及负载等。下面具体介绍超外差收音机整机调试的各项步骤(见图 7.25)。

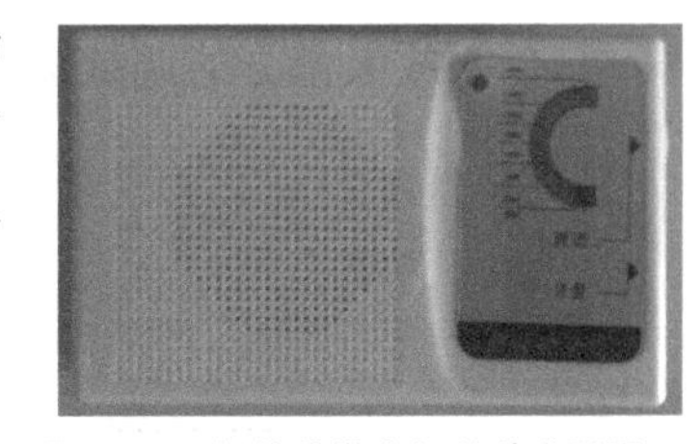

图 7.25 超外差收音机总装成型图

1) 外观检查

除了按照上面所述整机调试外观检查中的检查项目进行之外，收音机还须仔细检查如下几个方面：

(1) 各级不同的晶体管有无误装，管脚安装是否正确，线路的连接和元件的安装是否有误，电解电容"＋"、"－"极性是否安装正确。

(2) 输入回路线圈有无套反(指分段绕线圈)，中周的级序前后有无错误，输入、输出及中心抽头是否焊对。

(3) 各焊点有无虚焊、漏焊、碰焊，多股线有无断股。

(4) 将歪斜的元件扶直排齐，排除元件裸线相碰之处。滴落机内的锡珠、线头等异物应清理干净。

2) 调试工作点电流和开口试听

对已设计定型的成熟电路测试工作点电流，就是调整电路中各级晶体管的偏流电阻，使其静态集电极电流处于最佳工作状态(见图 7.26)。

在批量生产时，晶体管的 H 参数是按设计要求配套选用的，所以通常偏流电阻无须调整。而且，为了测量方便，印制电路板上设计有专为检测集电极电流而断开的检测点，整机调试时，检测各级电流是否在规定的范围内，合格后将检测点用焊锡接通即可。

图 7.26 集电极电流开口测试点 A、B、C、D 图

测量方法：可以在检测点处串入电流表测量，也可以采用在被测电流通路上的电阻 R 两端跨接电压表测试出电压后，用公式 $I=\dfrac{U}{R}$ 求出电流 I 的值。

在业余或单件制作时，若需要调整晶体管集电极电流，宜选取一只固定电阻和一只电位器串入上偏流电阻位置，调节电位器，找出最佳工作点后，再用一只与原来串接的固定电阻和电位器等值的电阻代替后接入电路后即可。固定电阻的目的是保护三极管，以免在调节电位器时造成集电极电流过大，烧毁三极管。

在工作点电流检测合格的基础上，进行开口试听，试听时在整机的电源回路中接入电流表，开大音量电位器，然后调节双连电容器。主要是试听收音机喇叭发出的音量大小和音质是否正常，同时还应该观察大音量时电流表指出的整机动态电流是否处于正常范围内。对于多波段收音机，应改变波段开关位置，试听各波段是否都能基本工作。

3）调试低频放大部分的最大功率输出和总增益以及额定输出时的失真度

一般超外差收音机的低频放大部分包括低频前置放大级和低频功放级，又叫末前级和末级，低频放大部分的调试接法如图 7.27 所示。

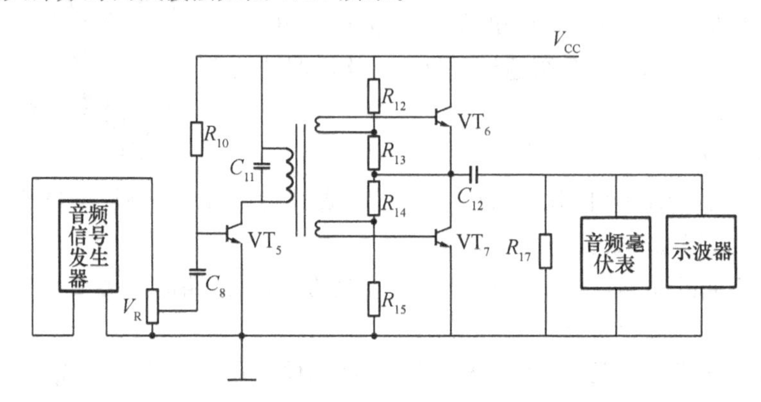

图 7.27　低频放大部分的调试图

(1) 最大输出功率。接通被测收音机电源(如需要测量低频部分总电流，可以串入电流表)，用电阻负载代替喇叭进行调试。将音频信号发生器输出端接到低频放大部分输入端(如音量电位器两端)，音量电位器置于最大位置，调节音频信号发生器输出信号频率为 1 000 Hz，输出信号幅度由几毫伏开始，逐渐增加，同时观察跨接在电阻负载上的音频毫伏表和示波器，当示波器上的电压波形即将出现饱和失真时，将对应的音频毫伏表指示的电压值换算成功率，即最大输出功率。

例如：音频毫伏表电压示值为 1.2 V，喇叭的电阻为 8 Ω，则最大输出功率为：

$$P=\frac{U^2}{R}=\frac{1.2^2}{8}=150\ \text{mW}$$

(2) 输出额定功率时的失真度。调节音频信号发生器的输出信号幅度，使收音机输出电压(功率)达到额定值时，用失真度仪测出这时的失真度，即为额定功率时的失真度。

(3) 电压增益。在额定输出功率情况下，用音频毫伏表测得末级推挽晶体管集电极间电压和音频放大部分输入端(即音频信号发生器输出端)电压，它们相比，即为音频放大部分总增益。

4）调整中频

又称校中周，即调整各中频变压器的谐振回路，使各中频变压器统一调谐至 465 kHz。

调中频的方法有：① 用高频信号发生器调整中频。② 用中频图示仪调整中频。③ 用一台正常收音机代替 465 kHz 信号调整中频。④ 利用电台广播调整中频。

下面介绍较常用的第①种方法。电路调试时的接线方法如下图所示，如果没有音频毫伏表和示波器，也可以改用万用表测量整机电流并通过直接听喇叭发出的声音大小，来判断谐振峰点。调中频时，整机要装配齐备，特别是喇叭应该安装在设计的位置上。

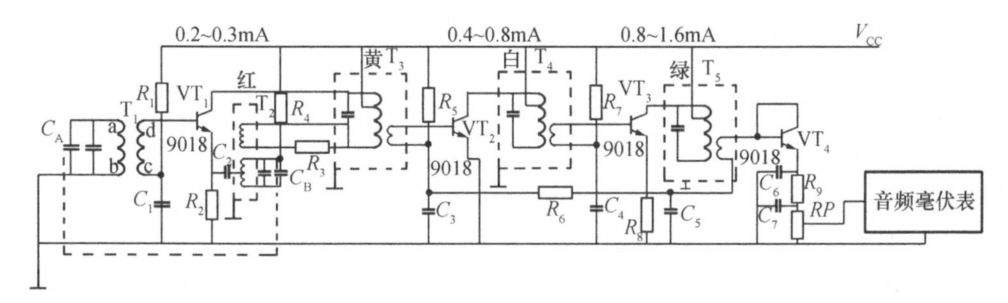

图 7.28　校中周图

调整方法及步骤如下：

(1) 将收音机调台指示调在中波段低端 530～750 kHz 无电台处，音量电位器开足，如果此时有广播台干扰，应把频率调偏些，避开干扰。

(2) 用高频信号发生器从天线输入频率为 465 kHz，调制度为 30％的调幅信号（也可以用环形天线），从小到大慢慢调节高频信号发生器输出信号的幅度，直到收音机喇叭里能听到音频声。

(3) 用无感的小旋具（有机玻璃或胶木等非金属材料制成）按从后级到前级的次序逐级旋转中频变压器的磁帽，调整磁芯到收音机输出最大的峰点上（喇叭声音最大或示波器波形幅度最大）。

(4) 减小高频信号发生器输出信号的幅度，重复(3)的步骤。

(5) 重复(4)的步骤，直至输出峰值点位置不再改变为止，此时调整中频完毕。

有可能会发生 465 kHz 的调幅信号输入后，收音机喇叭里无音频声，这可能是因为中频变压器的槽路频率偏移太大。这时可左右调偏信号源的频率，根据喇叭中有音频声时信号源的频率找到中周的谐振点，然后将信号源的频率逐步向 465 kHz 调近，同时逐渐逐级调中周，直至调准在 465 kHz 为止。

如果中频变压器已全部调乱，也可将 465 kHz 的调幅信号分别由各中放级和变频级（VT_3、VT_2、VT_1）的基极依次送入，由后级向前级逐级调整。

如果调节某中频变压器时，输出无明显变化，多半是中频变压器有局部短路。但是若越旋紧螺帽音量越大，则可能是并联的槽路电容容量过小或失效，也可能是中周线圈断开。

调整中频时特别应注意的一点是输入信号应尽量小些，这样各级晶体管不至于进入饱和工作状态，调谐时的峰点明显。

其他三种调中频的方法和上述方法的区别主要是信号源不同。例如在没有高频信号发生器的情况下，可以用中波段低频段某广播电台的信号代替高频信号发生器辐射的中频信号；或者用一台正常的收音机，先将它调准到某一广播电台位置，然后在它最后一个中频变压器的二次侧，通过一个几到几十皮法的电容器引出中频信号，接到被调收音机的输入端（两收音机的地线应相连），或靠近被测收音机天线磁棒。之后的调整方法步骤和用高频信号发生器调中频的方法步骤完全相同。

用中频图示仪调中频与用高频信号发生器调中频的不同之处在于中频图示仪输出的信号是幅度不变、频率变化的扫频信号。调中频时，使中频图示仪输出中心频率为 465 kHz 的扫频信号，只有在收音机的中频变压器调准在 465 kHz 时，中频放大器在 465 kHz 扫频信号到来时，增益最大，此时用中频图示仪在收音机检波输出端可观察到最佳选择性曲线。

5）统调外差跟踪

校准频率刻度的目的，是使收音机在整个波段范围内都能正常收听各电台，指针所指出的频率刻度也和接收到的电台频率一致。调整补偿的目的，是使天线调谐回路适应本振回路的跟踪点，从而使整机接收灵敏度均匀性以及选择性达到最佳。一般把这两种调整统称为统调外差跟踪。

批量生产的收音机，中波段频率范围设计在 520～1 620 kHz 的范围内。使用时通过双连可变电容器容量的调节实现调谐选台。在 520～1 620 kHz 频率范围内 800 kHz 以下称为低端，1 200 kHz 以上称为高端，800～1 200 kHz 的位置称为中间。未统调过的或调乱了的收音机其频率范围往往不准，有频范偏高（例如 800～1 900 kHz），频范偏低（例如 400～1 500 kHz），高端频范不足（例如 520～1 500 kHz），低端频范不足（例如 600～1 620 kHz）等情况，所以必须进行统调。

在超外差式收音机中，决定收音机接收频率的是本振频率与中频频率的差值，因此校准频率刻度的实质是校准本振频率和中频频率之差。也就是说，应通过改变本振频率，即改变本振回路中振荡线圈的电感量（可以较明显地改变低端振荡频率）和微调电容器的容量（可以较明显地改变高端的本振频率）来校准频率刻度。所以，校准频率刻度时，低端应调整振荡线圈的磁芯，高端应调整振荡回路的微调电容。一般低、高端频率刻度指示准确后，中间误差不大。

本振频率与中频频率确定了接收外来信号的频率，而天线调谐回路必须谐振在此外来信号频率，才能使整机接收灵敏度、选择性良好，所以校准好频率刻度后，还要调整天线调谐回路，称为调补偿。低端调输入回路线圈在磁棒上的位置，高端调天线调谐回路的微调电容，实现本振和天线回路低端和高端同步。由于在设计本振回路和输入回路时，要求它们在中间频率（如中波 1 000 kHz）处达到同步，所以在收音机整个波段范围内有三个点同步（其他各点频率也相差不多），所以也称三点同步或三点统调。

本振回路和天线调谐回路调好后，使用时调节双连可变电容器（即选台调节按钮），就可以使这两个回路的频率在设计的频率范围内同步连续变化，频率差值保持在 465 kHz，保持良好跟踪。

统调的方法有：① 利用接收外来广播台进行统调。② 利用统调仪进行统调。③ 用高频信号发生器进行统调。④ 利用专门发射的调频信号进行统调。

当收音机基本上能收听，中频已初步调准就可以开始统调，下面介绍利用接收外来广播电台进行统调的一般步骤和方法。

（1）校准频率刻度前先来回调节刻度盘的走线一次，检查指针走线从头到尾是否扎牢，有无不稳滑脱等现象。

（2）校准频率刻度时，先在低端接收一个电台，校对被调收音机指示的频率刻度，记下来；接着将频率刻度指示调至高端，接收一个高端频率的电台，也核对一下指针指示的频率刻度，记下来。

(3) 分析上述记录的低、高端频率刻度指示情况，进行校准。例如，低端偏高(指示值大于所接收电台的频率时)，应减小本振回路振荡线圈的电感量，即将其磁芯旋出；低端偏低，则旋进磁芯。高端偏高，应减小本振回路微调电容器的容量(对于拉线微调电容就是要再拉掉些)；高端偏低，应增大其电容量(拉线微调电容应拉上些)。若整个频率刻度都是偏高或偏低时，应先调整振荡线圈的磁芯，然后再根据实际情况进行调整。

由于低端校准和高端校准是相互影响的。因此，校准时应由低端到高端反复调多次，直至高低两端基本调准为止。另外，还要注意检查指针的起点位置是否对准。

(4) 当低、高端频率刻度指示调准后，在中间 1 000 kHz 左右收听一个电台来核对一下频率刻度，一般不会有多少误差。如果偏差较大，应着重检查双连电容器和微调电容器是否良好，指针的起始位置是否与双连电容器容量最大位置一致。一般收音机低端、中间和高端有三点校准了频率刻度后，其他频率位置的刻度也基本准确，这也就是一般讲的三点统调。

对频率刻度准确性要求高的收音机，常采用空气双连可变电容器。这种电容器动片组最外一片开了槽，称作花片。分别拨动不同部位的花片，可以修正双连电容器在这个旋转角的容量，因此可在整个接收频率的范围内调准收音机的频率指示。

(5) 频率刻度初步校准后，开始调整输入回路，即调补偿。调补偿和校准频率刻度一样，也是在低端和高端各选一个电台，低端时移动天线线圈在磁棒上的位置，高端时调节天线回路的微调电容，使喇叭发出的声音达到最响。这样低、高端就初步调同步了。由于低端和高端调整也会相互牵制，因此也要反复调整几次。调输入回路对振荡频率略有影响(特别是高端影响较大)，所以调整输入回路后，应再回过头来微调频率刻度校准，并且可能要反复校准和调整几次。

(6) 跟踪点检查。校核跟踪是否良好，可以用铜铁棒来检验。铜铁棒是在一根长绝缘棒上一端装一个闭合铜头，另一端装一段磁芯(如一段磁性天线棒)。检查时，把指针调到统调的低端或高端的频率位置上，用铜铁棒的铜头靠近磁性天线，若此时输出增大，叫做铜升，说明输入回路谐振频率比外来电台频率低了，应减小谐振回路线圈电感量，即需要将线圈从磁棒里向外拉一点，使之不再产生铜升为止。接着，再将铜铁棒的铁头靠近磁性天线，若此时输出增大为铁升，说明输入回路的谐振频率比外来电台频率高了，应增大谐振回路线圈电感量，即需要将天线线圈向磁棒中心位置移动，直至铜铁棒两头分别靠近天线时，输出均有所减小，说明输入回路谐振点正好在外来电台的频率上，跟踪良好。低、高端检验好后，再检查一下中间统调点的跟踪，可能有点偏差，通常失谐不大时视为合格。

(7) 中波段调好后，再调短波段，统调方法一样。只是由于短波天线线圈在磁棒中移动的作用不大，因此调补偿时，往往需要将输入回路线圈增或减一、二圈。

统调时应注意以下几点：

① 输入信号要小，整机要装配齐备，特别是喇叭应装在设计位置上。

② 中波统调点为 600 kHz、1 000 kHz、1 500 kHz。利用接收外来电台信号进行统调时，选这三点频率附近的已知电台，以保证整机灵敏度的均匀性。短波的两端统调点为刻度线始端和终端 10%、20%处。

6）全部性能测试

一台收音机装配调试完毕后，还要对它的各项电性能和声性能参数进行测量，才能定量地评价其质量如何。这些测量应该是在规定的测量条件下，使用符合计量标准的仪器仪表来进行，测出的参数应是统一标准的，经得起检验的。晶体管收音机有不同的等级，指标要求也不同。例如，RW08-7B 型袖珍收音机需要进行下列项目的电参数测量：

(1) 中频频率：4 654 kHz。

(2) 频率范围：不狭于 523～1 620 kHz。

(3) 噪限灵敏度：26 dB(600 kHz、1 000 kHz、1 400 kHz)，优于 4.5 mV/m。

(4) 单信号选择性：优于 12 dB。

(5) 最大有用功率 90 mW。

以上电参数的测量方法按 GB2846-81 标准规定进行，调试应在屏蔽室进行。下面简单叙述测量方法。

(1) 中频频率　用高频信号发生器从天线输入频率 465 kHz，调制度为 30%，调制频率 1 000 Hz 的高频信号，收音机调台指针调在波段频率最低位置，音量放在最大位置。调节输入的高频信号强度，使收音机输出音频信号功率不大于不失真功率标称值 90 mW。再细调高频信号发生器的频率，当收音机输出电压表指示最大时，高频信号发生器所指示的频率即为被调收音机的中频频率。本收音机指标要求为 4 654 kHz 之内。

(2) 频率范围　收音机音量放在最大，用高频信号发生器从天线输入调制度为 30%，调制频率 1 000 Hz 的高频信号，调节此高频信号的幅度和频率，使收音机的输出不大于不失真功率标称值 90 mW。当收音机指针先后位于波段最低端（起始位置）和最高端（终止位置）时，高频信号发生器相对应的频率，即为频率范围，本收音机指标要求频率范围应不狭于 523～1 620 kHz。即最低端不小于 523 kHz，最高端不大于 1 620 kHz。

(3) 噪限灵敏度　此项电参数是保证收音机在广播信号场强在 4.5 mV/m 的情况下，收音机输出的有用信号电压与噪声电压之比大于 20。

高频信号发生器输出电压 90 000 μV、频率为 1 000 kHz、调幅度为 30%、调制频率 1 000 Hz 的信号，经单圈环形天线送至收音机（环形天线距离收音机磁棒天线的中点 0.6 m，并在其侧面）根据等效场强计算公式：

$$E_2=\frac{U}{20}$$

式中：E_2 为被测收音机磁棒天线处的等效场强（mV/m）；U 为高频信号发生器的输出电压（V）。此时场强即为 4.5 mV/m。将收音机调台指针置于 1 000 kHz 处，微调高频信号发生器输出信号频率，使收音机输出电压最大，然后降低收音机音量，使输出电压为 0.3 V（这是为了使收音机达到标准测量功率的条件——便携式收音机为 10 mW，即 8 Ω 负载输出电压为 0.3 V），接着去掉调制信号，此时输出电压急剧下降，若电压表指示值小于0.015 V，收音机的噪声灵敏度便达到了指标要求的 26 dB。

600 kHz 和 1 400 kHz 两点的灵敏度按上面方法分别检查即可。

(4) 单信号选择性　收音机的选择性用输入信号失谐±10 kHz 时灵敏度降落程度来衡量。假如收音机调谐时的灵敏度为 E_1，失谐 10 kHz 时的灵敏度为 E_2，则选择性为 $20\frac{E_2}{E_1}$(dB)。

单信号选择性的测量方法与灵敏度测量相同：将收音机调台指针拨在1 000 kHz处，高频信号发生器输出信号同测灵敏度时一样，使收音机输出电压达到0.3 V，然后增大高频信号电压到360 000 μV(90 000 μV的4倍，即12 dB)，此时收音机输出电压急剧增大，接着将高频信号发生器频率增加10 kHz，即调到1 010 kHz，此时，若收音机输出电压＜0.3 V，则表明收音机失谐+10 kHz处的选择性＞12 dB。失谐−10 kHz处的选择性可用同样方法检查。

(5) 最大有用功率　最大有用功率也称最大不失真功率，是收音机失真度为10%时(或该收音机规定的失真度时)的输出功率值。

从收音机天线输入频率为1 000 kHz、场强为10 mV/m、调制度为60%、调制频率为1 000 Hz的高频信号，用失真度仪测量收音机负载上电压的谐波失真度，同时调节收音机音量控制器，当失真度等于10%时，测出收音机的输出电压，即可算出最大有用功率。

收音机电参数测量项目还有其他项，可参阅有关书籍，此处不详述。除了上述电参数测量之外，还要进行目测、试听、可靠性测试项目，之后才能包装入库。

7.3 实训项目

项目　超外差收音机安装

1) 实训目标

① 熟悉超外差收音机的工作原理。

② 掌握电子设备的安装方法。

2) 实训器材

超外差收音机套件1套、指针式万用表1台、信号发生器1台、音频毫伏表1台、示波器1台、一字起1个、十字起1个、镊子1把。

3) 实训内容及要求

① 学会识别，检测常用电子元器件。② 理解超外差收音机的电路原理图。③ 理解超外差收音机的PCB(印制电路板)图。④ 学会安装超外差收音机的方法。⑤ 掌握利用仪器仪表调试，检修超外差收音机。

最终以能清晰地收听2个及以上电台为验收标准。

思考题7

7.1　超外差收音机使用磁棒天线，磁棒的主要作用是什么？

7.2　超外差收音机振荡电路部分的三极管是什么接法，为什么要这么接？

7.3　9018三极管和9013三极管有什么区别？

7.4　超外差收音机中中频变压器的作用有哪些？

7.5　为什么超外差收音机电路中有的地方用223电容，有的地方用4.7 μF或100 μF的大电容？

7.6　超外差收音机有几级中放电路？

7.7　超外差收音机检波是怎样实现的？

8 可编程控制器及周边装置的使用

8.1 概述

8.1.1 可编程控制器的起源及发展

可编程控制器一般指可编程逻辑控制器(Programmable Logic Controller,PLC),它采用一类可编程的存储器,用于其内部存储程序,执行逻辑运算、顺序控制、定时、计数与算术操作等面向用户的指令,并通过数字或模拟式输入/输出控制各种类型的机械或生产过程。

PLC 取代继电器控制装置,最早是由美国通用汽车公司在 1968 年提出的,1969 年,美国数字设备公司研制出第一台可编程逻辑控制器 PDP-14,在美国通用汽车公司的生产线上试用成功,首次采用程序化的手段应用于电气控制,这是第一代可编程逻辑控制器,是世界上公认的第一台 PLC。

20 世纪 70 年代初微处理器诞生,人们很快将其引入可编程逻辑控制器,使可编程逻辑控制器增加了运算、数据传送及处理等功能,完成了真正具有计算机特征的工业控制装置。此时的可编程逻辑控制器为微机技术和继电器常规控制概念相结合的产物。20 世纪 80 年代初,可编程逻辑控制器在先进工业国家中已获得广泛应用。世界上生产可编程控制器的国家日益增多,产量日益上升。这标志着可编程控制器已步入成熟阶段。20 世纪 80 年代至 90 年代中期,PLC 在处理模拟量能力、数字运算能力、人机接口能力和网络能力得到大幅度提高,可编程逻辑控制器逐渐进入过程控制领域,在某些应用上取代了在过程控制领域处于统治地位的 DCS 系统。20 世纪末期,PLC 的发展特点是更加适应于现代工业需要。这个时期发展了大型机和超小型机,诞生了各种各样的特殊功能单元,生产了各种人机界面单元、通信单元,使应用 PLC 的工业控制设备的配套更加容易。

PLC 目前已成为工业控制领域中广泛应用的自动化装置。与一般的计算机控制系统相比,在工业现场应用 PLC 实现自动控制,操作方便,可靠性高,易于编程,受到广大技术人员的重视和欢迎。PLC 与机器人、计算机辅助设计(CAD)/计算机辅助制造(CAM)被称为工业生产自动化的三大支柱。

目前世界上已有 200 多个厂家生产可编程控制器产品,比较著名的厂家有美国的通用(GM)、日本的三菱(MITSUBISHI)、欧姆龙(OMRON)、德国的西门子(SIMENS)、法国的施耐德(SCHNEIDER)、韩国的三星(SAMSUNG)等。图 8.1、图 8.2 列举了市面上常用的几款 PLC 样机和 PLC 控制柜。

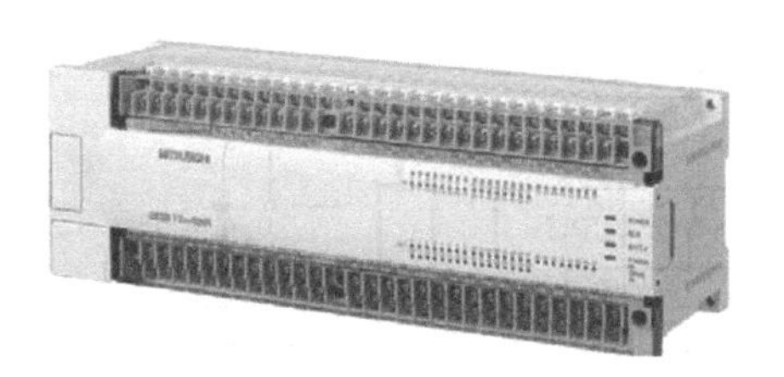

三菱(MITSUBISHI)

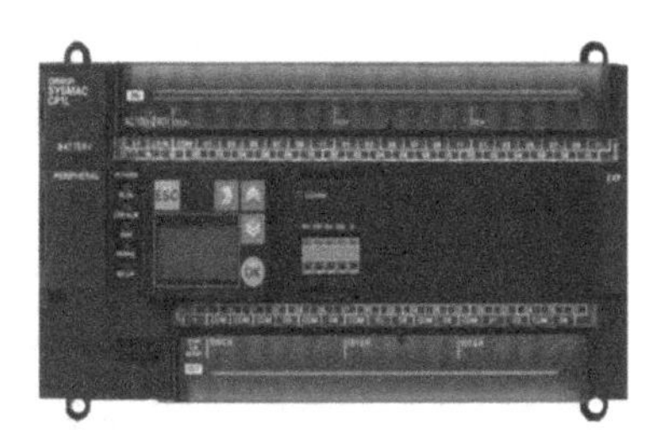

欧姆龙(OMRON)

西门子(SIMENS)

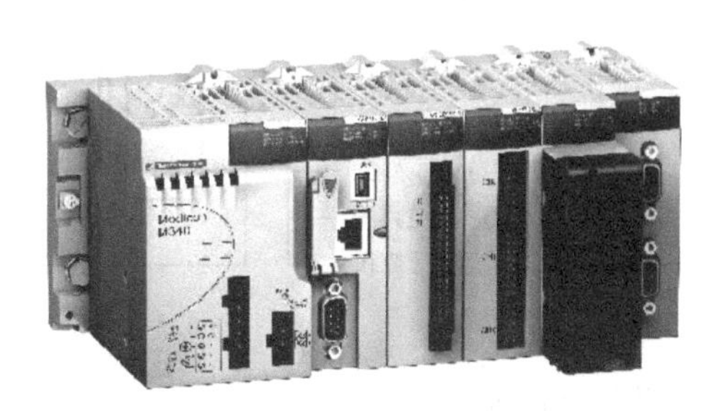

施耐德(SCHNEIDER)

图 8.1 几款常用的 PLC 样机

图 8.2 PLC 控制柜

本章将以德国的西门子(SIMENS)的 S7-300 系列 PLC 为例，对其基本结构、工作原理和功能特点等进行介绍。

8.1.2 可编程控制器的基本结构

可编程逻辑控制器实质是一种专用于工业控制的计算机，其硬件结构基本上与微型计算机相同，主要由中央处理器(CPU)、存储器、输入单元、输出单元、通信接口、扩展接口、电源等部分组成，基本结构如图 8.3 所示。

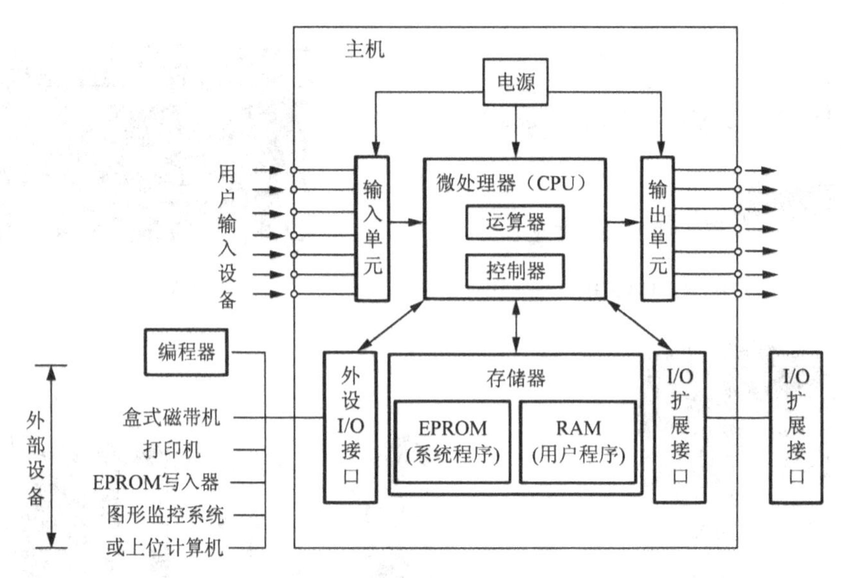

图 8.3　PLC 基本结构框图

各主要部分功能如下：

1）电源

PLC 配有开关电源，供内部电源使用。由于电源在整个系统中十分重要，如果没有一个良好的、可靠的电源系统将无法正常工作，因此，PLC 制造商对电源的设计和制造也十分重视。与普通电源相比，PLC 电源要求稳定性好、抗干扰能力强，对电网提供的电源稳定度要求不高，一般允许交流电压在额定值±10%(±15%)范围内波动。

2）中央处理单元(CPU)

CPU 是 PLC 的控制中枢，小型 PLC 大多采用 8 位通用微处理器和单片微处理器，中型 PLC 大多采用 16 位通用微处理器和单片微处理器，大型 PLC 大多采用高速位片式微处理器。

在 PLC 中，CPU 按照系统程序赋予的功能，接收并存储从编程器键入的用户程序和数据通常执行以下操作：

(1) 检查电源、存储器、I/O 以及警戒定时器的状态，并能诊断用户程序中的语法错误；

(2) 当 PLC 投入运行时，以扫描的方式接收现场各输入装置的状态和数据，并分别存入 I/O 映像区；

(3) 从用户程序存储器中逐条读取用户程序，经过命令解释后按指令的规定执行逻辑或算数运算的结果送入 I/O 映像区或数据寄存器内；

(4) 所有的用户程序执行完毕，将 I/O 映像区的各输出状态或输出寄存器内的数据传送到相应的输出装置。

为提高 PLC 的可靠性，大型 PLC 通常采用双 CPU 构成冗余系统，或采用三 CPU 的表决式系统。这样，即使某个 CPU 出现故障，整个系统仍能正常运行。

3）存储器

存储器分为可读/写操作的随机存储器(RAM)和只读存储器(ROM、PROM、EPROM、EEPROM 等)。在 PLC 中,存放系统软件的存储器称为系统程序存储器(EPROM),存放应用软件的存储器称为用户程序存储器(RAM)。显然,系统程序存储器为只读存储器,存储内容由制造厂家编写,用户不能访问和修改;用户程序存储器可进行读/写操作,用户可以根据需要编写和修改相应的控制程序。

4）输入/输出单元

输入/输出单元也称为 I/O 单元或 I/O 模块,是 PLC 与工业生产现场之间的连接部件。在 PLC 中,输入单元一般由光耦合电路和微机的输入接口电路组成,作为 PLC 与现场控制的接口界面的输入通道;输出单元一般由输出数据寄存器、选通电路和中断请求电路集成,PLC 通过输出单元向现场的执行部件输出相应的控制信号。

I/O 接口的主要类型有:数字量(开关量)输入、数字量(开关量)输出、模拟量输入、模拟量输出等。

5）通信接口

PLC 配有各种带有通信处理器(CP)的通信接口,通过通信接口可与监视器、打印机、其他 PLC、计算机等设备实现通信。

通信处理器(CP)种类很多,S7-300 系列 PLC 中 CP 模块主要有 CP340、CP341 通信处理器模块,CP342-2、CP343-2 通信处理器模块,CP342-5 通信处理器模块,CP343-1 通信处理器模块、CP343-1 TCP 通信处理器模块、CP343-5 通信处理器模块。

6）功能模块

PLC 系统通常内置计数、定位等功能模块,供用户使用。S7-300 系列 PLC 内置功能模块:单通道高速智能技术器模块 FM350-1、8 通道高速智能技术器模块 FM350-2、快速进给/慢速驱动定位模块 FM351、电子凸轮控制器 FM352、步进电动机定位模块 FM353、伺服电动机定位模块 FM354、闭环控制模块 FM355、定位和连续路径控制模块 FM357。

7）编程装置

编程装置的作用是编辑、调试、输入用户程序,也可以在线监控 PLC 内部状态和参数,与 PLC 进行人机对话。编程装置可以是专用编程器,也可以是配有专用编程软件包的通用计算机系统。专用编程器一般由 PLC 厂家生产,专供该厂生产的某些 PLC 产品使用,它主要由键盘、显示器和外存储器接插口等部件组成。专用编程装置有简易编程器、智能编程器两类。

8）其他外部设备

除上述部件和设备外,PLC 通常还有许多外部设备,比如外存储器、EPROM 写入器、人机接口装置等。

8.1.3　可编程控制器的工作原理

可编程控制器是一种专用的工业控制计算机,其工作原理建立在计算机控制系统工作原理基础上,同时具有大量接口器件、特定的监控软件、专用的编程软件,其操作使用方法、编程语言和工作过程与计算机控制系统有明显区别。

以 S7-300 系列 PLC 为例，其工作过程如图 8.4 所示。

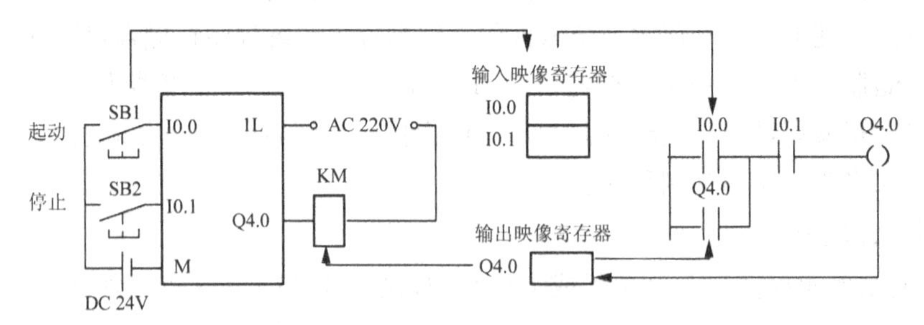

图 8.4　PLC 的工作过程

PLC 投入运行后，其工作过程一般分为三个阶段，即输入采样、用户程序执行和输出刷新三个阶段：

1）输入采样阶段

在输入采样阶段，PLC 以扫描方式按顺序逐个采集所有输入端子上的信号（状态和数据），不论输入端子上是否接线，CPU 顺序读取全部输入端，将所有采集到的一批输入信号写到 I/O 映像区中的相应的单元内。

输入采样结束后，转入用户程序执行和输出刷新阶段。在这两个阶段中，即使输入状态和数据发生变化，I/O 映像区中的相应单元的状态和数据也不会改变。因此，如果输入是脉冲信号，则该脉冲信号的宽度必须大于一个扫描周期，才能保证在任何情况下，该输入均能被读入。

2）用户程序执行阶段

在用户程序执行阶段，可编程逻辑控制器总是按由上而下的顺序依次地扫描用户程序（梯形图）。在扫描每一条梯形图时，又总是先扫描梯形图左边的由各触点构成的控制线路，并按先左后右、先上后下的顺序对由触点构成的控制线路进行逻辑运算，然后根据逻辑运算的结果，刷新该逻辑线圈在系统 RAM 存储区中对应位的状态；或者刷新该输出线圈在 I/O 映像区中对应位的状态；或者确定是否要执行该梯形图所规定的特殊功能指令。

在用户程序执行过程中，只有输入点在 I/O 映像区内的状态和数据不会发生变化，而其他输出点和软设备在 I/O 映像区或系统 RAM 存储区内的状态和数据都有可能发生变化，而且排在上面的梯形图，其程序执行结果会对排在下面的凡是用到这些线圈或数据的梯形图起作用；相反，排在下面的梯形图，其被刷新的逻辑线圈的状态或数据只能到下一个扫描周期才能对排在其上面的程序起作用。

在程序执行的过程中如果使用立即 I/O 指令则可以直接存取 I/O 点，即使用 I/O 指令的话，输入过程影像寄存器的值不会被更新，程序直接从 I/O 模块取值，输出过程影像寄存器会被立即更新，这与立即输入有些区别。

3）输出刷新阶段

当扫描用户程序结束后，可编程逻辑控制器就进入输出刷新阶段。在此期间，CPU 按照 I/O 映像区内对应的状态和数据刷新所有的输出锁存电路，再经输出电路驱动相应的外设，这时，才是可编程逻辑控制器的真正输出。

完成上述三个阶段称作一个扫描周期，在整个运行期间，PLC 的 CPU 以一定的扫描速度重复执行上述三个阶段，其扫描工作过程和运行框图如图 8.5、图 8.6 所示。

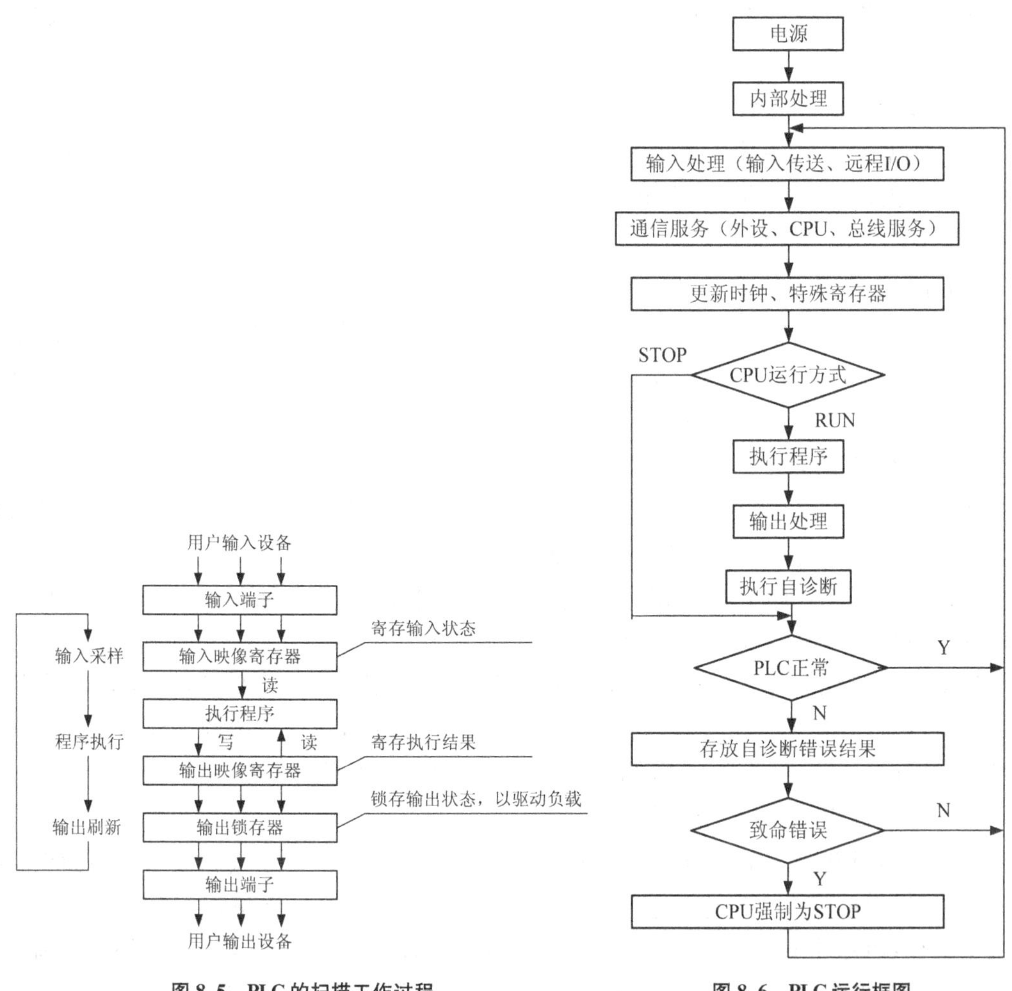

图 8.5 PLC 的扫描工作过程　　　**图 8.6 PLC 运行框图**

PLC 对输入、输出的处理原则为：

(1) 输入映像寄存器区中的数据，取决于输入端子在本扫描周期输入采样阶段所刷新的状态，在程序执行和输出刷新阶段，输入映像寄存器区的内容不会发生改变；

(2) 输出映像寄存器区中的数据由程序中输出指令的执行结果决定，在输入采样和输出刷新阶段，输出映像寄存器区的数据不会发生改变；

(3) 输出锁存电路中的数据，由上一个扫描周期输出刷新阶段存入输出锁存电路中的数据来决定，在输入采样和程序执行阶段，输出锁存电路的数据不会发生变化；

(4) 输出端子直接与外部负载连接，输出端子的状态由输出锁存电路中的数据来确定；

(5) 程序执行中所需要的输入/输出状态，从输入映像寄存器区和输出映像寄存器区中读出。

8.1.4 可编程控制器的特点及应用

可编程逻辑控制器是一种数字运算操作的电子系统，专为在工业环境中应用而设计，具有以下显著特点：

1）功能强大，性价比高

一台小型PLC内有成百上千个可供用户使用的编程软件，功能强大，可以实现非常复杂的控制功能。与相同功能的继电器系统相比，PLC的性价比较高。PLC可以通过通信联网，实现分散控制，集中管理。

2）使用方便，编程简单

PLC采用简明的梯形图、逻辑图或语句表等编程语言，无需计算机知识，接口简单，易于为工程技术人员所接受；系统开发周期短，现场调试容易，可在线修改程序，改变控制方案而无需拆动硬件。

3）系统的设计、安装、调试工作量少

PLC用软件功能取代了继电器控制系统中大量的中间继电器、时间继电器、计数器等器件，使控制柜的设计、安装、接线工作量大大减少。

PLC的梯形图程序一般采用顺序控制设计法来设计，对于复杂的控制系统，设计梯形图的时间比设计相同功能的继电器系统电路图的时间要少得多。

PLC的用户程序可以在实验室模拟调试，输入信号用小开关来模拟，通过PLC上的发光二极管可观察输出信号的状态。完成系统安装和接线后，在现场统调过程中发现的问题一般通过修改程序即可解决，系统调试时间比继电器系统少得多。

4）可靠性高，抗干扰能力强

PLC用软件代替大量的中间继电器和时间继电器，仅剩下与输入和输出有关的少量硬件元件，接线数量可减少到继电器控制系统的1/10，甚至1/100，因触点接触不良造成的故障大为减少；PLC带有硬件故障自我检测功能，同时用户还可以根据需要自行编入外围器件的故障自诊断程序，使PLC系统及外电路设备均能获得故障自诊断保护，系统运行可靠性极高。

PLC采取一系列硬件和软件抗干扰措施，具有很强的抗干扰能力，其平均无故障时间达到数万小时以上，可以直接用于有强烈干扰的工业生产现场，是被广大用户公认为最可靠的工业控制设备之一。

5）硬件配套齐全，用户使用方便，适应性强

PLC产品已经标准化、系列化、模块化，配备有品种齐全的各种硬件装置供用户选用，用户能灵活方便地进行系统配置，组成不同功能、不同规模的系统。PLC的安装接线方便，一般采用接线端子连接外部接线。PLC的输入/输出可直接与220 V(AC/DC)电源相连，并有较强的带负载能力，可以直接驱动一般的电磁阀和小型交流接触器。

6）维修工作量小，维修方便

PLC的故障率很低，且有完善的自诊断和显示功能，维修工作量小。PLC或外部的输入装置和执行机构发生故障时，可以根据PLC上的发光二极管或编程器提供的信息迅速地

查明故障的原因,用更换模块的方法可以迅速地排除故障,维修方便快捷。

PLC是随着计算机技术的发展而兴起的工业通用控制器。它通过传统的继电器控制手段,满足现代企业寻求高生产、低成本和强灵活性的迫切需求。PLC借助于工程技术人员非常熟悉的继电器梯形图设计方法,以满足不同设备多变的控制要求,从而使所设计的控制系统具有通用化、标准化和柔性化以及高可靠性等特点,可缩短控制系统的设计、安装和调试以及升级更新周期,降低生产成本。自20世纪60年代末美国首先研制成功PLC后,其应用范围迅速拓宽。PLC具有功能强大、使用可靠、维修简单等许多优点,在很多地方已逐步取代了继电器电路的逻辑控制,由于其在控制方面的意义日趋明显,在发电、化工等行业工艺设备的电气控制方面得到了广泛的应用。

8.2 典型可编程控制

8.2.1 可编程控制器编程软件

PLC与一般的计算机相类似,在软件方面有系统软件和应用软件之分,PLC的系统软件由其生产厂家固化在ROM中,一般的用户只能在应用软件上进行操作,即通过编程软件来编制用户程序。

PLC的编程器可实现程序的写入、调试及监控,一般有两种:简易编程器和专用编程器。简易编程器是袖珍型的,简单实用,价格低廉,是一种很好的现场编程及监测工具,但显示功能较差,只能用指令表方式输入,使用不方便;专用编程器采用计算机进行编程操作,将专用的编程软件装入计算机内,可直接采用梯形图语言编程,实现在线监测,非常直观,功能强大,适用于小型PLC系统。

PLC刚诞生的相当长一段时间里,基本上都是采用上述两种编程器对PLC进行编程操作。以德国西门子公司为例,该公司专门为S5系列的PLC系统设计制造了专用编程器,如PG710系列,但其价格相当贵,携带不是很方便;PG635系列PLC采用简易编程器,其优点是携带方便,适合于生产现场的调试,但它使用时不是很直观。

随着计算机技术的发展,微机的性能价格比越来越高,PLC的功能也越来越强大,此时各个可编程控制器生产厂家把目光投入到编程软件的开发上,其编程软件呈现多样化和高级化发展趋势。比如西门子公司为其系列工控产品开发了STEP 7编程软件,包括SIMATIC S7、M7、C7和基于PC的WinAC,是供编程、监控和参数设置的标准工具。STEP 7标准软件包提供一系列的应用程序,如图8.7所示。

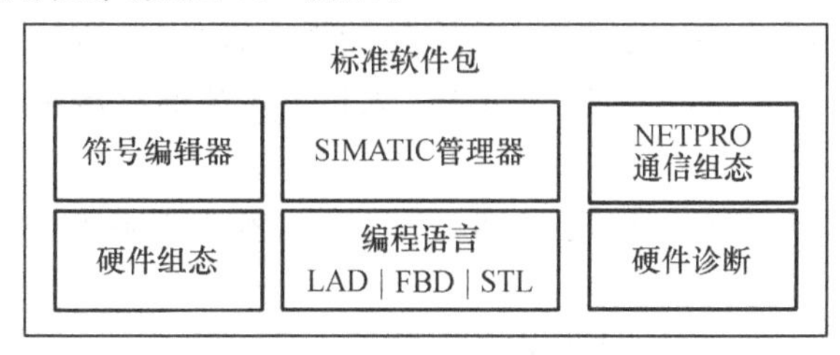

图8.7 标准软件包提供的应用程序

启动 SIMATIC 管理器，其主界面含以下几个主要分区：菜单条（包含 8 个主菜单项）、工具条（快捷操作窗口）、指令树（Instruction Tree）（快捷操作窗口）、用户窗口、输出窗口和状态条，如图 8.8 所示。

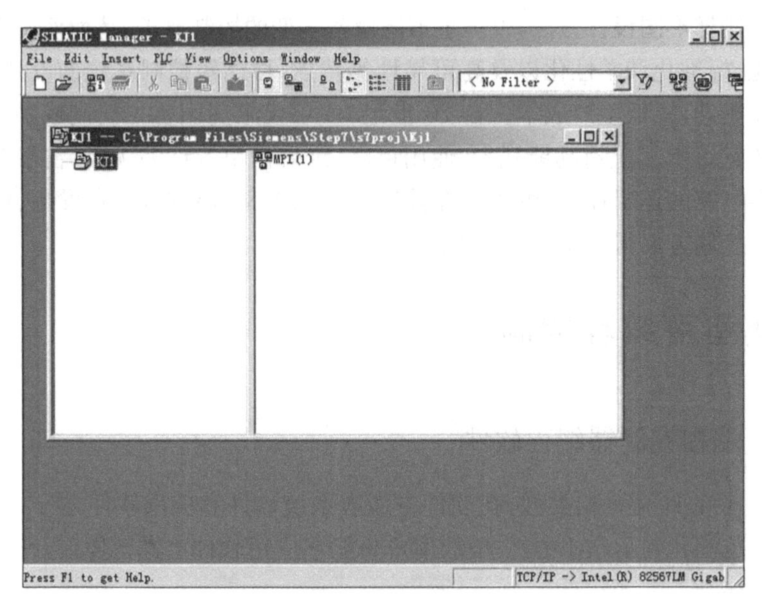

图 8.8 STEP 7 软件包主界面

随着互联网的发展，最新的西门子 PLC 编程软件支持 BootP 和 DHCP，支持用于电子邮件服务器的登录名和密码，可进行远程编程、诊断或数据传输。控制器功能中已集成了 Profibus DP Master/Slave，Profibus FMS 和 LON Works，可以利用 web server 进行监控，储存 HTML 网页、图片、PDF 文件等到控制器里供通用浏览器查看扩展操作系统功能。

需要特别说明的是由于 PLC 的类型较多，各个不同机型对应的编程软件也会有一定的差别，特别是各个生产厂家的 PLC 之间的编程软件不能通用。

8.2.2 可编程控制器编程语言表达方式

PLC 编程软件是由生产厂家提供的编程语言，至今为止还没有一种能适合各种 PLC 的通用的编程语言，但是各个 PLC 的发展过程有类似之处，PLC 的编程语言即编程工具也都大致相同，目前市面上 PLC 产品编程语言一般有如下五种表达方式：

1) 梯形图（LAD）

梯形图是一种以图形符号及图形符号在图中的相互关系表示控制关系的编程语言，是将继电器控制电路图进行简化，同时加入许多功能强大、使用灵活的指令，将微机的特点结合进去，从而使编程更加容易，且实现的功能大大超过传统继电器控制电路图，是目前最普通的一种 PLC 编程语言。

梯形图及符号的画法应按一定规则，各厂家的符号和规则虽不尽相同，但基本上大同小异，图 8.9 为典型的梯形图。

对于梯形图的规则，总结有以下几点具有共性：

(1) 梯形图中只有动合和动断两种触点。各种机型中动合触点和动断触点的图形符号基本相同，但元件编号不同。统一标记的触点可反复使用，次数不限，因为在 PLC 中每一触点的状态均存入 PLC 内部存储单元，可反复读写，故可反复使用。

(2) 梯形图中输出继电器（输出变量）表示方法为圆圈或括弧或椭圆，输出继电器在程序中只能使用一次。

(3) 梯形图最左边是起始母线，每一逻辑行必须从起始母线开始画。梯形图最右边是结束母线，一般可以省略。注意：左母线与线圈之间一定要有触点，而线圈与右母线之间则不能有任何触点。

(4) 梯形图必须按照从左到右、从上到下顺序书写，PLC 按照这个顺序执行程序。

(5) 梯形图中触点可任意串联或并联，而输出继电器线圈可以并联但不可以串联。

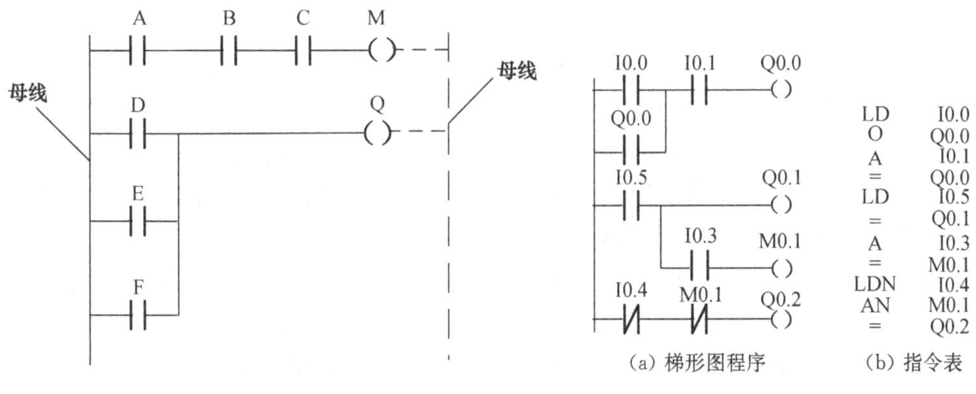

(a) 梯形图程序　(b) 指令表

图 8.9　典型的梯形图　**图 8.10　梯形图与指令表**

2) 指令表(STL)

梯形图编程语言优点是直观、简便，但要求用带 CRT 屏幕显示的图形编程器才能输入图形符号，小型的编程器一般无法满足。经济便携的编程器（指令编程器）将程序输入到 PLC 中，这种编程方法使用指令语句（助记符语言），类似于微机汇编语言。

语句是指令语句表编程语言的基本单元，每个控制功能有一个或多个语句组成的程序来执行。每条语句规定 PLC 中 CPU 如何动作的指令，由操作码和操作数组成。操作码用助记符表示要执行的功能，操作数（参数）表明操作的地址或一个预先设定的值。图 8.10 为一个简单的 PLC 程序，其中图(a)是梯形图程序，图(b)是相应的指令表。

3) 顺序功能图(SFC)

顺序功能图(SFC)编程是一种图形化的编程方法，常用来编制顺序控制类程序。它包含步、动作、转换三个要素。顺序功能编程法可将一个复杂的控制过程分解为一些小的顺序控制要求连接组合成整体的控制程序。顺序功能图法体现了一种编程思想，在程序的编制中具有很重要的意义。图 8.11 所示为顺序功能图。

4) 功能块图(FBD)

功能块图(FBD)编程语言实际上是用逻辑功能符号组成的功能块来表达命令的图形语言，与数字电路中逻辑图一样，它极易表现条件与结果之间的逻辑功能。图 8.12 所示为先“或”后“与”再输出操作的功能块图。

由图可见，这种编程方法是根据信息流将各种功能块加以组合，是一种逐步发展起来的新式的编程语言，正在受到各种可编程控制器厂家的重视。

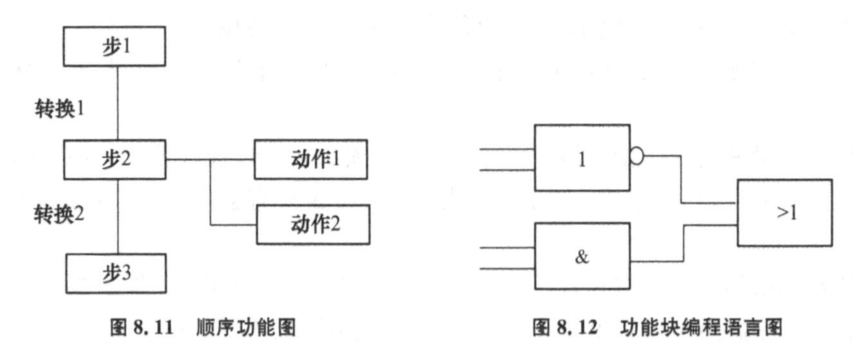

图 8.11 顺序功能图　　图 8.12 功能块编程语言图

5）结构文本(ST)

随着 PLC 的飞速发展，为了增强 PLC 的数字运算、数据处理、图表显示、报表打印等功能，方便用户的使用，许多大中型 PLC 都配备了 PASCAL、BASIC、C 等高级编程语言。这种编程方式叫做结构文本。与梯形图相比，结构文本有两个很大优点，一是能实现复杂的数学运算，二是非常简洁和紧凑。用结构文本编制极其复杂的数学运算程序只占一页纸，结构文本用来编制逻辑运算程序也很容易。

以上编程语言的五种表达式是由国际电工委员会(IEC)1994 年 5 月在 PLC 标准中推荐的。对于一款具体的 PLC，生产厂家可在这五种表达方式中选取其中的几种编程语言供用户选择。也就是说，并不是所有的 PLC 都支持全部的五种编程语言。

8.2.3 典型的可编程控制程序

下面介绍几种典型的可编程控制程序。

1）自保持程序

自保持电路也称自锁电路，常用于无机械锁定开关的启动停止控制中。例如用无机械锁定功能的按钮控制电动机的启动和停止，并且分为启动优先和断开优先两种，其梯形图分别如图 8.13 所示。

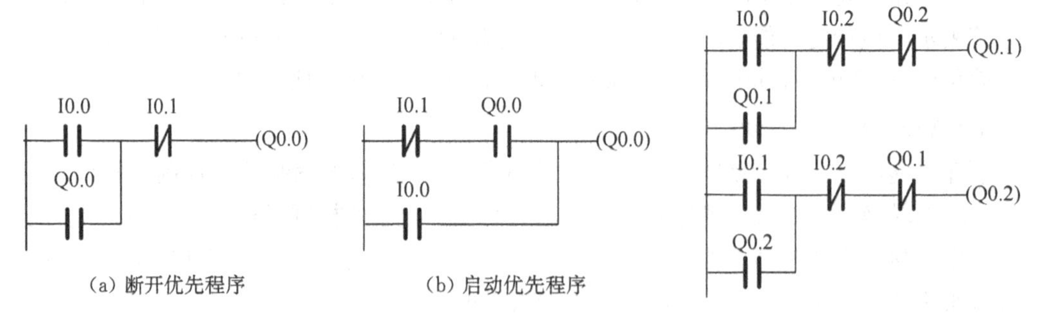

图 8.13 自保持程序梯形图　　图 8.14 互锁控制程序梯形图

2）互锁程序

互锁电路通常用于不允许同时动作的两个或多个继电器的控制，例如电动机的正反转控制，其梯形图如图 8.14 所示。

3）时间电路程序

时间电路程序主要用于延时、定时和脉冲控制。时间控制电路，既可以用定时器实现也可以用标准时钟脉冲实现。S7-300 系列提供了 5 种形式的定时器：脉冲定时器(SP)、扩展定时器(SE)、接通延时定时器(SD)、带保持的接通延时定时器(SS)和断电延时定时器(SF)，编程时使用方便。

(1) 瞬时接通/延时断开

所谓瞬时接通/延时断开，是指电路在输入信号有效时立即输出，在输入信号消失时输出信号经过一段延时后消失。图 8.15 是一种典型的瞬时接通/延时断开电路的梯形图、语句表及时序图。

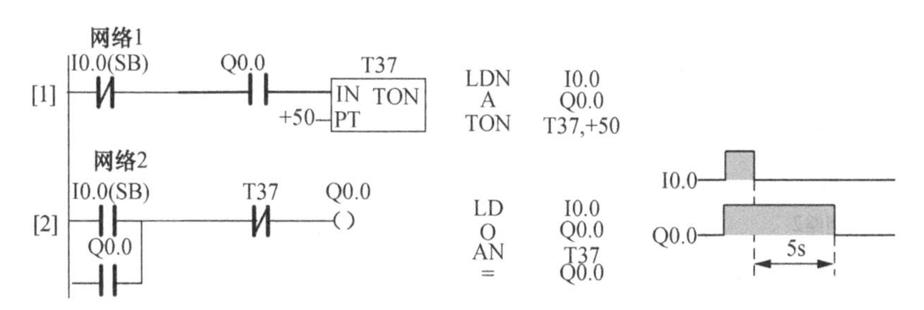

图 8.15 瞬时接通/延时断开电路的梯形图、语句表及时序图

(2) 延时接通/延时断开

所谓延时接通/延时断开，是指电路在输入信号有效时延时一段时间再输出，在输入信号消失时输出信号经过一段延时后消失。图 8.16 是一种典型的延时接通/延时断开电路的梯形图、语句表及时序图。

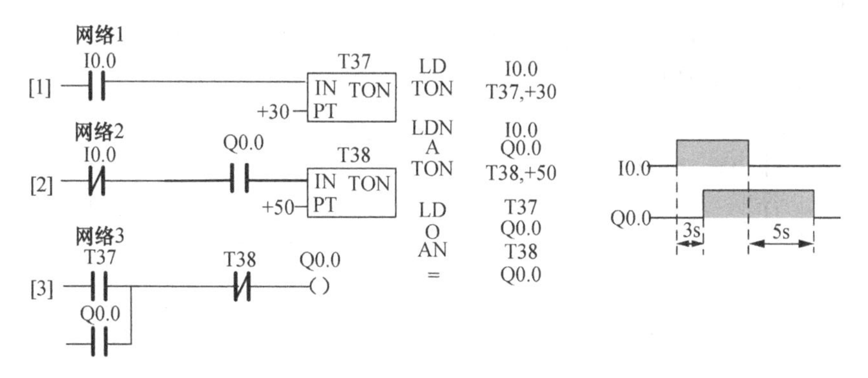

图 8.16 延时接通/延时断开电路的梯形图、语句表及时序图

(3) 顺序脉冲发生

图 8.17 是用三个定时器产生一组顺序脉冲电路的梯形图及波形图。

(4) 延时脉冲发生

延时脉冲发生电路在输入信号后停一段时间后产生一个脉冲，该电路常用于获取启动或关断信号。图 8.18 是一种典型的延时脉冲发生电路的梯形图、语句表及时序图。

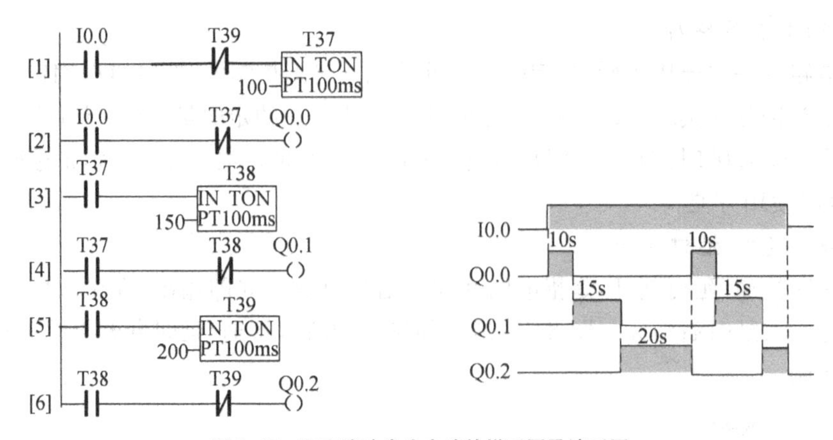

图 8.17　顺序脉冲发生电路的梯形图及波形图

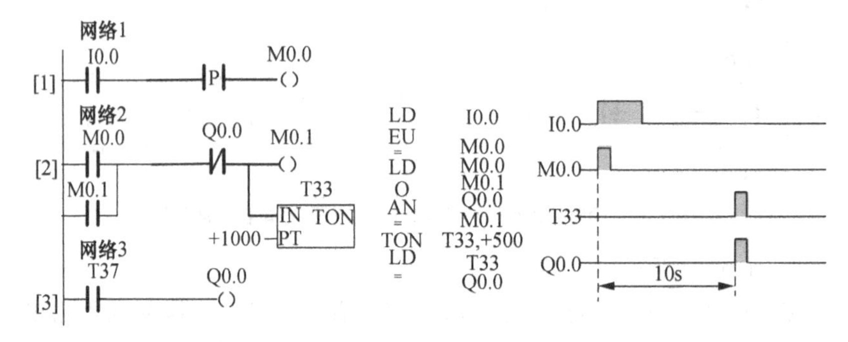

图 8.18　延时脉冲发生电路的梯形图、语句表及时序图

(5) 计数器配合计时

图 8.19 是应用一个计数器的延时电路，其中的时钟脉冲信号由 PLC 内部特殊存储器标志位产生(S7-200 系列 PLC 的 SM0.5)，周期为 1 s。

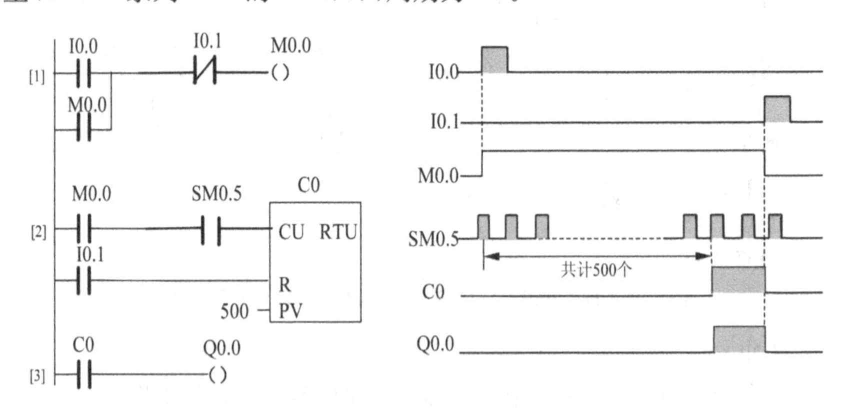

图 8.19　采用计数器实现延时的梯形图及波形图

(6) 分频电路

在很多控制场合需要对控制信号进行分频。下面以二分频为例，要求输出脉冲 Q0.0 是输入信号脉冲 I0.1 的二分频，即输出频率是输入频的 1/2，梯形图及时序图如图 8.20 所示。

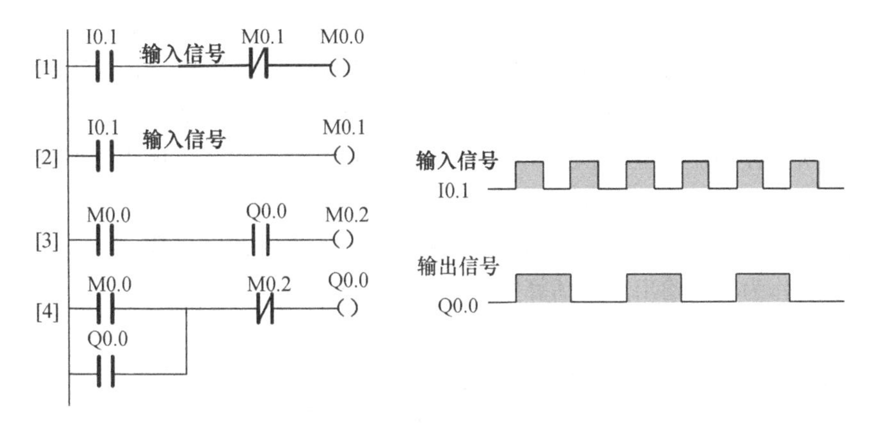

图 8.20　二分频电路的梯形图及时序图

(7) 振荡电路程序(闪烁电路)

振荡电路(也称闪烁电路)是一种时钟电路,可以控制灯光的闪烁频率,又可以控制灯光的通断时间比,可以是等间隔的通断,也可以是不等间隔的通断。图 8.21 是一种振荡电路的梯形图和时序图。

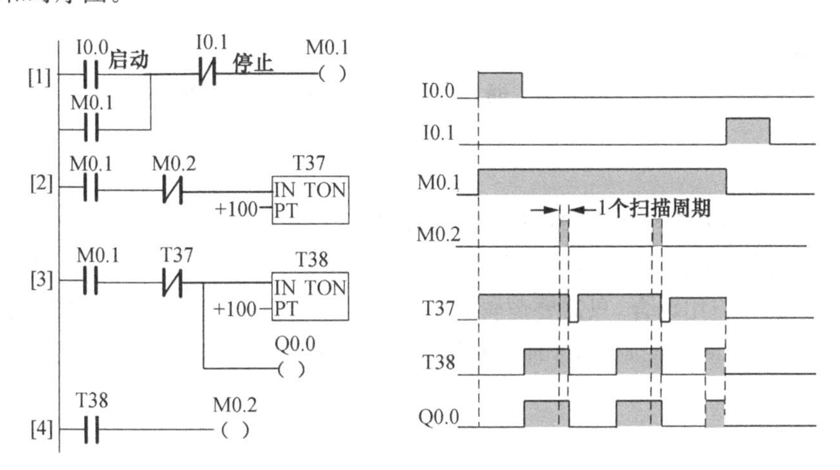

图 8.21　振荡电路的梯形图及时序图

8.2.4　可编程控制系统集成

PLC 按结构分为整体型和模块型两类,整体型 PLC 的 I/O 点数固定,用户选择的余地较小,用于小型控制系统;模块型 PLC 提供多种 I/O 卡件或插卡,用户可较合理地选择和配置控制系统的 I/O 点数,功能扩展方便灵活,一般用于大中型控制系统。

模块型 PLC 控制器本身的硬件采用积木式结构,有母板、数字 I/O 模板、模拟 I/O 模板,还有特殊的定位模板、条形码识别模板等模块,用户可以根据需要采用在母板上扩展或者利用总线技术配备远程 I/O 从站的方法来得到想要的 I/O 数量。

PLC 在实现各种数量的 I/O 控制的同时,还具备输出模拟电压和数字脉冲的能力,使得它可以控制各种能接收这些信号的伺服电机、步进电机、变频电机等,加上触摸屏的人机界面支持,可以满足用户在过程控制中任何层次上的需求。

在PLC系统设计时，在确定控制方案后，下一步工作就是PLC工程设计选型。工艺流程的特点和应用要求是设计选型的主要依据。在工程设计选型和估算时，应详细分析工艺过程的特点、控制要求，明确控制任务和范围，确定所需的操作和动作，根据控制要求估算输入输出点数、所需存储器容量、确定PLC的功能、外部设备特性等，具体规则如下：

1）输入输出(I/O)点数的估算

I/O点数估算时应考虑适当的余量，通常根据统计的输入输出点数，再增加10%～20%的可扩展余量，作为输入输出点数估算数据。

2）存储器容量的估算

存储器容量是指PLC本身能提供的硬件存储单元的大小，程序容量是存储器中用户应用项目使用的存储单元的大小，因此程序容量小于存储器容量。

在设计阶段，由于用户应用程序尚未编制，程序容量是未知的，为了设计选型时能对程序容量有一定估算，通常采用存储器容量的估算来替代。

对存储器内存容量的估算没有固定公式，大体上是按数字量I/O点数的10～15倍，加上模拟I/O点数的100倍，以此数为内存的总字数(16位为一个字)，另外再按此数的25%考虑余量。

3）控制功能的选择

该选择包括运算功能、控制功能、通信功能、编程功能、诊断功能和处理速度等特性的选择。

(1) 运算功能

运算功能包括逻辑运算、计时/计数、数据移位、比较、代数运算、数据传送、模拟量的PID运算以及其他高级运算功能等。设计选型时应从实际应用要求出发，合理选用所需的运算功能。大多数应用场合，只需要逻辑运算和计时计数功能，有些应用需要数据传送和比较，当用于模拟量检测和控制时，才使用代数运算、数值转换和PID运算等，要显示数据时需要译码和编码等运算。

(2) 控制功能

控制功能包括PID控制运算、前馈补偿控制运算、比值控制运算等，应根据控制要求确定。PLC主要用于顺序逻辑控制，因此，大多数场合常采用单回路或多回路控制器解决模拟量的控制，有时也采用专用的智能输入输出单元完成所需的控制功能，提高可编程逻辑控制器的处理速度和节省存储器容量，例如采用PID控制单元、高速计数器、带速度补偿的模拟单元、ASC码转换单元等。

(3) 通信功能

大中型PLC系统应支持多种现场总线和标准通信协议(如TCP/IP)，需要时应能与工厂管理网(TCP/IP)相连接。通信协议应符合ISO/IEEE通信标准，应是开放的通信网络。

PLC系统的通信接口应包括串行和并行通信接口、RI/O通信口、常用DCS接口等；大中型可编程逻辑控制器通信总线(含接口设备和电缆)应按1∶1冗余配置，通信总线应符合国际标准，通信距离应满足装置实际要求。

(4) 编程功能

编程功能又分离线编程和在线编程。

离线编程方式：PLC和编程器共用一个CPU，编程器在编程模式时，CPU只为编程器提供服务，不对现场设备进行控制。完成编程后，编程器切换到运行模式，CPU对现场设备进行控制，不能进行编程。离线编程方式可降低系统成本，但使用和调试不方便。

在线编程方式：CPU和编程器有各自的CPU，主机CPU负责现场控制，并在一个扫描周期内与编程器进行数据交换，编程器把在线编制的程序或数据发送到主机，下一扫描周期，主机就根据新收到的程序运行。这种方式成本较高，但系统调试和操作方便，在大中型可编程逻辑控制器中常采用。

五种标准化编程语言：顺序功能图(SFC)、梯形图(LD)、功能模块图(FBD)三种图形化语言和语句表(IL)、结构文本(ST)两种文本语言。选用的编程语言应遵守其标准(IEC6113123)，同时，还应支持多种语言编程形式，如C语言，Basic等，以满足特殊控制场合的控制要求。

(5) 诊断功能

PLC的诊断功能包括硬件和软件的诊断。硬件诊断通过硬件的逻辑判断确定硬件的故障位置，软件诊断分内诊断和外诊断。通过软件对PLC内部的性能和功能进行诊断是内诊断，通过软件对可编程逻辑控制器的CPU与外部输入输出等部件信息交换功能进行诊断是外诊断。

PLC的诊断功能的强弱，直接影响对操作和维护人员技术能力的要求，并影响平均维修时间。

(6) 处理速度

PLC采用扫描方式工作，从实时性要求来看，处理速度应越快越好，如果信号持续时间小于扫描时间，则PLC将扫描不到该信号，造成信号数据的丢失。

处理速度与用户程序的长度、CPU处理速度、软件质量等有关。PLC接点的响应快、速度高，能适应控制要求高、相应要求快的应用需要。扫描周期(处理器扫描周期)应满足：小型PLC的扫描时间不大于0.5 ms/K；大中型PLC的扫描时间不大于0.2 ms/K。

4) PLC的类型

PLC按应用环境分为现场安装和控制室安装两类；按CPU字长分为1位、4位、8位、16位、32位、64位等。从应用角度出发，通常可按控制功能或输入输出点数选型。

5) PLC输入/输出类型

开关量主要指开入量和开出量，是指一个装置所带的辅助点，譬如变压器的温控器所带的继电器的辅助点(变压器超温后变位)、阀门凸轮开关所带的辅助点(阀门开关后变位)，接触器所带的辅助点(接触器动作后变位)、热继电器(热继电器动作后变位)，这些点一般都传给PLC或综合保护保装置，电源一般是由PLC或综合保护装置提供。

6) PLC型号选择

PLC产品的种类繁多，不同型号的PLC其结构形式、性能、容量、指令系统、编程方式、价格等各不相同，适用的场合也各有侧重。因此，合理选用PLC，对于提高PLC控制系统的技术经济指标有着重要意义。

PLC机型选择的基本原则是在满足功能要求及保证可靠、维护方便的前提下，力争最佳的性能价格比。选择时应主要考虑到合理的结构形式、安装方式的选择、相应的功能要求、响应速度要求、系统可靠性的要求、机型尽量统一等因素。

8.2.5　PLC控制系统设计

1) PLC控制系统设计一般步骤

对于PLC控制系统设计，通常遵照下面几个步骤：

(1) 系统分析

根据控制系统所需要完成的控制任务，对被控对象的工艺过程、工作特点以及控制系统的控制过程、控制规律、功能和特征进行详细分析。明确输入、输出的物理量是开关量还是模拟量，明确划分控制的各个阶段及其特点，阶段之间的转换条件，绘出所需设计系统的工作流程图。

(2) 设计PLC控制电路主电路

通过对所需设计控制系统的分析，设计PLC控制系统的主电路。

(3) 设计PLC控制系统的I/O配置表和I/O接线图

通过对所需设计控制系统的分析，设计PLC控制系统的I/O配置表和I/O接线图。接触器和电磁阀等执行机构一般用PLC的输出继电器来控制，其线圈接在PLC的I/O接线的输出端；按钮、控制开关、限位开关、接地开关等通常用来给PLC提供控制命令和反馈信号，它们的触点一般接在PLC的I/O接线的输入端。

(4) 绘制梯形图，添加语句表

根据PLC控制系统主电路和PLC的I/O接线图，绘PLC控制系统的梯形图，编写相应的程序段。根据用电器(如电动机、电磁阀、电加热器等)主电路控制电器(接触器、继电器)主触点的文字符号，在PLC的I/O接线图中找出相应的控制电器的线圈，并可知控制该控制电器的输出继电器，明确它们之间的控制关系，进而绘制该输出继电器的梯级，编写相应的程序段。

2) PLC控制系统设计举例

下面以电动机正反转的PLC控制为例，说明使用西门子S7-300系列PLC进行系统设计的方法和步骤。

设计任务：使用西门子S7-300系列PLC设计一款电动机正反转的PLC控制系统。

具体控制要求：

(1) 用两个按钮(“启动”和“停止”)控制电动机的启动和停止；

(2) 按“启动”按钮，电动机开始正转；

(3) 正转5 min后，停3 min，然后开始反转；

(4) 反转5 min后，停3 min，然后开始正转，依次循环；

(5) 按“停止”按钮，电动机立即停止(不论当前电动机处于何种状态)。

注意：电动机可逆运行方向的切换是通过两个接触器(KM_1、KM_2)的切换来实现的。切换时要改变电源的相序。由正向运转切换到反向运转时，当正转接触器KM_1断开时，由于主触点内瞬时产生的电弧，使得该触点仍处于接通状态，如果这时闭合反转接触器KM_2，就会使电源内部产生短路，损坏电源。同理，由反向运转切换到正向运转时也存在这个问题。因此在设计程序时，为防止由于电源换相所引起的短路事故，必须在正反转切换时设定中间停机间隔，如本例中的停机间隔设定为3 min。

设计过程：

(1) 系统分析

根据控制要求，对所需设计的电动机正反转 PLC 控制系统进行分析，绘制电动机正反转 PLC 控制系统的工作流程图，如图 8.22 所示。

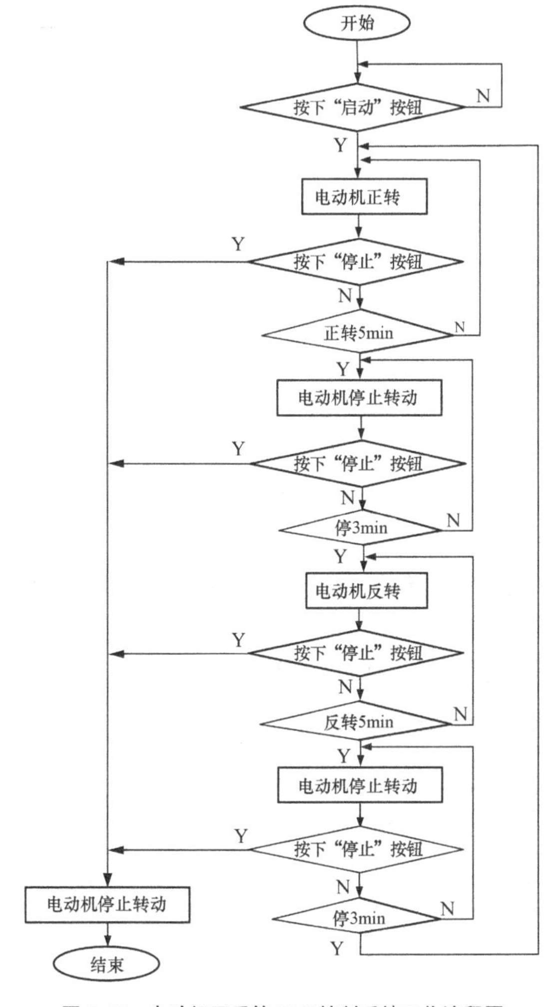

图 8.22 电动机正反转 PLC 控制系统工作流程图

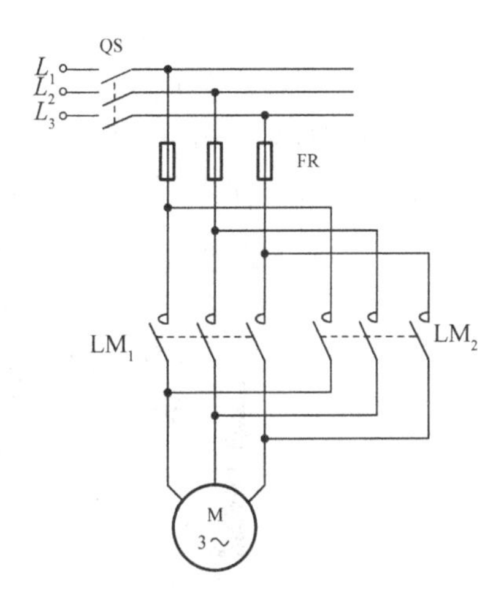

图 8.23 电动机正反转 PLC 控制系统主电路

(2) 设计 PLC 控制电路主电路

根据系统分析，设计电动机正反转 PLC 控制系统主电路，如图 8.23 所示。

(3) 设计 PLC 控制系统的 I/O 配置表和 I/O 接线图

从 PLC 控制系统工作流程图和主电路可以看出，该控制系统的输入设备是 2 个控制按钮(启动按钮和停止按钮)，输出设备是 2 个接触器(电动机正转接触器和电动机反转接触器)，配置如表 8.1 所示。

PLC 的控制电路及 I/O 接线图如图 8.24 所示。

依据 I/O 接线图，在西门子 S7-300 系列 PLC 上进行接线，完成系统的输入输出设计。

表 8.1　PLC 的 I/O 配置表

输入设备		PLC 输入继电器	输出设备		PLC 输出继电器
代号	功能		代号	功能	
SB_1	启动按钮	I0.0	KM_1	电动机正转接触器	Q0.0
SB_2	停止按钮	I0.1	KM_2	电动机反转接触器	Q0.1

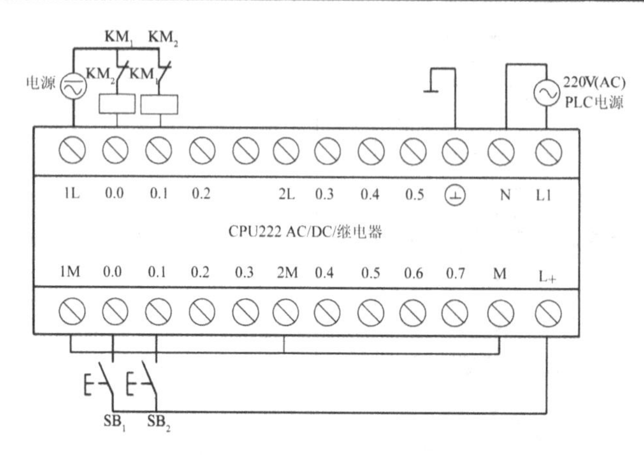

图 8.24　PLC 的 I/O 接线图

(4) 绘制梯形图,添加语句表

根据 PLC 控制系统主电路和 PLC 的 I/O 接线图,使用 STEP 7 标准软件包绘制 PLC 控制系统的梯形图,编写相应的程序段。具体操作如下:

启动 SIMATIC 编程软件,使用新项目向导,新建一个项目,如图 8.25 所示。

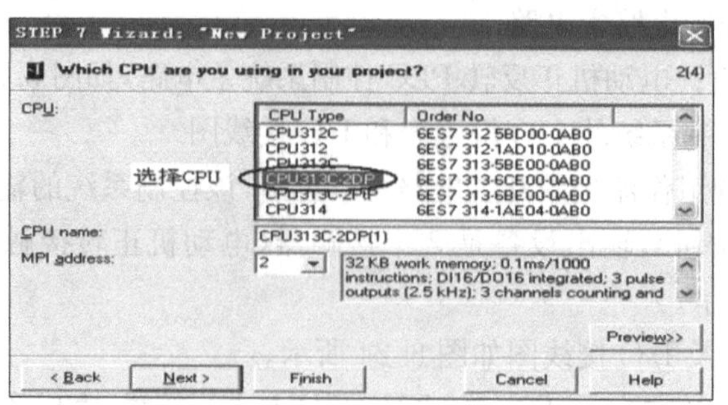

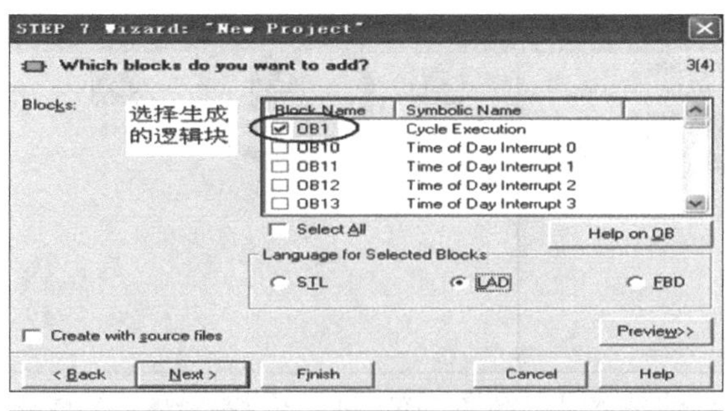

图 8.25　使用新项目向导创建新项目

进入硬件组态，进行硬件组态配置，如图 8.26 所示。

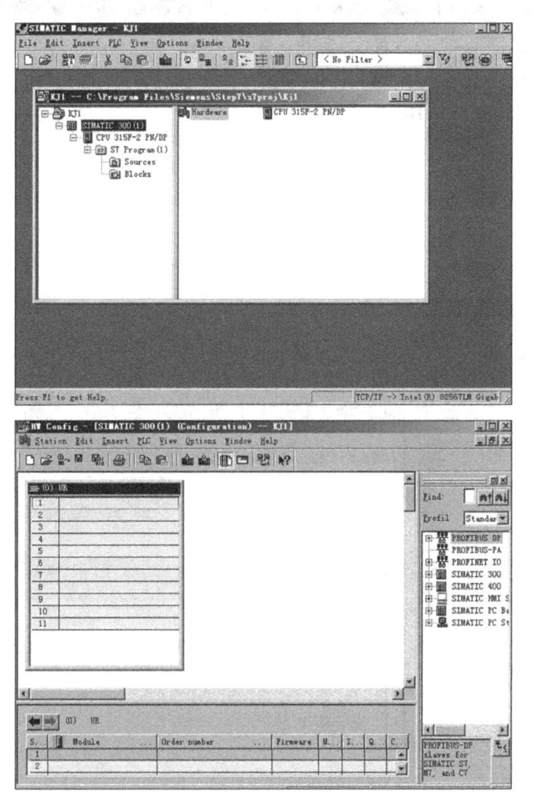

图 8.26　硬件组态配置

点开 S7 Program，双击 Symbols，进行地址分配表的设定，如图 8.27 所示。

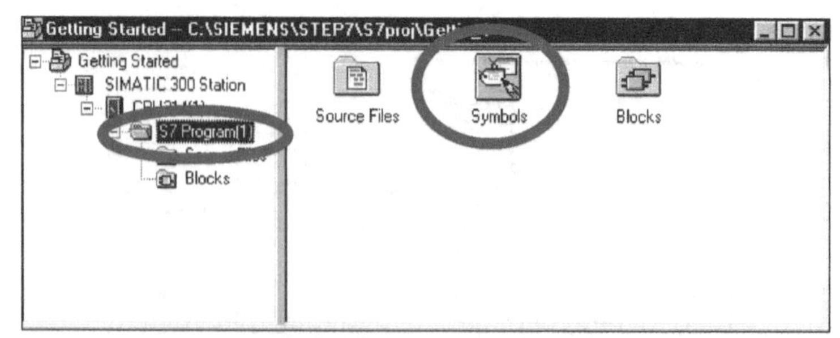

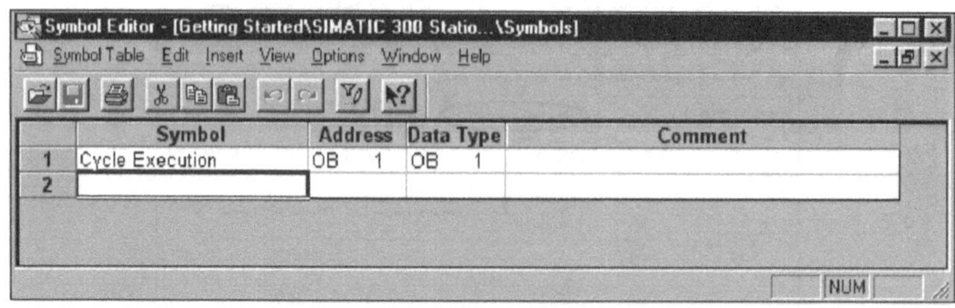

图 8.27　地址分配表设定

选择 Blocks，双击 OB1 块，打开 LAD 编程界面，进行梯形图的绘制和语句表的添加，如图 8.28、图 8.29 所示。

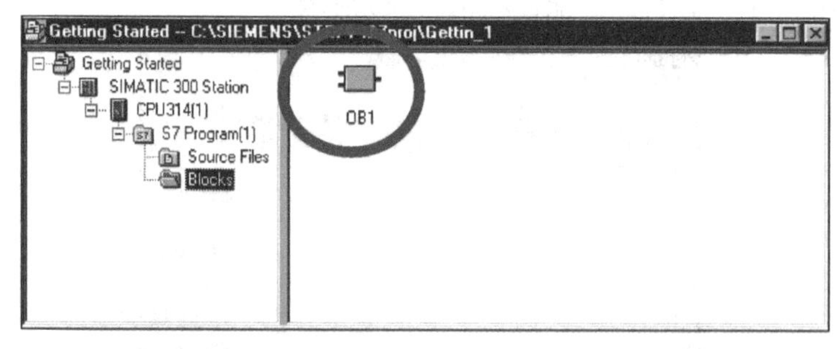

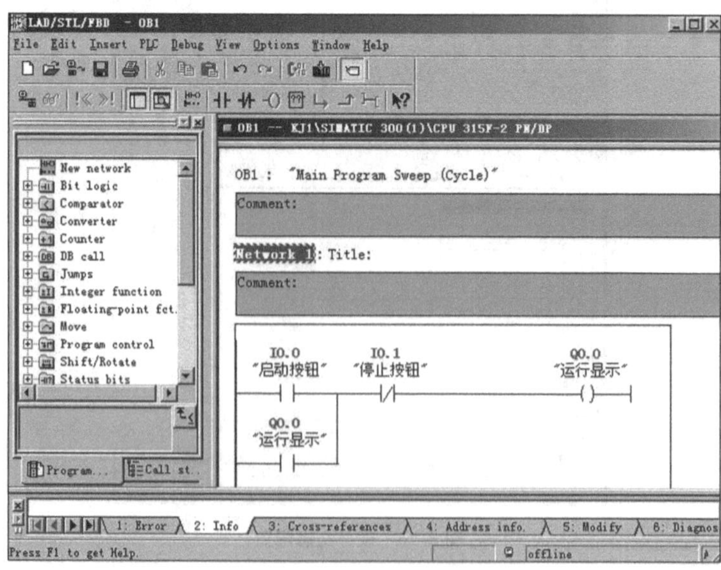

图 8.28　程序块编程界面

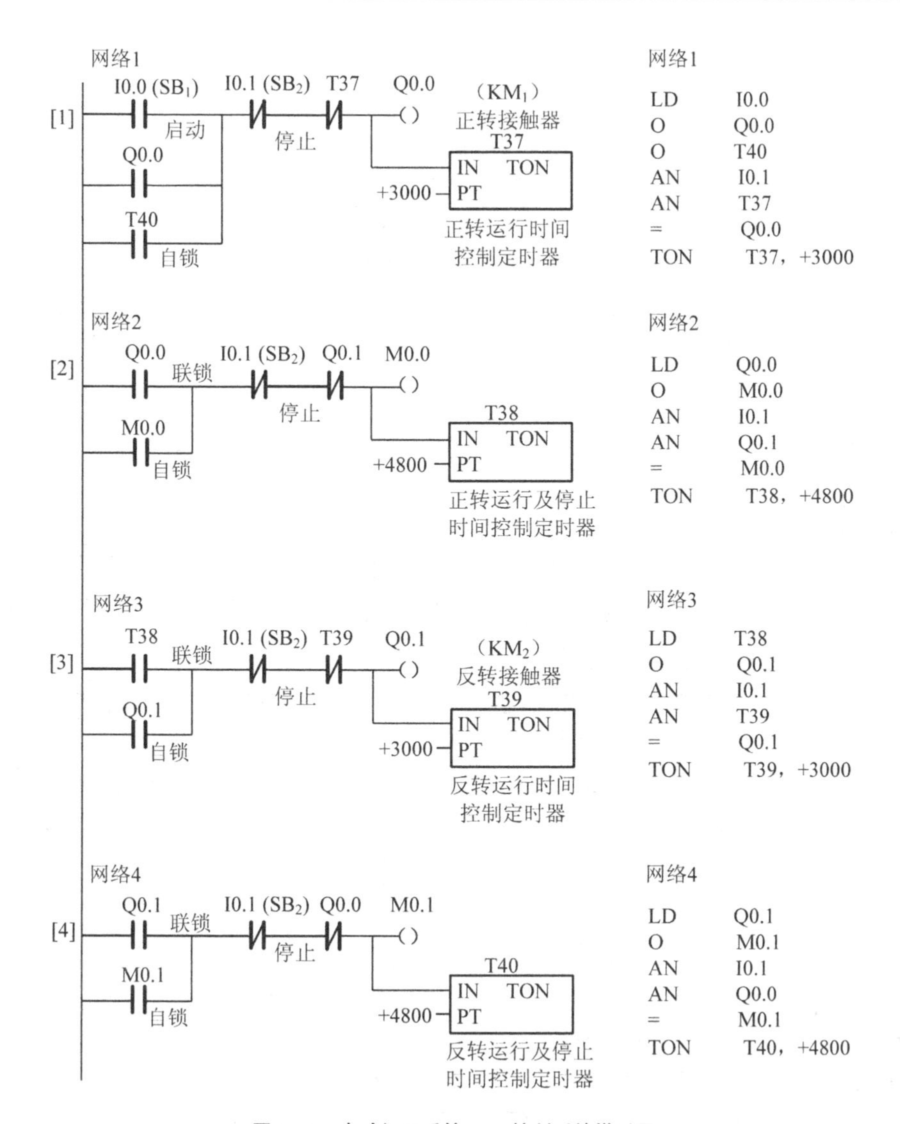

图 8.29 电动机正反转 PLC 控制系统梯形图

运行程序,观察电路工作过程:

(1) 启动

按下启动按钮,观察 PLC 电路的工作过程,如图 8.30 所示。

(2) 停止

按下停止按钮,观察 PLC 电路的工作过程,如图 8.31 所示。

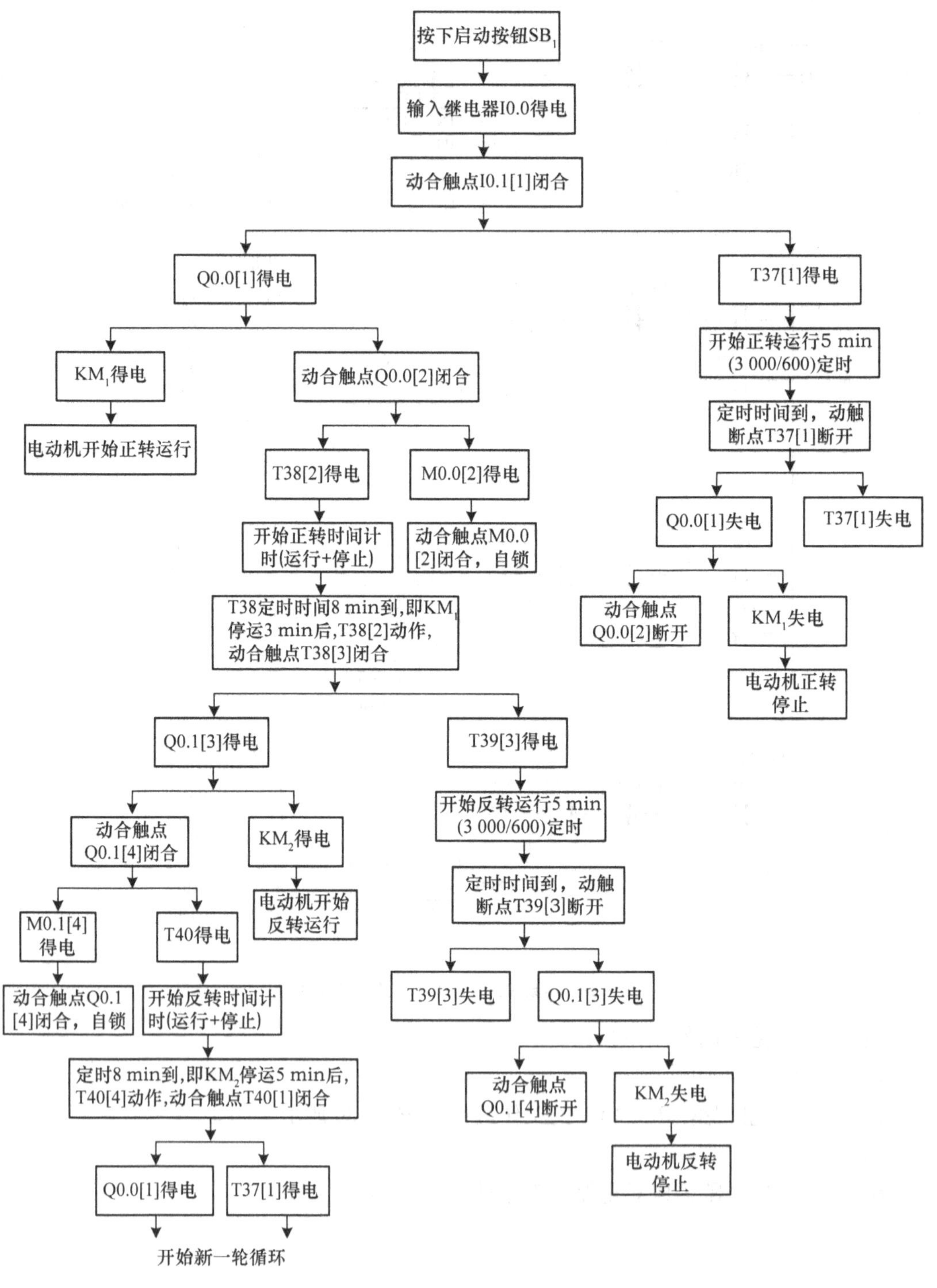

图 8.30 启动后工作过程

图 8.31 停止过程

8.3 变频器

8.3.1 变频器的作用及分类

变频器(Variable-frequency Drive,VFD)是应用变频技术与微电子技术,通过改变电机工作电源频率方式来控制交流电动机的电力控制设备。变频器主要由整流(交流变直流)、滤波、逆变(直流变交流)、制动单元、驱动单元、检测单元、微处理单元等组成。变频器靠内部绝缘栅双极型晶体管(IGBT)的开断来调整输出电源的电压和频率,根据电机的实际需要来提供其所需要的电源电压,进而达到节能、调速的目的。

变频器按照主电路工作方式可以分为电压型变频器和电流型变频器;按照开关方式可以分为PAM控制变频器、PWM控制变频器和高载频PWM控制变频器;按照工作原理可以分为V/F控制变频器、转差频率控制和矢量控制变频器等;按照用途可以分为通用变频器,高性能专用变频器、高频变频器、单相变频器和三相变频器等;按照供电电压可以分为低压变频器(110 V,220 V,380 V)、中压变频器(500 V,660 V,1 140 V)和高压变频器(3 kV,3.3 kV,6 kV,6.6 kV,10 kV);按照控制方式可以分为U/f控制方式和转差频率控制方式;按照机壳外形可以分为塑壳变频器、铁壳变频器和柜式变频器;按照输出功率大小可以分为小功率变频器、中功率变频器和大功率变频器。图8.32为几种常用的变频器。

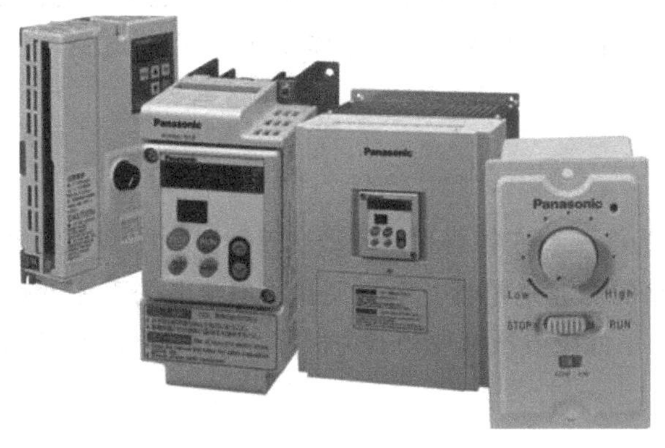

松下(Panasonic)

三菱(MITSUBISHI)

图8.32 几种常用的变频器

8.3.2 变频器的组成

变频器通常由以下四部分组成:整流单元、中间电路、逆变器和控制电路。其基本构成示意图如图8.33所示。

各组成部分的功能及原理说明如下。

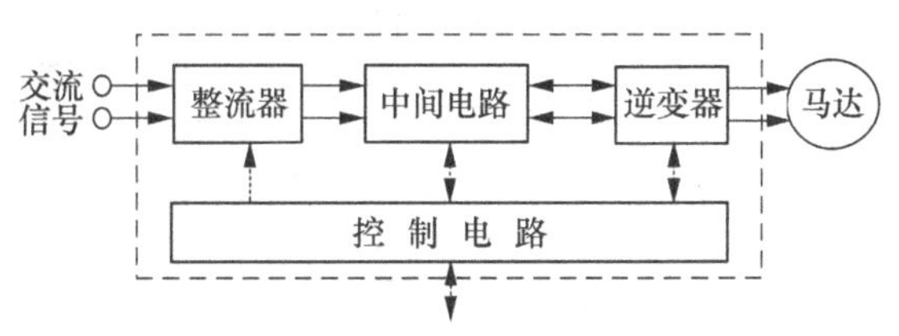

图8.33 变频器基本构成示意图

1) 整流单元

整流单元的功能是将工作频率固定的交流电转换为直流电。它与单相或三相交流电源相连接,产生脉动的直流电压。

整流器有两种基本类型——可控整流器和不可控的整流器。变频器中的整流器可由二极管或晶闸管单独构成,也可由两者共同构成。由二极管构成的是不可控整流器,由晶闸管构成的是可控整流器。二极管和晶闸管都用的整流器是半控整流器。

2) 中间电路

中间电路可看做是一个能量的存储装置,电动机可以通过逆变器从中间电路获得能量。中间电路一般有以下三种类型:

(1) 将整流电压变换成直流电流。

(2) 使脉动的直流电压变得稳定或平滑,供逆变器使用。

(3) 将整流后固定的直流电压变换成可变的直流电压。

3) 逆变器

逆变器是变频器最后一个环节,其后与电动机相连,它最终产生适当的输出电压。变频器通过使输出电压适应负载的办法,保证在整个控制范围内提供良好的运行条件。这种方法是将电机的励磁维持在最佳值。

逆变器一般由大功率开关晶体管阵列组成电子开关,将直流电转化成不同频率、宽度、幅度的方波。开关频率取决于所用的半导体器件,典型的开关频率在 300 Hz～20 kHz 之间。

4) 控制电路

控制电路将信号传送给整流器、中间电路和逆变器,同时它也接收来自这部分的信号。具体被控制的部分取决于各个变频器的设计。逆变器中的半导体器件,由控制电路产生的信号使其导通和关断。

8.3.3 变频器的基本工作原理

变频器按照主电路工作方式可以分为电压型变频器和电流型变频器。电压型是将电压源的直流变换为交流的变频器,直流回路的滤波是电容。电流型是将电流源的直流变换为交流的变频器,其直流回路滤波是电感。下面以电压型变频器为例(图 8.34),介绍其结构及工作原理。

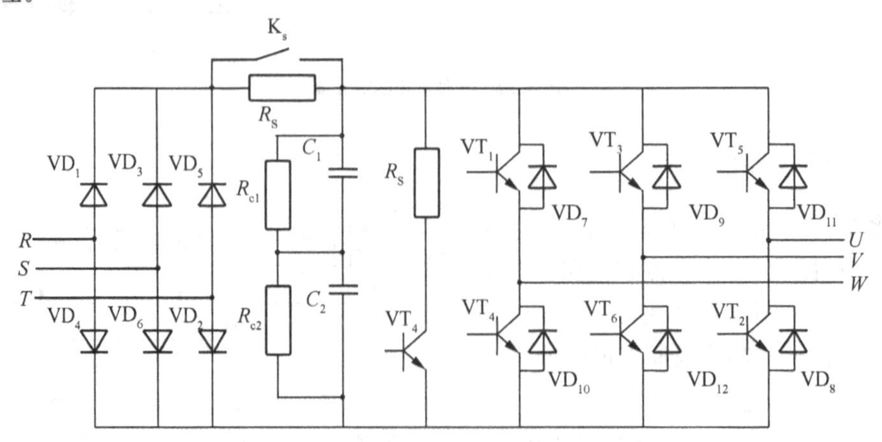

图 8.34 电压型交-直-交变频器电路

(1) 整流电路:图中 $VD_1 \sim VD_6$ 组成三相不可控整流桥,220 V 系列变频器通常采用单相全波整流桥电路,380 V 系列变频器通常采用桥式全波整流电路。

(2) 中间滤波电路:整流后的电压为脉动电压,必须加以滤波,滤波电容 C_1、C_2 除滤波作用外,还在整流与逆变之间起去耦合作用,消除干扰,提高功率因数。由于该大电容储存能量,在断电的短时间内电容两端存在高电压,因此要在电容充分放电后才可进行操作。

(3) 限流电路:由于储能电容较大,接入电源时电容两端电压为零,因此在上电瞬间滤波电容 C_1、C_2 的充电电流很大,过大的电流会损坏整流桥二极管,为保护整流桥上电瞬间将充电电阻 R_S 串入直流母线中以限制充电电流,当 C_1、C_2 充电到一定程度时由开关 K_S 将 R_S 短路。

(4) 逆变电路:逆变管 $VT_1 \sim VT_6$ 组成逆变桥将直流电逆变成频率、幅值都可调的交流电,是变频器的核心部分。常用逆变模块有:GRT、BJT、GTO、IGBT、IGCT 等,一般都采用模块化结构,有 2 单元、4 单元、6 单元。

(5) 续流二极管 $VD_1 \sim VD_{12}$,其主要作用为:

① 电机绕组为感性具有无功分量,$VD_1 \sim VD_6$ 为无功电流返回到直流电源提供通道;

② 当电机处于制动状态时,再生电流通过 $VD_1 \sim VD_6$ 返回直流电路;

③ $VT_1 \sim VT_6$ 进行逆变过程是同一桥臂两个逆变管不停地交替导通和截止,在换相过程中也需要 $VD_7 \sim VD_{12}$ 提供通路。

(6) 缓冲电路:由于逆变管 $VT_1 \sim VT_6$ 每次由导通切换到截止状态的瞬间,C 极和 E 极间的电压将由近乎 0 V 上升到直流电压值 U_D。这过高的电压增长率可能会损坏逆变管,吸收电容的作用便是降低 $VT_1 \sim VT_6$ 关断时的电压增长率。

(7) 制动单元:电机在减速时转子的转速将可能超过此时的同步转速($n=60f/p$)而处于再生制动(发电)状态,拖动系统的动能将反馈到直流电路中使直流母线(滤波电容两端)电压 U_D 不断上升(即泵升电压),这样变频器将会产生过压保护,甚至可能损坏变频器,因而将反馈能量消耗掉,制动电阻就是来消耗这部分能量的。制动单元由开关管与驱动电路组成,其功能是用来控制流经 R_B 的放电电流 I_B。

8.3.4 变频器的主要应用

变频器是应用变频技术与微电子技术,通过改变电机工作电源频率方式来控制交流电动机的电力控制设备。变频器通过改变电源的频率来达到改变电源电压的目的;根据电机的实际需要来提供其所需要的电源电压,进而达到节能、调速的目的。此外,变频器还有很多的保护功能,如过流、过压、过载保护等等。随着工业自动化程度的不断提高,变频器也得到了非常广泛的应用。涉及行业有:冶金、石油、化工、纺织、电力、建材、煤炭、医药、食品、造纸、塑料、印刷、起重、线缆、供水、暖通、污水处理等行业。机械配套:拉丝机、搅拌机、挤出机、分切机、卷绕机械、压缩机、风机泵类、研磨机、传送带、离心机及各种调速机械,也有包装机械、陶瓷机械、食品机械、玻璃机械、铝材设备等等。

下面列举生活及生产中采用变频器技术的负载:

1) 空调负载类

夏季用电高峰,空调(尤其是中央空调)用电量约占峰电 40%,采用变频装置,拖动空调系统的冷冻泵、冷水泵、风机可以实现节电的目的，目前，空调节电的主要技术即为变频调速节电。

2）泵类负载

工业生产中的水泵、油泵、化工泵、泥浆泵、砂泵等采用变频调速，均产生非常好的节能效果。

3）轧机类负载

在冶金行业，过去大型轧机多用交-交变频器，近年来采用交-直-交变频器，满足低频带载启动，机架间同步运行，恒张力控制，操作简单可靠。

4）压缩机类负载

低压压缩机在各工业部门普遍应用，高压大容量压缩机在钢铁（如制氧机）、矿山、化肥、乙烯都有较多应用。采用变频调速，实现启动电流小、节电、优化设备、延长使用寿命等。

8.3.5　变频器的参数设置

变频器的设定参数较多，每个参数均有一定的选择范围，使用中常常遇到因个别参数设置不当导致变频器不能正常工作的现象，因此必须对相关的参数进行正确的设定。

下面以三菱 FR-D700 型变频器为例，介绍变频器主回路各端子的用途、操作面板各按键功能，以及操作面板单位表示、运行状态和基本功能参数等。

1）主回路

三菱 FR-D700 变频器的实物图和主回路接线图如图 8.35、图 8.36 所示。

图 8.35　三菱 FR-D700 型变频器实物图

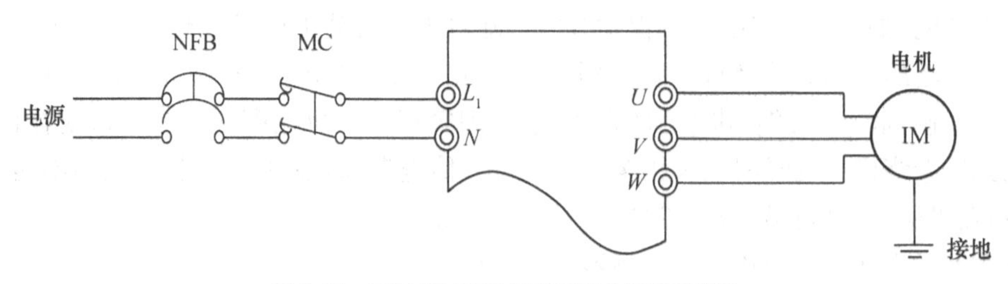

图 8.36　三菱 FR-D700 型变频器主回路接线图

主回路端子说明如表 8.2 所示。

表 8.2　三菱 FR-D700 型变频器主回路端子表

端子记号	端子名称	说　明
L_1,L_2,L_3	电源输入	连接工频电源,当使用高功率因数整流器时不外接设备
U,V,W	变频器输出	接三相鼠笼电机
+,PR	连制动电阻器	在端子+与 PR 之间连接选件制动电阻器
+,-	连接制动单元	连接选件制动单元或高功率因数整流器
+,P1	连接改善功率因数 DC 电抗器	拆开端子+与 P1 间的短路片,连接选件改善功率因数用直流电抗器
⏚	接地	变频器外壳接地用,直接与大地相连

2) 操作面板

三菱 FR-D700 变频器操作面板如图 8.37 所示。

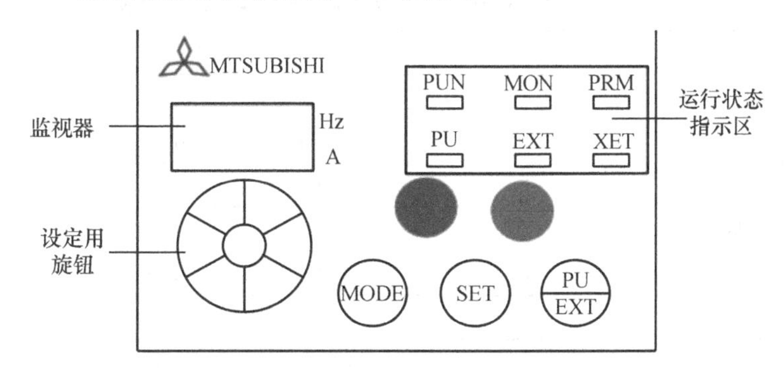

图 8.37　三菱 FR-D700 型变频器操作面板

操作面板由四部分组成:监视器、运行状态指示区、按钮和设定用旋钮。监视器用于监视整个系统的运行情况,运行状态指示区各指示灯的显示含义说明如表 8.3 所示。

表 8.3　三菱 FR-D700 型变频器操作面板指示灯显示含义

指示灯显示	说　明	备　注
RUN 显示	运行时点亮/闪烁	亮灯:正在运行 慢闪烁(1.4 s 循环):反转运行中 快闪烁(0.2 s 循环):非运行中
MON 显示	监视器显示	监视模式时亮灯
PRM 显示	参数设定模式显示	参数设置模式时亮灯
PU 显示	PU 操作模式时亮灯	计算机连续运行模式时,为慢闪烁
EXT 显示	外部操作模式时亮灯	计算机连续运行模式时,为慢闪烁
NET 显示	网络运行模式时显示	
监视用 LED 显示	显示频率、参数序号等	

操作面板上各按钮和设定用旋钮的功能如表 8.4 所示。

表 8.4　三菱 FR-D700 型变频器操作面板按键功能表

按钮/旋钮	功　能	备　注
〈PU/EXT〉键	切换 PU/外部操作模式	使用外部操作模式(用另外连接的频率设定旋钮和启动信号运行)时,按下此键,使 EXT 显示为高亮状态
〈RUN〉键	运行指令正转	反转用(Pr. 40)设定
〈STOP/RESET〉键	停止运行/报警复位	
〈SET〉键	对各种设定操作的确定	
〈MODE〉键	模式切换	切换各种设定
设定用旋钮	变更频率及参数的设定值	

3) 基本功能参数

三菱 FR-D700 型变频器的基本功能参数的设定范围及出厂设定如表 8.5 所示,用户可以根据需要对相关参数进行设定和修改。

表 8.5　三菱 FR-D700 型变频器操作面板按键功能表

参　数	名　称	表　示	设定范围	单　位	出厂设定
0	转矩提升	P0	0～30%	0.1%	6%,4%,3%
1	上限频率	P1	0～120 Hz	0.01 Hz	120 Hz
2	下限频率	P2	0～120 Hz	0.01 Hz	0 Hz
3	基准频率	P3	0～400 Hz	0.01 Hz	50 Hz
4	3 速设定(高速)	P4	0～400 Hz	0.01 Hz	50 Hz
5	3 速设定(中速)	P5	0～400 Hz	0.01 Hz	30 Hz
6	3 速设定(低速)	P6	0～400 Hz	0.01 Hz	10 Hz
7	加速时间	P7	0～3 600 s	0.1 s	5 s
8	减速时间	P8	0～3 600 s	0.1 s	5 s
9	电子过电流保护	P9	0～500 A	0.01 A	额定输出电流
30	扩展功能显示选择	P160	0～9 999	1	9 999
79	操作模式选择	P79	0～7	1	0

8.4　伺服系统

8.4.1　伺服系统的作用及构成

伺服系统(servomechanism)又称随动系统,是用来精确地跟随或复现某个过程的反馈控制系统。伺服系统使物体的位置、方位、状态等输出被控量能够跟随输入目标(或给定值)的任意变化的自动控制系统。它的主要任务是按控制命令的要求、对功率进行放大、变换与调控等处理,使驱动装置输出的力矩、速度和位置控制非常灵活方便。在很多情况下,伺服系统专指被控制量(系统的输出量)是机械位移或位移速度、加速度的反馈控制系统,其作用是使输出的机械位移(或转角)准确地跟踪输入的位移(或转角),其结构组成和其他形式的反馈控制系统没有原则上的区别。伺服系统最初用于国防军工,如火炮的控制,船舰、飞机的自动驾驶，导弹发射等，后来逐渐推广到国民经济的许多部门，如自动机床、无线跟踪控制等。图 8.38 为几种常用的伺服电机。

西门子(SIMENS)

松下(Panasonic)

图 8.38 几种常用的伺服电机

伺服系统的主要作用：

(1) 以小功率指令信号去控制大功率负载；

(2) 在没有机械连接的情况下，由输入轴控制位于远处的输出轴，实现远程同步传动；

(3) 使输出机械位移精确地跟踪电信号，如记录和指示仪表等。

伺服系统主要由控制器、功率驱动装置、反馈装置和电动机构成，如图 8.39 所示。

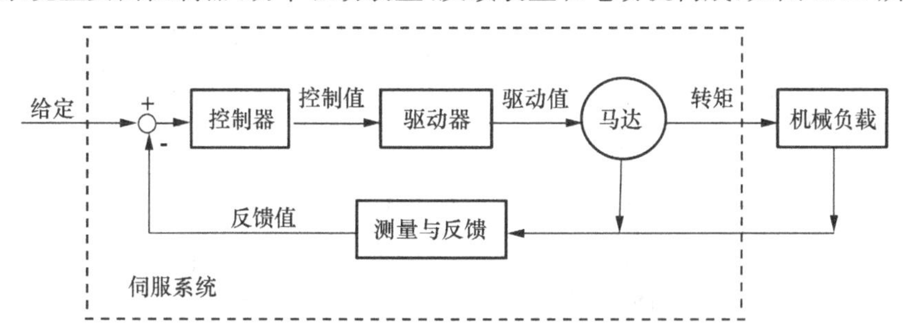

图 8.39 伺服系统构成

控制器按照数控系统的给定值和通过反馈装置检测的实际运行值的差，调节控制量；功率驱动装置作为系统的主回路，一方面按控制量的大小将电网中的电能作用到电动机之上，调节电动机转矩的大小，另一方面按电动机的要求把恒压恒频的电网供电转换为电动机所需的交流电或直流电；电动机则按供电大小拖动机械运转。

8.4.2 伺服电机基本工作原理

伺服电机是一种传统的电机，是自动装置的执行元件。伺服电机的最大特点是可控。在有控制信号时，伺服电机就转动，且转速大小正比于控制电压的大小；去掉控制电压后，伺服电机就立即停止转动。伺服电机的应用甚广，几乎所有的自动控制系统都需要用到。在家电产品中，例如录像机、激光唱机等都是不可缺少的重要组成部分。

伺服电机分为交流伺服电机和直流伺服电机。下面分别介绍交流伺服电机和直流伺服电机的基本工作原理。

1) 交流伺服电动机基本工作原理

交流伺服电机的输出功率一般为 0.1～100 W，电源频率分 50 Hz、400 Hz 等多种。它的应用很广泛，如用在自动控制、温度自动记录等系统中。交流伺服电机的工作原理与两相交流异步电机相同，定子上装有两个绕组——励磁绕组和控制绕组，结构如图 8.40 所示。

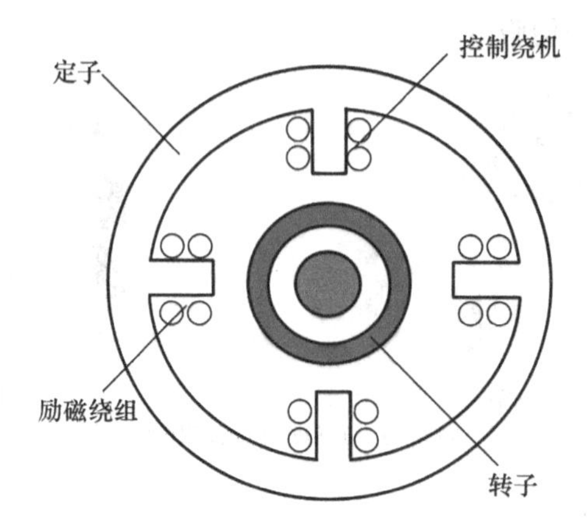

图 8.40　伺服电机内部结构剖面图

图中励磁绕组和控制绕组在空间相隔 90°，接线形式如图 8.41 所示。

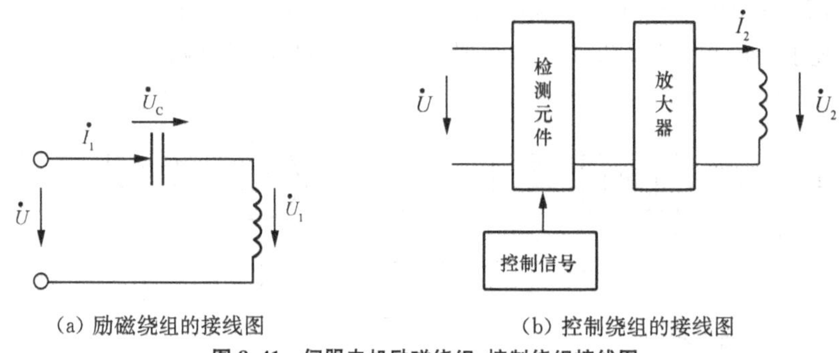

(a) 励磁绕组的接线图　　(b) 控制绕组的接线图

图 8.41　伺服电机励磁绕组、控制绕组接线图

工作时两个绕组中产生的电流 $\dot{I}_1$ 和 $\dot{I}_2$ 的相位差近 90°，由此产生旋转磁场，在旋转磁场的作用下，转子转动起来。

交流伺服电机的特点：

(1) $U_2=0$ 时，转子停止。

(2) 交流伺服电机启动迅速，稳定运行范围大。

(3) 控制电压 U_2 大小变化时，转子转速 n 相应变化，转速与电压 U_2 成正比。U_2 的极性改变时，转子的转向改变。

交流伺服电机的机械特性曲线如图 8.42 所示。

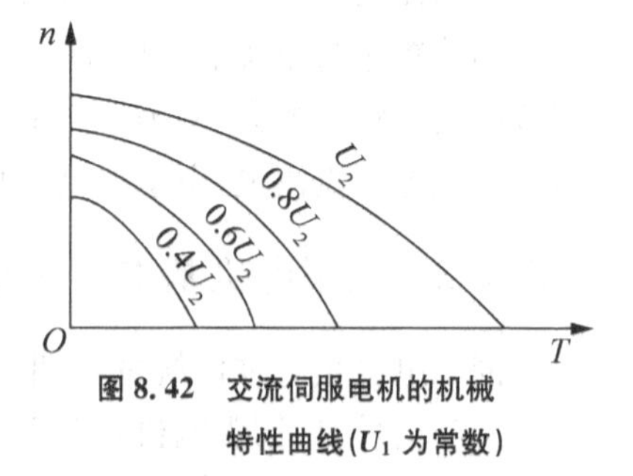

图 8.42　交流伺服电机的机械特性曲线（U_1 为常数）

2) 直流伺服电机基本工作原理

直流伺服电机的输出功率一般为 1～600 W，通常用在功率稍大的系统中，如随动系统中的位置控制等。直流伺服电机的结构与直流电动机基本相同，为减小转动惯量，通常做得细长一些。其工作原理与直流电动机相同，励磁绕组和电枢由两个独立电源供电，如图 8.43 所示。

图中：U_1 为励磁电压；U_2 为电枢电压。直流伺服电机的机械特性公式与他励直流电机一样，其机械特性曲线如图 8.44 所示。

由机械特性可知：

(1) U_1(即磁通 Φ)不变时,一定的负载下,转速 n 随着 U_2 的增大而增大。

(2) $U_2=0$ 时,电机停转。

(3) 电枢电压的极性改变,电机反转。

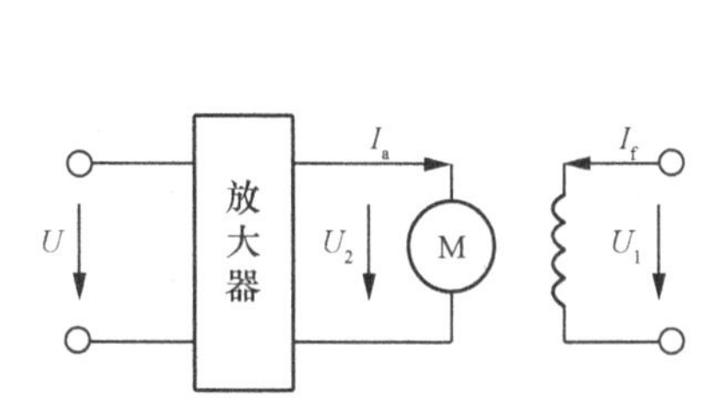

图 8.43 直流伺服电机工作原理图

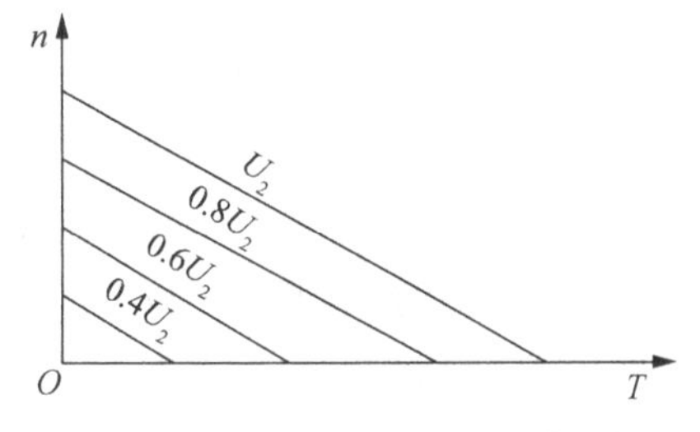

图 8.44 直流伺服电机机械特性曲线

8.4.3 伺服控制系统基本架构及性能要求

在自动控制系统中,把输出量能以一定准确度跟随输入量的变化而变化的系统称为随动系统,又称伺服控制系统。伺服控制系统的基本架构如图 8.45 所示。

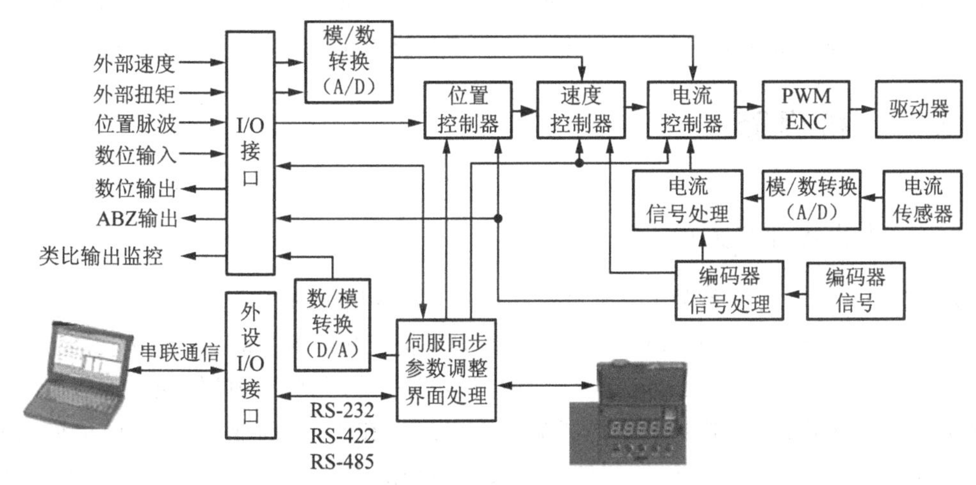

图 8.45 伺服控制系统基本架构

伺服控制系统性能的基本要求:

(1) 稳定性好:作用在系统上的扰动消失后,系统能够恢复到原来的稳定状态下运行或者在输入指令信号作用下,系统能够达到新的稳定运行状态的能力,在给定输入或外界干扰作用下,能在短暂的调节过程后到达新的或者回复到原有平衡状态。

(2) 精度高:伺服系统的精度是指输出量能跟随输入量的精确程度。作为精密加工的数控机床,要求的定位精度或轮廓加工精度通常都比较高,允许的偏差一般都在 0.01~0.001 mm 之间。

(3) 快速响应性好:有两方面含义,一是指动态响应过程中,输出量随输入指令信号变化的迅速程度,二是指动态响应过程结束的迅速程度。快速响应性是伺服系统动态品质的标志之一,即要求跟踪指令信号的响应要快,一方面要求过渡过程时间短,一般在 200 ms 以内,甚至小于几十毫秒;另一方面,为满足超调要求,要求过渡过程的前沿陡,即上升率要大。

(4) 节能高:由于伺服系统的快速响应,注塑机能够根据自身的需要对供给进行快速的调整,能够有效提高注塑机的电能的利用率,从而达到高效节能。

8.4.4 伺服系统的主要应用

伺服系统是一种常见的自动控制系统,广泛应用于数控加工。数控机床的伺服系统是以机床移动部件的位置和速度作为控制量的自动控制系统。数控机床伺服系统的作用在于接受来自数控装置的指令信号,驱动机床移动部件跟随指令脉冲运动,并保证动作的快速和准确,这就要求高质量的速度和位置伺服。以上指的主要是进给伺服控制,另外还有对主运动的伺服控制,不过控制要求不如前者高。数控机床的精度和速度等技术指标往往主要取决于伺服系统。

伺服系统的核心是伺服电机。传统的交流伺服电机特性软,输出特性不是单值;步进电机一般为开环控制而无法准确定位,电动机本身还有速度谐振区;PWM 调速系统对位置跟踪性能较差;变频调速较简单但精度时常达不到要求。直流电机伺服系统以其优良的性能被广泛应用于位置随动系统中,但其结构复杂,在超低速时死区矛盾突出,并且换向刷会带来噪声和维护保养问题。新型的永磁交流伺服电机发展迅速,尤其是从方波控制发展到正弦波控制后,系统性能更好,它调速范围宽,尤其是低速性能优越,应用前景较好。

8.5 人机界面

8.5.1 人机界面与人机交互

人机交互与人机界面是两个有着紧密联系而又不尽相同的概念。

人机界面(Human Computer Interface,HCI)是指人和机器在信息交换和功能上接触或互相影响的领域,它实现信息的内部形式与人类可以接受形式之间的转换。凡参与人机信息交流的领域都存在着人机界面。人机界面大量运用在工业、商业等领域,简单地区分为“输入”(Input)与“输出”(Output)两种。输入指的是由人来进行机械或设备的操作,如把手、开关、门、指令(命令)的下达或保养维护等,而输出指的是由机械或设备发出来的通知,如故障、警告、操作说明提示等。

好的人机接口会帮助使用者更简单、更正确、更迅速地操作机械,也能使机械发挥最大的效能并延长使用寿命,而市面上所指的人机接口则多指在软件人性化的操作接口上。

人机交互是一门研究系统与用户之间的互动关系的学问。系统可以是各种各样的机器,也可以是计算机化的系统和软件。人机交互界面通常是指用户可见的部分。用户通过人机交互界面与系统交流,并进行操作。具体来说,人机交互用户与含有计算机机器之间的双向通信,以一定的符号通过液晶屏显示器动作来实现,如击键、移动鼠标、显示屏幕上的符号/图形等。这个过程包括几个子过程:识别交互对象—理解交互对象—把握对象情态—信息适应与反馈等。

人机交互是指人与机器的交互,本质上是人与计算机的交互;人机界面是指用户与含有计算机的机器系统之间的通信媒体或手段,是人机双向信息交互的支持软件和硬件。人机交互与人机界面的关系:交互是人与机-环境作用关系/状况的一种描述,界面是人与机-环境发生交互关系的具体表达形式;交互是实现信息传达的情境刻画,界面是实现交互的手段;在交互设计子系统中,交互是内容/灵魂,界面是形式/肉体;在大的产品设计系统中,交互和界面,都只是解决人机关系的一种手段,不是最终目的,其最终目的是解决和满足人的需求。图 8.46 为西门子 PLC 人机界面。

图 8.46　西门子 PLC 人机界面

8.5.2　人机界面设计基本原则

人机界面设计需要遵循以下基本原则:

1) *以用户为中心*

在系统的设计过程中,设计人员要抓住用户的特征,发现用户的需求。在系统整个开发过程中要不断征求用户的意见,向用户咨询。系统的设计决策要结合用户的工作和应用环境,必须理解用户对系统的要求。最好的方法就是让真实的用户参与开发,这样开发人员就能正确地了解用户的需求和目标,系统就会更加成功。

2) *顺序原则*

即按照处理事件顺序、访问查看顺序(如由整体到单项,由大到小,由上层到下层等)与控制工艺流程等设计监控管理和人机对话主界面及其二级界面。

3) *功能原则*

即按照对象应用环境及场合具体使用功能要求,各种子系统控制类型、不同管理对象的同一界面并行处理要求和多项对话交互的同时性要求等,设计分功能区分多级菜单、分层提示信息和多项对话栏并举的窗口等的人机交互界面,从而使用户易于分辨和掌握交互界面的使用规律和特点,提高其友好性和易操作性。

4) *一致性原则*

包括色彩的一致、操作区域一致、文字的一致。即一方面界面颜色、形状、字体与国家、国际或行业通用标准相一致。另一方面界面颜色、形状、字体自成一体,不同设备及其相同设计状态的颜色应保持一致。界面细节美工设计的一致性使运行人员看界面时感到舒适,从而不分散他的注意力。对于新运行人员,或紧急情况下处理问题的运行人员来说,一致性还能减少他们的操作失误。

5）频率原则

即按照管理对象的对话交互频率高低设计人机界面的层次顺序和对话窗口菜单的显示位置等，提高监控和访问对话频率。

6）重要性原则

即按照管理对象在控制系统中的重要性和全局性水平，设计人机界面的主次菜单和对话窗口的位置和突显性，从而有助于管理人员把握好控制系统的主次，实施好控制决策的顺序，实现最优调度和管理。

7）面向对象原则

即按照操作人员的身份特征和工作性质，设计与之相适应和友好的人机界面。根据其工作需要，宜以弹出式窗口显示提示、引导和帮助信息，从而提高用户的交互水平和效率。

8.5.3　人机界面设计的一般过程

人机界面设计是指通过一定的手段对用户界面有目标、有计划的一种创作活动。大部分为商业性质、少部分为艺术性质。

人机界面设计主要包括设计软件构件之间的接口、设计模块和其他非人的信息生产者和消费者的界面、设计人（如用户）和计算机间的界面。

人机界面的设计过程可分为以下几个步骤：

1）创建系统功能的外部模型

设计模型主要是考虑软件的数据结构、总体结构和过程性描述，界面设计一般只作为附属品，只有对用户的情况（包括年龄、性别、心理情况、文化程度、个性、种族背景等）有所了解，才能设计出有效的用户界面；根据终端用户对未来系统的假想（简称系统假想）设计用户模型，最终使之与系统实现后得到的系统映像（系统的外部特征）相吻合，用户才能对系统感到满意并能有效地使用它；建立用户模型时要充分考虑系统假想给出的信息，系统映像必须准确地反映系统的语法和语义信息。总之，只有了解用户、了解任务才能设计出好的人机界面。

2）确定为完成此系统功能人和计算机应分别完成的任务

任务分析有两种途径。一种是从实际出发，通过对原有处于手工或半手工状态下的应用系统的剖析，将其映射为在人机界面上执行的一组类似的任务；另一种是通过研究系统的需求规格说明，导出一组与用户模型和系统假想相协调的用户任务。

逐步求精和面向对象分析等技术同样适用于任务分析。逐步求精技术可把任务不断划分为子任务，直至对每个任务的要求都十分清楚；而采用面向对象分析技术可识别出与应用有关的所有客观的对象以及与对象关联的动作。

3）考虑界面设计中的典型问题

设计任何一个人机界面，一般必须考虑系统响应时间、用户求助机制、错误信息处理和命令方式四个方面。系统响应时间过长是交互式系统中用户抱怨最多的问题，除了响应时间的绝对长短外，用户对不同命令在响应时间上的差别亦很在意，若过于悬殊用户将难以接受；用户求助机制宜采用集成式，避免叠加式系统导致用户求助某项指南而不得不浏览大量无关信息；错误和警告信息必须选用用户明了、含义准确的术语描述，同时还应尽可能提供一些有关错误恢复的建议。此外，显示出错信息时，若再辅以听觉（铃声）、视觉（专用颜色）刺激，则效果更佳；命令方式最好是菜单与键盘命令并存，供用户选用。

4）借助CASE工具构造界面原型

借助CASE工具构造界面原型，并真正实现设计模型，软件模型一旦确定，即可构造一个软件原形，此时仅有用户界面部分，此原形交用户评审，根据反馈意见修改后再交给用户评审，直至与用户模型和系统假想一致为止。一般可借助于用户界面工具箱（User interface toolkits）或用户界面开发系统（User interface development systems）提供的现成的模块或对象创建各种界面基本成分的工作。

5）在人机界面分析设计中所要考虑的人文因素

在人机界面分析设计中所要考虑的人文因素，主要包括以下内容：

（1）人机匹配性：用户是人，计算机系统作为人完成任务的工具，应该使计算机和人组成的人机系统很好地匹配工作；如果有矛盾，应该让计算机去适应人，而不是人去适应计算机；

（2）人的固有技能：作为计算机用户的人具有许多固有的技能。对这些能力的分析和综合，有助于对用户所能胜任的，处理人机界面的复杂程度，以及用户能从界面获得多少知识和帮助，以及所花费的时间做出估计或判断；

（3）人的固有弱点：人具有遗忘、易出错、注意力不集中、情绪不稳定等固有弱点。设计良好的人机界面应尽可能减少用户操作使用时的记忆量，应力求避免可能发生的错误；

（4）用户的知识经验和受教育程度：使用计算机用户的受教育程度，决定了他对计算机系统的知识经验；

（5）用户对系统的期望和态度。

8.5.4 人机界面范例

本节以西门子公司开发的STEP 7编程软件为例，介绍人机界面。

STEP 7是用于SIMATIC S7-300/400站创建可编程逻辑控制程序的标准软件，可使用梯形图、功能块图或语句表。使用STEP 7软件，可以在一个项目中创建S7程序。S7可编程控制器包括一个供电单元、一个CPU，以及输入和输出模块（I/O模块），系统结构如图8.47所示。

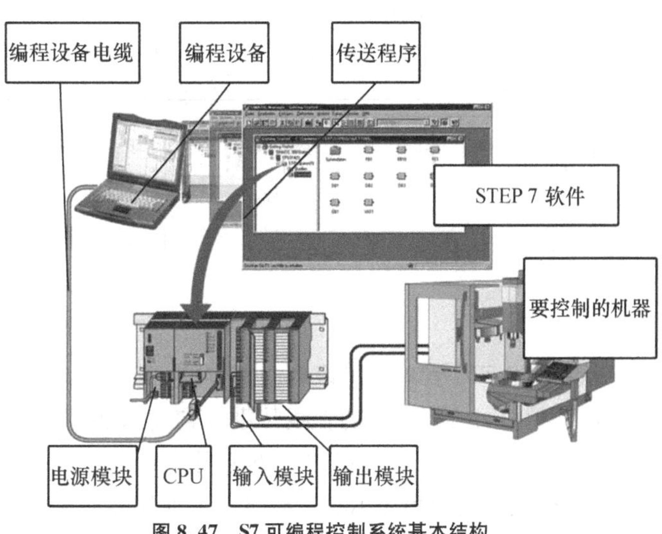

图8.47 S7可编程控制系统基本结构

可编程逻辑控制器（PLC）通过S7程序监控机器。在S7程序中通过地址寻址I/O模块。

SIMATIC管理器是STEP 7的中央窗口，在STEP 7启动时激活。缺省设置启动

STEP 7 向导，它可以在您创建 STEP 7 项目时提供支持。用项目结构来按顺序存储和排列所有的数据和程序。

双击 SIMATIC 管理器图标，如果向导没有自动启动，请选择菜单命令“文件>新建项目”，弹出对话框中，显示或隐藏正在创建的项目结构的视图。按对话框提示操作，选择 CPU，MPI 地址的缺省设置为 2，选择组织块和编程语言，生成新项目。对话框界面如图 8.48 所示。

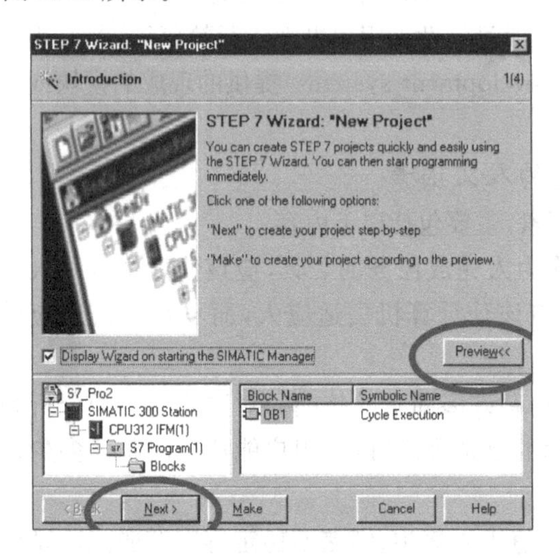

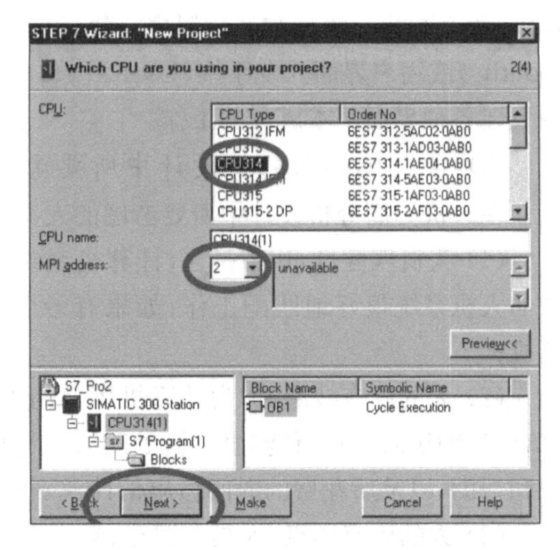

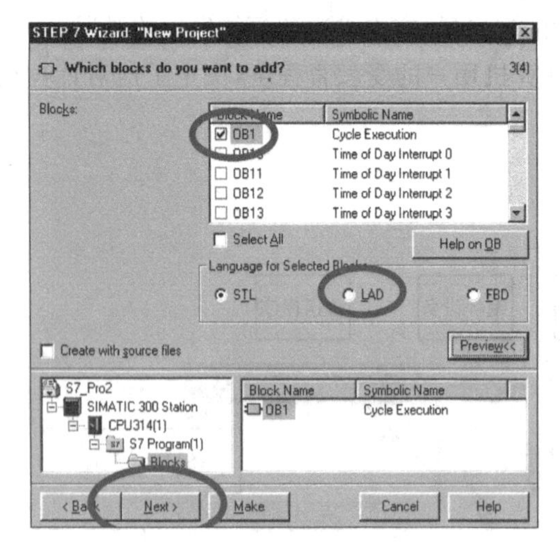

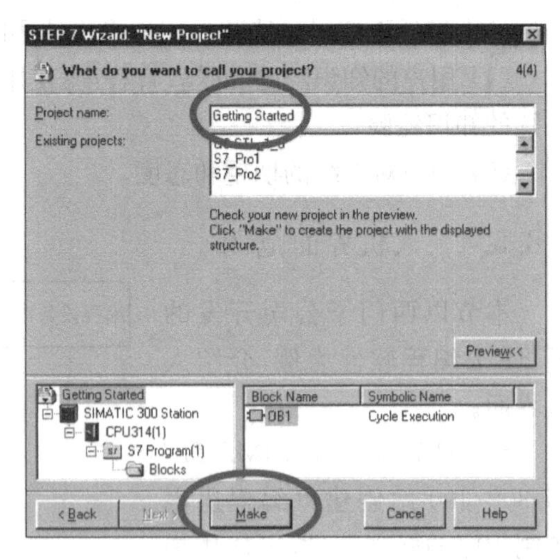

图 8.48　新建工程对话框

从 SIMATIC 管理器可以启动所有的 STEP 7 功能和窗口，如图 8.49 所示。

用菜单打开 STEP 7 的在线帮助。包含各种帮助主题的目录页出现在左窗格中，而所选主题的内容显示在右窗格中。单击目录列表中的＋号可以查找到您想查看的主题。同时，所选择主题的内容显示在右窗格中。使用索引和查找，可以输入字符串来查找所需要的特定主题，如图 8.50 所示。

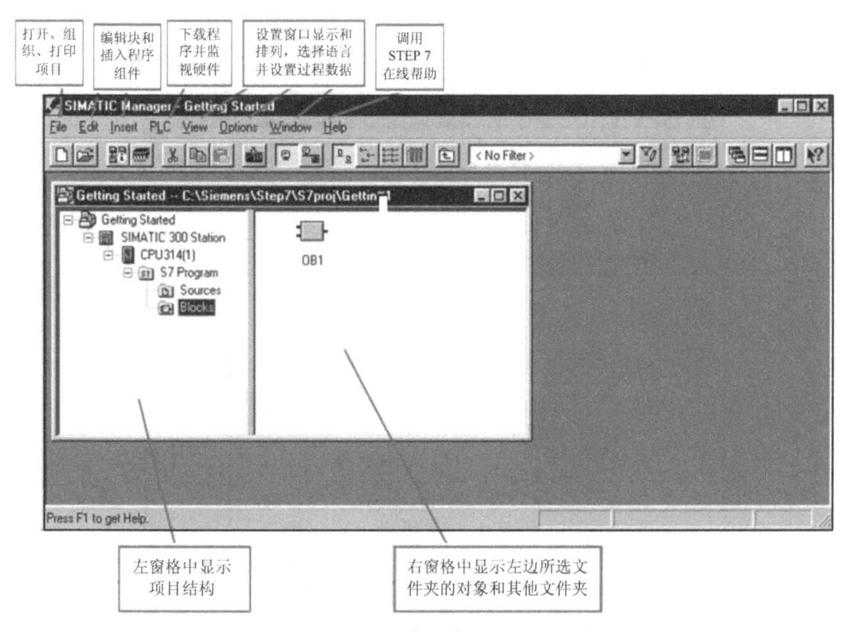

图 8.49 SIMATIC 管理器窗口界面

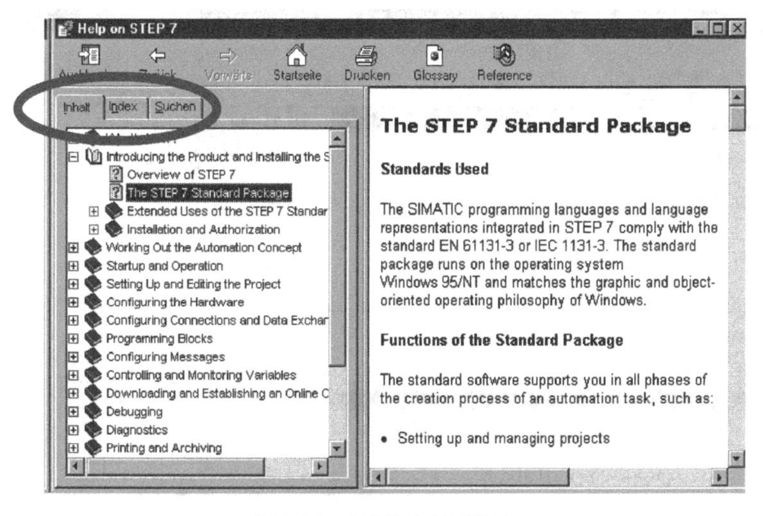

图 8.50 在线帮助窗口界面

在符号表中，可以为所有要在程序中寻址的绝对地址分配符号名和数据类型。例如，为输入 I1.0 分配符号名 Key1。这些名称可以用在程序的所有部分，即所说的全局变量。使用符号编程可以大大地提高已创建的 S7 程序的可读性。

在 STEP 7 中，可以用标准语言梯形图(LAD)、语句表(STL)或功能块图(FBD)创建 S7 程序，如图 8.51 所示。

创建带有 SIMATIC 站的项目后可以配置硬件。使用 STEP 7 对硬件进行配置。配置的数据通过“下载”传送到可编程控制器，如图 8.52 所示。

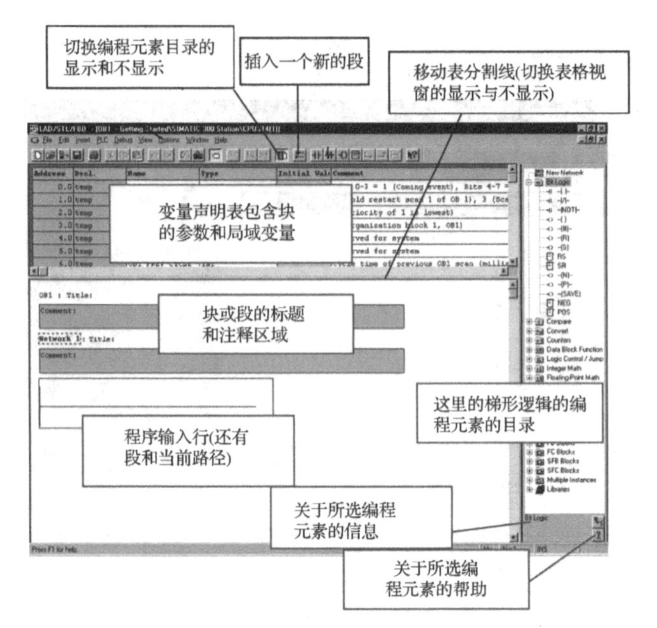

图 8.51　梯形图(LAD)、语句表(STL)、功能块图(FBD)界面

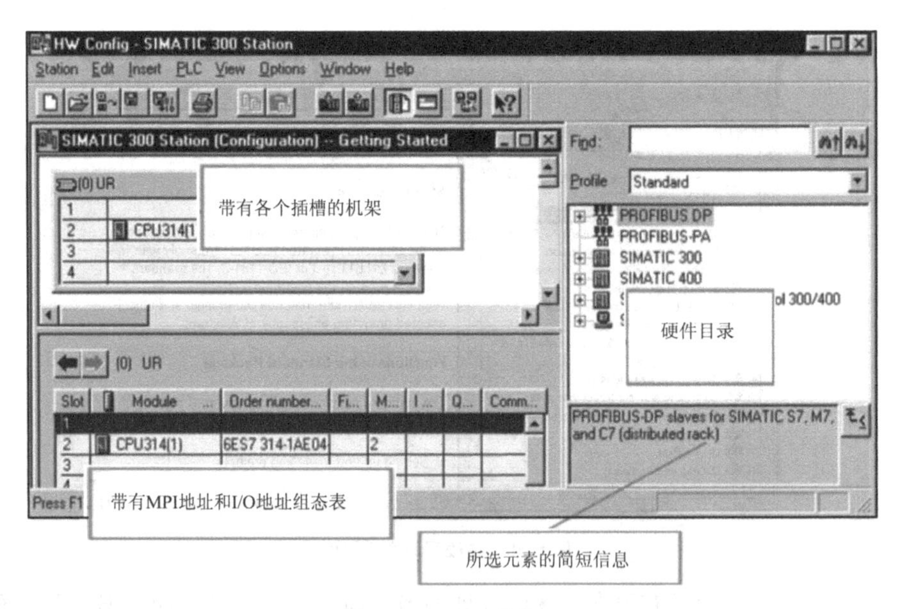

图 8.52　硬件配置界面

8.6　实训项目

8.6.1　项目 8.1　楼梯灯的 PLC 控制

楼梯灯的作用是为使用楼梯的人提供照明，请结合本书所学内容，设计一款采用 PLC 控制的楼梯灯。

1）实训目标

(1) 掌握使用 PLC 进行编程设计的基本步骤和方法。

(2) 了解用梯形图编写程序的编程方法。

(3) 掌握 I/O 的分配和 I/O 接线方法。

2）实训器材

(1) S7-300PLC 主机单元　　1台

(2) 计算机　　1台

(3) 安全连线　　若干条

(4) PLC 串口通信线　　1条

3）实训内容及要求

(1) 只采用一个按钮控制楼梯灯；

(2) 当按一次按钮时，楼梯灯亮 30 s 后自动熄灭；

(3) 当连续两次按钮时，灯长亮不灭；

(4) 当按下按钮时间超过 2 s 时，灯熄灭。

4）验收标准

(1) 检查 PLC 的 I/O 接线图和梯形图。

(2) 演示程序功能，并能详细描述电路的工作过程。

8.6.2　项目 8.2　全自动洗衣机的 PLC 控制

全自动洗衣机的洗衣桶(外桶)和脱水桶(内桶)是以同一中心安放的。外桶固定，用于装水，内桶可以旋转，用于脱水。内桶的四周有很多小孔，使内、外桶的水流相通。

1）实训目标

(1) 了解三相电动机控制的工作原理。

(2) 掌握 S7-300 硬件组态步骤、项目建立。

(3) 掌握 I/O 的分配和 I/O 接线方法。

(4) 了解 STEP7 编程软件。

2）实训器材

(1) S7-300PLC 主机单元　　1台

(2) 计算机　　1台

(3) 安全连线　　若干条

(4) PLC 串口通信线　　1条

3）实训内容及要求

(1) 全自动洗衣机的进水和排水分别由进水电磁阀和排水电磁阀来执行。进水时，通过电控系统使进水电磁阀打开，经进水管将水注入外桶；排水时，通过电控系统使排水电磁阀打开，将水由外桶排到机外。

(2) 洗涤正转、反转由洗涤电动机驱动波盘正、反转来实现，此时脱水桶并不旋转。

(3) 脱水时，通过电控系统将离合器合上，由洗涤电动机带动内桶正转进行甩干。

(4) 高低水位开关分别用来检测高低水位。

(5) 启动按钮用来启动洗衣机工作，停止按钮用来实现手动停止进水、排水、脱水及报警，排水按钮用来实现手动排水。

(6) PLC 投入运行时，系统处于初始状态，准备好启动。启动时开始进水，水满(即水位到达高水位)时停止进水并开始洗涤正转。正转洗涤 15 s 后暂停，暂停 3 s 后又开始反转洗涤，反转 15 s 后暂停。3 s 后若正、反转未满 3 次，则返回从正转洗涤开始；若正、反转满 3 次后，则开始排水。

(7) 水位下降到低水位时开始脱水并继续排水，脱水 10 s 后即完成一次从进水到脱水的大循环过程。若未完成 3 次大循环，则返回从进水开始的全部动作，进行下一次大循环，若完成 3 次循环，则进行洗完报警，报警 10 s 后结束全部过程，自动停机。

4) 验收标准

(1) 检查自动洗衣机工作逻辑框图。

(2) 检查 PLC 的 I/O 配置表和梯形图。

(3) 演示程序功能，并能详细描述电路的工作过程。

思考题 8

8.1 可编程逻辑控制器主要由哪几部分组成？各部分的主要功能是什么？

8.2 简述可编程控制器的基本工作原理。

8.3 可编程控制器的编程语言表达方式有哪些？

8.4 PLC 控制系统设计的一般步骤有哪些？

8.5 变频器的主要作用是什么？

8.6 变频器通常由哪几部分组成？各部分的主要功能是什么？

8.7 简述变频器的基本工作原理。

8.8 伺服系统的主要作用是什么？

8.9 简述伺服电机的基本工作原理。

8.10 伺服控制系统性能的基本要求有哪些？

8.11 什么是人机界面？什么是人机交互？

8.12 人机界面设计的基本原则有哪些？

8.13 简述人机界面设计的一般过程。

9 单片机技术及电路制作

9.1 单片机技术概述

9.1.1 单片机的定义

单片机是指一个集成在一块芯片上的完整计算机系统。尽管它的大部分功能集成在一块小芯片上,但是它具有一个完整计算机所需要的大部分部件:CPU、内存、内部和外部总线系统,目前大部分还会具有外存。同时集成诸如通讯接口、定时器、实时时钟等外围设备。而现在最强大的单片机系统甚至可以将声音、图像、网络、复杂的输入输出系统集成在一块芯片上。

单片机也被称为微控制器(Microcontroller),是因为它最早被用在工业控制领域。单片机由芯片内仅有 CPU 的专用处理器发展而来。最早的设计理念是通过将大量外围设备和 CPU 集成在一个芯片中,使计算机系统更小,更容易集成进复杂的而要求严格的控制设备当中。INTEL 的 Z80 是最早按照这种思想设计出的处理器,从此以后,单片机和专用处理器的发展便分道扬镳。

早期的单片机都是 8 位或 4 位的。其中最成功的是 INTEL 的 8031,因为简单可靠而性能不错获得了很大的好评。此后在 8031 上发展出了 MCS51 系列单片机系统。基于这一系统的单片机系统直到现在还在广泛使用。随着工业控制领域要求的提高,开始出现了 16 位单片机,但因为性价比不理想并未得到很广泛的应用。90 年代后随着消费电子产品大发展,单片机技术得到了巨大的提高。随着 INTEL i960 系列特别是后来的 ARM 系列的广泛应用,32 位单片机迅速取代 16 位单片机的高端地位,并且进入主流市场。而传统的 8 位单片机的性能也得到了飞速提高,处理能力比起 80 年代提高了数百倍。目前,高端的 32 位单片机主频已经超过 300 MHz,性能直追 90 年代中期的专用处理器,而普通的型号出厂价格跌落至 1 美元,最高端的型号也只有 10 美元。当代单片机系统已经不再只在裸机环境下开发和使用,大量专用的嵌入式操作系统被广泛应用在全系列的单片机上。而在作为掌上电脑和手机核心处理的高端单片机甚至可以直接使用专用的 Windows 和 Linux 操作系统。

单片机比专用处理器最适合应用于嵌入式系统,因此它得到了最多的应用。事实上单片机是世界上数量最多的计算机。现代人类生活中所用的几乎每件电子和机械产品中都会集成有单片机。手机、电话、计算器、家用电器、电子玩具、掌上电脑以及鼠标等电脑配件中都配有 1~2 部单片机。而个人电脑中也会有为数不少的单片机在工作。汽车上一般配备 40 多部单片机,复杂的工业控制系统上甚至可能有数百台单片机在同时工作!单片机的数量不仅远超过 PC 机和其他计算的综合,甚至比人类的数量还要多。

单片机又称单片微控制器，它不是完成某一个逻辑功能的芯片，而是把一个计算机系统集成到一个芯片上。概括地讲：一块芯片就成了一台计算机。它的体积小、质量轻、价格便宜，为学习、应用和开发提供了便利条件。同时，学习使用单片机是了解计算机原理与结构的最佳选择。

单片机内部也用和电脑功能类似的模块，比如 CPU、内存、并行总线，还有和硬盘作用相同的存储器件，不同的是它的这些部件性能都相对我们的家用电脑弱很多，不过价钱也是低的，一般不超过 10 元即可用它来做一些控制电器一类不是很复杂的工作足矣了。我们现在用的全自动滚筒洗衣机、排烟罩、VCD 等等的家电里面都可以看到它的身影。它主要是作为控制部分的核心部件。

它是一种在线式实时控制计算机，在线式就是现场控制，需要的是有较强的抗干扰能力，较低的成本，这也是和离线式计算机的(比如家用 PC)的主要区别。

单片机是靠程序运行的，并且可以修改。通过不同的程序实现不同的功能，尤其是特殊的独特的一些功能，这是别的器件需要费很大力气才能做到的，有些则是花大力气也很难做到的。一个不是很复杂的功能要是用美国 50 年代开发的 74 系列，或者 60 年代的 CD4000 系列这些纯硬件来搞定的话，电路一定是一块大 PCB 板！但是如果要是用美国 70 年代成功投放市场的系列单片机，结果就会有天壤之别！只因为单片机能通过你编写的程序可以实现高智能、高效率，以及高可靠性！

可以说，20 世纪跨越了三个“电”的时代，即电气时代、电子时代和现已进入的电脑时代。不过，这种电脑，通常是指个人计算机，简称 PC 机，它由主机、键盘、显示器等组成。还有一类计算机，大多数人却不怎么熟悉。这种计算机就是把智能赋予各种机械的单片机(亦称微控制器)。顾名思义，这种计算机的最小系统只用了一片集成电路，即可进行简单运算和控制。因为它体积小，通常都藏在被控机械的“肚子”里。它在整个装置中，起着有如人类头脑的作用，它出了毛病，整个装置就瘫痪了。现在，这种单片机的使用领域已十分广泛，如智能仪表、实时工控、通讯设备、导航系统、家用电器等。各种产品一旦用上了单片机，就能起到使产品升级换代的功效，常在产品名称前冠以形容词——“智能型”，如智能型洗衣机等。现在有些工厂的技术人员或其他业余电子开发者搞出来的某些产品，不是电路太复杂，就是功能太简单且极易被仿制。究其原因，可能就卡在产品未使用单片机或其他可编程逻辑器件上。

9.1.2 单片机的特点

1) 高集成度，体积小，高可靠性

单片机将各功能部件集成在一块晶体芯片上，集成度很高，体积自然也是最小的。芯片本身是按工业测控环境要求设计的，内部布线很短，其抗工业噪音性能优于一般通用的 CPU。单片机程序指令，常数及表格等固化在 ROM 中不易破坏，许多信号通道均在一个芯片内，故可靠性高。

2) 控制功能强

为了满足对对象的控制要求，单片机的指令系统均有极丰富的条件：分支转移能力、I/O 口的逻辑操作及位处理能力，非常适用于专门的控制功能。

3）低电压，低功耗，便于生产便携式产品

为了满足广泛使用于便携式系统，许多单片机内的工作电压仅为 1.8～3.6 V，而工作电流仅为数百微安。

4）易扩展

片内具有计算机正常运行所必需的部件。芯片外部有许多供扩展用的三总线及并行、串行输入/输出管脚，很容易构成各种规模的计算机应用系统。

5）优异的性能价格比

单片机的性能极高。为了提高速度和运行效率，单片机已开始使用 RISC 流水线和 DSP 等技术。单片机的寻址能力也已突破 64 KB 的限制，有的已可达到 1 MB 和 16 MB，片内的 ROM 容量可达 62 MB，RAM 容量则可达 2 MB。由于单片机的广泛使用，因而销量极大，各大公司的商业竞争更使其价格十分低廉，其性能价格比极高。

9.1.3 单片机的应用

1）单片机在智能仪器仪表中的应用

在各类仪器仪表中引入单片机，使仪器仪表智能化，提高测试的自动化程度和精度，简化仪器仪表的硬件结构，提高其性能价格比。

2）单片机在机电一体化中的应用

机电一体化是机械工业发展的方向。机电一体化产品是指集成机械技术、微电子技术、计算机技术于一体，具有智能化特征的机电产品，例如微机控制的车床、钻床等。单片机作为产品中的控制器，能充分发挥它的体积小、可靠性高、功能强等优点，可大大提高机器的自动化、智能化程度。

3）单片机在日常生活及家用电器领域的应用

自从单片机诞生以后，它就步入了人类生活，如洗衣机、电冰箱、空调器、电子玩具、电饭煲、视听音响设备等家用电器配上单片机后，提高了智能化程度，增加了功能，备受人们喜爱。单片机将使人类生活更加方便、舒适、丰富多彩。

4）在实时过程控制中的应用

用单片机实时进行数据处理和控制，使系统保持最佳工作状态，提高系统的工作效率和产品的质量。

5）办公自动化设备

现代办公室使用的大量通信和办公设备多数嵌入了单片机，如打印机、复印机、传真机、绘图机、考勤机、电话以及通用计算机中的键盘译码、磁盘驱动等。

6）商业营销设备

在商业营销系统中已广泛使用的电子秤、收款机、条形码阅读器、IC 卡刷卡机、出租车计价器以及仓储安全监测系统、商场保安系统、空气调节系统、冷冻保险系统等都采用了单片机控制。

7）在计算机网络和通信领域中的应用

现代的单片机普遍具备通信接口，可以很方便地与计算机进行数据通信，为在计算机网络和通信设备间的应用提供了极好的物质条件，现在的通信设备基本上都实现了单片机智能控制，从手机、电话机、小型程控交换机、楼宇自动通信呼叫系统、列车无线通信，再到日常工作中随处可见的移动电话、集群移动通信、无线电对讲机等。

8）单片机在医用设备领域中的应用

单片机在医用设备中的用途亦相当广泛，例如医用呼吸机、各种分析仪、监护仪、超声诊断设备及病床呼叫系统等等。

9）汽车电子产品

现代汽车的集中显示系统、动力监测控制系统、自动驾驶系统、通信系统和运行监视器（黑匣子）等都离不开单片机。

10）航空航天系统和国防军事、尖端武器等领域

在航空航天系统和国防军事、尖端武器等领域，单片机的应用更是不言而喻。

综合所述，单片机已成为计算机发展和应用的一个重要方面。另一方面，单片机应用的重要意义还在于，它从根本上改变了传统的控制系统设计思想和设计方法。从前必须由模拟电路或数字电路实现的大部分功能，现在已能用单片机通过软件方法来实现了。这种软件代替硬件的控制技术也称为微控制技术，是传统控制技术的一次革命。

9.2 单片机硬件结构及 Keil 开发软件使用

9.2.1 单片机的组成

8051 是 MCS-51 系列单片机的典型产品，我们以这一代表性的机型进行系统的讲解。

8051 单片机包含中央处理器、程序存储器（ROM）、数据存储器（RAM）、定时/计数器、并行接口、串行接口和中断系统等几大单元及数据总线、地址总线和控制总线等三大总线，现在我们分别加以说明。

1）中央处理器

中央处理器（CPU）是整个单片机的核心部件，是 8 位数据宽度的处理器，能处理 8 位二进制数据或代码，CPU 负责控制、指挥和调度整个单元系统协调地工作，完成运算和控制输入输出功能等操作。

2）数据存储器（RAM）

8051 内部有 128 个 8 位用户数据存储单元和 128 个专用寄存器单元，它们是统一编址的，专用寄存器只能用于存放控制指令数据，用户只能访问，而不能用于存放用户数据，所以，用户能使用的 RAM 只有 128 个，可存放读写的数据、运算的中间结果或用户定义的字型表。

3）程序存储器（ROM）

8051 共有 4096 个 8 位掩膜 ROM，用于存放用户程序、原始数据或表格。

4）定时/计数器（ROM）

8051 有两个 16 位的可编程定时/计数器，以实现定时或计数产生中断用于控制程序转向。

5) 并行输入输出(I/O)口

8051 共有 4 组 8 位 I/O 口(P0、P1、P2 或 P3),用于对外部数据的传输。

6) 全双工串行口

8051 内置一个全双工串行通信口,用于与其他设备间的串行数据传送,该串行口既可以用作异步通信收发器,也可以当同步移位器使用。

7) 中断系统

8051 具备较完善的中断功能,有两个外中断、两个定时/计数器中断和一个串行中断,可满足不同的控制要求,并具有 2 级的优先级别选择。

8) 时钟电路

8051 内置最高频率达 12 MHz 的时钟电路,用于产生整个单片机运行的脉冲时序,但 8051 单片机需外置振荡电容。

9.2.2 单片机的引脚功能

当我们拿到一块单片机芯片时,看到这么多的"大腿",它们都有什么用? 我们首先就针对这个问题进行讲解。

1) 引脚功能(见图 9.1)

MCS-51 是标准的 40 引脚双列直插式集成电路芯片,引脚分布请参照单片机引脚图。

P0.0~P0.7 P0 口 8 位双向口线(在引脚的 39~32 号端子)。

P1.0~P1.7 P1 口 8 位双向口线(在引脚的 1~8 号端子)。

P2.0~P2.7 P2 口 8 位双向口线(在引脚的 21~28 号端子)。

P3.0~P3.7 P2 口 8 位双向口线(在引脚的 10~17 号端子)。

这 4 个 I/O 口具有不完全相同的功能。

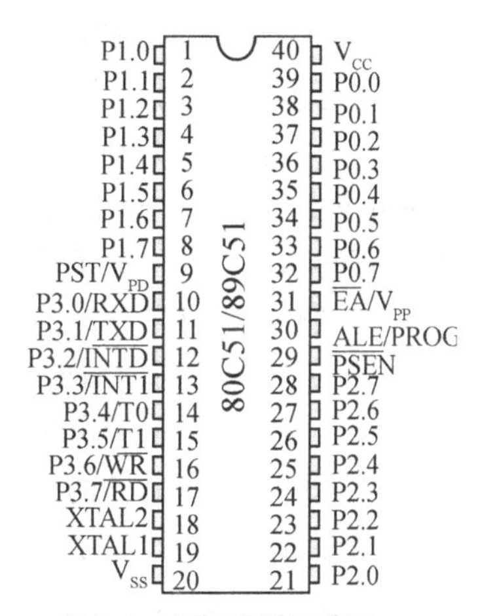

图 9.1 单片机引脚示意图

2) P0 口有三个功能

(1) 外部扩展存储器时,当做数据总线(D0~D7 为数据总线接口)

(2) 外部扩展存储器时,当做地址总线(A0~A7 为地址总线接口)

(3) 不扩展时,可做一般的 I/O 使用,但内部无上拉电阻,作为输入或输出时应在外部接上拉电阻。

P1 口只做 I/O 口使用:其内部有上拉电阻。

3) P2 口有两个功能

(1) 扩展外部存储器时,当做地址总线使用。

(2) 做一般 I/O 口使用,其内部有上拉电阻。

4) P3 口有两个功能

除了作为 I/O 使用外(其内部有上拉电阻),还有一些特殊功能,由特殊寄存器来设置,具体功能请参考我们后面的引脚说明。

有内部 EPROM 的单片机芯片(例如 8751),为写入程序需提供专门的编程脉冲和编程电源,这些信号也是由信号引脚的形式提供的。

即:编程脉冲:30 脚(ALE/PROG)

编程电压(2.5 V):31 脚(EA/Vpp)

接触过工业设备的同学可能会看到有些印刷线路板上会有一个电池,这个电池是干什么用的呢? 这就是单片机的备用电源,当外接电源下降到下限值时,备用电源就会经第二功能的方式由第 9 脚(即 RST/VPD)引入,以保护内部 RAM 中的信息不会丢失。

在介绍这四个 I/O 口时提到了一个"上拉电阻",那么上拉电阻又是一个什么东西呢? 它起什么作用呢? 都说了是电阻,那当然就是一个电阻啦,当作为输入时,上拉电阻将其电位拉高,若输入为低电平则可提供电流源。所以如果 P0 口如果作为输入时,处在高阻抗状态,只有外接一个上拉电阻才能有效。

ALE/PROG 地址锁存控制信号:在系统扩展时,ALE 用于控制把 P0 口的输出低 8 位地址送锁存器锁存起来,以实现低位地址和数据的隔离。在后面关于扩展的课程中我们就会看到 8051 扩展 EEPROM 电路,在图中 ALE 与 74LS373 锁存器的 G 相连接,当 CPU 对外部进行存取时,用以锁住地址的低位地址,即 P0 口输出。ALE 有可能是高电平也有可能是低电平,当 ALE 是高电平时,允许地址锁存信号,当访问外部存储器时,ALE 信号负跳变(即由正变负)将 P0 口上低 8 位地址信号送入锁存器。当 ALE 是低电平时,P0 口上的内容和锁存器输出一致。关于锁存器的内容,我们稍后也会介绍。

在没有访问外部存储器期间,ALE 以 1/6 振荡周期频率输出(即 6 分频),当访问外部存储器以 1/12 振荡周期输出(12 分频)。从这里我们可以看到,当系统没有进行扩展时 ALE 会以 1/6 振荡周期的固定频率输出,因此可以作为外部时钟,或者外部定时脉冲使用。

PORG 为编程脉冲的输入端:在单片机的内部结构及其组成中,我们已知道,在 8051 单片机内部有一个 4 KB 或 8 KB 的程序存储器(ROM)。ROM 的作用就是用来存放用户需要执行的程序的,那么我们是怎样把编写好的程序存入这个 ROM 中的呢? 实际上是通过编程脉冲输入才能写进去,这个脉冲的输入端口就是 PROG。

PSEN 外部程序存储器读选通信号:在读外部 ROM 时 PSEN 低电平有效,以实现外部 ROM 单元的读操作。

(1) 内部 ROM 读取时,PSEN 不动作;

(2) 外部 ROM 读取时,在每个机器周期会动作两次;

(3) 外部 RAM 读取时,两个 PSEN 脉冲被跳过不会输出;

(4) 外接 ROM 时,与 ROM 的 OE 脚相接。

参见图 9.2——8051 扩展 2 KB EEPROM 电路,在图中 PSEN 与扩展 ROM 的 OE 脚相接。

EA/VPP 访问程序存储器控制信号

(1) 接高电平时,CPU 读取内部程序存储器(ROM)。

扩展外部 ROM:当读取内部程序存储器超过 0FFFH(8051)1FFFH(8052)时自动读取

外部 ROM。

(2) 接低电平时,CPU 读取外部程序存储器(ROM)。在前面的学习中我们已知道,8031 单片机内部是没有 ROM 的,那么在应用 8031 单片机时,这个脚一直是接低电平的。

(3) 8751 烧写内部 EPROM 时,利用此脚输入 21V 的烧写电压。

RST 复位信号:当输入的信号连续 2 个机器周期以上高电平时即为有效,用以完成单片机的复位初始化操作,当复位后程序计数器 PC=0000H,即复位后将从程序存储器的 0000H 单元读取第一条指令码。

XTAL1 和 XTAL2 外接晶振引脚。当使用芯片内部时钟时,此二引脚用于外接石英晶体和微调电容;当使用外部时钟时,用于接外部时钟脉冲信号。

9.2.3 STC89C51 单片机的 CPU

1) 运算器

运算器由运算部件——算术逻辑单元(Arithmetic & Logical Unit,ALU)、累加器和寄存器等几部分组成。ALU 的作用是把传来的数据进行算术或逻辑运算,输入来源为两个 8 位数据,分别来自累加器和数据寄存器。ALU 能完成对这两个数据进行加、减、与、或、比较大小等操作,最后将结果存入累加器。例如,两个数 6 和 7 相加,在相加之前,操作数 6 放在累加器中,7 放在数据寄存器中,当执行加法指令时,ALU 即把两个数相加并把结果 13 存入累加器,取代累加器原来的内容 6。

运算器有两个功能:

(1) 执行各种算术运算。

(2) 执行各种逻辑运算,并进行逻辑测试,如零值测试或两个值的比较。

运算器所执行全部操作都是由控制器发出的控制信号来指挥的,并且,一个算术操作产生一个运算结果,一个逻辑操作产生一个判决。

2) 控制器

控制器由程序计数器、指令寄存器、指令译码器、时序发生器和操作控制器等组成,是发布命令的"决策机构",即协调和指挥整个微机系统的操作。其主要功能有:

(1) 从内存中取出一条指令,并指出下一条指令在内存中的位置。

(2) 对指令进行译码和测试,并产生相应的操作控制信号,以便于执行规定的动作。

(3) 指挥并控制 CPU、内存和输入输出设备之间数据流动的方向。

微处理器内通过内部总线把 ALU、计数器、寄存器和控制部分互联,并通过外部总线与外部的存储器、输入输出接口电路连接。外部总线又称为系统总线,分为数据总线 DB、地址总线 AB 和控制总线 CB。通过输入输出接口电路,实现与各种外围设备连接。

3) 累加器 A

累加器 A 是微处理器中使用最频繁的寄存器。在算术和逻辑运算时它有双功能:运算前,用于保存一个操作数;运算后,用于保存所得的和、差或逻辑运算结果。

4) 数据寄存器 DR

数据寄存器通过数据总线向存储器和输入/输出设备送(写)或取(读)数据的暂存单元。它可以保存一条正在译码的指令,也可以保存正在送往存储器中存储的一个数据字节等等。

5）指令寄存器 IR 和指令译码器 ID

指令包括操作码和操作数。

指令寄存器是用来保存当前正在执行的一条指令。当执行一条指令时，先把它从内存中取到数据寄存器中，然后再传送到指令寄存器。当系统执行给定的指令时，必须对操作码进行译码，以确定所要求的操作，指令译码器就是负责这项工作的。其中，指令寄存器中操作码字段的输出就是指令译码器的输入。

6）程序计数器 PC

PC 用于确定下一条指令的地址，以保证程序能够连续地执行下去，因此通常又被称为指令地址计数器。在程序开始执行前必须将程序的第一条指令的内存单元地址（即程序的首地址）送入 PC，使它总是指向下一条要执行指令的地址。

7）地址寄存器 AR

地址寄存器用于保存当前 CPU 所要访问的内存单元或 I/O 设备的地址。由于内存与 CPU 之间存在着速度上的差异，所以必须使用地址寄存器来保持地址信息，直到内存读/写操作完成为止。

显然，当 CPU 向存储器存数据、CPU 从内存取数据和 CPU 从内存读出指令时，都要用到地址寄存器和数据寄存器。同样，如果把外围设备的地址作为内存地址单元来看的话，那么当 CPU 和外围设备交换信息时，也需要用到地址寄存器和数据寄存器。

9.2.4　STC89C51 单片机的存储器

MCS-51 单片机在物理结构上有四个存储空间：片内程序存储器；片外程序存储器；片内数据存储器；片外数据存储器。但在逻辑上，即从用户的角度上，8051 单片机有三个存储空间：片内外统一编址的 64 K 的程序存储器地址空间；256B 的片内数据存储器的地址空间；64 K 片外数据存储器的地址空间。

在访问三个不同的逻辑空间时，应采用不同形式的指令（具体我们在后面的指令系统学习时将会讲解），以产生不同的存储器空间的选通信号。

1）程序存储器

一个微处理器能够聪明地执行某种任务，除了它们强大的硬件外，还需要它们运行的软件，其实微处理器并不聪明，它们只是完全按照人们预先编写的程序而执行之。那么设计人员编写的程序就存放在微处理器的程序存储器中，俗称只读程序存储器（ROM）。程序相当于给微处理器处理问题的一系列命令。其实程序和数据一样，都是由机器码组成的代码串。只是程序代码则存放于程序存储器中。

MCS-51 具有 64 kB 程序存储器寻址空间，它是用于存放用户程序、数据和表格等信息。对于内部无 ROM 的 8031 单片机，它的程序存储器必须外接，空间地址为 64 kB，此时单片机的端必须接地。强制 CPU 从外部程序存储器读取程序。对于内部有 ROM 的 8051 等单片机，正常运行时，则需接高电平，使 CPU 先从内部的程序存储中读取程序，当 PC 值超过内部 ROM 的容量时，才会转向外部的程序存储器读取程序。

当=1 时，程序从片内 ROM 开始执行，当 PC 值超过片内 ROM 容量时会自动转向外部 ROM 空间。

当=0 时，程序从外部存储器开始执行，例如前面提到的片内无 ROM 的 8031 单片机，在实际应用中就要把 8031 的引脚接为低电平。

8051 片内有 4kB 的程序存储单元，其地址为 0000H—0FFFH，单片机启动复位后，程序计数器的内容为 0000H，所以系统将从 0000H 单元开始执行程序。但在程序存储中有些特殊的单元，这在使用中应加以注意：

其中一组单元是 0000H—0002H 单元，系统复位后，PC 为 0000H，单片机从 0000H 单元开始执行程序，如果程序不是从 0000H 单元开始，则应在这三个单元中存放一条无条件转移指令，让 CPU 直接去执行用户指定的程序。

另一组特殊单元是 0003H—002AH，这 40 个单元各有用途，它们被均匀地分为五段，它们的定义如下：

0003H—000AH　外部中断 0 中断地址区。

000BH—0012H　定时/计数器 0 中断地址区。

0013H—001AH　外部中断 1 中断地址区。

001BH—0022H　定时/计数器 1 中断地址区。

0023H—002AH　串行中断地址区。

可见以上的 40 个单元是专门用于存放中断处理程序的地址单元，中断响应后，按中断的类型，自动转到各自的中断区去执行程序。从上面可以看出，每个中断服务程序只有 8 个字节单元，用 8 个字节来存放一个中断服务程序显然是不可能的。因此以上地址单元不能用于存放程序的其他内容，只能存放中断服务程序。但是通常情况下，我们是在中断响应的地址区安放一条无条件转移指令，指向程序存储器的其他真正存放中断服务程序的空间去执行，这样中断响应后，CPU 读到这条转移指令，便转向其他地方去继续执行中断服务程序。

0000H—0002H，只有三个存储单元，3 个存储单元在我们的程序存放时是存放不了实际意义的程序的，通常我们在实际编写程序时是在这里安排一条 ORG 指令，通过 ORG 指令跳转到从 0033H 开始的用户 ROM 区域，再来安排我们的程序语言。从 0033 开始的用户 ROM 区域用户可以通过 ORG 指令任意安排，但在应用中应注意，不要超过了实际的存储空间，不然程序就会找不到。

2）数据存储器

数据存储器也称为随机存取数据存储器。数据存储器分为内部数据存储和外部数据存储。MCS-51 内部 RAM 有 128 或 256 个字节的用户数据存储(不同的型号有分别)，片外最多可扩展 64KB 的 RAM，构成两个地址空间，访问片内 RAM 用“MOV”指令，访问片外 RAM 用“MOVX”指令。它们是用于存放执行的中间结果和过程数据的。MCS-51 的数据存储器均可读写，部分单元还可以位寻址。

MCS-51 单片机的内部数据存储器在物理上和逻辑上都分为两个地址空间，即：数据存储器空间(低 128 单元)和特殊功能寄存器空间(高 128 单元)。这两个空间是相连的，从用户角度而言，低 128 单元才是真正的数据存储器。下面我们就来详细地与大家讲解一下：

低 128 单元片内数据存储器为 8 位地址，所以最大可寻址的范围为 256 个单元地址，对片外数据存储器采用间接寻址方式，R0、R1 和 DPTR 都可以作为间接寻址寄存器，R0、R1

是 8 位的寄存器，即 R0、R1 的寻址范围最大为 256 个单元，而 DPTR 是 16 位地址指针，寻址范围就可达到 64 kB。也就是说，在寻址片外数据存储器时，寻址范围超过了 256 B，就不能用 R0、R1 作为间接寻址寄存器，而必须用 DPTR 寄存器作为间接寻址寄存器。8051 单片机片内 RAM 共有 256 个单元(00H—FFH)，这 256 个单元共分为两部分。其一是地址从 00H—7FH 单元(共 128 个字节)为用户数据 RAM。从 80H—FFH 地址单元(也是 128 个字节)为特殊寄存器(SFR)单元。

(1) 通用寄存器区(00H—1FH)

在 00H—1FH 共 32 个单元中被均匀地分为四块，每块包含八个 8 位寄存器，均以 R0—R7 来命名，我们常称这些寄存器为通用寄存器。这四块中的寄存器都称为 R0—R7，那么在程序中怎么区分和使用它们呢？聪明的 INTEL 工程师们又安排了一个寄存器——程序状态字寄存器(PSW)来管理它们，CPU 只要定义这个寄存的 PSW 的 D3 和 D4 位(RS0 和 RS1)，即可选中这四组通用寄存器。对应的编码关系如下表所示。若程序中并不需要用 4 组，那么其余的可用做一般的数据缓冲器，CPU 在复位后，选中第 0 组工作寄存器(见表 9.1)。

表 9.1　通用寄存器区

组	RS1	RS0	R0	R1	R2	R3	R4	R5	R6	R7
0	0	00H	01H	02H	03H	04H	05H	06H	07H	
1	1	08H	09H	0AH	0BH	0CH	0DH	0EH	0FH	
2	0	10H	11H	12H	13H	14H	15H	16H	17H	
3	1	18H	19H	1AH	1BH	1CH	1DH	1EH	1FH	

(2) 位寻址区(20H—2FH)

片内 RAM 的 20H—2FH 单元为位寻址区，既可作为一般单元用字节寻址，也可对它们的位进行寻址。位寻址区共有 16 个字节，128 个位，位地址为 00H—7FH。位地址分配如表 9.2 所示。

CPU 能直接寻址这些位，执行例如置“1”、清“0”、求“反”、转移，传送和逻辑等操作。我们常称 MCS-51 具有布尔处理功能，布尔处理的存储空间指的就是这些位寻址区。

(3) 用户 RAM 区(30H-7FH)

在片内 RAM 低 128 单元中，通用寄存器占去 32 个单元，位寻址区占去 16 个单元，剩下的 80 个单元就是供用户使用的一般 RAM 区了，地址单元为 30H—7FH。对这部分区域的使用不作任何规定和限制，但应说明的是，堆栈一般开辟在这个区域。

表 9.2　位寻址区

RAM 位寻址区地址表								
单元地址	MSB			位地址		LSB		
2FH	7FH	7EH	7DH	7CH	7BH	7AH	79H	78H
2EH	77H	76H	75H	74H	73H	72H	71H	70H
2DH	6FH	6EH	6DH	6CH	6BH	6AH	69H	68H
2CH	67H	66H	65H	64H	63H	62H	61H	60H
2BH	5FH	5EH	5DH	5CH	5BH	5AH	59H	58H

续表 9.2

RAM 位寻址区地址表								
单元地址	MSB			位地址		LSB		
2AH	57H	56H	55H	54H	53H	52H	51H	50H
29H	4FH	4EH	4DH	4CH	4BH	4AH	49H	48H
28H	47H	46H	45H	44H	43H	42H	41H	40H
27H	3FH	3EH	3DH	3CH	3BH	3AH	39H	38H
26H	37H	36H	35H	34H	33H	32H	31H	30H
25H	2FH	2EH	2DH	2CH	2BH	2AH	29H	28H
24H	27H	26H	25H	24H	23H	22H	21H	20H
23H	1FH	1EH	1DH	1CH	1BH	1AH	19H	18H
22H	17H	16H	15H	14H	13H	12H	11H	10H
21H	0FH	0EH	0DH	0CH	0BH	0AH	09H	08H
20H	07H	06H	05H	04H	03H	02H	01H	00H

9.2.5　STC89C51 单片机的复位电路

51 单片机高电平复位。以当前使用较多的 AT89 系列单片机来说，在复位脚加高电平 2 个机器周期(即 24 个振荡周期)可使单片机复位。复位后，主要特征是各 I/O 口呈现高电平，程序计数器从零开始执行程序。

复位方式有两种。

(1) 手动复位：按钮按下，复位脚得到 V_{CC} 的高电平，单片机复位，按钮松开后，单片机开始工作。

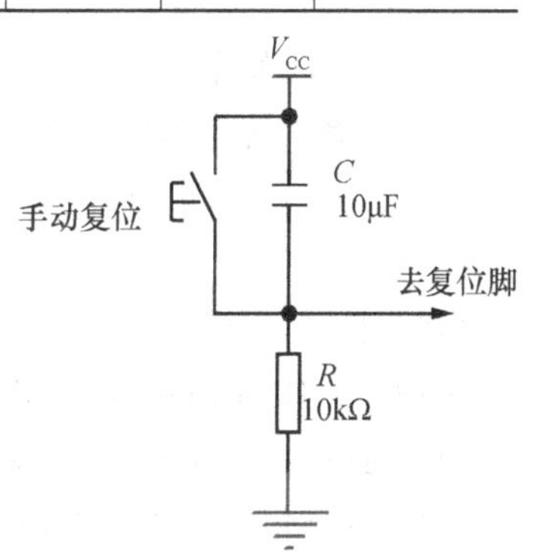

图 9.2　复位电路

(2) 上电复位：上电后，电容电压不能突变，V_{CC}通过复位电容(10 μF 电解)给单片机复位脚施加高电平 5 V，同时，通过 10 kΩ 电阻向电容器反向充电，使复位脚电压逐渐降低。经一定时间后(约 10 ms)复位脚变为 0 V，单片机开始工作。

单片机复位电路原理：电阻给电容充电，电容的电压缓慢上升直到 V_{CC}，没到 V_{CC}时芯片复位脚近似低电平，于是芯片复位，接近 V_{CC}时芯片复位脚近高电平，于是芯片停止复位，复位完成。

复位电路设计要先看看单片机数据手册，得知复位时间最少是多少个周期，再计算当前时钟频率一个周期是多少时间，再乘以复位所需周期数(适当增加周期的数量，可使复位可靠)就知道当前时钟频率所需复位时间，用 RC 充电公式计算所需电阻电容值即可。注意单片机数据手册复位脚的高低电平电压值，RC 充电时间要计算复位脚的高低电平区间电压。

复位电路的基本功能：系统上电时提供复位信号，直至系统电源稳定后，撤销复位信号。为可靠起见，电源稳定后还要经一定的延时才撤销复位信号，以防电源开关或电源插头分-合过程中引起的抖动而影响复位。

9.2.6　C51 编程语言简介

单片机 C51 语言是由 C 语言继承而来的。和 C 语言不同的是，C51 语言运行于单片机平台，而 C 语言则运行于普通的桌面平台。C51 语言具有 C 语言结构清晰的优点，便于学习，同时具有汇编语言的硬件操作能力。对于具有 C 语言编程基础的读者，能够轻松地掌握单片机 C51 语言的程序设计。

单片机 C51 语言兼备高级语言与低级语言的优点。语法结构和标准 C 语言基本一致，语言简洁，便于学习，运行于单片机平台，支持的微处理器种类繁多，可移植性好。对于兼容的 8051 系列单片机，只要将一个硬件型号下的程序稍加修改，甚至不加改变，就可移植到另一个不同型号的单片机中运行。具有高级语言的特点，尽量减少底层硬件寄存器的操作。单片机 C51 语言提供了完备的数据类型、运算符及函数供使用。C51 语言是一种结构化程序设计语言，可以使用一对花括号“{}”将一系列语句组合成一个复合语句，程序结构清晰明了。C51 语言代码执行的效率方面十分接近汇编语言，且比汇编语言的程序易于理解，便于代码共享。

C 语言是一种高级程序设计语言，它提供了十分完备的规范化流程控制结构。因此采用 C51 语言设计单片机应用系统程序时，首先要尽可能地采用结构化的程序设计方法，这样可使整个应用系统程序结构清晰，易于调试和维护。对于一个较大的程序，可将整个程序按功能分成若干个模块，不同的模块完成不同的功能。对于不同的功能模块，分别指定相应的入口参数和出口参数，而经常使用的一些程序最好编成函数，这样既不会引起整个程序管理的混乱，还可增强可读性，移植性也好。在程序设计过程中，要充分利用 C51 语言的预处理命令。对于一些常用的常数，如 TRUE，FALSE，PI 以及各种特殊功能寄存器，或程序中一些重要的依据外界条件可变的常量，可采用宏定义“#define”或集中起来放在一个头文件中进行定义，再采用文件包含命令“#include”将其加入到程序中去。这样当需要修改某个参量时，只需修改相应的包含文件或宏定义，而不必对使用它们的每个程序文件都作修改，从而有利于文件的维护和更新。

9.2.7　Keil 环境下的 C51 程序开发

Keil C51 软件可以从相关网站下载并安装。安装好后，双击桌面快捷图标或在“开始”菜单中选择 Keil μVision3，启动 Keil μVision3 集成开发环境，启动后界面如图 9.3 所示。

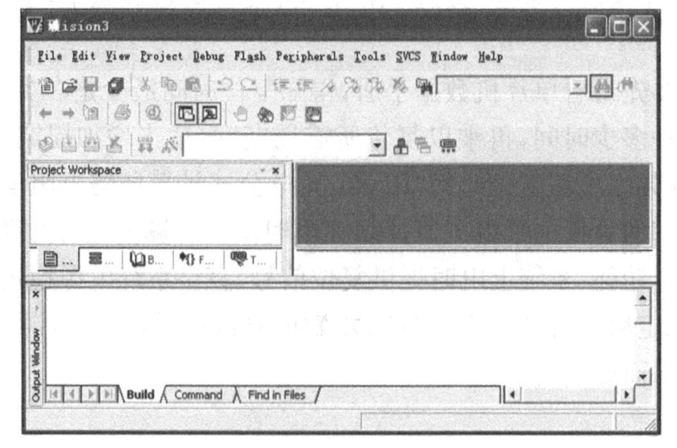

图 9.3　Keil μVision3 启动后的集成开发环境界面

1）创建项目

Keil μVision3 中有一个项目管理器，用于对项目文件进行管理。它包含了程序段环境变量和编程有关的全部信息，为单片机程序的管理带来了很大的方便。创建一个新项目的操作步骤如下：

（1）启动 μVision3，创建一个项目文件，并从器件数据库中选择一款合适的单片机型号。

（2）创建一个新的源程序文件，并把这个源文件添加到项目中；

（3）为该单片机芯片添加或配置启动程序代码；

（4）设置工具选项，使之适合目标硬件；

（5）编译项目并创建一个 *.hex 文件。

下面以本章任务为例分别介绍每一步的具体操作。

① 新建项目文件

单击菜单“Project”→“New Project”命令，弹出如图 9.4 所示的新建项目对话框，指定保存路径，建议每个项目使用一个独立文件夹，例如本项目保存在“第 4 章”文件夹；然后，在“文件名”输入项目名称，例如“4-1”，单击“保存”按钮即完成新项目的创建（系统默认扩展名为“.uv2”）。

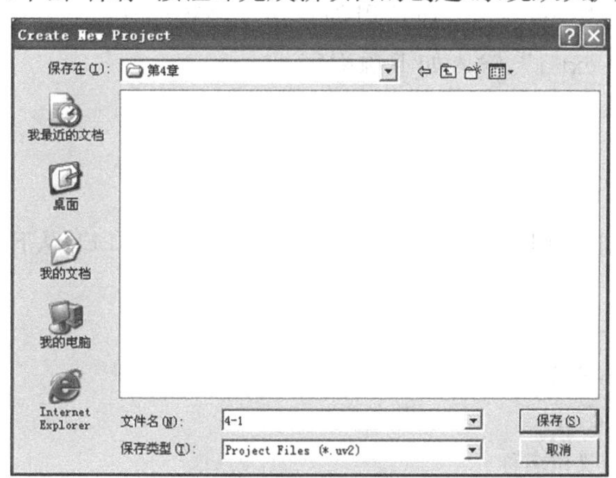

图 9.4　新建项目对话框

此时弹出选择单片机的型号对话框，如图 9.5 所示，展开 Atmel 系列单片机，选择“AT89C51”，单击“确定”按钮完成设备的选择。

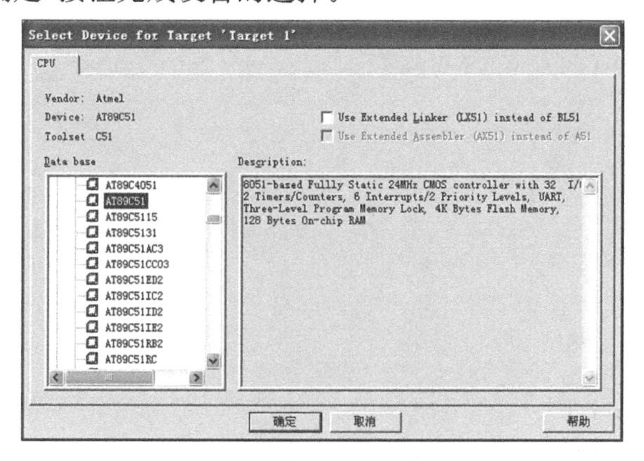

图 9.5　选择单片机的型号对话框

单片机型号选择结束后，在 μVision3 工作界面左边的项目管理器中新增加了一个"Target 1"目标 1 文件夹，如图 9.6 所示。

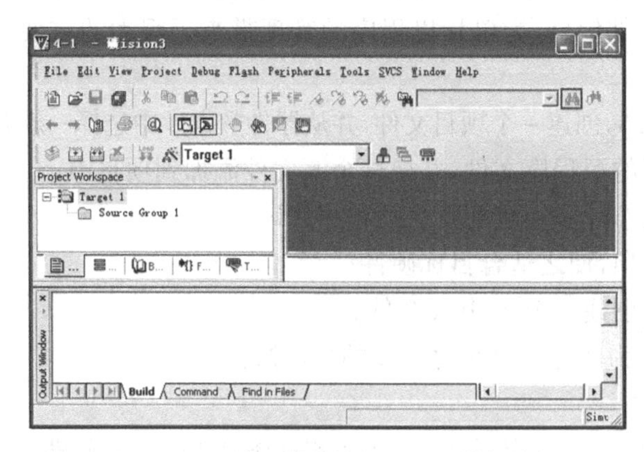

图 9.6　项目管理器中新增"Target 1"对话框

② 新建源程序文件

单击菜单"File"→"New"命令，就可以创建一个源程序文件。该命令会打开一个空的编辑器窗口，默认名为"Text 1"，输入如下源程序：

```
/*-------------------------------------------------------------------
   名称：流水灯控制
   模块名：AT89C51，74LS373
   功能描述：当开关打开时，LED 自上而下依次点亮；当开关闭合时，LED 从下向上依次点亮。
-------------------------------------------------------------------*/

   #include<reg51.h>
   #define uchar unsigned char //类型重定义
   #define uint unsigned int
   sbit Key=P0^0; //定义位名称
   void DelayMS(uint ms); //延时函数原型声明
   //主程序
   void main()
   {
     uchar i,keyPre,shift;
     Key=1;
     while(1)
     {
       keyPre=Key;
       if(keyPre)
       {
         shift=0x01;
         for(i=0;i<8;i++)
         {P1=~shift; DelayMS(200); shift<<=1;}
       }
```

```
        else
        {shift=0x80;
          for(i=0;i<8;i++)
          {P1=~shift; DelayMS(200); shift>>=1;}
        }
      }
    }
/*-----------------------------------------------------------------------
    函数名称:DelayMS
    函数功能:延时函数
    入口参数:参数 ms 控制循环次数,从而控制延时时间长短
-----------------------------------------------------------------------*/
void DelayMS(uint ms)
{
  uchar i;
  while(ms--)
  for(i=0; i<120; i++);
}
-----------------------------------------------------------------------*/
```

程序输入完毕后,单击“File”→“Save”命令对源程序进行保存,在保存时,文件名可以是字符、字母或数字,并且一定要带扩展名(使用汇编语言编写的源程序,扩展名为. asm,使用单片机 C 语言编写的源程序,扩展名为. c)。保存好源程序后,源程序窗口中的关键字呈彩色高亮显示。这里保存为“4-1. c”。

特别注意:源程序扩展名“. c”必须手动输入,表示为 C 语言程序,使 Keil C51 采用对应的 C 语言的方式来编译源程序。

源程序文件创建好后,可以把这个文件添加到项目管理器中。单击项目管理器中“Target 1”文件夹旁边的“+”按钮,展开后在“Source Group 1”上单击右键,弹出快捷菜单,如图 9.7 所示。选择“Add Files to Group ‘Source Group 1’”命令,弹出如图 9.8 所示的加

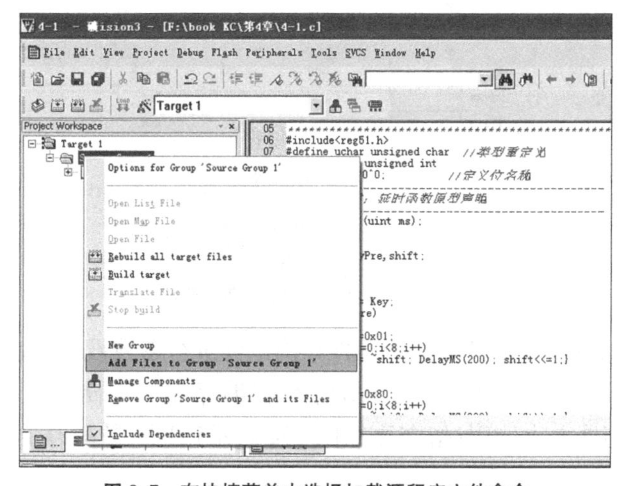

图 9.7　在快捷菜单中选择加载源程序文件命令

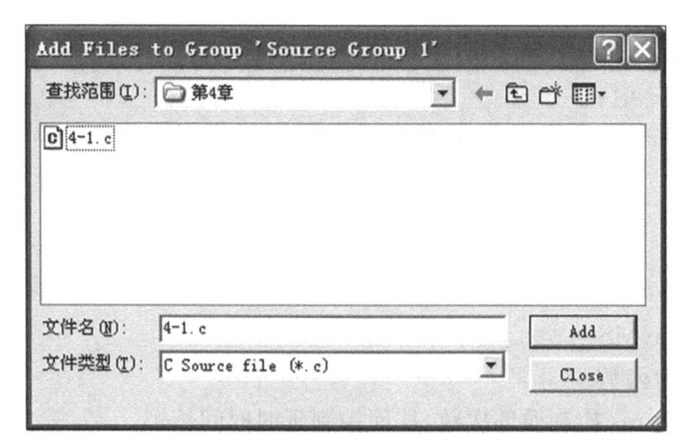

图 9.8　在对话框中选择要添加的文件

载文件对话框。在该对话框中选择文件类型为“c Source file”，找到刚才创建的“4-1. c”源程序文件，然后单击“Add”按钮，4-1. c 即被加入到项目中，此时对话框不消失可以继续加载其他文件。单击“Close”按钮将对话框关闭。

此时在 Keil 软件项目管理器的“Source Group 1”文件夹中可以看到新加载的 4-1. c 文件。

③ 为目标 1 设置选项

选中 Target 1，单击菜单“Project”→“Options for Target ‘Target 1’”命令，弹出为目标 1 的设置选项对话框，如图 9. 9 所示，共有 11 个选项，其中“Target”、“Output”和“Debug”选项较为常用，默认打开“Target”选项。

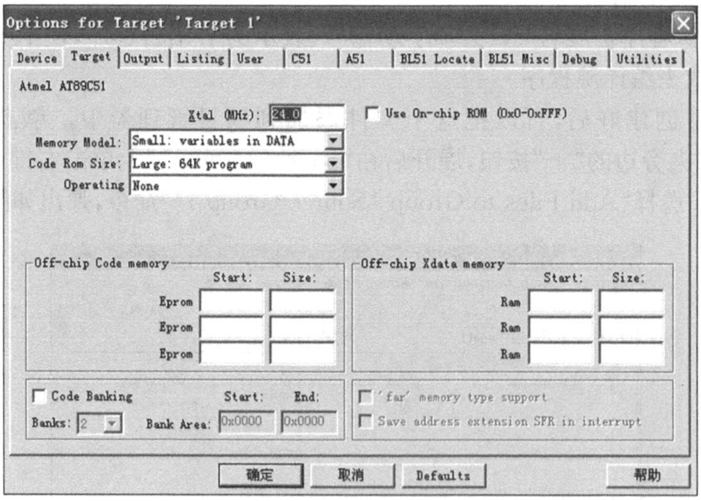

图 9. 9　为目标 1 设置选项对话框

在该选项中可以对目标硬件及所选器件片内部件进行参数设置：包括指定 CPU 时钟频率；是否使用片上自带的 ROM 存储器；指定 C51 编译器的存储模式(默认为 SMALL 模式)；指定 ROM 存储器大小使用；指定片外程序存储器和片外数据存储器的地址范围(如果没有则不填)等。

④ 编译项目并创建 *.hex 文件

单片机不能处理C语言程序,必须将C程序转换成二进制或十六进制代码,这个转换过程称为汇编或编译。Keil C51 软件本身带有 C51 编译器,可将C程序转换成十六进制代码,即 *.hex 文件。

在完成项目设置后,就可对源程序进行编译。执行菜单"Project"→"Rebuild all target files"命令,可以编译源程序并生成目标文件。如果程序有错,则编译不成功,μVision3 将会在输出窗口("View"→"Output Window"命令切换显示或屏蔽此窗口)的编译页中显示如图 9.10 所示信息,双击某一条错误信息,光标将会停留在 μVision3 文本编辑窗口中出现语法错误或警告的位置处,修改并保存后,重新编译,直至正确无误。

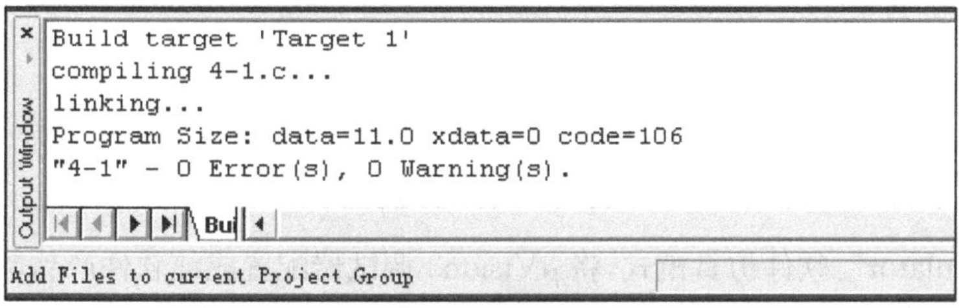

```
Build target 'Target 1'
compiling 4-1.c...
linking...
Program Size: data=11.0 xdata=0 code=106
"4-1" - 0 Error(s), 0 Warning(s).
```

Output Window Bui

Add Files to current Project Group

图 9.10 错误和警告信息

若成功创建并编译了应用程序,就可以开始调试。当程序调试好之后,要求创建一个 *.hex 文件,生成的 *.hex 文件可以下载到 EPROM 或仿真器中。

若要创建 *.hex 文件,必须在为目标设置选项,在"Output"选项卡中选中"Create HEX file"复选框,如图 9.11 所示,单击"确定"按钮完成所需设置。设置完成后,执行菜单"Project"→"Rebuild all target files"命令即可。

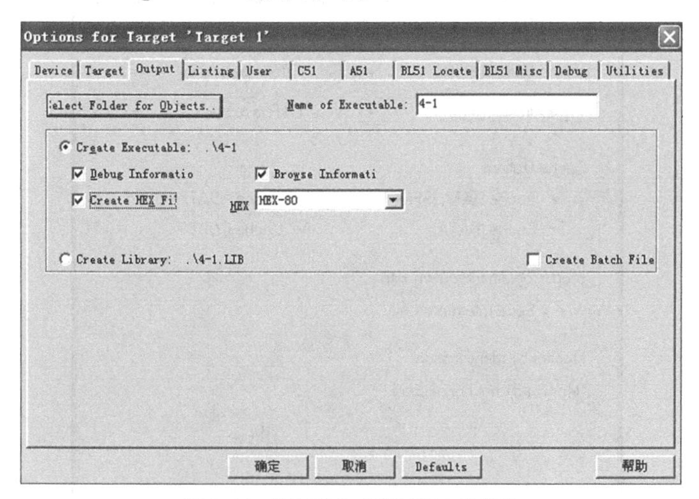

图 9.11 编译时生成"HEX"文件设置

打开"第 4 章"文件夹,可以看到已经创建了的"4-1. HEX"文件。

2) 调试程序

(1) CPU 仿真

使用 μVision3 可对源程序进行测试,它提供了两种工作模式,这两种模式可以在

“Options for Target ‘Target 1’”对话框的“Debug”选项卡中进行选择，如图 9. 12 所示。

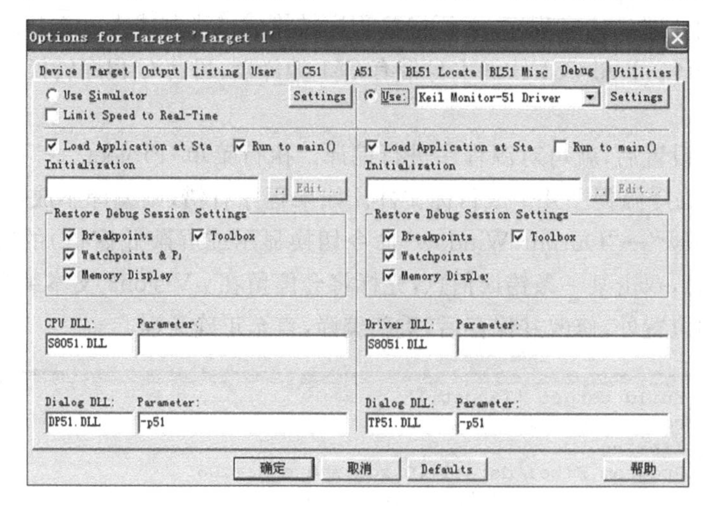

图 9. 12　仿真调试设置

“Use simulator”：软件仿真模式，将 μVision3 调试器配置成纯软件产品，能仿真 8051 系列的绝大多数功能而不需任何硬件目标板，如串行口、外部 I/O 和定时器等，这些外围部件是在选择单片机 CPU 时选定的。

“Use”：硬件仿真，用户选择相应的硬件仿真器仿真。

如果选中 Use：Keil Monitor-51 Driver 硬件仿真选项，还可以单击右边的“Settings”按钮，对硬件仿真器连接情况进行设置，如图 9. 13 所示。

图 9. 13　仿真器连接参数设置

Port：串行口号，仿真器与计算机连接的串行口号。

Baudrate：波特率设置，与仿真器串行通信时的波特率，仿真器上的设置必须与它一致。

Serial Interrupt:选中它允许单片机串行中断。

Cache Option:缓存选项,可选可不选,选择可加快程序的运行速度。

(2) 启动调试

源程序编译好后,选择相应的仿真操作模式,可启动源程序的调试。单击图标或执行菜单“Debug”→“Start/Stop Debug Session”命令,可以启动 μVision3 的调试模式,调试界面如图 9.14 所示。Keil 内建了一个仿真 CPU 用来模拟执行程序,该仿真 CPU 功能强大,可以在没有硬件和仿真器的情况下进行程序的调试。

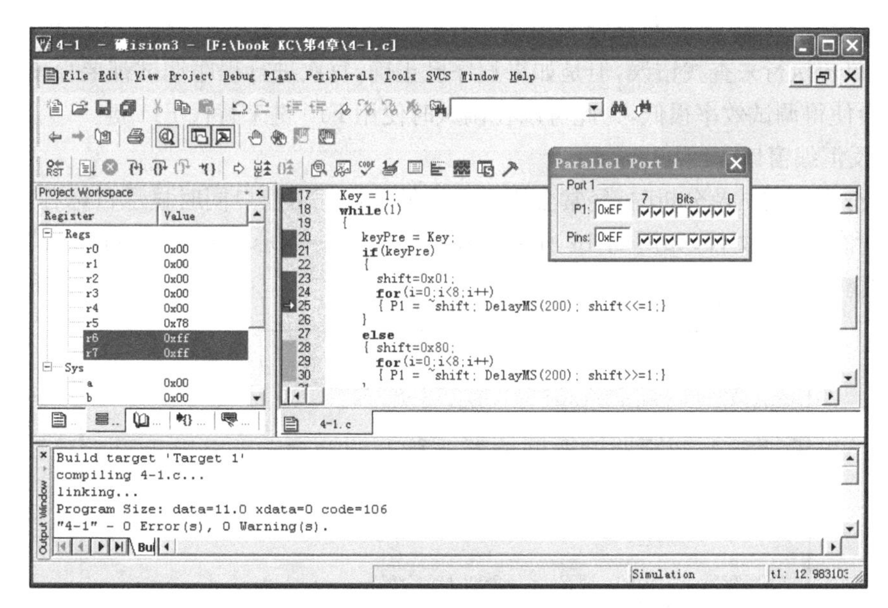

图 9.14　调试界面

进入调试状态后,“调试”菜单项中原来不能用的命令现在已可以使用了,而且工具栏多出一个用于运行和调试的工具条,如图 9.15 所示,Debug 菜单上的大部分命令可以在此找到对应的快捷按钮,从左到右依次是复位、连续运行、暂停运行、单步运行、过程单步运行、执行完当前子程序、运行到当前行、下一状态、打开跟踪、观察跟踪、反汇编窗口、观察窗口、代码作用范围分析、1#串行窗口、内存窗口、性能分析、工具按钮等命令。

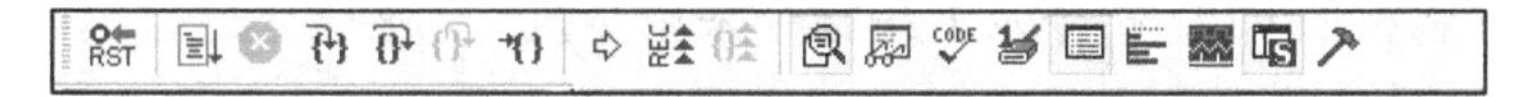

图 9.15　运行调试工具条

(3) 断点的设定和删除

在 μVision3 中,用户可以采用以下不同的方法来定义断点:

① 在文本编辑窗口或反汇编窗口中选定所在行,然后单击工具栏的设置断点按钮图标,或执行菜单“Debug”→“Insert/Remove Breakpoint”命令。

② 在文本编辑窗口或反汇编窗口中选定所在行,单击右键,从打开的快捷菜单中选择“Insert/Remove Breakpoint”命令。

③ 利用“Debug”下拉菜单,打开“Breakpoints…”对话框,在这个对话框中可以查看定义或更改断点设置。

(4) 目标程序的执行

目标程序的执行可以使用以下方法：

① 使用菜单"Debug"→"Run"命令或相应的命令按钮或按下功能键 F5 全速执行程序。

② 使用菜单"Debug"→"Step"命令或相应的命令按钮或使用功能键 F11 可以单步执行程序。

③ 使用菜单"Debug"→"Step Over"命令或相应的命令按钮或功能键 F10 可以以过程单步形式执行命令。所谓过程单步，是指把 C 语言中的一个函数作为一条语句来全速执行。

按下 F11 键，可以看到源程序窗口的左边出现了一个黄色调试箭头，指向源程序的第一行。每按一次 F11 键，即执行该箭头所指程序行，然后箭头指向下一行。如果程序有错误，可以通过单步执行来查找错误，但是如果程序已正确，每次进行程序调试都要反复执行这些程序行，会使得调试效率很低，为此可以在调试时使用 F10 键来替代 F11 键。

(5) 反汇编窗口

在进行程序调试及分析时，经常会用到反汇编。反汇编窗口同时显示目标程序、编译的汇编程序和二进制文件，如图 9.16 所示。利用"View"→"Disassembly Window"切换显示或屏蔽此窗口。

```
C:0x0014    9408     SUBB     A,#0x08
C:0x0016    50ED     JNC      C:0005
    25:         { P1 = ~shift; DelayMS(200); shift<<=1;}
C:0x0018    12003F   LCALL    C:003F
C:0x001B    E509     MOV      A,0x09
C:0x001D    25E0     ADD      A,ACC(0xE0)
C:0x001F    F509     MOV      0x09,A
C:0x0021    0508     INC      0x08
C:0x0023    80EC     SJMP     C:0011
    26:         }
    27:         else
    28:         { shift=0x80;
C:0x0025    750980   MOV      0x09,#P0(0x80)
    29:           for(i=0;i<8;i++)
C:0x0028    E4       CLR      A
C:0x0029    F508     MOV      0x08,A
C:0x002B    E508     MOV      A,0x08
C:0x002D    C3       CLR      C
C:0x002E    9408     SUBB     A,#0x08
4-1.c    Disassembly
```

图 9.16　反汇编窗口

当反汇编窗口作为当前活动窗口时，若单步执行指令，所有的程序将按照 CPU 指令及汇编指令来单步执行，而不是 C 语言的单步执行。

(6) CPU 寄存器窗口

单击图标或执行菜单"Debug"→"Start/Stop Debug Session"命令后，在"Project Workspace"项目窗口中可显示 CPU 寄存器内容，如图 9.17 所示。用户除了可以观察外还可以修改，单击选中一个单元，出现文本框后输入相应的数值按回车即可。

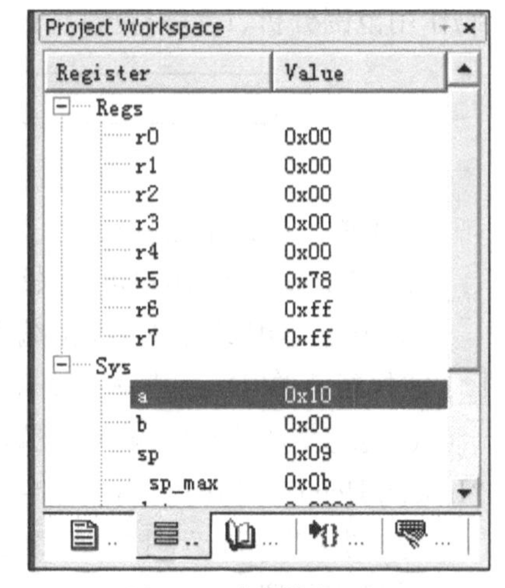

图 9.17　寄存器窗口

(7) 存储器窗口

在存储器窗口中，可以显示 4 个不同的存储区，每个存储区能显示不同地址存储单元的内容。利用"View"

→"Memory Window"切换显示或屏蔽此窗口

KeilμVision3 IDE 把 MCS-51 内核的存储器资源分成以下 4 个不同区域。

① 内部可直接寻址 RAM 区 data，表示为 D：xx；

② 内部间接寻址 RAM 区 idata，表示为 I：xx；

③ 外部 RAM 区 xdata，表示为 X：xxxx；

④ 程序存储器 ROM 区 code，表示为 C：xxxx。

例如，单击"Memory #1"切换存储区，在"address"栏中输入地址值"D：0000"后按回车键，显示区域直接显示该地址开始的存储单元内容，如图 9.18 所示。若要更改某地址存储单元的内容，只需要在该地址上双击鼠标并输入新内容即可。

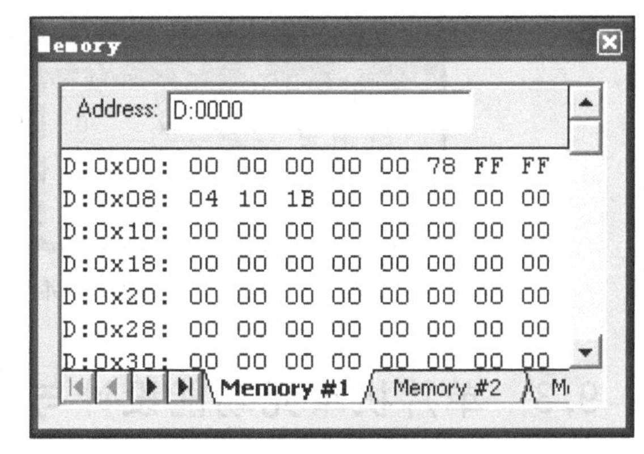

图 9.18　存储器窗口

在 Memory 窗口中显示的 RAM 数据可以修改，用鼠标右键对准要修改的存储器单元，右击，在弹出的快捷菜单中选择"Modify Memory at 0x…"，在接着弹出的对话框文本输入栏内输入相应数值后按回车即可。

(8) 观察和修改变量窗口

执行菜单"View"→"Watch & Call stack Window"命令，打开相应的窗口，如图 9.19 所示，选择 Watch 1～3 中的任一窗口，按下 F2 键，在"name"栏中填入用户变量名即可，但必须是存在的变量，或者使用鼠标直接将变量拖入栏中。如果想修改数值，可单击"Value"栏，出现文本框后输入相应的数值。

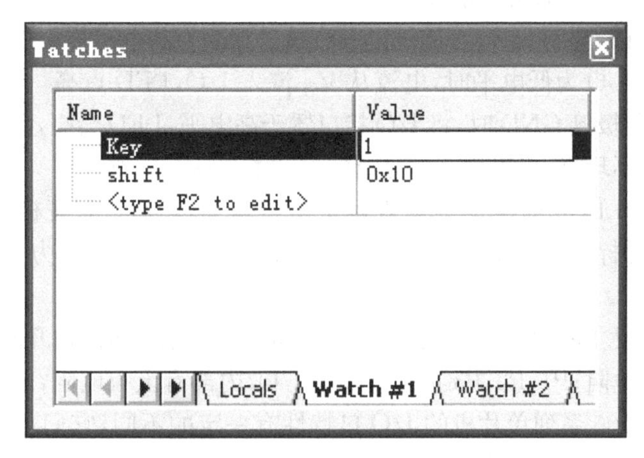

图 9.19　存储器窗口

(9) 串行窗口

μVision3 中提供了 3 个专门用于串行调试输入和输出的窗口，模拟的单片机串行口数据将在该窗口显示。

可选择“UART ＃0”或“UART ＃1”或“UART ＃2”命令打开相应串行窗口。

(10) 外围设备窗口

在线调试时，通过菜单“Peripherals”下面的“Interrupt、I/O-Ports、Serial、Timer”命令，可以依次对单片机的外部中断、4个并行口、串行口、定时计数器进行设置。在本任务调试中可以看到P1口的状态值随变量shift的内容而变化，如图9.20所示，修改P0.0的值，P1口的值变化顺序随之翻转。

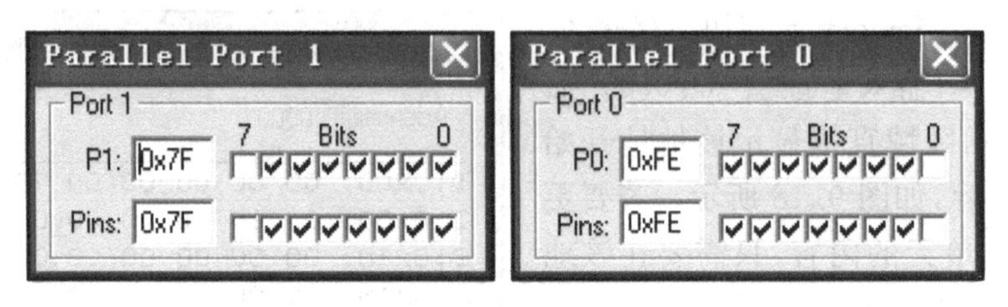

图9.20　并行口调试窗口

9.3　单片机单元功能设计与应用

9.3.1　STC89C51单片机I/O接口设计与应用案例

发光二极管是最常见的显示器件，可以用来指示系统的工作状态、制作节日彩灯等。由于发光材料的改进，目前大部分发光二极管的工作电流在1～5 mA之间，其内阻为20～100 Ω。发光二极管的工作电流越大，显示亮度也越高。为保证发光二极管的正常工作，同时减少功耗，限流电阻的选择十分重要，若供电电压为+5 V，则限流电阻可以选1～3 kΩ。

传统51单片机I/O接口只可以作为标准双向I/O接口，如果用其来驱动LED只能用灌电流的方式或是用三极管外扩驱动电路。

灌电流方式：LED正极接V_{CC}，负极接I/O口。I/O为高电平使LED两极电平相同，没有电流，LED熄灭；I/O为低电平时，电流从V_{CC}流入I/O，LED点亮。但是当你吧LED正极接在I/O接口，负极接GND时，将I/O接口置于高电平，LED会亮，但因为I/O接口上拉能力不足而使亮度不理想，可以用下面介绍的方式解决这个问题。

推挽工作方式：LED正负极分别接在两个I/O口上，然后设置正极I/O接口为推挽输出，负极I/O接口为标准双向灌电流输入。推挽方式具有强上拉能力，可以实现高电平驱动LED。

从I/O口的特性上看，标准51的P0口在作为I/O口使用时，是开漏结构，在实际应用中通常要添加上拉电阻；P1、P2、P3都是准双向I/O，内部有上拉电阻，既可作为输入又可以作为输出。而LPC900系列单片机的I/O口特性有一定的不同，它们可以被配置成4种不同的工作模式：准双向I/O、推挽输出、高阻输入、开漏。

准双向I/O模式与标准51相比，虽然在内部结构上是不同的，但在用法上类同，比如要作为输入时都必须先写“1”置成高电平，然后才能去读引脚的电平状态。为什么是这样子？见下面图解分析。

推挽输出的特点是不论输出高电平还是低电平都能驱动较大的电流，比如输出高电平时可以直接点亮 LED(要串联几百欧限流电阻),而在准双向 I/O 模式下很难办到。

高阻输入模式的特点是只能作为输入使用,但是可以获得比较高的输入阻抗,这在模拟比较器和 ADC 应用中是必需的。

开漏模式与准双向模式相似,但是没有内部上拉电阻。开漏模式的优点是电气兼容性好,外部上拉电阻接 3 V 电源,就能和 3 V 逻辑器件接口,如果上拉电阻接 5 V 电源,又可以与 5 V 逻辑器件接口。此外,开漏模式还可以方便地实现"线与"逻辑功能。

本次实验当 J9 端低电平时 LED 灯点亮,高电平时 LED 灯熄灭。电路设计如图 9.21 所示。

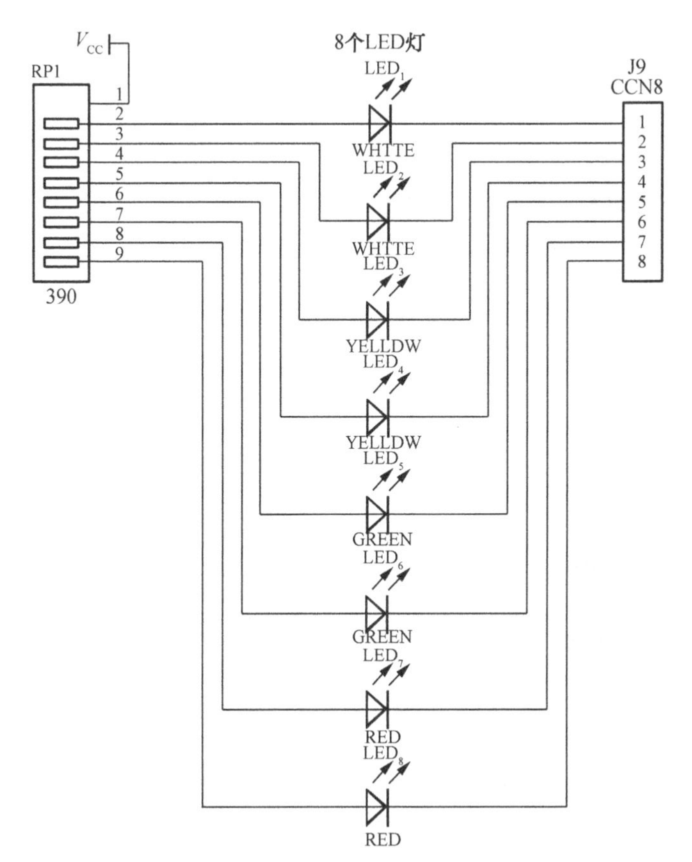

图 9.21 LED 灯接口电路图

程序如下所示:

```
/*------------------------------------------------------------------
名称:I/O 口高低电平控制
内容:点亮 P1 口的多个 LED 灯
    该程序是单片机学习中最简单最基础的,
    通过程序了解如何控制端口的高低电平
------------------------------------------------------------------*/
#include<reg52.h> //包含头文件,一般情况不需要改动,
                  //头文件包含特殊功能寄存器的定义
```

```
sbit LED0=P1^0; //用 sbit  关键字  定义  LED 到 P1.0 端口,
sbit LED1=P1^1; //LED 是自己任意定义且容易记忆的符号
sbit LED2=P1^2;
sbit LED3=P1^3;
sbit LED4=P1^4;
sbit LED5=P1^5;
sbit LED6=P1^6;
sbit LED7=P1^7;
/*------------------------------------------------------------------------------
                              主函数
------------------------------------------------------------------------------*/
void main (void)
{
                    //此方法使用 bit 位对单个端口赋值
LED0=0;             //将 P1.0 口赋值 0,对外输出低电平
LED1=1;
LED2=0;
LED3=1;
LED4=0;
LED5=1;
LED6=0;
LED7=1;
while (1)           //主循环
  {
                    //主循环中添加其他需要一直工作的程序
  }
}
```

9.3.2　STC89C51 单片机中断系统设计与应用案例

1) 什么是中断

为了能让大家更容易理解中断的概念,我们先来看生活中的一个事例:你正在家中看书,突然门铃响了,你放下书去开门,处理完事情后回来继续看书;突然电话铃又响起来了,你又放下书去接电话,通话完毕后你又回来继续看书。这就是生活中的“中断”的现象,就是正常的工作过程被外部的事件打断了。

对于单片机来讲,中断是指 CPU 在处理某一事件 A 时,发生了另一事件 B,请求 CPU 迅速去处理(中断发生);CPU 接到中断请求后,暂停当前正在进行的工作(中断响应),转去处理事件 B(执行相应的中断服务程序),待 CPU 将事件 B 处理完毕后,再回到原来事件 A 被中断的地方继续处理事件 A(中断返回),这一过程称为中断。

中断的有关概念总结如下:

中断:CPU 正在执行主程序的过程中,由于 CPU 之外的某种原因,有必要暂停主程序

的执行，转而去执行相应的处理（中断服务）程序。待处理程序结束之后，再返回原程序断点处继续运行的过程。

中断源：可以引起中断的事件称为中断源。单片机中也有一些可以引起中断的事件。MCS-51 单片机中共有 5 种中断源：两个外部中断（EX0、EX1）、两个定时/计数器中断（T0、T1）和一个串行口中断。

中断系统：实现中断过程的软、硬件系统。

主程序与中断服务程序：CPU 正在执行的当前程序称为主程序；中断发生后，转去对突发事件的处理程序称为中断服务程序。

中断优先级：当多个中断源同时申请中断时，为了使 CPU 能够按照用户的规定先处理最紧急的事件，然后再处理其他事件，就需要中断系统设置优先级机制。通过设置优先级，排在前面的中断源称为高级中断，排在后面的称为低级中断。设置优先级以后，若有多个中断源同时发出中断请求时，CPU 会优先响应优先级较高的中断源。如果优先级相同，则将按照它们的自然优先级顺序响应默认优先级较高的中断源。

五个中断源默认的自然优先级是由硬件的查询顺序决定的，由高到低的顺序依次是：外部中断 0、定时/计数器 0 中断、外部中断 1、定时/计数器 1 中断、串行口中断。中断源的优先级需由用户在中断优先级寄存器 IP 中设定，后面将会讲到这一知识点。

中断嵌套：当 CPU 响应某一中断源请求而进入该中断服务程序中处理时，若更高级别的中断源发出中断申请，则 CPU 暂停执行当前的中断服务程序，转去响应优先级更高的中断，等到更高级别的中断处理完毕后，再返回低级中断服务程序，继续原先的处理，这个过程称为中断嵌套。在 51 单片机的中断系统中，高优先级中断能够打断低优先级中断以形成中断嵌套，反之，低级中断则不能打断高级中断，同级中断也不能相互打断。

2）MCS-51 单片机的中断系统

MCS-51 单片机的中断系统的内部结构框图如图 9.22 所示。

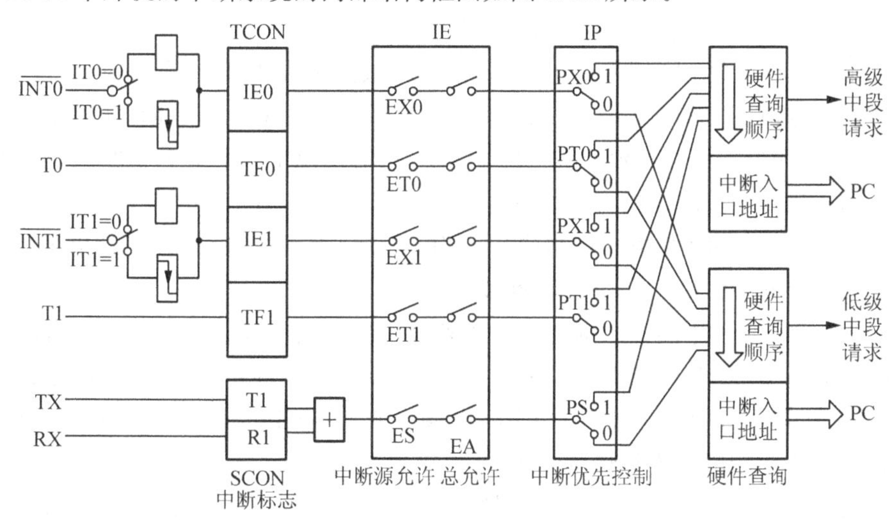

图 9.22　MCS-51 单片机的中断系统内部结构组成框图

由图可知，51 单片机的中断系统有 5 个中断源，4 个用于中断控制的寄存器 TCON、SCON、IE、IP 来控制中断类型、中断的开关和各种中断源的优先级确定。

(1) 中断源(5 个)

① 外部中断源(2 个)

外部中断 0 和外部中断 1,是由单片机的 P3.2 和 P3.3 端口引入的,名称分别为 T0 和 T1,低电平或下降沿触发。

② 定时/计数器中断源(2 个)

MCS-51 单片机内部有 2 个 16 位的定时/计数器,分别是 T0 和 T1。当计数器计满溢出时就会向 CPU 发出中断请求。

③ 串行口中断源(1 个)

MCS-51 单片机内部有 1 个全双工的串行通信接口,可以和外部设备进行串行通信,当串行口接收或发送完一帧数据后会向 CPU 发出中断请求。

(2) 中断标志

TCON 即定时/计数器控制寄存器,这是一个可位寻址的 8 位特殊功能寄存器,即可以对其每一位单独进行操作,其字节地址为 88H。它不仅与两个定时/计数器的中断有关,也与两个外部中断源有关。它可以用来控制定时/计数器的启动与停止,标志定时/计数器是否计满溢出和中断情况,还可以设定两个外部中断的触发方式、标志外部中断请求是否触发。因此,它又称为中断请求标志寄存器。单片机复位时,TCON 的全部位均被清 0。其各位名称如表 9.3 所示。

表 9.3 定时/计数器控制寄存器 TCON 的各位功能说明

位 号	D7	D6	D5	D4	D3	D2	D1	D0
位名称	TF1	TR1	TF0	TR0	IE1	IT1	IE0	IT0

TCON 寄存器的各位功能介绍如下:

IT0:外部中断 0 的触发方式控制位。当 IT0=0 时,为电平触发方式,低电平触发有效;当 IT0=1 时,为边沿触发方式,下降沿触发有效。

IE0:外部中断 0 的中断请求标志位。当外部中断 0 的触发请求有效时,硬件电路自动将该位置 1,否则清 0。换句话说,当 IE0=1 时,表明外部中断 0 正在向 CPU 申请中断;当 IE0=0 时,则表明外部中断 0 没有向 CPU 申请中断。当 CPU 响应该中断后,由硬件自动将该位清 0,不需用专门的语句将该位清 0。

IT1:外部中断 1 的触发方式控制位。当 IT1=0 时,为电平触发方式,低电平触发有效;当 IT1=1 时,为边沿触发方式,下降沿触发有效。

IE1:外部中断 1 的中断请求标志位。当外部中断 1 的触发请求有效时,硬件电路自动将该位置 1,否则清 0。换句话说,当 IE1=1 时,表明外部中断 1 正在向 CPU 申请中断;当 IE1=0 时,则表明外部中断 1 没有向 CPU 申请中断。当 CPU 响应该中断后,由硬件自动将该位清 0,不需用专门的语句将该位清 0。

TR0:定时/计数器 0(T0)的启动控制位。当 TR0=1 时,T0 启动计数;当 TR0=0 时,T0 停止计数;

TF0:定时/计数器 0(T0)的溢出中断标志位。当定时/计数器 0 计满溢出时,由硬件自动将 TF0 置 1,并向 CPU 发出中断请求,当 CPU 响应该中断进入中断服务程序后,由硬件自动将该位清 0,不需用专门的语句将该位清 0。需要说明的是:如果使用定时/计数器的中断功能,则该位完全不用人为操作,硬件电路会自动将该位置 1、清 0,但是如果中断被屏蔽,使用软件查询方式去处理该位时,则需用专门语句将该位清 0。

TR1:定时/计数器 1(T1)的启动控制位,其功能及使用方法同 TR0。

TF1:定时/计数器 1(T1)的溢出中断标志位,其功能及使用方法同 TF0。

(3) 中断允许寄存器 IE

在 MCS-51 单片机的中断系统中,中断的允许或禁止是在中断允许寄存器 IE 中设置的。IE 也是一个可位寻址的 8 位特殊功能寄存器,即可以对其每一位单独进行操作,当然也可以进行整体字节操作,其字节地址为 A8H。单片机复位时,IE 全部被清 0。其各位定义如表 9.4 所示。

表 9.4　中断允许寄存器 IE 的各位功能定义

位　号	D7	D6	D5	D4	D3	D2	D1	D0
位名称	EA	—	—	ES	ET1	EX1	ET0	EX0

中断允许寄存器 IE 的各位功能定义说明如下:

EA:即 Enable All 的缩写,全局中断允许控制位。当 EA=0 时,则所有中断均被禁止;当 EA=1 时,全局中断允许打开,在此条件下,由各个中断源的中断控制位确定相应的中断允许或禁止。换言之,EA 就是各种中断源的总开关。

EX0:外部中断 0 的中断允许位。如果 EX0 置 1,则允许外部中断 0 中断,否则禁止外部中断 0 中断。

ET0:定时/计数器 0 的中断允许位。如果 ET0 置 1,则允许定时/计数器 0 中断,否则禁止定时/计数器 0 中断。

EX1:外部中断 1 的中断允许位。如果 EX1 置 1,则允许外部中断 1 中断,否则禁止外部中断 1 中断。

ET1:定时/计数器 1 的中断允许位。如果 ET1 置 1,则允许定时/计数器 1 中断,否则禁止定时/计数器 1 中断。

例如:如果我们要设置允许外部中断 0、定时/计数器 1 中断允许,其他中断不允许,则 IE 寄存器各位取值如表 9.5 所示。

表 9.5　IE 寄存器的各位取值

位　号	D7	D6	D5	D4	D3	D2	D1	D0
位名称	EA	—	—	ES	ET1	EX1	ET0	EX0
取值	1	0	0	0	1	0	0	1

即 IE=0x89。当然,我们也可以用位操作指令来实现:EA=1,EX0=1,ET1=1。

(4) 中断优先级寄存器 IP

前面已讲到中断源优先级的概念。在 MCS-51 单片机的中断系统中,中断源按优先级分为两级中断:1 级中断即高级中断,0 级中断即低级中断。中断源的优先级需在中断优先级寄存器 IP 中设置。IP 也是一个可位寻址的 8 位特殊功能寄存器,即可以对其每一位单独进行操作,当然也可以进行整体字节操作,其字节地址为 B8H。单片机复位时,IP 全部被清

0,即所有中断源为同级中断。如果在程序中不对中断优先级寄存器 IP 进行任何人为操作,则当多个中断源发出中断请求时,CPU 会按照其默认的自然优先级顺序优先响应自然优先级较高的中断源。IP 的各位定义如表 9.6 所示。

表 9.6 中断优先级寄存器 IP 的各位功能定义

位 号	D7	D6	D5	D4	D3	D2	D1	D0
位名称	—	—	—	PS	PT1	PX1	PT0	PX0

PX0、PT0、PX1、PT1、PS 分别为外部中断 0、定时/计数器 0 中断、外部中断 1、定时/计数器 1 中断、串行口中断的优先级控制位。当某位置 1 时,则相应的中断就是高级中断,否则就是低级中断。优先级相同的中断源同时提出中断请求时,CPU 优先响应自然优先级较高的中断。

(5) 中断初始化及中断服务程序结构

中断初始化实质上就是对 4 个与中断有关的特殊功能寄存器 TCON、SCON、IE 和 IP 进行管理和控制,具体实施如下:

① CPU 的开、关中断(即全局中断允许控制位的打开与关闭,EA=1 或 EA=0);

② 具体中断源中断请求的允许和禁止(屏蔽);

③ 各中断源优先级别的控制;

④ 外部中断请求触发方式的设定。

中断管理和控制(中断初始化)程序一般都包含在主函数中,也可单独写成一个初始化函数,根据需要通常只需几条赋值语句即可完成。中断服务程序是一种具有特定功能的独立程序段,往往写成一个独立函数,函数内容可根据中断源的要求进行编写。

C51 的中断服务程序(函数)的格式如下:

```
void  中断处理程序函数名()  interrupt  中断序号  using  工作寄存器组编号
{
    中断处理程序内容
}
```

中断处理程序函数不会返回任何值,故其函数类型为 void,函数类型名 void 后紧跟中断处理程序的函数名,函数名可以任意起,只要合乎 C51 中对标识符的规定即可;中断处理函数不带任何参数,所以中断函数名后面的括号内为空;interrupt 即“中断”的意思,是为区别于普通自定义函数而设,中断序号是编译器识别不同中断源的唯一符号,它对应着汇编语言程序中的中断服务程序入口地址,因此在写中断函数时一定要把中断序号写准确,否则中断程序将得不到运行。函数头最后的“using 工作寄存器组编号”是指这个中断函数使用单片机 RAM 中 4 组工作寄存器中的哪一组,如果不加设定,C51 编译器在对程序编译时会自动分配工作寄存器组,因此“using 工作寄存器组编号”通常可以省略不写。

51 单片机的 5 个中断源的中断序号、默认优先级别、对应的中断服务程序的入口地址如表 9.7 所示。

表 9.7 51 单片机的中断源的中断序号、默认优先级及对应的中断服务程序入口地址

中断源名称	中断序号	默认优先级别	中断服务程序入口地址
外部中断 0()	0	最高	0003H
定时/计数器 0 中断	1	第 2	000BH
外部中断 1()	2	第 3	0013H
定时/计数器 1 中断	3	第 4	001BH
串行口中断	4	第 5	0023H

本次实验当通过中断接口 P3.2 连接的独立按键测试，按一次 P1 口的 LED 灯反向，这里使用电平触发，所以一直按键不松开和一次按键效果不相同，按下会看到灯全部亮。

程序如下所示：

```
/*------------------------------------------------------------------------------
名称:外部中断 0 电平触发
内容:通过中断接口 P3.2 连接的独立按键测试,按一次 P1 口的 LED 灯反向,这里使用电平触发,所以一直
    按键不松开和一次按键效果不相同,按下会看到灯全部亮
    说明中断一直在作用,用示波器看则是高频方波
------------------------------------------------------------------------------*/
#include<reg52.h> //包含头文件,一般情况不需要改动,头文件包含特殊功能寄存器的定义
/*------------------------------------------------------------------------------
                              主程序
------------------------------------------------------------------------------*/
main()
{
  P1=0x55;                  //P1 口初始值
  EA=1;                     //全局中断开
  EX0=1;                    //外部中断 0 开
  IT0=0;                    //电平触发
  while(1)
  {
                            //在此添加其他程序
  }
}
/*------------------------------------------------------------------------------
                            外部中断程序
------------------------------------------------------------------------------*/
void ISR_Key(void) interrupt 0 using 1
{
P1=~P1;                     //进入中断程序执行程序,
//此时可以通过 EA=0 指令暂时关掉中断
}
```

9.3.3　STC89C51单片机定时器设计与应用案例

80C51单片机内部设有两个16位的可编程定时器/计数器。可编程的意思是指其功能(如工作方式、定时时间、量程、启动方式等)均可由指令来确定和改变。在定时器/计数器中除了有两个16位的计数器之外,还有两个特殊功能寄存器(控制寄存器和方式寄存器)。

从上面定时器/计数器的结构图中我们可以看出,16位的定时/计数器分别由两个8位专用寄存器组成,即:T0由TH0和TL0构成;T1由TH1和TL1构成。其访问地址依次为8AH—8DH。每个寄存器均可单独访问。这些寄存器是用于存放定时或计数初值的。此外,其内部还有一个8位的定时器方式寄存器TMOD和一个8位的定时控制寄存器TCON。这些寄存器之间是通过内部总线和控制逻辑电路连接起来的。TMOD主要是用于选定定时器的工作方式;TCON主要是用于控制定时器的启动停止,此外TCON还可以保存T0、T1的溢出和中断标志。当定时器工作在计数方式时,外部事件通过引脚T0(P3.4)和T1(P3.5)输入。

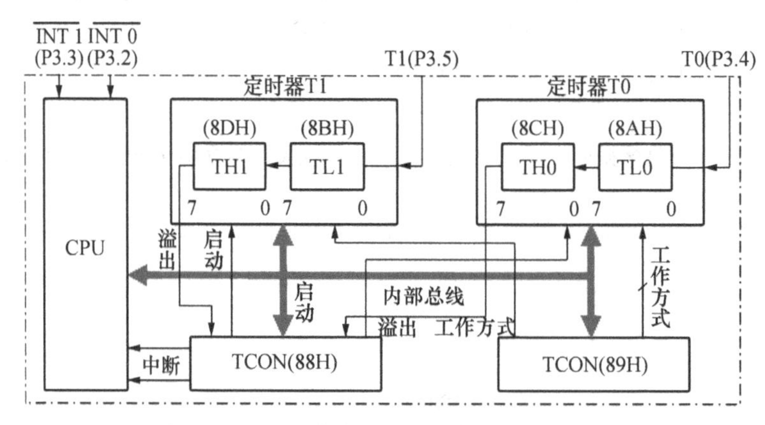

图9.23　80C51单片机定时器/计数器结构原理图

定时计数器的原理:16位的定时器/计数器实质上就是一个加1计数器,其控制电路受软件控制、切换。当定时器/计数器为定时工作方式时,计数器的加1信号由振荡器的12分频信号产生,即每过一个机器周期,计数器加1,直至计满溢出为止。显然,定时器的定时时间与系统的振荡频率有关。因一个机器周期等于12个振荡周期,所以计数频率$f_{count}=1/12_{osc}$。如果晶振为12 MHz,则计数周期为:

$$T=1/(12\times10^6)\ \text{Hz}\times1/12=1\ \mu\text{s}$$

这是最短的定时周期。若要延长定时时间,则需要改变定时器的初值,并要适当选择定时器的长度(如8位、13位、16位等)。

当定时器/计数器为计数工作方式时,通过引脚T0和T1对外部信号计数,外部脉冲的下降沿将触发计数。计数器在每个机器周期的S5P2期间采样引脚输入电平。若一个机器周期采样值为1,下一个机器周期采样值为0,则计数器加1。此后的机器周期S3P1期间,新的计数值装入计数器。所以检测一个由1至0的跳变需要两个机器周期,故外部事件的最高计数频率为振荡频率的1/24。例如,如果选用12 MHz晶振,则最高计数频率为0.5 MHz。虽然对外部输入信号的占空比无特殊要求,但为了确保某给定电平在变化前至少被采样一次，外部计数脉冲的高电平与低电平保持时间均需在一个机器周期以上。

当 CPU 用软件给定时器设置了某种工作方式之后，定时器就会按设定的工作方式独立运行，不再占用 CPU 的操作时间，除非定时器计满溢出，才可能中断 CPU 当前操作。CPU 也可以重新设置定时器工作方式，以改变定时器的操作。由此可见，定时器是单片机中效率高而且工作灵活的部件。

综上所述，我们已知定时器/计数器是一种可编程部件，所以在定时器/计数器开始工作之前，CPU 必须将一些命令（称为控制字）写入定时/计数器。将控制字写入定时/计数器的过程叫定时器/计数器初始化。在初始化过程中，要将工作方式控制字写入方式寄存器，工作状态字（或相关位）写入控制寄存器，赋定时/计数初值。下面我们就提出的控制字的格式及各位的主要功能给大家详细讲解。

控制寄存器定时器/计数器 T0 和 T1 有 2 个控制寄存器——TMOD 和 TCON，它们分别用来设置各个定时器/计数器的工作方式，选择定时或计数功能，控制启动运行，以及作为运行状态的标志等。其中，TCON 寄存器中另有 4 位用于中断系统。

定时器/计数器方式寄存器 TMOD：

定时器方式控制寄存器 TMOD 在特殊功能寄存器中，字节地址为 89H，无位地址。TMOD 的格式如图 9.24 所示。

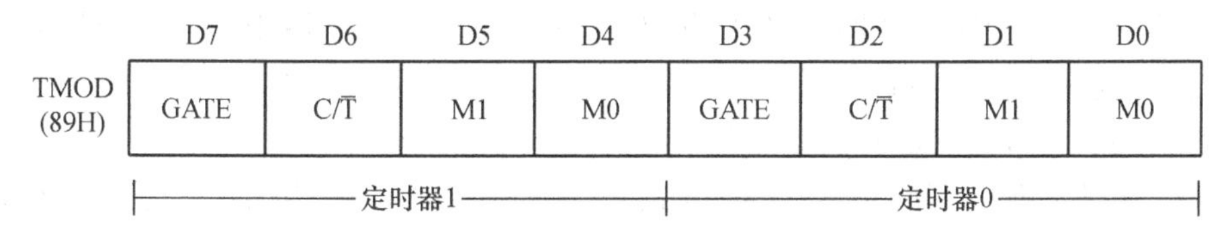

图 9.24　定时器方式控制寄存器

由图可见，TMOD 的高 4 位用于 T1，低 4 位用于 T0，4 种符号的含义如下：

GATE：门控制位。GATE 和软件控制位 TR、外部引脚信号 INT 的状态，共同控制定时器/计数器的打开或关闭。

C/T：定时器/计数器选择位。C/T=1，为计数器方式；C/T=0，为定时器方式。

M1M0：工作方式选择位，定时器/计数器的四种工作方式由 M1M0 设定。

	工作方式	功能描述
00	工作方式 0	13 位计数器
01	工作方式 1	16 位计数器
10	工作方式 2	自动再装入 8 位计数器
11	工作方式 3	定时器 0：分成两个 8 位计数器，定时器 1：停止计数

定时器/计数器方式控制寄存器 TMOD 不能进行位寻址，只能用字节传送指令设置定时器工作方式，低半字节定义为定时器 0，高半字节定义为定时器 1。复位时，TMOD 所有位均为 0。

例：设定定时器 1 为定时工作方式，要求软件启动定时器 1 按方式 2 工作。定时器 0 为计数方式，要求由软件启动定时器 0，按方式 1 工作。

我们怎么来实现这个要求呢？

大家先看上面 TMOD 寄存器各位的分布图。

第 1 个问题：控制定时器 1 工作在定时方式或计数方式是哪个位？通过前面的学习，我们已知道，C/T 位(D6)是定时或计数功能选择位，当 C/T=0 时，定时/计数器就为定时工作方式。所以要使定时/计数器 1 工作在定时器方式就必须使 D6 为 0。

第 2 个问题：设定定时器 1 按方式 2 工作。上表中可以看出，要使定时/计数器 1 工作在方式 2，M0(D4)　M1(D5)的值必须是 1　0。

第 3 个问题：设定定时器 0 为计数方式。与第一个问题一样，定时/计数器 0 的工作方式选择位也是 C/T(D2)，当 C/T=1 时，就工作在计数器方式。

第 4 个问题：由软件启动定时器 0，前面已讲过，当门控位 GATE=0 时，定时/计数器的启停就由软件控制。

第 5 个问题：设定定时/计数器工作在方式 1，使定时/计数器 0 工作在方式 1，M0(D0)　M1(D1)的值必须是 0　1。

从上面的分析我们可以知道，只要将 TMOD 的各位，按规定的要求设置好后，定时器/计数器就会按我们预定的要求工作。我们分析的这个例子最后各位的情况如下：

D7　D6　D5　D4　D3　D2　D1　D0=0　0　1　0　0　1　0　1

二进制数 00100101=十六进制数 25H。所以执行 MOV　TMOD，#25H 这条指令就可以实现上述要求。

定时器/计数器控制寄存器 TCON：TCON 在特殊功能寄存器中，字节地址为 88H，位地址(由低位到高位)为 88H—8FH，由于有位地址，十分便于进行位操作。TCON 的作用是控制定时器的启、停，标志定时器溢出和中断情况。

TCON 的格式如下图所示。其中，TF1、TR1、TF0 和 TR0 位用于定时器/计数器；IE1、IT1、IE0 和 IT0 位用于中断系统。

	8FH	8EH	8DH	8CH	8BH	8AH	89H	88H
TCON (88H)	TF1	TR1	TF0	TF0	ID1	IT1	IE0	IT0

图 9.25　定时器控制寄存器

各位定义如下：

TF1：定时器 1 溢出标志位。当计时器 1 计满溢出时，由硬件使 TF1 置“1”，并且申请中断。进入中断服务程序后，由硬件自动清“0”，在查询方式下用软件清“0”。

TR1：定时器 1 运行控制位。由软件清“0”关闭定时器 1。当 GATE=1，且 INT1 为高电平时，TR1 置“1”启动定时器 1；当 GATE=0，TR1 置“1”启动定时器 1。

TF0：定时器 0 溢出标志，其功能及操作情况同 TF1。

TR0：定时器 0 运行控制位，其功能及操作情况同 TR1。

IE1：外部中断 1 请求标志。

IT1：外部中断 1 触发方式选择位。

IE0：外部中断 0 请求标志。

IT0：外部中断 0 触发方式选择位。

TCON 中低 4 位与中断有关，我们将在下节课讲中断时再给予讲解。由于 TCON 是可以位寻址的，因而如果只清溢出或启动定时器工作，可以用位操作命令。例如：执行“CLR

TF0”后则清定时器 0 的溢出；执行“SETB TR1”后可启动定时器 1 开始工作（当然前面还要设置方式）。

定时器/计数器的初始化：由于定时器/计数器的功能是由软件编程确定的，所以一般在使用定时/计数器前都要对其进行初始化，使其按设定的功能工作。初始化的步骤一般如下：

(1) 确定工作方式（即对 TMOD 赋值）；

(2) 预置定时或计数的初值（可直接将初值写入 TH0、TL0 或 TH1、TL1）；

(3) 根据需要开放定时器/计数器的中断（直接对 IE 位赋值）；

(4) 启动定时器/计数器（若已规定用软件启动，则可把 TR0 或 TR1 置“1”；若已规定由外中断引脚电平启动，则需给外引脚步加启动电平。当实现了启动要求后，定时器即按规定的工作方式和初值开始计数或定时）。

下面介绍一下确定时器/计数器初值的具体方法。

因为在不同工作方式下计数器位数不同，因而最大计数值也不同。现假设最大计数值为 M，那么各方式下的最大值 M 值如下：

方式 0：M＝213＝8　192

方式 1：M＝216＝65　536

方式 2：M＝28＝256

方式 3：定时器 0 分成两个 8 位计数器，所以两个 M 均为 256。

因为定时器/计数器是作“加 1”计数，并在计数满溢出时产生中断，因此初值 X 可以这样计算：

$$X=M-\text{计数值}$$

下面举例说明初值的确定方法。

【例 1】 选择 T1 方式 0 用于定时，在 P1.1 输出周期为 1 ms 方波，晶振 $f_{OSC}=6$ MHz。

解：根据题意，只要使 P1.1 每隔 500 μs 取反一次即可得到 1 ms 的方波，因而 T1 的定时时间为 500 μs，因定时时间不长，取方式 0 即可。则 M1　M0＝0；因是定时器方式，所以 C/T＝0；在此用软件启动 T1，所以 GATE＝0。T0 不用，方式字可任意设置，只要不使其进入方式 3 即可，一般取 0，故 TMOD＝00H。系统复位后 TMOD 为 0，可不对 TMOD 重新清 0。

下面计算 500 μs 定时 T1 初始值：

$$\text{机器周期 } T=12/f_{OSC}=12/(6\times10^{6})\ \text{Hz}=2\ \mu\text{s}$$

设初值为 X，则

$$(1\,013-X)\times2\times10^{-6}\ \text{s}=500\times10^{-6}\ \text{s}$$

$$X=7\,942D=1\,111\,100\,000\,110\ \text{B}=1F06H$$

因为在作 13 位计数器用时，TL1 的高 3 位未用，应填写 0，TH1 占用高 8 位，所以 X 的实际填写应为：

$$X=1111000000000110B=F806H$$

结果：TH1＝F8H，TL1＝06H。

定时器/计数器的四种工作方式：定 T0 或 T1 无论用作定时器或计数器都有四种工作方式：方式 0、方式 1、方式 2 和方式 3。除方式 3 外，T0 和 T1 有完全相同的工作状态。下面以 T1 为例，分述各种工作方式的特点和用法。

工作方式 0：13 位方式由 TL1 的低 5 位和 TH1 的 8 位构成 13 位计数器（TL1 的高 3 位无效）。工作方式 0 的结构见图 9.26。

为定时/计数选择：C/T=0，T1 为定时器，定时信号为振荡周期 12 分频后的脉冲；C/T=1，T1 为计数器，计数信号来自引脚 T1 的外部信号。

定时器 T1 能否启动工作，还受到了 R1、GATE 和引脚信号 INT1 的控制。由图中的逻辑电路可知，当 GATE=0 时，只要 TR1=1 就可打开控制门，使定时器工作；当 GATE=1 时，只有 TR1=1 且 INT1=1，才可打开控制门。GATE、TR1、C/T 的状态选择由定时器的控制寄存器 TMOD、TCON 中相应位状态确定，INT1 则是外部引脚上的信号。

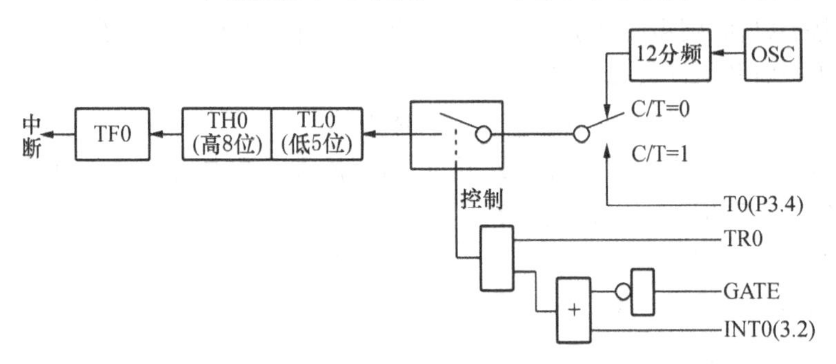

图 9.26　定时器方式 0 结构

在一般的应用中，通常使 GATE=0，从而由 TR1 的状态控制 T1 的开闭：TR1=1，打开 T1；TR1=0，关闭 T1。在特殊的应用场合，例如利用定时器测量接于 INT1 引脚上的外部脉冲高电平的宽度时，可使 GATE=1，TR1=1。当外部脉冲出现上升沿，亦即 INT1 由 0 变 1 电平时，启动 T1 定时，测量开始；一旦外部脉冲出现下降沿，亦即 INT1 由 1 变 0 时就关闭了 T1。

定时器启动后，定时或计数脉冲加到 TL1 的低 5 位，从预先设置的初值（时间常数）开始不断增 1。TL1 计满后，向 TH1 进位。当 TL1 和 TH1 都计满之后，置位 T1 的定时器回零标志 TF1，以此表明定时时间或计数次数已到，以供查询或在打开中断的条件下，可向 CPU 请求中断。如需进一步定时/计数，需用指令重置时间常数。

方式 0 是 13 位计数结构的工作方式，其计数器由 TH0 全部 8 位和 TL0 的低 5 位构成。当 TL0 的低 5 位计数溢出时，向 TH0 进位，而全部 13 位计数溢出时，则向计数溢出标志位 TF0 进位。在方式 0 下，当为计数工作方式时，计数值的范围是：1～8192(213)；当为定时工作方式时，定时时间的计算公式为：

$$(213-\text{计数初值})\times\text{晶振周期}\times 12 \text{ 或 } (213-\text{计数初值})\times\text{机器周期}$$

其时间单位与晶振周期或机器周期相同(ms)。

【例 2】　当某单片机系统的外接晶振频率为 6 MHz，该系统的最小定时时间为：

$$[213-(213-1)]\times[1/(6\times10^{6})]\times12=2\times10^{-6}=2(\text{ms})$$

最大定时时间为：

$$(213-0)\times[1/(6\times10^{6})]\times12=16\ 384\times10^{-6}=16\ 384(\text{ms})$$

或：最小定时单位×1 013=16 384(ms)

【例 3】 设某单片机系统的外接晶振频率为 6 MHz，使用定时器 1 以方式 0 产生周期为 500 ms 的等宽正方波连续脉冲，并由 P1.0 输出。以查询方式完成。

(1) 计算计数初值

欲产生 500 ms 的等宽正方波脉冲，只需在 P1.0 端以 250 ms 为周期交替输出高低电平即可实现，为此定时时间应为 250 ms。使用 6 MHz 晶振，根据上例的计算，可知一个机器周期为 2 ms。方式 0 为 13 位计数结构。设待求的计数初值为 X，则

$$(213-X)\times 2\times 10^{-6}=250\times 10^{-6}$$

求解得：

$$X=213-(250\div 2)=88。$$

二进制数表示为 1111110000011。十六进制表示，高 8 位为 FCH，放入 TH1，即 TH1=FCH；低 5 位为 03H。放入 TL1，即 TL1=03H。

(2) TMOD 寄存器初始化

为把定时器/计数器 1 设定为方式 0，则 M1M0=00；为实现定时功能，应使 C/T=0；为实现定时器/计数器 1 的运行控制，则 GATE=0。定时器/计数器 0 不用，有关位设定为 0。因此 TMOD 寄存器应初始化为 00H。

(3) 由定时器控制寄存器 TCON 中的 TR1 位控制定时的启动和停止，TR1=1 启动，TR1=0 停止。

工作方式 1：

方式 1 是 16 位计数结构的工作方式，计数器由 TH0 全部 8 位和 TL0 全部 8 位构成。与工作方式 0 基本相同，区别仅在于工作方式 1 的计数器 TL1 和 TH1 组成 16 位计数器，从而比工作方式 0 有更宽的定时/计数范围。

当为计数工作方式时，计数值的范围是：

$$1\sim 65536(216)$$

当为定时工作方式时，定时时间计算公式为：

(216－计数初值)×晶振周期×12 或(216－计数初值)×机器周期

【例 4】 当某单片机系统的外部晶振频率为 6 MHz，则最小定时时间为：

$$[216-(216-1)]\times 1/6\times 10^{-6}\times 12=2\times 10^{-6}=2(\text{ms})$$

最大定时时间为：

$$(216-0)\times 1/6\times 10^{-6}\times 12=131\ 072\times 10^{-6}(\text{s})=131\ 072(\mu\text{s})\approx 131(\text{ms})$$

【例 5】 某单片机系统外接晶振频率为 6 MHz，使用定时器 1 以工作方式 1 产生周期为 500 ms 的等宽连续正方波脉冲，并在 P1.0 端输出，但以中断方式完成。

(1) 计算计数初值

TH1=FFH　TL1=83H

(2) TMOD 寄存器初始化

TMOD=10H

(3) 程序设计

主程序：

```
MOV        TMOD,#10H        ;定时器1工作方式1
```

```
MOV      TH1,#0FFH        ;设置计数初值
MOV      TL1,#0A1H
SETB     EA               ;开中断
SETB     ET1              ;定时器1允许中断
LOOP:
SETB     TR1              ;定时开始
HERE:
SJMP     $                ;等待中断
中断服务程序:
MOV TH1,#0FFH             ;重新设置计数初值
MOV TL1,#0A1H
CPL P1.0                  ;输出取反
RETI                      ;中断返回
```

工作方式 2

8 位自动装入时间常数方式。由 TL1 构成 8 位计数器,TH1 仅用来存放时间常数。启动 T1 前,TL1 和 TH1 装入相同的时间常数,当 TL1 计满后,除定时器回零标志 TF1 置位,具有向 CPU 请求中断的条件外,TH1 中的时间常数还会自动地装入 TL1,并重新开始定时或计数。所以,工作方式 2 是一种自动装入时间常数的 8 位计数器方式。由于这种方式不需要指令重装时间常数,因而操作方便,在允许的条件下,应尽量使用这种工作方式。当然,这种方式的定时/计数范围要小于方式 0 和方式 1。工作方式 2 的结构见图 9.27。

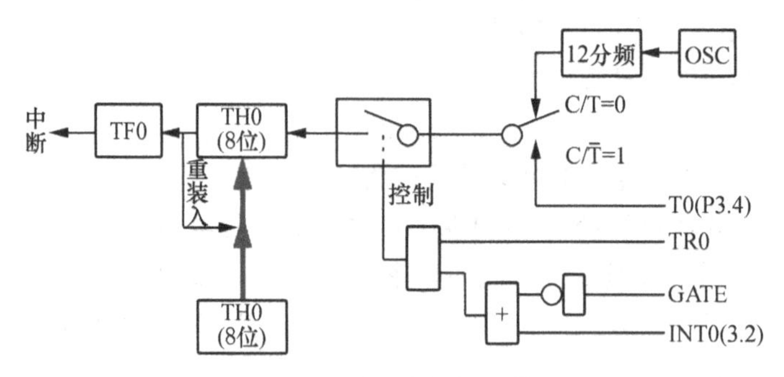

图 9.27　定时器方式 2 结构

当计数溢出后,不是像前两种工作方式那样通过软件方法,而是由预置寄存器 TH 以硬件方法自动给计数器 TL 重新加载。变软件加载为硬件加载。

初始化时,8 位计数初值同时装入 TL0 和 TH0 中。当 TL0 计数溢出时,置位 TF0,同时把保存在预置寄存器 TH0 中的计数初值自动加载 TL0,然后 TL0 重新计数。如此重复不止。这不但省去了用户程序中的重装指令,而且也有利于提高定时精度。但这种工作方式下是 8 位计数结构,计数值有限,最大只能到 255。

这种自动重新加载工作方式非常适用于循环定时或循环计数应用,例如用于产生固定脉宽的脉冲,此外还可以作串行数据通信的波特率发送器使用。

【例 6】 使用定时器 0 以工作方式 2 产生 100 ms 定时，在 P1.0 输出周期为 200 ms 的连续正方波脉冲。已知晶振频率 $f_{OSC}=6$ MHz。

(1) 计算计数初值

6 MHz 晶振下，一个机器周期为 2 ms，以 TH0 作重装载的预置寄存器，TL0 作 8 位计数器，假设计数初值为 X，则

$$(28-X)\times2\times10^{-6}=100\times10^{-6}$$

求解得：

$$X=206D=11001110B=0CEH$$

把 0CEH 分别装入 TH0 和 TL0 中：

$$TH0=0CEH,TL0=0CEH$$

(2) TMOD 寄存器初始化

定时器/计数器 0 为工作方式 2，M1M0=10；为实现定时功能 C/T=0；为实现定时器/计数器 0 的运行 GATE=0；定时器/计数器 1 不用，有关位设定为 0。

综上情况，TMOD 寄存器的状态应为 02H。

(3) 程序设计(查询方式)

```
MOV     IE,#00H          ;禁止中断
MOV     TMOD,#02H        ;设置定时器 0 为方式 2
MOV     TH0,#0CEH        ;保存计数初值
MOV     TL0,#0CEH        ;设置计数初值
SETB    TR0              ;启动定时
LOOP:
JBC     TF0,LOOP1        ;查询计数溢出
AJMP    LOOP
LOOP1:
CPL     P1.0             ;输出方波
AJMP    LOOP             ;重复循环
```

由于方式 2 具有自动重装载功能，因此计数初值只需设置一次，以后不再需要软件重置。

(4) 程序设计(中断方式)

主程序：

```
MOV     TMOD,#02H        ;定时器 0 工作方式 2
MOV     TH0,#0CEH        ;保存计数初值
MOV     TL0,#0CEH        ;设置计数初值
SETB    EA               ;开中断
SETB    ET0              ;定时器 0 允许中断
LOOP:
SETB    TR0              ;开始定时
HERE:
```

```
SJMP    $          ;等待中断
CLP     TF0        ;计数溢出标志位清 0
AJMP    LOOP
中断服务中断:
CPL     P1.0       ;输出方波
RETI               ;中断返回
```

【例 7】 用定时器 1 以工作方式 2 实现计数,每计 100 次进行累加器加 1 操作。

(1) 计算计数初值

$$256-100=156D=09CH$$

则

$$TH1=09CH, TL1=09CH$$

(2) TMOD 寄存器初始化

$$M1M0=10, C/T=1, GATE=0$$

因此

$$TMOD=60H$$

(3) 程序设计

```
MOV     IE,#00H       ;禁止中断
MOV     TMOD,#60H     ;设置计数器 1 为方式 2
MOV     TH1,#9CH      ;保存计数初值
MOV     TL1,#9CH      ;设置计数初值
SETB    TR1           ;启动计数
DEL:
JBC     TF1,LOOP      ;查询计数溢出
AJMP    DEL
LOOP:   INC A         ;累加器加 1
AJMP    DEL           ;循环返回
```

工作方式 3

2 个 8 位方式。工作方式 3 只适用于定时器 0。如果使定时器 1 为工作方式 3,则定时器 1 将处于关闭状态。

当 T0 为工作方式 3 时,TH0 和 TL0 分成 2 个独立的 8 位计数器。其中,TL0 既可用作定时器,又可用作计数器,并使用原 T0 的所有控制位及其定时器回零标志和中断源。TH0 只能用作定时器,并使用 T1 的控制位 TR1、回零标志 TF1 和中断源,见图 9.28。

通常情况下,T0 不运行于工作方式 3,只有在 T1 处于工作方式 2,并不要求中断的条件下才可能使用。这时,T1 往往用作串行口波特率发生器(见 1.4),TH0 用作定时器,TL0 作为定时器或计数器。所以,方式 3 是为了使单片机有 1 个独立的定时器/计数器、1 个定时器以及 1 个串行口波特率发生器的应用场合而特地提供的。这时,可把定时器 1 用于工作方式 2,把定时器 0 用于工作方式 3。

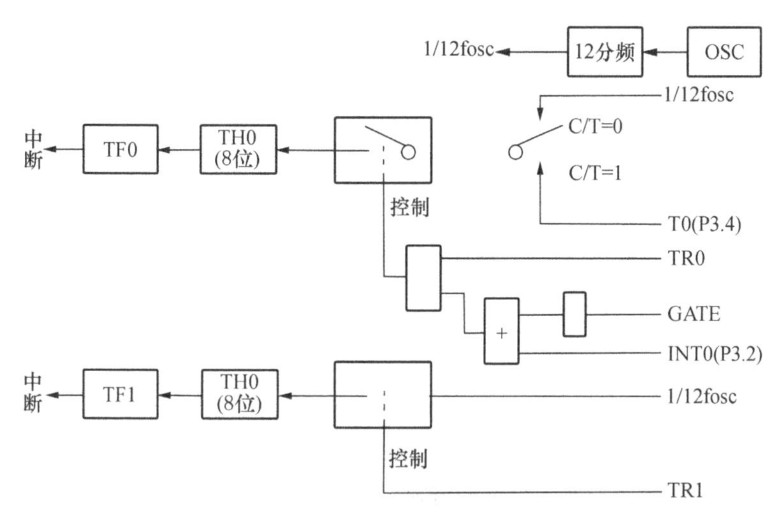

图 9.28 T0 方式 3 结构

这时，T1 往往用作串行口波特率发生器，TH0 用作定时器，TL0 作为定时器或计数器。所以，方式 3 是为了使单片机有 1 个独立的定时器/计数器、1 个定时器以及 1 个串行口波特率发生器的应用场合而特地提供的。这时，可把定时器 1 用于工作方式 2，把定时器 0 用于工作方式 3。

本次实验通过定时器让 LED 灯闪烁。

程序如下所示：

```
/*-----------------------------------------------------------------
名称:定时器 0
内容:通过定时让 LED 灯闪烁
-----------------------------------------------------------------*/
  #include<reg52.h> //包含头文件,一般情况不需要改动,头文件包含特殊功能寄存器的定义
sbit LED=P1^2;            //定义 LED 端口
/*-----------------------------------------------------------------
                        定时器初始化子程序
-----------------------------------------------------------------*/
void Init_Timer0(void)
{
TMOD|=0x01;               //使用模式 1,16 位定时器,使用"|"符号可以在使用多个定时器时不受影响
TH0=0x00;                 //给定初值,这里使用定时器最大值从 0 开始计数一直到 65535 溢出
TL0=0x00;
EA=1;                     //总中断打开
ET0=1;                    //定时器中断打开
TR0=1;                    //定时器开关打开
}
/*-----------------------------------------------------------------
                        主程序
-----------------------------------------------------------------*/
```

```
main()
{
Init_Timer0();
while(1);
}
/*-----------------------------------------------
                 定时器中断子程序
-----------------------------------------------*/
void Timer0_isr(void) interrupt 1 using 1
{
TH0=0x00;                //重新赋值
TL0=0x00;
LED=~LED;                //指示灯反相,可以看到闪烁
}
```

9.3.4 STC89C51 单片机串行口设计与应用案例

51 单片机内部有一个全双工串行接口。什么叫全双工串口呢？一般来说，只能接受或只能发送的称为单工串行；既可接收又可发送，但不能同时进行的称为半双工；能同时接收和发送的串行口称为全双工串行口。串行通信是指数据一位一位地按顺序传送的通信方式，其突出优点是只需一根传输线，可大大降低硬件成本，适合远距离通信。其缺点是传输速度较低。首先我们来了解单片机串口相关的寄存器。

SBUF 寄存器：它是两个在物理上独立的接收、发送缓冲器，可同时发送、接收数据，可通过指令对 SBUF 的读写来区别是对接收缓冲器的操作还是对发送缓冲器的操作。从而控制外部两条独立的收发信号线 RXD(P3.0)、TXD(P3.1)，同时发送、接收数据，实现全双工。

表 9.8 为串行口控制寄存器 SCON。

表 9.8 串行口控制寄存器 SCON

SM0	SM1	SM2	SM	REN	TB8	RB8	TI	RI

SM0 和 SM1：串行口工作方式控制位，其定义如表 9.9 所示。

表 9.9 SM0 和 SM1 控制方式

SM0	SM1	工作方式	功能	波特率
0	0	方式 0	同步移位寄存器输出方式	$f_{OSC}/12$
0	1	方式 1	10 位异步通信方式	可变，取决于定时器 1 溢出率
1	0	方式 2	11 位异步通信方式	$f_{OSC}/32$ 或 $f_{OSC}/64$
1	1	方式 3	11 位异步通信方式	可变，取决于定时器 1 溢出率

其中：f_{OSC}为单片机的时钟频率；波特率指串行口每秒钟发送(或接收)的位数。

SM2：多机通信控制位，仅用于方式 2 和方式 3 的多机通信。其中发送机 SM2=1(需要程序控制设置)。接收机的串行口工作于方式 2 或 3，SM2=1 时，只有当接收到第 9 位数据(RB8)为 1 时，才把接收到的前 8 位数据送入 SBUF，且置位 RI 发出中断申请引发串行接收

中断，否则会将接受到的数据放弃。当 SM2＝0 时，就不管第 9 位数据是 0 还是 1，都将数据送入 SBUF，并置位 RI 发出中断申请。工作于方式 0 时，SM2 必须为 0。

REN：串行接收允许位。REN＝0 时，禁止接收；REN＝1 时，允许接收。

TB8：在方式 2、3 中，TB8 是发送机要发送的第 9 位数据。在多机通信中它代表传输的地址或数据，TB8＝0 为数据，TB8＝1 时为地址。

RB8：在方式 2、3 中，RB8 是接收机接收到的第 9 位数据，该数据正好来自发送机的 TB8，从而识别接收到的数据特征。

TI：串行口发送中断请求标志。当 CPU 发送完一串行数据后，此时 SBUF 寄存器为空，硬件使 TI 置 1，请求中断。CPU 响应中断后，由软件对 TI 清零。

RI：串行口接收中断请求标志。当串行口接收完一帧串行数据时，此时 SBUF 寄存器为满，硬件使 RI 置 1，请求中断。CPU 响应中断后，用软件对 RI 清零。

电源控制寄存器 PCON(见表 9.10)。

表 9.10　电源控制寄存器 PCON

SMOD				GF1	GF0	PD	IDL

表中各位(从左至右为从高位到低位)含义如下。

SMOD：波特率加倍位。SMOD＝1，当串行口工作于方式 1、2、3 时，波特率加倍。SMOD＝0，波特率不变。

GF1、GF0：通用标志位。

PD(PCON.1)：掉电方式位。当 PD＝1 时，进入掉电方式。

IDL(PCON.0)：待机方式位。当 IDL＝1 时，进入待机方式。

另外与串行口相关的寄存器有前面文章叙述的定时器相关寄存器和中断寄存器。定时器寄存器用来设定波特率。中断允许寄存器 IE 中的 ES 位也用来作为串行 I/O 中断允许位。当 ES＝1，允许串行 I/O 中断；当 ES＝0，禁止串行 I/O 中断。中断优先级寄存器 IP 的 PS 位则用作串行 I/O 中断优先级控制位。当 PS＝1，设定为高优先级；当 PS＝0，设定为低优先级。

波特率计算：在了解了串行口相关的寄存器之后，我们可得出其通信波特率的一些结论：

① 方式 0 和方式 2 的波特率是固定的。

在方式 0 中，波特率为时钟频率的 1/12，即 $f_{OSC}/12$，固定不变。

在方式 2 中，波特率取决于 PCON 中的 SMOD 值，即波特率为：$2^{SMOD}\times f_{OSC}/64$。

当 SMOD＝0 时，波特率为 $f_{OSC}/64$；当 SMOD＝1 时，波特率为 $f_{OSC}/32$。

② 方式 1 和方式 3 的波特率可变，由定时器 1 的溢出率决定。

当定时器 T1 用作波特率发生器时，通常选用定时初值自动重装的工作方式 2(注意：不要把定时器的工作方式与串行口的工作方式搞混淆了)。其计数结构为 8 位，假定计数初值为 Count，单片机的机器周期为 T，则定时时间为 $(256-\text{Count})\times T$。从而在 1 s 内发生溢出的次数(即溢出率)可由公式(1)所示：

$$\text{溢出率}=\frac{1}{(256-\text{Count})\times T} \tag{1}$$

从而波特率的计算公式由公式(2)所示：

$$波特率=\frac{2^{SMOD}}{32}\times\frac{f_{OSC}}{12(256-x)} \tag{2}$$

在实际应用时，通常是先确定波特率，后根据波特率求 $T1$ 定时初值，因此式(2)又可写为：

$$T1\ 初值=256-\frac{2^{SMOD}}{32}\times\frac{f_{OSC}}{12\times 波特率} \tag{3}$$

本次实验连接好串口或者 USB 转串口至电脑，下载该程序，打开电源和串口调试程序，将波特率设置为 9 600，无奇偶校验晶振 11.059 2 MHz，发送和接收使用的格式相同，如都使用字符型格式，设置正确后接受框可以看到 UART test。

电路设计如图 9.29 所示。

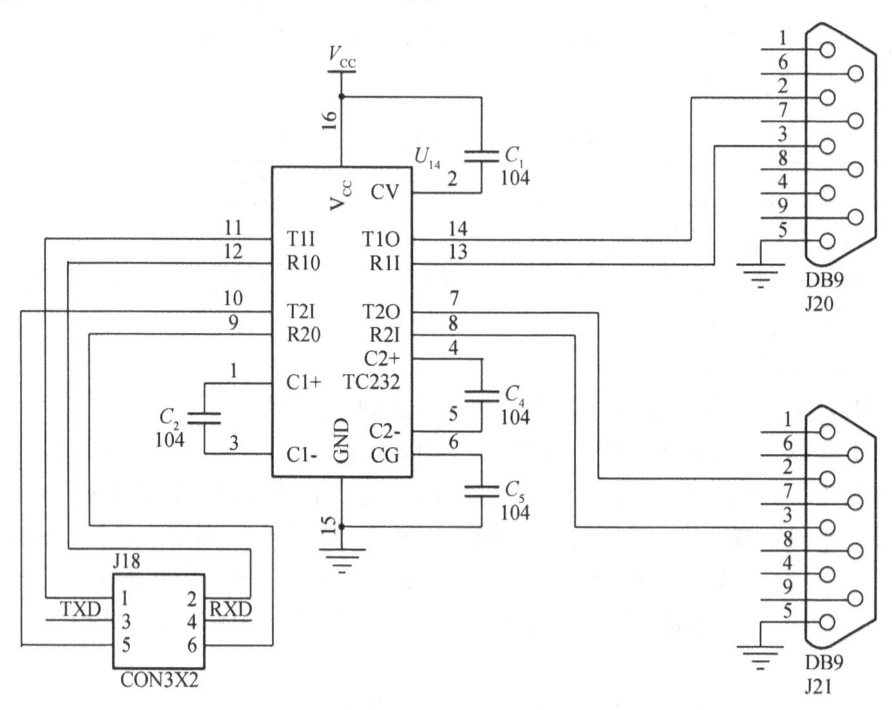

图 9.29　串口通信电路

程序如下所示：

```
/*------------------------------------------------------------------------------------
名称:串口通信
内容:连接好串口或者 USB 转串口至电脑,下载该程序,打开电源
    打开串口调试程序,将波特率设置为 9 600,无奇偶校验
    晶振 11.059 2 MHz,发送和接收使用的格式相同,如都使用
    字符型格式,设置正确后接受框可以看到 UART
------------------------------------------------------------------------------------*/
#include<reg52.h>           //包含头文件,一般情况不需要改动,头文件包含特殊功能寄存器的定义
#include "delay.h"
/*------------------------------------------------------------------------------------
                         函数声明
```

```
--------------------------------------------------------------------------------------------------------*/
void SendStr(unsigned char * s);
/*--------------------------------------------------------------------------------------------------------
                                        串口初始化
--------------------------------------------------------------------------------------------------------*/
void InitUART (void)
{
    SCON=0x50;             //SCON: 模式 1,8-bit UART,使能接收
    TMOD|=0x20;            //TMOD: timer 1,mode 2,8-bit 重装
    TH1=0xFD;              //TH1:重装值  9600  波特率  晶振  11.0592 MHz
    TR1=1;                 /  TR1: timer 1  打开
    EA=1;                  //打开总中断
    //ES=1;                //打开串口中断
}
/*--------------------------------------------------------------------------------------------------------
                                        主函数
--------------------------------------------------------------------------------------------------------*/
void main (void)
{
InitUART();
while (1)
    {
    SendStr ("UART test,技术论坛:www.doflye.net thank you!");
    DelayMs(240); //延时循环发送
    DelayMs(240);
    }
}
/*--------------------------------------------------------------------------------------------------------
                                        发送一个字节
--------------------------------------------------------------------------------------------------------*/
void SendByte (unsigned char dat)
{
SBUF=dat;
while (! TI);
    TI=0;
}
/*--------------------------------------------------------------------------------------------------------
                                        发送一个字符串
--------------------------------------------------------------------------------------------------------*/
void SendStr (unsigned char * s)
{
while( * s! ='\0')             //\0 表示字符串结束标志,
```

```
                                //通过检测是否字符串末尾
  {
  SendByte( * s);
  s++;
  }
}
```

9.4 实训项目

9.4.1 项目 9.1 单片机控制步进电机的设计

步进电机是数字控制电机，它将脉冲信号转变成角位移，即给一个脉冲信号，步进电机就转动一个角度，因此非常适合于单片机控制。步进电机可分为反应式步进电机、永磁式步进电机和混合式步进电机。步进电机区别于其他控制电机的最大特点是，它是通过输入脉冲信号来进行控制的，即电机的总转动角度由输入脉冲数决定，而电机的转速由脉冲信号频率决定。它具有高精度的定位、位置及速度控制、具定位保持力、动作灵敏、开回路控制不必依赖传感器定位、中低速时具备高转矩、高信赖性、小型、高功率等特征，使其具有广泛的应用。

步进电机的工作原理：步进电机是机电控制中一种常用的执行机构，它的用途是将电脉冲转化为角位移，它的驱动电路根据控制信号工作，控制信号由单片机产生。当步进驱动器接收到一个脉冲信号，它就驱动步进电机按设定的方向转动一个固定的角度，控制换相顺序，即通电控制脉冲必须严格按照一定顺序分别控制各相的通断。通过控制脉冲个数即可以控制角位移量，从而达到准确定位的目的。控制步进电机的转向，即给定工作方式正序换相通电，步进电机正转，若按反序通电换相，则电机就反转。控制步进电机的速度，即给步进电机发一个控制脉冲，它就转一步，再发一个脉冲，它会再转一步，两个脉冲的间隔越短，步进电机就转得越快。同时通过控制脉冲频率来控制电机转动的速度和加速度，从而达到调速的目的。

本设计采用 51 单片机 AT89C51(晶振频率为 12 MHz)对步进电机进行控制。通过 I/O 口输出的具有时序的方波作为步进电机的控制信号，信号经过芯 ULN2003 驱动步进电机。ULN2003 是高耐压、大电流达林顿陈列，由七个硅 NPN 达林顿管组成。ULN2003 的每一对达林顿都串联一个 2.7 kΩ 的基极电阻，在 5 V 的工作电压下它能与 TTL 和 CMOS 电路直接相连，可以直接处理原先需要标准逻辑缓冲器来处理的数据。ULN2003 工作电压高，工作电流大，灌电流可达 500 mA，并且能够在关态时承受 50 V 的电压，输出还可以在高负载电流并行运行，通过 ULN2003 构成步进电机的驱动电路。

电路设计如图 9.30 所示。

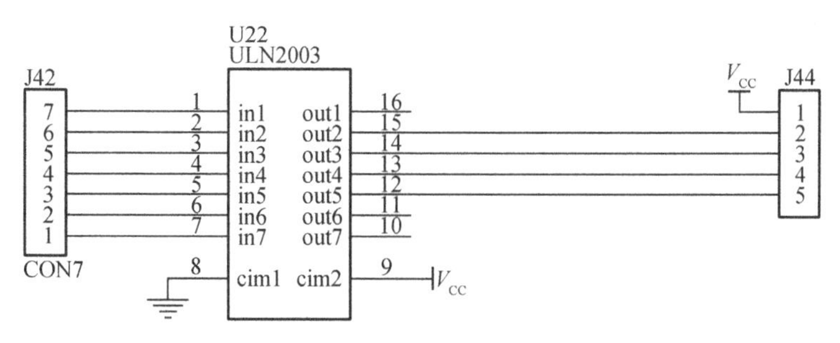

图 9.30 步进电机驱动电路

程序如下所示：

```
/*-----------------------------------------------------------------------
名称:步进电机
内容:本程序用于测试 4 相步进电机常规驱动  含正反转  使用 1 相励磁
-----------------------------------------------------------------------*/
#include <reg52.h>
sbit A1=P1^0; //定义步进电机连接端口
sbit B1=P1^1;
sbit C1=P1^2;
sbit D1=P1^3;
#define Coil_A1 {A1=1;B1=0;C1=0;D1=0;} //A 相通电,其他相断电
#define Coil_B1 {A1=0;B1=1;C1=0;D1=0;} //B 相通电,其他相断电
#define Coil_C1 {A1=0;B1=0;C1=1;D1=0;} //C 相通电,其他相断电
#define Coil_D1 {A1=0;B1=0;C1=0;D1=1;} //D 相通电,其他相断电
#define Coil_AB1 {A1=1;B1=1;C1=0;D1=0;} //AB 相通电,其他相断电
#define Coil_BC1 {A1=0;B1=1;C1=1;D1=0;} //BC 相通电,其他相断电
#define Coil_CD1 {A1=0;B1=0;C1=1;D1=1;} //CD 相通电,其他相断电
#define Coil_DA1 {A1=1;B1=0;C1=0;D1=1;} //D 相通电,其他相断电
#define Coil_OFF {A1=0;B1=0;C1=0;D1=0;} //全部断电
unsigned char Speed;
/*-----------------------------------------------------------------------
uS 延时函数,含有输入参数 unsigned char t,无返回值
unsigned char 是定义无符号字符变量,其值的范围是
0~255  这里使用晶振 12 M,精确延时请使用汇编,大致延时
长度如下  T=tx2+5  uS
-----------------------------------------------------------------------*/
void DelayUs2x (unsigned char t)
{
while (--t);
}
/*-----------------------------------------------------------------------
mS 延时函数,含有输入参数 unsigned char t,无返回值
unsigned char 是定义无符号字符变量,其值的范围是
```

```
0～255  这里使用晶振 12 M,精确延时请使用汇编
-------------------------------------------------------------------------------*/
void DelayMs (unsigned char t)
{
  while (t--)
  {
    //大致延时 1 ms
    DelayUs2x(245);
    DelayUs2x(245);
  }
}
/*------------------------------------------------------------------------------
                                 主函数
-------------------------------------------------------------------------------*/
main()
{
  unsigned int i=512;                    //旋转一周时间
  Speed=8;
  Coil_OFF
  while (i--) //正向
  {
    Coil_A1                              //遇到 Coil_A1 用{A1=1;B1=0;C1=0;D1=0;}代替
    DelayMs(Speed);                      //改变这个参数可以调整电机转速,
                                         //数字越小,转速越大,力矩越小
    Coil_B1
    DelayMs(Speed);
    Coil_C1
    DelayMs(Speed);
    Coil_D1
    DelayMs(Speed);
  }
  Coil_OFF
  i=512;
  while(i--)                             //反向
  {
    Coil_D1                              //遇到 Coil_A1 用{A1=1;B1=0;C1=0;D1=0;}代替
    DelayMs(Speed);                      //改变这个参数可以调整电机转速,
                                         //数字越小,转速越大,力矩越小
    Coil_C1
    DelayMs(Speed);
    Coil_B1
    DelayMs(Speed);
```

```
    Coil_A1
    DelayMs(Speed);
  }
}
```

9.4.2 项目 9.2 单片机控制直流电机的设计

L298 是 SGS 公司的产品，L298N 为 15 个管脚的单块集成电路，高电压，高电流，四通道驱动，设计用 L298N 来接收 DTL 或者 TTL 逻辑电平，驱动感性负载（比如继电器，直流和步进马达）和开关电源晶体管。内部包含 4 通道逻辑驱动电路，其额定工作电流为 1 A，最大可达 1.5 A，V_{SS}电压最小 4.5 V，最大可达 36 V；V_S 电压最大值也是 36 V。L298N 可直接对电机进行控制，无须隔离电路，可以驱动双电机。

L298 内部的原理图如图 9.31，引脚符号如表 9.11，逻辑功能如表 9.12。

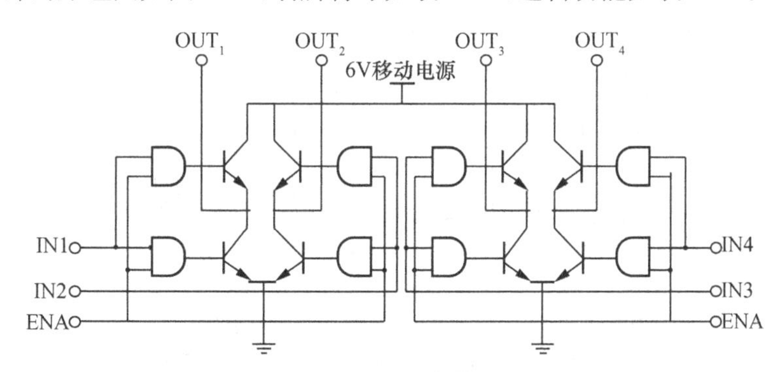

图 9.31 L298 内部的原理图

表 9.11 L298 的引脚符号及功能表

引 脚	功 能
SENSA、SENSB	分别为两个 H 桥的电流反馈脚，不用时可以直接接地
ENA、ENB	使能端，输入 PWM 信号
IN1、IN2、IN3、IN4	输入端，TTL 逻辑电平信号
OUT1、OUT2、OUT3、OUT4	输出端，与对应输入端同逻辑
V_{CC}	逻辑控制电源，4.5～7 V
V_{SS}	电机驱动电源，最小值需比输入的低电平电压高
GND	地

表 9.12 L298 的逻辑功能

IN1	IN2	ENA	电机状态
X	X	0	停止
1	0	1	顺时针
0	1	1	逆时针
0	0	0	停止
1	1	0	停止

当使能端为高电平时，输入端 IN1 为 PWM 信号，IN2 为低电平信号时，电机正转；输入端 IN1 为低电平信号，IN2 为 PWM 信号时，电机反转；IN1 与 IN2 相同时，电机快速停止。当使能端为低电平时，电动机停止转动。在对直流电动机电压的控制和驱动中，半导体功率器件(L298)在使用上可以分为两种方式：线性放大驱动方式和开关驱动方式在线性放大驱动方式。半导体功率器件工作在线性区优点是控制原理简单，输出波动小，线性好，对邻近电路干扰小，缺点为功率器件工作在线性区，功率低和散热问题严重。开关驱动方式是使半导体功率器件工作在开关状态，通过脉调制(PWM)来控制电动机的电压，从而实现电动机转速的控制。

电路设计如图 9.32 所示。

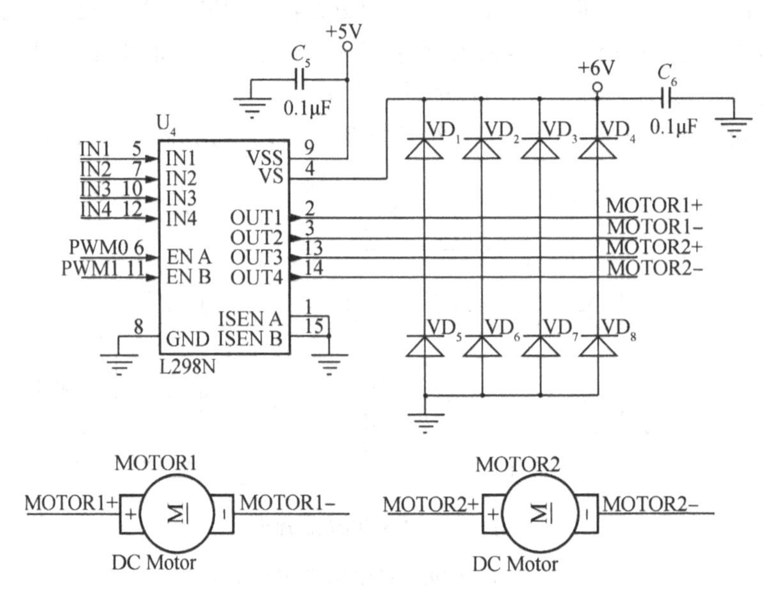

图 9.32　电机驱动电路图

程序如下所示：

```
#include
#include
#define uchar unsigned char
#define uint unsigned int

sbit MOTOR_A_1=P3^6;
sbit MOTOR_A_2=P3^7;
sbit k1=P1^0;                //定义 k1 为 p1.0 口
sbit k2=P1^1;                //定义 k2 为 p1.1 口
sbit k3=P1^2;                //定义 k3 为 p1.2 口
sbit k4=P1^3;                //定义 k4 为 p1.3 口
uchar T=0;                   //定时标记
uchar W=0;                   //脉宽值 0~100
uchar A=0;                   //方向标记 0,1
uchar k=0;                   //按键标记
uchar i=0;                   //计数变量
```

```
uchar code table1[]={
0x3f,0x06,0x5b,0x4f,
0x66,0x6d,0x7d,0x07,
0x7f,0x6f,0x77,0x7c,
0x39,0x5e,0x79,0x71};
uchar code table2[]={0xfe,0xfb,0xfd,0xf7};

void delayms(uint t);

void disp(void)
{
P2=table2[3];
P0=table1[W];                  //显示占空比个位
delayms(1) ;                   //延时 1 ms
P2=0xff;                       //P0 清 1

P2=table2[2];
P0=table1[W/100];              //显示占空比百位
delayms(1) ;                   //延时 1 ms
P2=0xff;                       //P0 清 1

P2=table2[1];
P0=table1[W/10];               //显示占空比十位
delayms(1) ;                   //延时 1 ms
P2=0xff;                       //P0 清 1

P2=table2[0];
P0=table1[A];                  //显示方向
delayms(1) ;                   //延时 1 ms
P2=0xff;                       //P0 清 1
}

void init(void)
{
//启动中断
TMOD=0x01;
EA=1;
ET0=1;
TR0=1;
//设置定时时间
TH0=0xff;
```

```
TL0=0xf6;
}

void timer0() interrupt 1
{
//重置定时器时间
TH0=0xff;
TL0=0xf6;
T++;                                    //定时标记加 1
disp();                                 //数码管显示
if(k==0)
{
if(T>W)
MOTOR_A_1=0;
else
MOTOR_A_1=1;
}
else
{
if(T>W)
MOTOR_A_2=0;
else
MOTOR_A_2=1;
}

if(T==100)
T=0;
}

void delayms (uint t)
{
uchar j;
while(t--)
{
for(j=0;j<250;j++)                      //循环 250 次
{
_nop_();                                //系统延时
_nop_();                                //系统延时
_nop_();                                //系统延时
_nop_();                                //系统延时
}
}
```

```
}

void key (void)                    //按键判断程序
{
if(k1==0)                          //按键 1 按下
{
while(k1==0);                      //按键 1 抬起
if(W==100)                         //如果脉宽为 100
W=0;                               //脉宽置 0
else
W+=1;                              //否则加 1
}
else if (k2==0)                    //按键 2 按下
{
while (k2==0);                     //按键 2 抬起
if (W==0)                          //如果脉宽为 0
W=100;                             //脉宽设置成 100
else
W-=1;                              //否则减 1
}
else if (k3==0)                    //按键 3 按下
{
while (k3==0);                     //按键 3 抬起
A=! A;                             //方向标记取反
k=! k;                             //按键标记取反
}
else if (k4==0)                    //按键 4 按下
{
while (k4==0);                     //按键 4 抬起
W=0;                               //脉宽清 0
}
}

void main(void)
{
init();                            /////////系统初始化
while(1)
{
if (k==0)
    MOTOR_A_2=0;
else
MOTOR_A_1=0;
```

```
key();                          ////////查询按键
}
}
```

9.4.3 项目9.3 基于DS18B20温度测量系统的设计

DS18B20是美信公司的一款温度传感器，单片机可以通过1-Wire协议与DS18B20进行通信，最终将温度读出。1-Wire总线的硬件接口很简单，只需要把DS18B20的数据引脚和单片机的一个I/O口接上就可以了。硬件的简单，随之而来的，就是软件时序的复杂。1-Wire总线的时序比较复杂，很多同学在这里独立看时序图都看不明白，所以这里还要带着大家来研究DS18B20的时序图。我们先来看一下DS18B20的硬件原理图，如图9.33所示。

S18B20通过编程，可以实现最高12位的温度存储值，在寄存器中，以补码的格式存储，如图9.34所示。

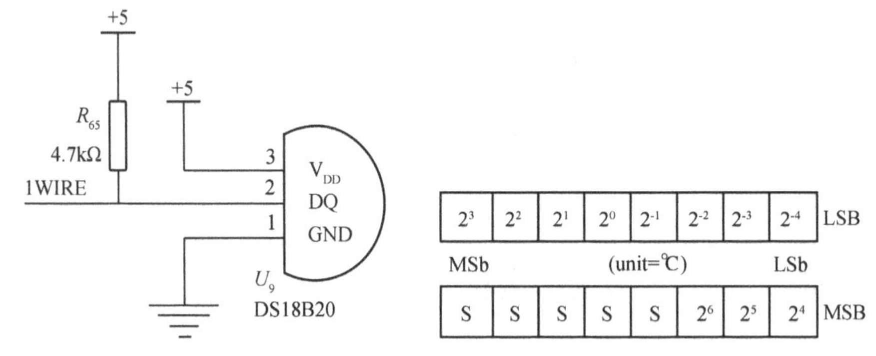

图9.33 DS18B20电路图　　**图9.34 DS18B20存储器示意图**

一共2个字节，LSB是低字节，MSB是高字节，其中MSb是字节的高位，LSb是字节的低位。大家可以看出来，二进制数字，每一位代表的温度的含义，都表示出来了。其中S表示的是符号位，低11位都是2的幂，用来表示最终的温度。DS18B20的温度测量范围是从－55 ℃～＋125 ℃，而温度数据的表现形式，有正负温度，寄存器中每个数字如同卡尺的刻度一样分布，如表9.13所示。

表9.13 DS18B20的温度测量范围

TEMPERATURE	DIGITAL OUTPUT (Binary)	DIGITAL OUTPUT (Hex)
＋125 ℃	0000 0111 1101 0000	07D0h
＋25.062 5 ℃	0000 0001 1001 0001	0191h
＋10.125 ℃	0000 0000 1010 0010	00A2h
＋0.5 ℃	0000 0000 0000 1000	0008h
0 ℃	0000 0000 0000 0000	0000h
－0.5 ℃	1111 1111 1111 1000	FFF8h
－10.125 ℃	1111 1111 0101 1110	FF5Eh
－25.062 5 ℃	1111 1110 0110 1111	FF6Fh
－55 ℃	1111 1100 1001 0000	FC90h

二进制数字最低位变化 1,代表温度变化 0.062 5 度的映射关系。当 0 度的时候,那就是 0x0000,当温度为 125 度的时候,对应十六进制是 0x07D0,当温度是零下 55 度的时候,对应的数字是 0xFC90。反过来说,当数字是 0x0001 的时候,那温度就是 0.062 5 度了。

首先,我先根据手册上 DS18B20 工作协议过程大概讲解一下。

1）初始化

和 I2C 的寻址类似,1-Wire 总线开始也需要检测这条总线上是否存在 DS18B20 这个器件。如果这条总线上存在 DS18B20,总线会根据时序要求返回一个低电平脉冲,如果不存在的话,也就不会返回脉冲,即总线保持为高电平,所以习惯上称之为检测存在脉冲。此外,获取存在脉冲不仅仅是检测是否存在 DS18B20,还要通过这个脉冲过程通知 DS18B20 准备好,单片机要对它进行操作,如图 9.35 所示。

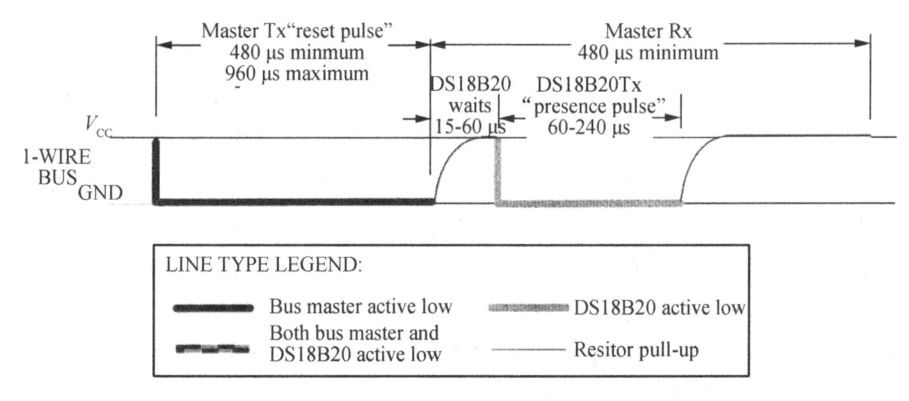

图 9.35　DS18B20 的初始化时序图

大家注意看图,实粗线是我们的单片机 I/O 口拉低这个引脚,虚粗线是 DS18B20 拉低这个引脚,细线是单片机和 DS18B20 释放总线后,依靠上拉电阻的作用把 I/O 口引脚拉上去。这个我们前边提到过了,51 单片机释放总线就是给高电平。

存在脉冲检测过程,首先单片机要拉低这个引脚,持续大概 480 μs～960 μs 之间的时间即可,我们的程序中持续了 500 μs。然后,单片机释放总线,就是给高电平,DS18B20 等待大概 15 μs～60 μs 后,会主动拉低这个引脚大概是 60 μs～240 μs,而后 DS18B20 会主动释放总线,这样 I/O 口会被上拉电阻自动拉高。

有的同学还是不能够彻底理解,程序列出来逐句解释。首先,由于 DS18B20 时序要求非常严格,所以在操作时序的时候,为了防止中断干扰总线时序,先关闭总中断。然后第 1 步,拉低 DS18B20 这个引脚,持续 500 μs;第 2 步,延时 60 μs;第 3 步,读取存在脉冲,并且等待存在脉冲结束。

```
(1) bit Get18B20Ack(){
(2) bit ack;
(3) EA=0; //禁止总中断
(4) I/O_18B20=0; //产生 500 μs 复位脉冲
(5) DelayX10us(50);
(6) I/O_18B20=1;
(7) DelayX10us(6); //延时 60 μs
```

(8) ack＝I/O_18B20；//读取存在脉冲
(9) while(！I/O_18B20)；//等待存在脉冲结束
(10) EA＝1；//重新使能总中断
(11) return ack；
(12) }

很多同学对第二步不理解，时序图上明明是DS18B20等待15 μs～60 μs，为什么要延时60 μs呢？举个例子，妈妈在做饭，告诉你大概5 min～10 min饭就可以吃了，那么我们什么时候去吃，能够绝对保证吃上饭呢？很明显，10 min以后去吃肯定可以吃上饭。同样的道理，DS18B20等待大概是15 μs～60 μs，我们要保证读到这个存在脉冲，那么60 μs以后去读肯定可以读到。当然，不能延时太久，超过75 μs，就可能读不到了，为什么是75 μs，大家自己思考一下。

2) ROM操作指令

我们学I2C总线的时候就了解到，总线上可以挂多个器件，通过不同的器件地址来访问不同的器件。同样，1-Wire总线也可以挂多个器件，但是它只有一条线，如何区分不同的器件呢？

在每个DS18B20内部都有一个唯一的64位长的序列号，这个序列号值就存在DS18B20内部的ROM中。开始的8位是产品类型编码(DS18B20是0x10)，接着的48位是每个器件唯一的序号，最后的8位是CRC校验码。DS18B20可以引出去很长的线，最长可以到几十米，测不同位置的温度。单片机可以通过和DS18B20之间的通信，获取每个传感器所采集到的温度信息，也可以同时给所有的DS18B20发送一些指令。这些指令相对来说比较复杂，而且应用很少，所以这里大家有兴趣的话就自己去查手册完成吧，我们这里只讲一条总线上只接一个器件的指令和程序。

Skip ROM(跳过ROM)：0xCC。当总线上只有一个器件的时候，可以跳过ROM，不进行ROM检测。

3) RAM存储器操作指令

RAM读取指令，只讲2条，其他的大家有需要可以随时去查资料。

Read Scratchpad(读暂存寄存器)：0xBE

这里要注意的是，DS18B20的温度数据是2个字节，我们读取数据的时候，先读取到的是低字节的低位，读完了第一个字节后，再读高字节的低位，直到两个字节全部读取完毕。

Convert Temperature(启动温度转换)：0x44

当我们发送一个启动温度转换的指令后，DS18B20开始进行转换。从转换开始到获取温度，DS18B20是需要时间的，而这个时间长短取决于DS18B20的精度。前边说DS18B20最高可以用12位来存储温度，但是也可以用11位、10位和9位一共四种格式。位数越高，精度越高，9位模式最低位变化1个数字温度变化0.5度，同时转换速度也要快一些，如表9.14所示。

表9.14　DS18B20的转换格式

R1	R0	Thermometer Resolution	Max Conversion Time
0	0	9-bit	93.75 ms
0	1	10-bit	187.5 ms
1	0	11-bit	375 ms
1	1	12-bit	750 ms

其中寄存器 R1 和 R0 决定了转换的位数，出厂默认值 11，也就是 12 位表示温度，最大的转换时间是 750 ms。当启动转换后，至少要再等 750 ms 之后才能读取温度，否则读到的温度有可能是错误的值。这就是为什么很多同学读 DS18B20 的时候，第一次读出来的是 85 度，这个值要么是没有启动转换，要么是启动转换了，但还没有等待一次转换彻底完成，读到的是一个错误的数据。

4) DS18B20 的位读写时序

DS18B20 的时序图不是很好理解，大家对照时序图，结合我的解释，一定要把它学明白。写时序图如图 9.36 所示。

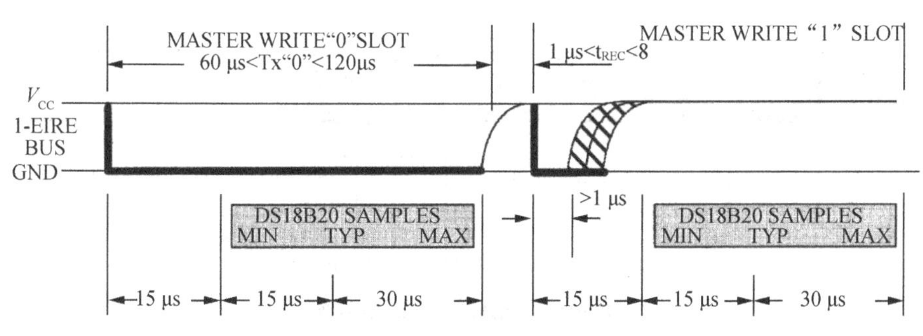

图 9.36　DS18B20 的读写时序图

当要给 DS18B20 写入 0 的时候，单片机直接将引脚拉低，持续时间大于 60 μs 小于 120 μs 就可以了。图上显示的意思是，单片机先拉低 15 μs 之后，DS18B20 会在从 15～60 μs 之间的时间来读取这一位，DS18B20 最早会在 15 μs 的时刻读取，典型值是在 30 μs 的时刻读取，最多不会超过 60 μs，DS18B20 必然读取完毕，所以持续时间超过 60 μs 即可。

当要给 DS18B20 写入 1 的时候，单片机先将这个引脚拉低，拉低时间大于 1 μs，然后马上释放总线，即拉高引脚，并且持续时间也要大于 60 μs。和写 0 类似的是，DS18B20 会在 15～60 μs 之间来读取这个 1。

可以看出来，DS18B20 的时序比较严格，写的过程中最好不要有中断打断，但是在两个"位"之间的间隔，是大于 1 小于无穷的，那在这个时间段，我们是可以开中断来处理其他程序的。发送即写入一个字节的数据程序如下。

```
(1)  void Write18B20 (unsigned char dat){
(2)      unsigned char mask;
(3)
(4)  EA=0; //禁止总中断
(5)  for (mask=0x01; mask! =0; mask<<=1){ //低位在先,依次移出 8 个 bit
(6)          I/O_18B20=0; //产生 2 μs 低电平脉冲
(7)          _nop_();
(8)          _nop_();
(9)          if ((mask&dat)==0){ //输出该 bit 值
(10)             I/O_18B20=0;
(11)         }else{
(12)             I/O_18B20=1;
```

```
(13)           }
(14)               DelayX10us(6); //延时 60 μs
(15)               I/O_18B20=1; //拉高通信引脚
(16)           }
(17)           EA=1; //重新使能总中断
(18)       }
```

读时序图如图 9.37 所示。

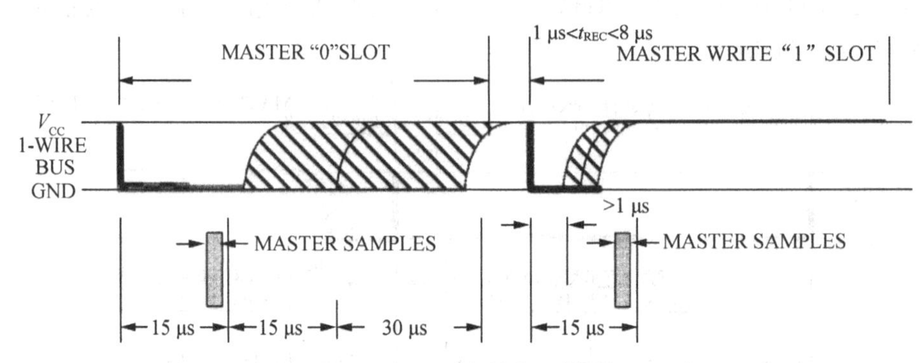

图 9.37　DS18B20 的读写时序图

当要读取 DS18B20 的数据的时候,我们的单片机首先要拉低这个引脚,并且至少保持 1 μs 的时间,然后释放引脚,释放完毕后要尽快读取。从拉低这个引脚到读取引脚状态,不能超过 15 μs。大家从图 9.37 可以看出来,主机采样时间,也就是 MASTER SAMPLES,是在 15 μs 之内必须完成的,读取一个字节数据的程序如下:

```
(1)   unsigned char Read18B20({
(2)       unsigned char dat;
(3)       unsigned char mask;
(4)
(5)       EA=0; //禁止总中断
(6)       for (mask=0x01; mask! =0; mask<<=1){ //低位在先,依次采集 8 个 bit
(7)           I/O_18B20=0; //产生 2 μs 低电平脉冲
(8)           _nop_();
(9)           _nop_();
(10)          I/O_18B20=1; //结束低电平脉冲,等待 18B20 输出数据
(11)          _nop_(); //延时 2 μs
(12)          _nop_();
(13)          if (! I/O_18B20){ //读取通信引脚上的值
(14)              dat &=~mask;
(15)          }else{
(16)              dat|=mask;
(17)          }
(18)              DelayX10us(6); //再延时 60 μs
(19)          }
(20)          EA=1; //重新使能总中断
```

```
(21)        return dat;
(22)    }
```

DS18B20 所表示的温度值中，有小数和整数两部分。常用的带小数的数据处理方法有两种，一种是定义成浮点型直接处理，第二种是定义成整型，然后把小数和整数部分分离出来，在合适的位置点上小数点即可。我们在程序中使用的是第二种方法，下面我们就写一个程序，将读到的温度值显示在 1602 液晶上，并且保留一位小数位。

电路设计如图 9.38 所示。

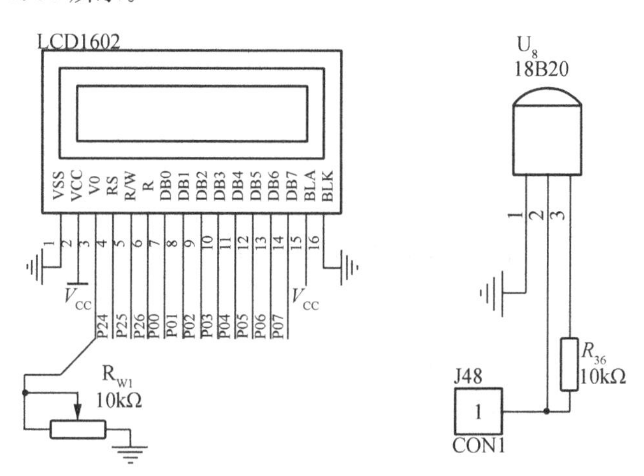

图 9.38 DS18B20 的电路设计图

程序如下所示：

```
/*-----------------------------------------------------------------------------
名称:DS18b20 温度检测液晶显示
内容:
-----------------------------------------------------------------------------*/
#include<reg52.h> //包含头文件，一般情况不需要改动，头文件包含特殊功能寄存器的定义
#include<stdio.h>
#include "18b20.h"
#include "1602.h"
#include "delay.h"
bit ReadTempFlag; //定义读时间标志

void Init_Timer0(void); //定时器初始化
/*-----------------------------------------------------------------------------
                              串口通信初始化
-----------------------------------------------------------------------------*/
void UART_Init(void)
{
    SCON=0x50;            //SCON:模式 1,8-bit UART,使能接收
    TMOD|=0x20;           //TMOD:timer 1,mode 2,8-bit 重装
    TH1=0xFD;             //TH1:重装值  9600  波特率  晶振
```

```
11.0592 MHz
    TR1=1;                      //TR1:timer 1 打开
    //EA=1;                     //打开总中断
        //ES=1;                 //打开串口中断
        TI=1;
}
/*------------------------------------------------------------------
                              主函数
------------------------------------------------------------------*/
void main (void)
{
int temp;
float temperature;
char displaytemp[16];           //定义显示区域临时存储数组

LCD_Init();                     //初始化液晶
DelayMs(20);                    //延时有助于稳定
LCD_Clear();                    //清屏
Init_Timer0();
UART_Init();
Lcd_User_Chr();                 //写入自定义字符
LCD_Write_String(0,0,"www.doflye.net");
LCD_Write_Char(13,1,0x01);//写入温度右上角点
LCD_Write_Char(14,1,'C');       //写入字符 C

while (1)                       //主循环
    {

if(ReadTempFlag==1)
  {
    ReadTempFlag=0;
    temp=ReadTemperature();
    temperature=(float)temp*0.0625;
    sprintf(displaytemp,"Temp % 7.3f",temperature);//打印温度值
    LCD_Write_String(0,1,displaytemp);//显示第二行
    }
  }
}
/*------------------------------------------------------------------
                           定时器初始化子程序
------------------------------------------------------------------*/
void Init_Timer0 (void)
```

```
{
TMOD|=0x01;                //使用模式 1,16 位定时器,使用"|"符号可以在使用多个定时器时不受影响
//TH0=0x00;                //给定初值
//TL0=0x00;
EA=1;                      //总中断打开
ET0=1;                     //定时器中断打开
TR0=1;                     //定时器开关打开
}
/*------------------------------------------------------------------------
                          定时器中断子程序
------------------------------------------------------------------------*/
void Timer0_isr (void) interrupt 1
{*------------------------------------------------------------------------
static unsigned int num;
TH0=(65536-2000)/256;      //重新赋值 2 ms
TL0=(65536-2000)%256;

num++;
if(num==300)               //
  {
  num=0;
  ReadTempFlag=1;          //读标志位置 1
  }
}
```

思考题 9

9.1　微处理器、微计算机、微处理机、CPU、单片机之间有何区别？

9.2　MCS-51 系列单片机的基本型芯片分别为哪几种？

9.3　说明 AT89C51 单片机的引脚 EA 的作用，该引脚接高电平和低电平时各有何种功能？

9.4　64KB 程序存储器空间有 5 个单元地址对应 AT89C51 单片机 5 个中断源的中断入口地址，请写出这些单元的入口地址及对应的中断源。

9.5　中断服务子程序与普通子程序有哪些相同和不同之处？

9.6　AT89C51 单片机响应外部中断的典型时间是多少？在哪些情况下，CPU 将推迟对外部中断请求的响应？

9.7　如果采用的晶振的频率为 3 MHz，定时器/计数器工作在方式 0、1、2 下，其最大定时时间各为多少？

9.8　定时器/计数器用作定时器模式时，其计数脉冲由谁提供？定时时间与哪些因素有关？

9.9　定时器/计数器用作计数器模式时，对外界计数频率有何限制？

10 Elecworks 辅助电气设计

10.1 概述

计算机辅助电气设计(以下简称为电气 CAD)是指计算机辅助设计在多种行业电气部分设计中的应用。电气 CAD 的应用包含电气工程中的各个环节,如概念设计、优化设计、计算机仿真、施工图及效果图绘制等。电气 CAD 的应用范围非常广泛,涉及电力系统设计、工厂电气、建筑电气、控制电气、电气回路设计等方面,因此有必要对电气 CAD 的应用进行专门的研究和分析。本章将重点介绍高端辅助电气设计软件 Elecworks 的基础操作介绍。

10.2 Elecworks 介绍

Elecworks™是一款高端电气设计软件,工业电气及自动化工程设计解决方案。标准的 Windows 操作界面,帮助设计师在更短的时间内完成更出色的设计。Elecworks™帮助工程师在项目最初阶段通过单线图工具和元件管理功能,在开始绘制原理图之前呈现项目的设计思路,掌握项目的整体规划。Elecworks™是专为职业设计师们奉献的一个全新电气 CAD 解决方案。

原理图首次采用智能布线,以及国际标准符号库帮助工程师快速高效地绘制图纸。操作简单,使用 Elecworks™设计时无需掌握任何特殊指令。首次采用智能工具菜单引导用户设计,无论项目大小,允许多个设计师同时工作于同一项目。Elecworks 革命性地与 solidworks 完成无缝集成,数据可以实时同步共享。Elecworks 是在 solidworks 众多合作伙伴中第一且唯一一个获得电气解决方案的黄金合作认证的产品。

Elecworks 的模块可以直接在 SolidWorks 中运行,实现二维数据和三维数据的转换,并完成布局。根据原理接线信息,对于已经完成的布局装配体,可以实现自动布线。

Elecworks 首次实现了从二维驱动三维设计的机电一体化。

其标准的 Windows 操作界面,帮助设计师们在更短的时间内完成更出色更准确的设计。其主要特色如下:

1) 工程数据存储

Elecworks™将所有的元器件数据,包括电器符号、电线及组件、电缆的说明数据存储为一个代表设备数字模型的数据库文件,当您用 Elecworks™设计时,就是对此数据库文件进行实时的操作。

2) 布线方框图

布线方框图将电气图中各设备间的连接用方框图的方式直观地表现在图纸上。用户使用方框图可以直接对设备和电缆自定义，并同时估算工程的基本造价。方框图中的基本信息能够自动反馈到电气图纸中。

3) PLC 输入/输出(I/O)

PLC I/O 编辑功能是 Elecworks™拥有的一项独特功能。I/O 是工程拥有的众多基本设计功能的一项：包括 PLC 型号、卡片的标准及型号、编程软件界面选择、工程造价以及布线工艺选择等。

Elecworks 可以在辅助电气设计中完成下面功能：

- 图形设计工具，多电线绘制，符号插入，多标准电气元件库
- 布线方框图设计工具
- 宏编辑功能和库，实现图纸和工程的复制
- 接线板编辑，接线板图纸自动生成
- PLC I/O 编辑，PLC 板编辑
- 制造商数据库，产品查询，产品详细类
- 多标准线号自动编辑实时交叉引用
- 基于标准 IEC 61346 的位置与功能的编辑
- 校对及图框管理
- 工程项目可融入多个类型的文件
- EXCEL 界面，PDF 格式打印，DWG 图纸
- 多国语言翻译工具，自动更换多个图纸中的语言
- 无需绘图即可创建项目目录清单，ERP 界面
- 工程导航工具
- 实时编辑处理清单目录，用户自定义页面设置，EXCEL 文件导出
- 元器件、电缆、线号、图纸、功能、位置自动编号
- 多国语言应用界面
- 工程图纸中可同时包含和显示多种语言
- 自带词典智能翻译可将项目自动译成多种语言
- PLC I/O 直接导入导出 EXCEL 文件
- 创建工程模板
- 多个设计终端同时工作于同一工程
- 与 SolidWorks 无缝集成。对于应用 SolidWorks 的终端，Elecworks™帮助设计师完成从 2D 原理图到 3D 装配图的转换，根据原理图自动完成装配图内的设备布线。

作为一个功能强大的电气辅助软件，本章只能简单介绍 Elecworks 最基础的原理图的使用和操作。原理图的绘制是 Elecworks 中其他操作的前提，学会原理图的绘制是进一步 Elecworks 学习的基础。对于电气设计的初学者，使用 Elecworks 绘制原理图，能够规范其制图标准，完善其制图技巧。

10.3 Elecworks 原理图使用方法

10.3.1 创建原理图

在 Elecworks 中创建原理图是最基本的操作之一，如果需要创建一个新的原理图，那么可以采用下面两种方法中的一个：

(1) 如图 10.1(a)所示，在当前工程中，右击文件集，选择新建→原理图。

(2) 如图 10.1(b)所示，在当前工程中，右击文件，选择插入→原理图。

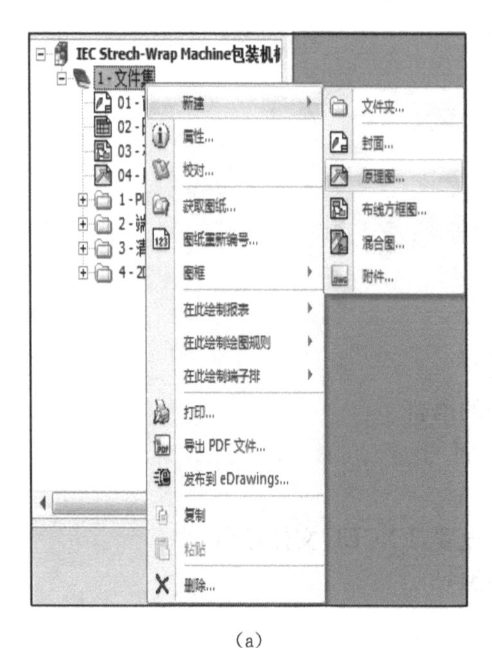

(a)

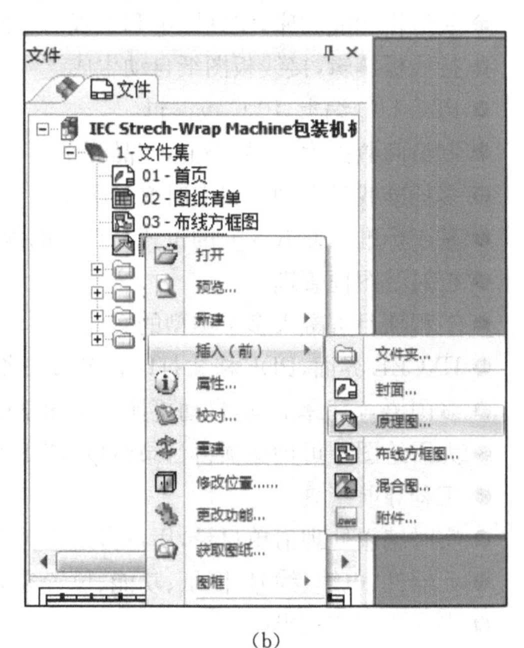

(b)

图 10.1　创建一个新的原理图

10.3.2 绘制电线

在 Elecworks 中使用电线将元器件连接起来，同时产生线号（等电位编号）和匹配电缆接线。默认电线有两种线型，即单线（控制回路线）和多线（主回路线）。每条电线都应用一个线类型，电线样式可以通过“电线样式管理”功能创建。

1) 管理电线样式

电线样式管理中集中了所有在图纸绘制过程中用到的电线样式。在工程菜单的配置中，点击电线样式，打开电线样式管理器，如图 10.2 所示。

电线列表在窗口左侧显示，已选电线的参数信息在窗口右侧显示。电线运用编号群的方式组合在一起，进行等电位编号时，所有同组的电线采用相同的计数方式。默认分为两种线型：单线，包含一根导体（线）的控制线；多线，包含多个导体的主回路线。

图 10.2　电线样式管理

（1）配置电线样式管理器

点击电线样式管理器中的配置，从图 10.3 中选择在窗口右侧显示区域中的内容。

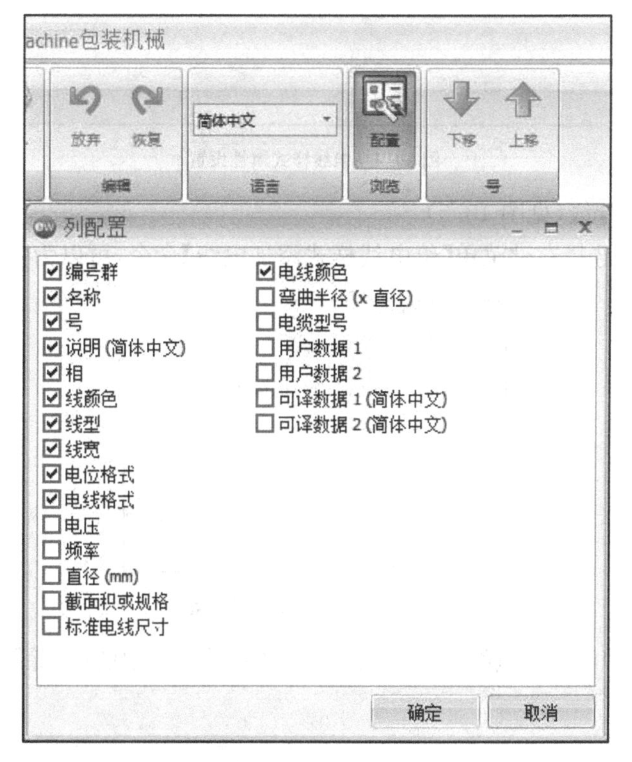

图 10.3　电线样式管理器

（2）添加/删除编号群

右键点击任意一个编号群组，选择【添加编号群】，可以添加一个新的线样式。如此时选择【删除】命令，则可以删除当前编号群。

（3）在编号群中添加/删除电线样式

右键点击任意一个编号群组，选择【添加一个单线样式】和【添加一个多线样式】，可以在当前群中添加新的电线样式。

需要删除某电线样式，首先选中该电线，然后点右键菜单选择【删除】命令。

(4) 电线样式属性设置

选中待编辑的电线，右键菜单选择【属性】，可进入电线样式属性设置。可以根据需要，设置线样式的各种属性，例如：电线样式、基本信息、显示号码、布线、技术数据等。如图 10.4 所示。

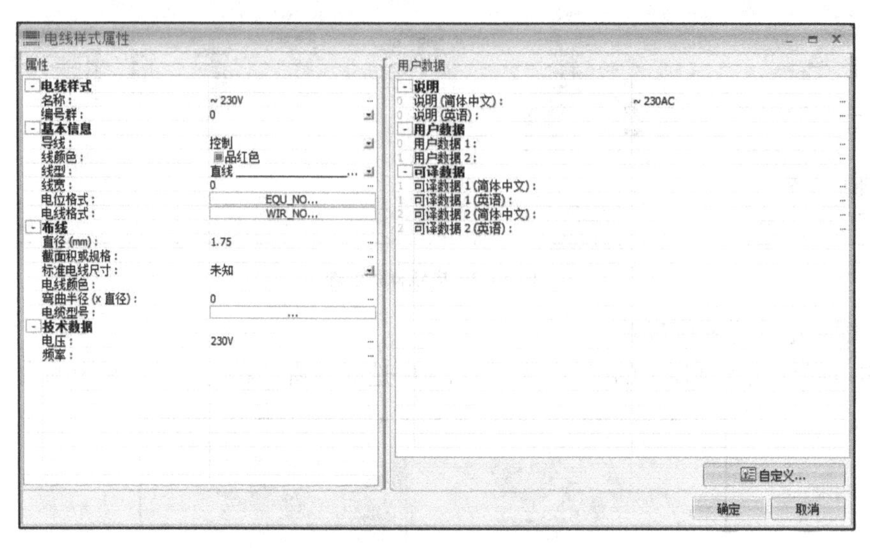

图 10.4 电线样式属性设置

(5) 添加\删除导线(见图 10.5)

选中电线样式，选择右键菜单【给电线样式添加电线】命令，可以为该样式中添加电线。

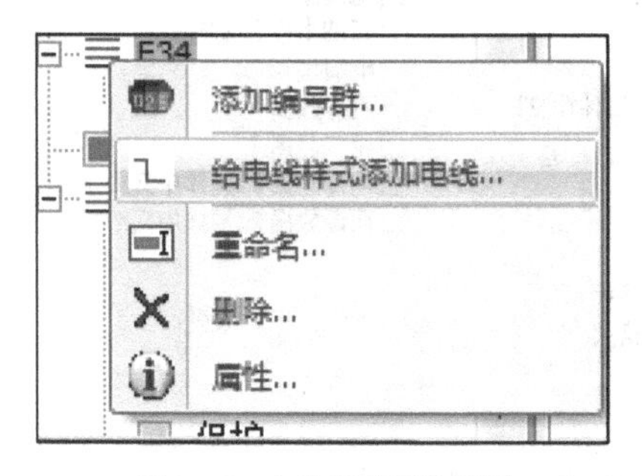

图 10.5 电线样式属性设置

选中右边窗口中的一条电线(见图 10.6)，选择右键菜单中的【删除】命令，可以删除所选电线。

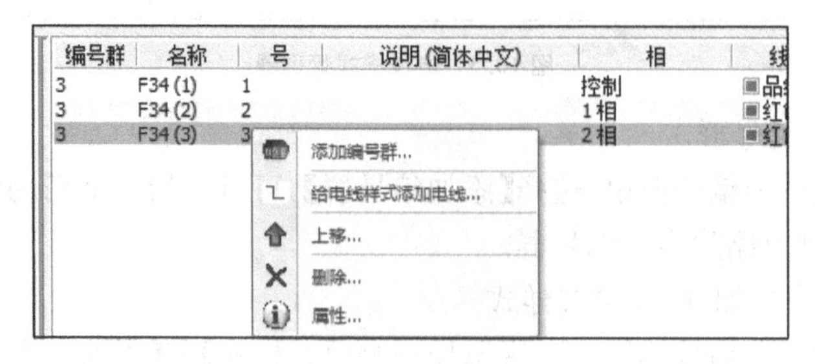

图 10.6 删除电线

(6) 激活群编号(见图 10.7)

选中编号群点击右键,在右键菜单中选择【编号已激活】或者【编号未激活】,以此打开或者关闭群编号。当【编号未激活】时,在电位编号和电线编号时将不起作用。

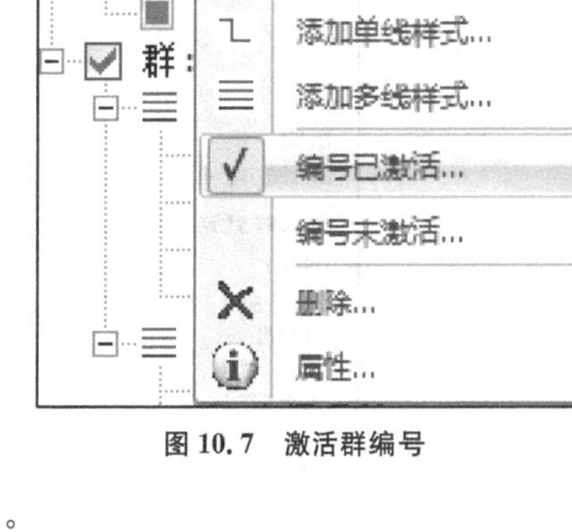

图 10.7　激活群编号

(7) 编号群属性

选中一个编号群并在编号群右键菜单中选择【属性】命令。打开编号群参数编辑窗口。

群编号:指出编号群的号码。

激活编号:激活或关闭此群中的电线编号。

开始编号:自定义此群中电线编号的起始标注号码。

计算多线制线号:定义多电线样式的编号模式。

2) 绘制多线

(1) 选择电线样式

点击【原理图】下拉菜单的【绘制多线】,进入绘制模式(见图 10.8)。

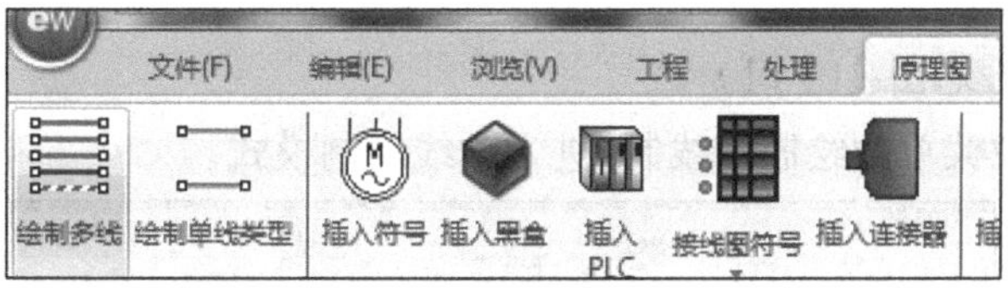

图 10.8　选择绘制多线

当前所要绘制的多线制的基本信息,在控制栏的命令区域显示,用户可以根据需要配置多线制的属性,包括如下内容:

名称:可以通过侧面控制栏按钮【...】更改显示的线型,选择电线类型窗口将打开,用户可以从已经创建的电线样式中,选择一个电线样式。

行间距:用户可以编辑两电线间的距离,数值以毫米或英寸为单位。

可用导线:用户只能放置电线中定义过的导线,在勾选框中勾选要绘制的导线。不勾选的导线,将不绘制到原理图上。

(2) 绘制电线(见图 10.9、图 10.10)

以上选择、配置工作结束后,在原理图中拖动鼠标选择所绘制电线的起始点,就可以完成多线制的绘制。

当选择了电线的起点时,侧面控制栏将改变,用户可以选择不同的绘制样式。

翻转(空格):或按空格键实现翻转功能。

画出弯角:或按〈C〉键实现弯角功能。

非正交模式:按〈F8〉键关闭绘制正交锁定。

选择起始点和结束点进行多电线绘制,以右键结束绘制。

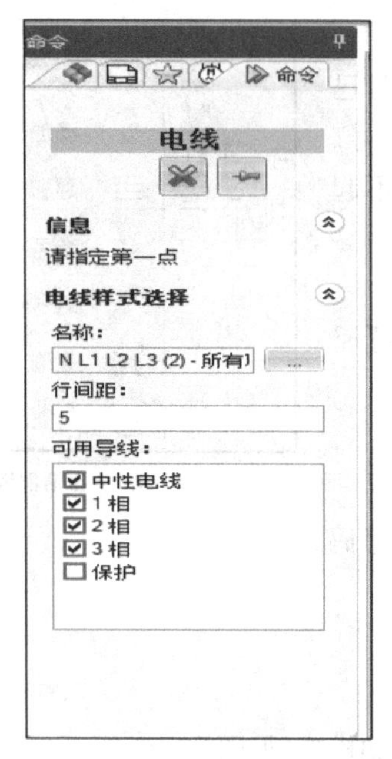

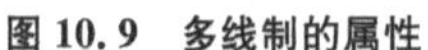
图 10.9　多线制的属性

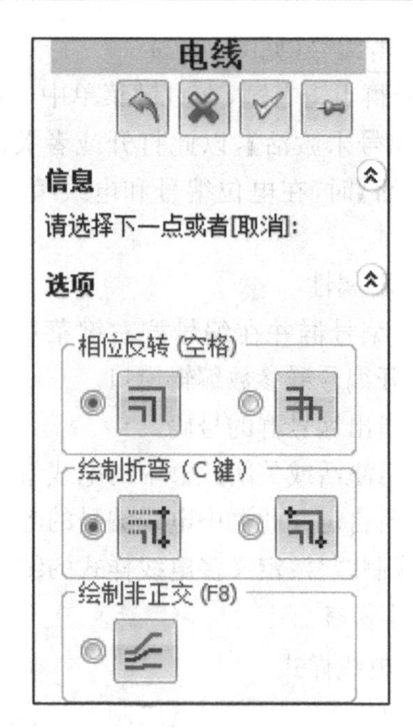

图 10.10　多线制的控制

3）绘制单线(见图 10.11)

点击原理图下拉菜单的绘制单线制，进入单线绘制模式。

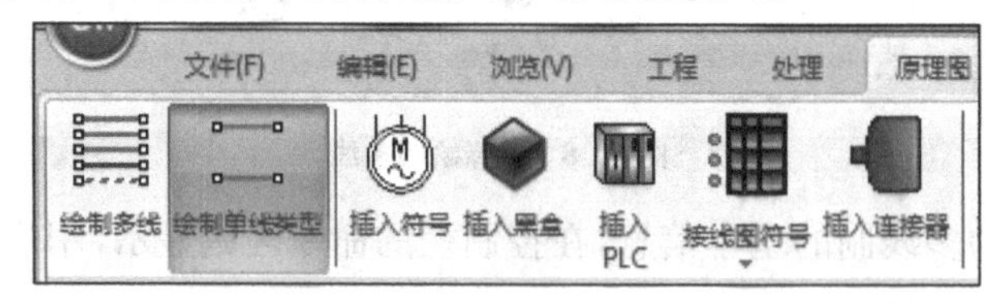

图 10.11　选择绘制单线

单线的样式的选择和控制与多线类似，这里不再赘述。

10.3.3　插入符号

符号是一个元器件或者元器件的一部分，用户可以在 Elecworks 的数据库中找到需要的符号，并插入到原理图中。用户也可以根据自己的需要创建和编辑新的符号。

1）符号插入的方法(见图 10.12～图 10.15)

(1) 从菜单栏插入

在原理图下选择【插入符号】，进入符号插入模式如图 10.12 所示。

图 10.12　从菜单栏插入符号

在控制栏命令区域，显示当前所要插入的符号基本信息。

选择要插入的符号：当前显示的是最后一次应用过的符号。如果没有记录任何符号，或当前显示的符号，可以点击【其他符号】，符号选择窗口将打开。

图 10.13　当前符号　　图 10.14　符号方向　　图 10.15　符号栏

符号方向：允许编辑当前符号的插入方向。可以通过点击鼠标右键选择合适的方向插入符号。

(2) 从符号栏的插入

点击左侧控制栏的符号，进入符号栏操作。在符号栏中，显示了一些常用的符号。如果符号栏中没有所需的符号，可以通过查找进行选择。

其中添加符号可以通过以下方式实现。

鼠标拖/放：应用鼠标左键将符号拖至适当位置放置。

双击：符号与鼠标指针重合，单击放置符号在合适的位置。

同样，用户可以使用鼠标右键单击符号栏，对它进行自定义添加、删除、重命名符号组，并可以添加和删除组中的符号。

2) 选择符号

通过菜单栏插入符号时，若需要选择其他符号，则点击侧面控制栏的功能按钮“其他符号”，符号选择窗口将打开(见图 10.16)。

出现在符号选择窗口中的符号为保存在符号库中的符号。窗口左侧显示符号分类，右侧显示某分类中的具体符号列表。双击右侧的具体符号，即可将该符号添加到原理图中。

(1) 符号显示方式选择

可以通过点击列表模式或标签模式选择右侧符号的显示的方式：

列表模式：显示符号列表(名称、注释、分类等)。

标签模式：显示符号图形(预览)。

(2) 编辑列表模式(见图 10.17)

用户可以通过点击【配置】，编辑在列表模式中显示的符号信息分类及标签尺寸。

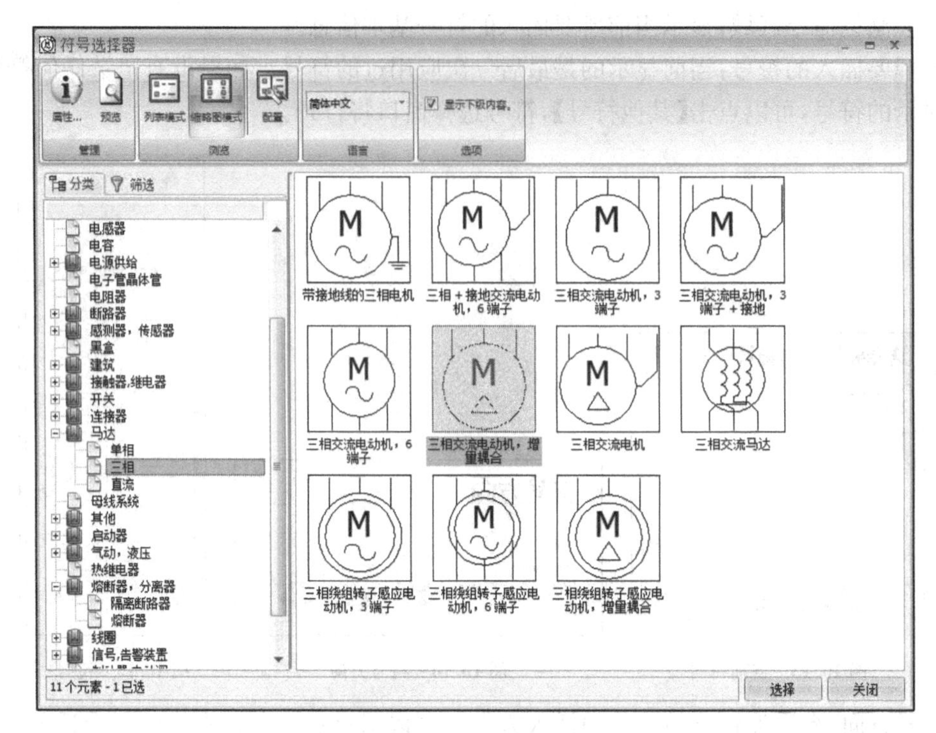

图 10.16　符号选择窗口

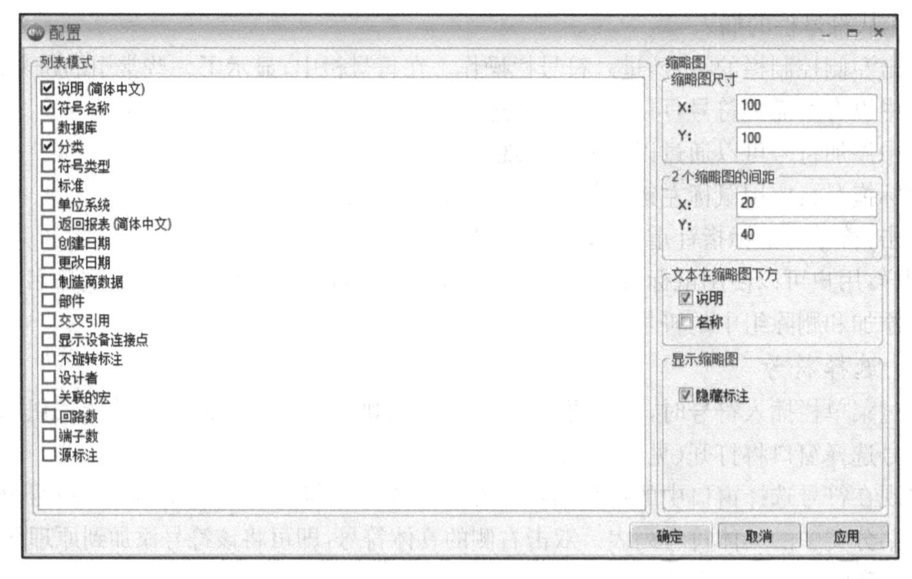

图 10.17　符号配置窗口

(3) 筛选符号(见图 10.18)

点击左侧控制栏中的“筛选”可以帮助用户根据数据库、名称、说明快速查找相对应符号。

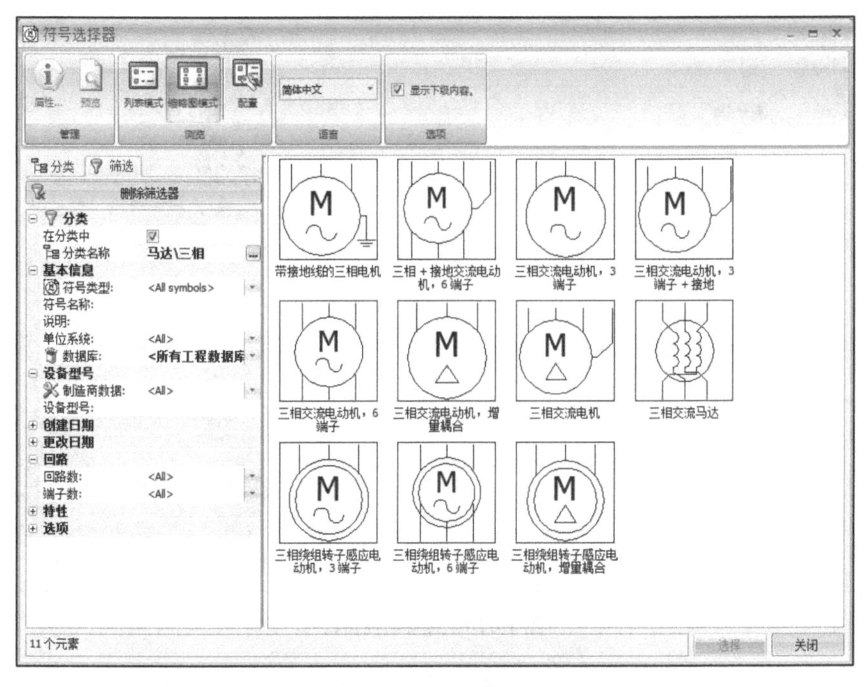

图 10.18　符号选择器

3）编辑符号

插入符号后，用户可以编辑符号的各种属性，包括标注、源、位置、功能、制造商与元件基准等。

(1) 符号的右键菜单(见图 10.19)

方法一：编辑符号窗口在插入符号后，自动打开(除非在插入时勾选了自动标注)。

方法二：鼠标右击原理图中的符号，在右键菜单中，选择【符号属性】，打开编辑符号窗口。

【符号属性】：用于打开符号属性窗口。

【符号】—【替换】：用其他符号替换本符号。

【标注】：选择符号的标注模式。

【设备属性】：修改元件的属性。

【布线】：选择符号的布线方式。

【方向】：设定符号的旋转角度。

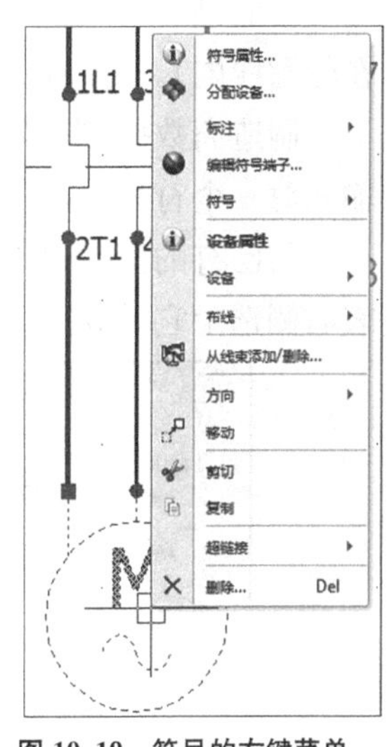

图 10.19　符号的右键菜单

其他：【移动】、【复制】、【剪切】、【删除】等。

(2) 符号属性(见图 10.20)

分类：当前元件类别。此类别将在插入制造商基准时应用，它也用于在自动标注时定义符号的标识符“源”。点击后面的分类树标志为当前元件选择其他类别。

标注：标注可以用手动或自动编辑完成。手动标注时，可以输入任何形式的标注。自动标注时，将根据符号的源以及顺序号码标注。源由符号类别提供，顺序号码由已经引用此源的符号的顺序号码决定。两个带有相同标注的符号将自动相关联(标注的唯一性)。

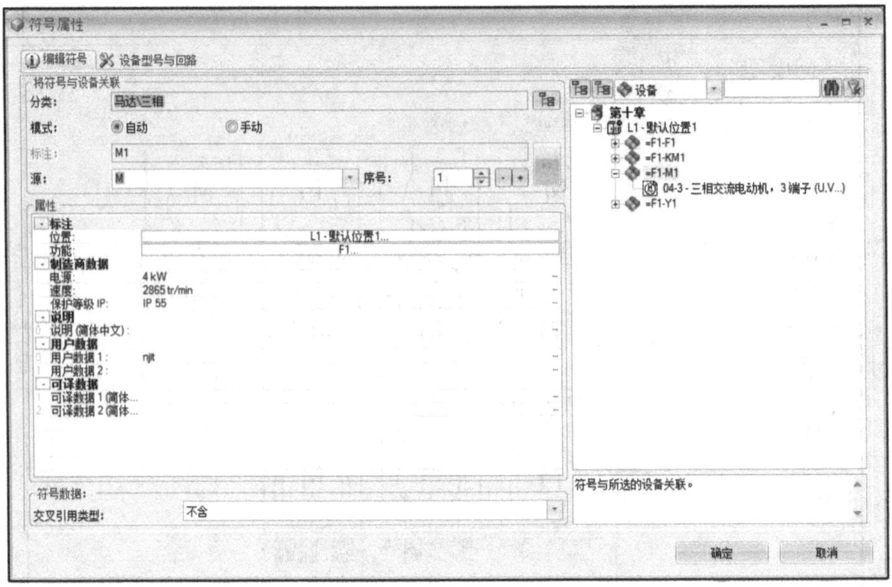

图 10.20　符号属性窗口

位置：插入符号时，符号将默认应用图纸的位置，或位置轮廓线内的位置（如果符号插入在轮廓线内）。可以点击位置名或点击右侧的具体位置更改为其他位置。

功能：插入符号时，符号将默认应用图纸的功能，或功能轮廓线内的功能（如果符号插入在轮廓线内）。可以点击功能名或点击右侧的具体功能更改为其他功能。

制造商数据：当在插入制造商基准时显示制造商数据，可以更改这些值。用户数据用于输入对一个符号所需要的信息。

与已有的标注相关联：如果要把正在编辑的符号与其他已存在的符号相关联，那么在列表右侧选中它，标注将自动与其一致，然后点击【确定】将它们相关联（见图 10.21）。

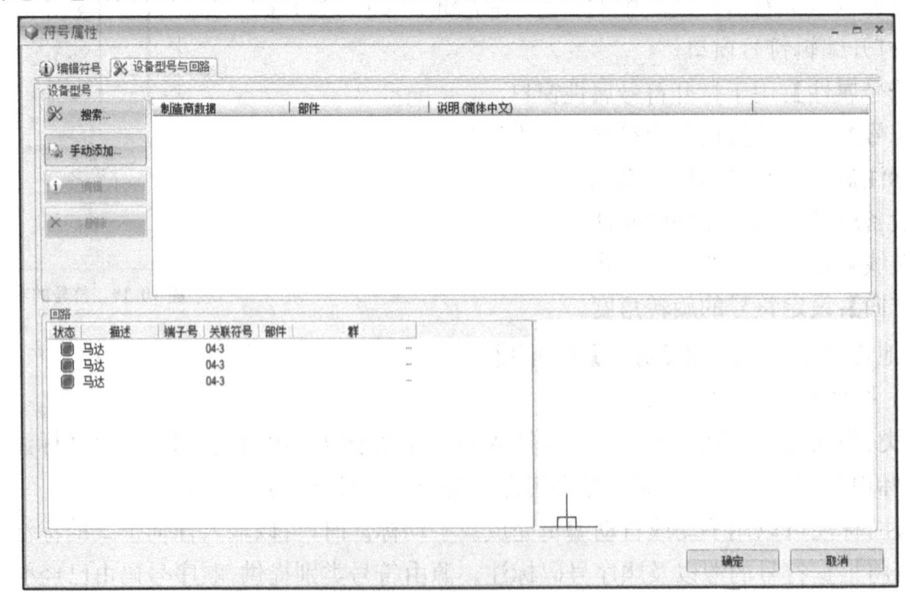

图 10.21　设备型号与回路窗口

制造商与元件基准:点击“设备型号与回路”标签栏编辑插入制造商基准。用户可以通过“查找”或“手动添加”功能,为符号设置制造商与元件基准(见图 10.22)。

图 10.22 查找元件

(3) 为符号添加符号标注

绘图中如需对符号显示更多符号备注信息,即可通过添加标注显示出来。

① 选择要添加标注的符号右击,在标注中选择修改标注(见图 10.23)。

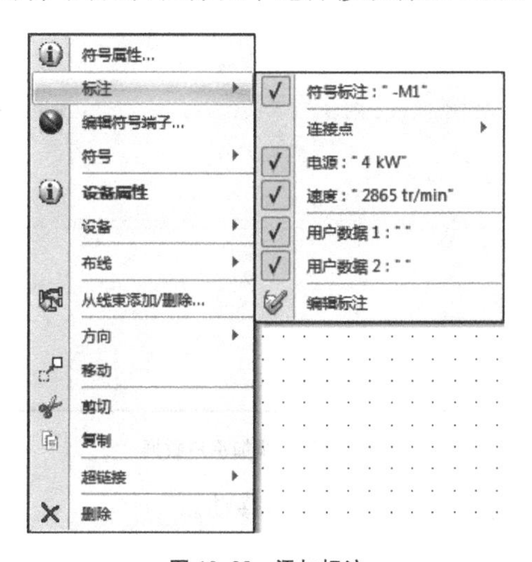

图 10.23 添加标注

② 打开编辑参照块标注,通过“添加标注”和“删除标注”增减标注数据在标注号中新增或修改需要增加显示的标注数据,同时用户还可以定义标注文本属性信息并确认(见图 10.24)。

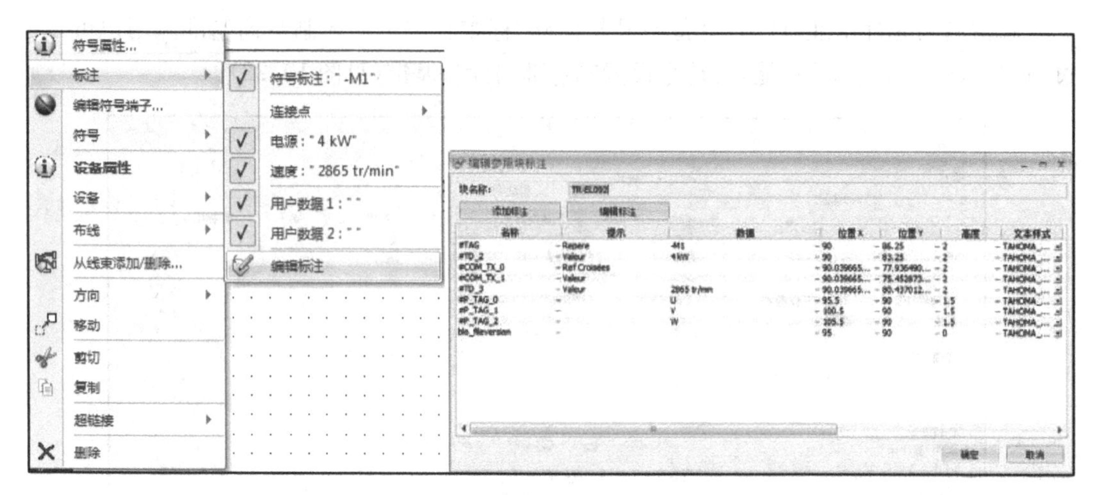

图 10.24　编辑标注

③ 添加要显示的用户数据信息双击符号，在弹出的元件属性框中定义好要显示的用户数据信息并确定(见图 10.25)。

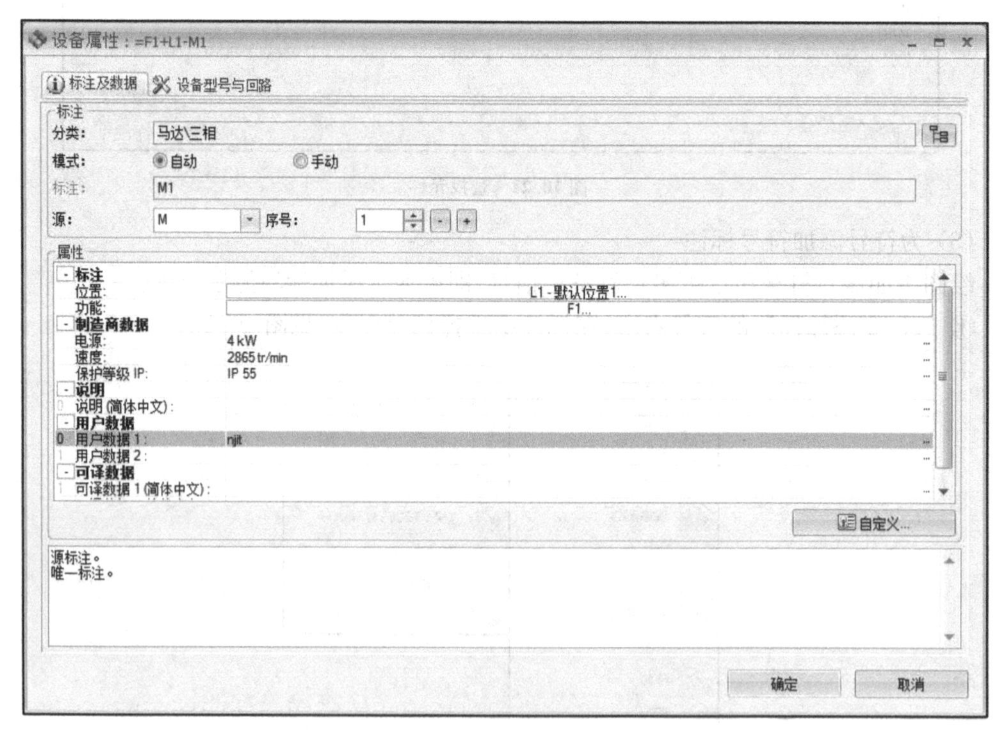

图 10.25　添加用户数据

标注即可显示于符号前，位置可通过鼠标移动。

10.3.4　显示隐藏标注

选择要编辑的符号，右击，选择标注，其中符号当前已显示的标注有勾选，相反隐藏的标注前没有勾选，要隐藏或显示标注只需点击当前标注即可。

1）添加黑盒子

黑盒定义为一通用符号，它是一个可以在绘图时作为元器件符号使用的特殊符号。设备连接点（可编辑）将自动生成在黑盒的矩形框上。添加黑盒子命令在原理图菜单的添加黑盒子中。

在插入黑盒子后，右击原理图中的黑盒子，在右键菜单中，选择【符号属性】，即可打开编辑符号窗口。

2）为黑盒子添加连接点

用户可以给黑盒子符号轮廓线上添加连接点，该命令在黑盒右键菜单中选择【添加设备连接点】（如图 10.26 所示）。

此端子可以在黑盒子右键菜单中【符号属性】中的设备型号与回路选项卡，回路一栏中自定义编辑，如图 10.27 所示。

图 10.26　添加连接点

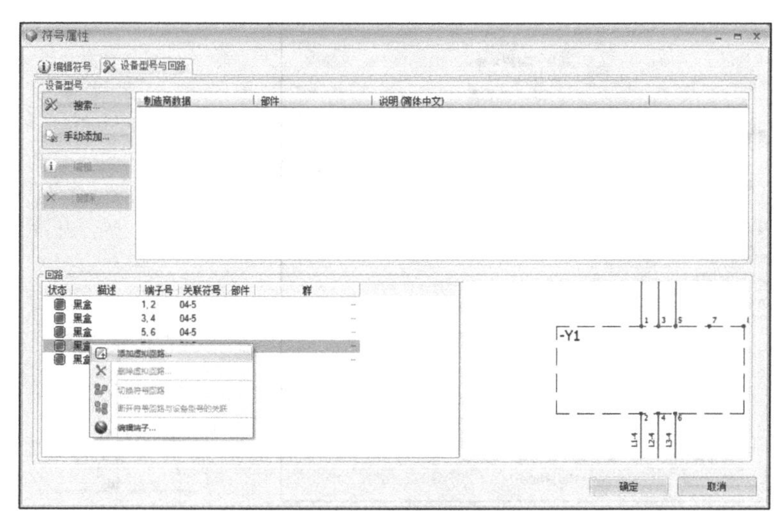

图 10.27　编辑连接点

3）更新

黑盒子的刷新命令在其右键菜单中。此命令用来将黑盒子对齐新的电线，并将与黑盒符号轮廓线相切割产生的点自动转化为连接点（见图 10.28）。

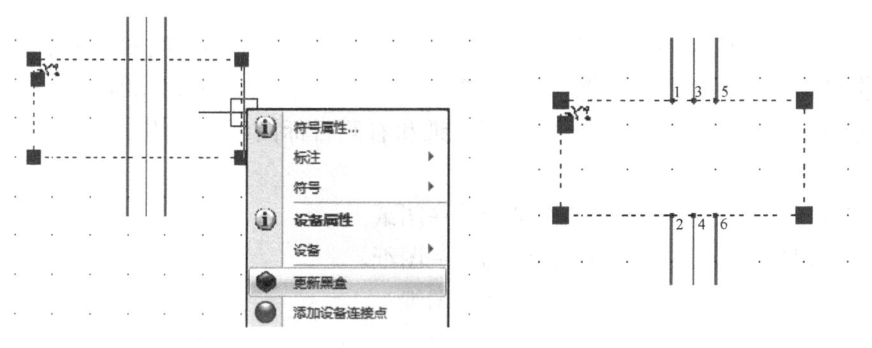

图 10.28　黑盒更新

10.3.5　端子插入

1）单个端子插入

在原理图中选择【插入端子】。

2）多个端子插入

在原理图中选择【插入多个端子】。

在原理图中，用轴线制定端子位置，保证轴线切断电线。然后用户可以上下或左右移动鼠标，选择端子方向，见图 10.29 中三角形方向。

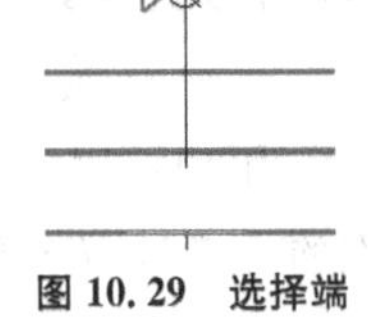

图 10.29　选择端子方向

3）编辑端子

在选定端子方向后，会自动弹出端子编辑窗口见图 10.30。

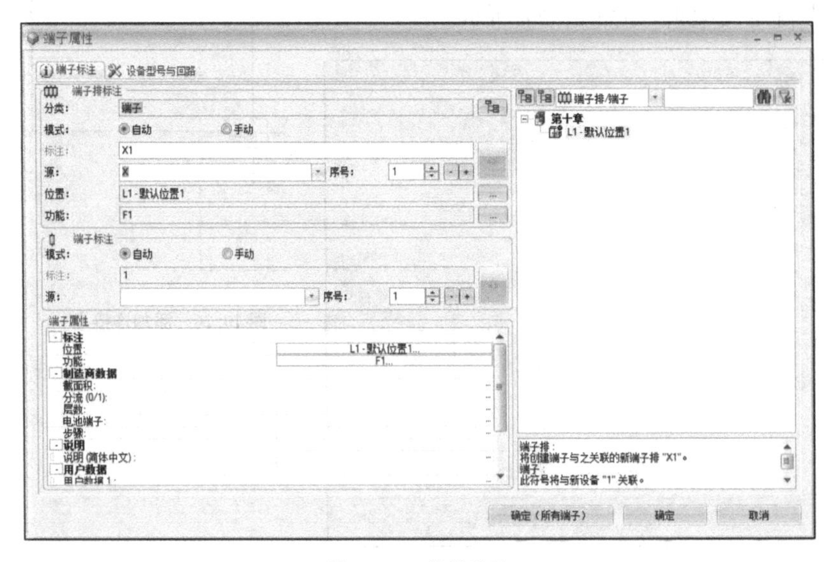

图 10.30　编辑端子

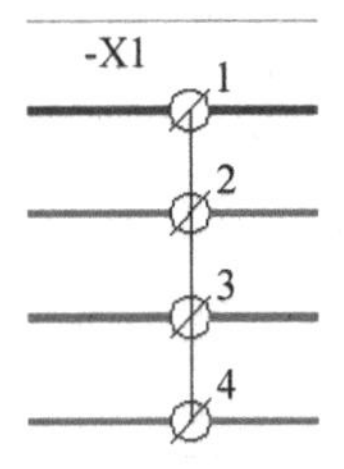

图 10.31　端子插入完成

用户可以编辑端子标注、制造商与原件基准、位置、功能等属性，选定后点击“确定（所有端子）”按钮，即可完成插入多个端子操作（见图 10.31）。

10.3.6　转移管理

中断转移用作确保图纸间或同一图纸中等电位的连续性。可点击原理图下的【起点终点箭头】，即可进入转移管理功能，会自动弹出转移管理窗口（见图 10.32）。

转移管理窗口分为两个部分：左侧源图纸和右侧目标图纸。运用鼠标滚轮可以缩放显示区域方便选择连线。

向前：选择并显示工程中当前图纸的前一图纸。

向后：选择并显示工程中当前图纸的后一图纸。

选择器：打开图纸浏览器在列表中选择图纸。

布局：对于两张图纸，用户可以选择水平平铺或垂直平铺显示。

前一页和后一页：允许翻过整页显示图纸，例如翻书。

输出转移：选择符号表示中断输出端。

输入转移:选择符号表示中断输入端。

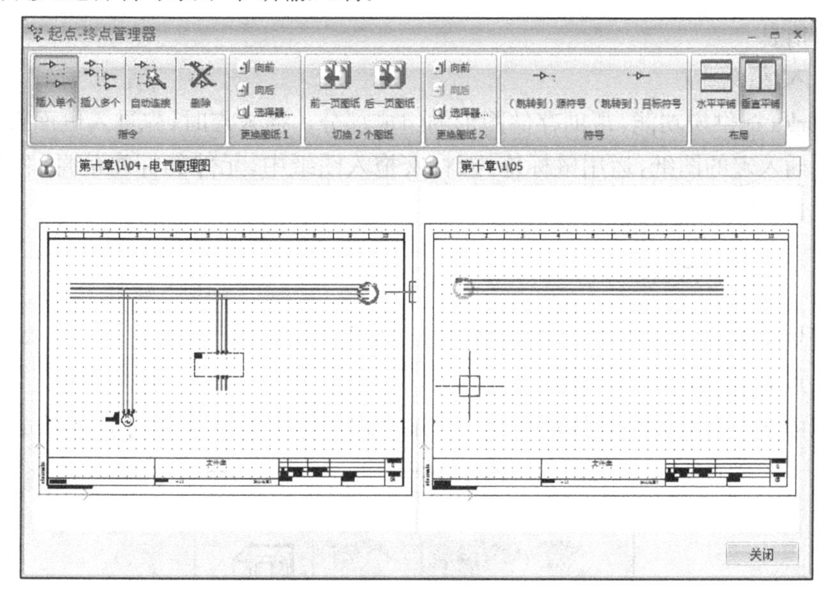

图 10.32 转移管理

10.3.7 添加宏

Elecworks 包含有可存放图形组成部分的宏库。

为了避免重复绘制相同的符号或回路,可将它们保存为宏。宏可以包含电线、符号、接线端子等。

1) 新建宏

新建宏时,打开包含宏组成部分的图纸。在侧面控制栏中,选择“宏”标签栏(见图 10.33、图 10.34)。

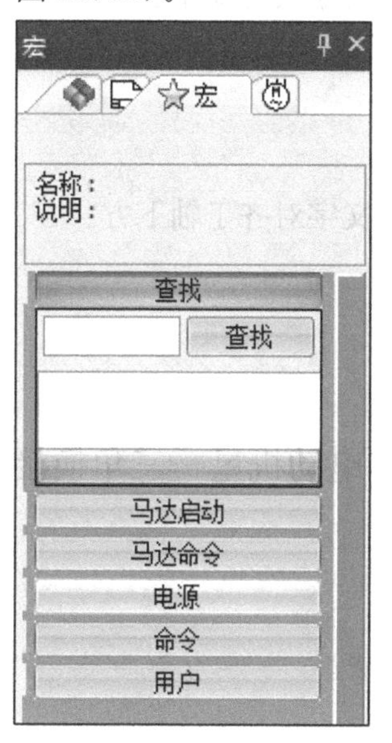

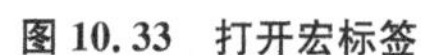
图 10.33 打开宏标签

图 10.34 宏参数信息

在图纸区域，选择宏组成部分，运用鼠标拖/放将其拖入侧面宏栏中。窗口将打开允许输入宏参数信息。

2）插入宏

Elecworks 提供宏功能，帮助存储图形的组成部分。插入宏时，先进入侧面宏标签栏。

打开要插入宏的图纸，运用鼠标拖/放将宏拖入图纸中，元件的标注信息将根据已存在的标注信息自动编号并添加。

10.3.8 新建电线编号

电线编号的生成在处理菜单中【为新电线编号】。

1）生成电线编号

在处理中选择新电线编号提示是否为号编原理图电线选择是，即生成新的电线编号。

图 10.35 新建电线编号

2）更新电线编号

在处理菜单中选择重新编号打开重新线编号框，选择重新线编号，勾选重新计算手动编号。确定后选择继续重新编号即完成线更新。

3）对齐编号文字

连接号生成后，为了图纸美观需对部分编号对齐处理，可通过鼠标点选单个拖动，或在 Elecworks 中提供了一个符号对齐工具。

选择要对齐的电线编号，在原理图中选择【对齐文字】。

选择两点为轴，指定文字相对于轴对齐。

通过轴线中间三角方向定义文字对齐于轴的上方，点击后确定文字对齐于轴下方。

10.4 实训项目

10.4.1 项目 10.1 在 Elecworks 中绘制三相交流异步电动机星—三角换接启动电路的电气原理图

1）实训目标

（1）学会三相交流异步电动机星、三角换接启动电路的分析方法。

（2）掌握 Elecworks 绘图方法。

（3）在 Elecworks 中正确地绘制三相交流异步电动机星—三角换接启动电路的电气原理图。

2）实训器材

装有 Elecworks 电脑一台。

3）实训内容及要求

（1）精读图 10.36 三相交流异步电动机星—三角换接启动电路的电气原理图，熟悉电路的工作原理。

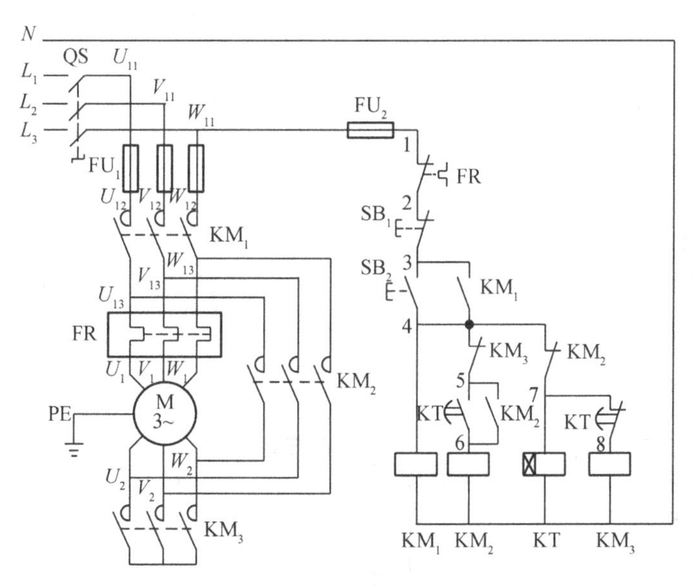

图 10.36 三相交流异步电动机星—三角换接启动电路的电气原理图

（2）在 Elecworks 中正确绘制出三相交流异步电动机星—三角换接启动电路的电气原理图，如图 10.37 所示。

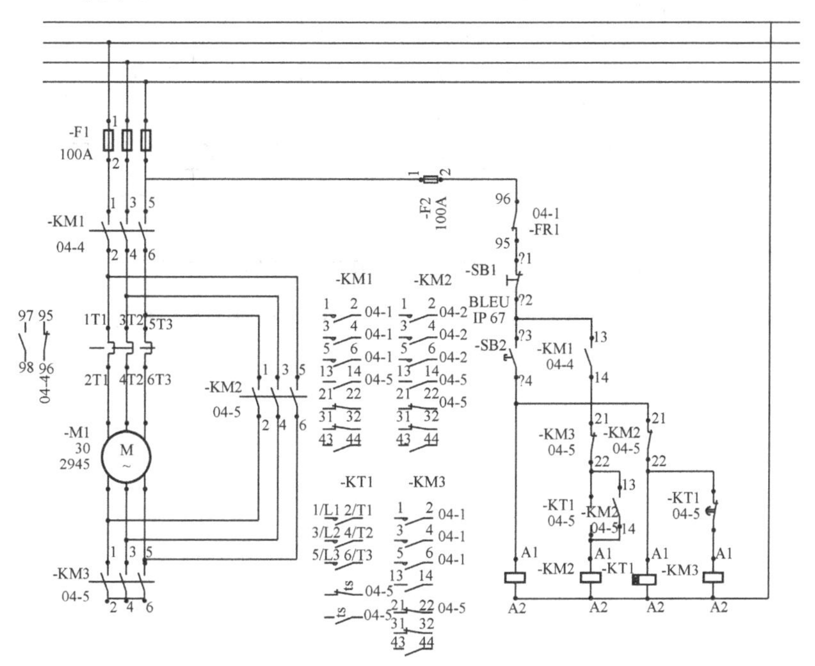

图 10.37 在 Elecworks 中绘制的三相交流异步电动机星—三角换接启动电路的电气原理图

10.4.2　项目 10.2　在 Elecworks 中绘制三相交流异步电动机顺序启动电路的电气原理图

1）实训目标

（1）学会三相交流异步电动机顺序启动电路的分析方法。

（2）掌握 Elecworks 绘图方法。

（3）在 Elecworks 中正确地绘制三相交流异步电动机顺序启动电路的电气原理图。

2）实训器材

装有 Elecworks 电脑一台。

3）实训内容及要求

（1）精读图 10.38 三相交流异步电动机顺序启动电路的电气原理图，熟悉电路的工作原理。

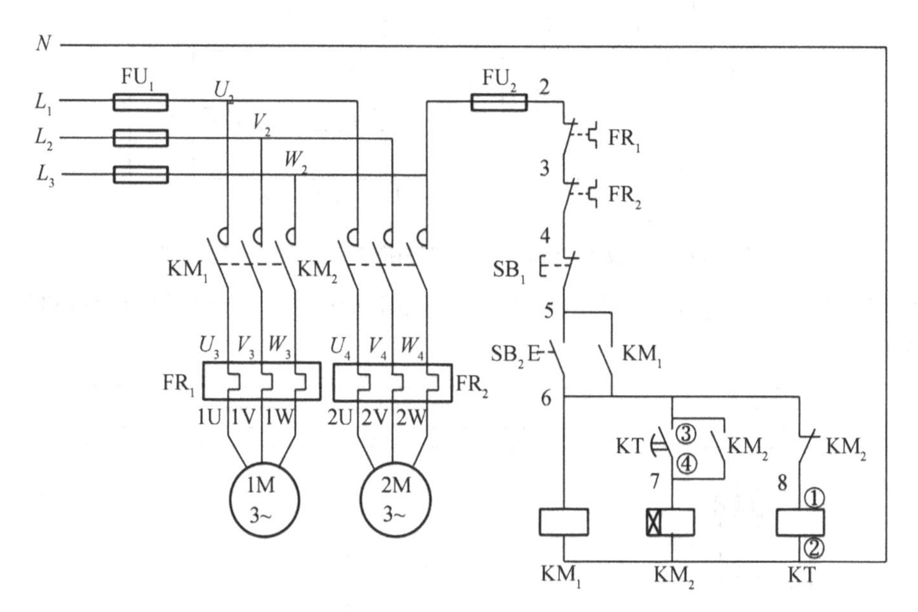

图 10.38　三相交流异步电动机顺序启动电路的电气原理图

（2）在 Elecworks 中正确绘制出三相交流异步电动机顺序启动电路的电气原理图，如图 10.39 所示。

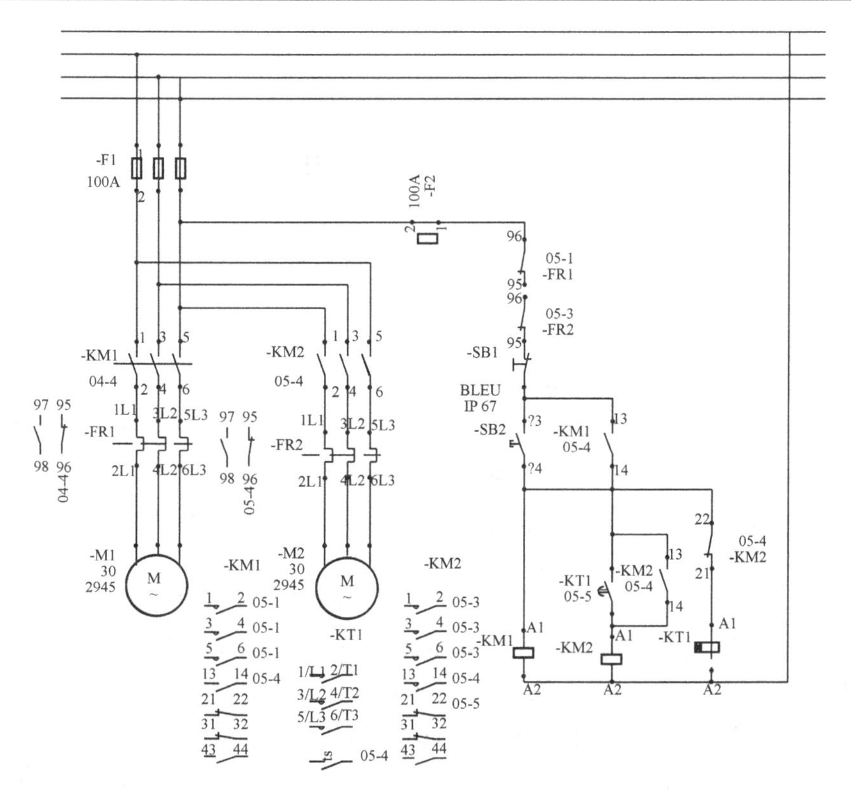

图 10.39　在 Elecworks 中绘制出三相交流异步电动机顺序启动电路的电气原理图

思 考 题 10

10.1　多线能否使用单线一根根画？若不能说明理由，要是能画在画的时候需要注意哪些东西？

10.2　如何添加新的符号？

10.3　如何显示或者隐藏符号标注？

10.4　端子的作用是什么？

10.5　怎么能够使得编号更加有顺序？可读性更好？

10.6　转移管理的目的是什么？如何实现转移管理？

10.7　如何实现交流接触器的线圈与触点间的关联？

10.8　描述宏的作用以及如何使用宏。

参考文献

[1] 王小宇.电工实训教程[M].北京:机械工业出版社,2014

[2] 马全喜,王小宇,白宏伟,等.电工实习教程[M].北京:机械工业出版社,2017

[3] 曾详富.电工技能与训练[M].北京:高等教育出版社,2003

[4] 陈世和.电工电子实训教程[M].北京:北京航空航天大学出版社,2011

[5] 苏红娟.电子电工实践教程[M].上海:上海交通大学出版社,2010

[6] 王涛.电工电子工艺实习实验教程[M].济南:山东大学出版社,2006

[7] 于晓春,公茂法.电工电子实习指导书[M].徐州:中国矿业大学出版社,2011

[8] 曾建唐.电工电子基础实践教程[M].北京:机械工业出版社,2008

[9] 杨中兴,王文魁.单片机技术应用[M].北京:北京理工大学出版社,2017

[10] 高博,董海棠.单片机原理与应用系统设计(第2版)[M].西安:西安交通大学出版社,2017

[11] 魏立峰,王宝兴.单片机原理与应用技术(第2版)[M].北京:北京大学出版社,2016

[12] 韩克,薛迎霄.单片机应用技术:基于C51和Proteus的项目设计与仿真[M].北京:清华大学出版社,2017

[13] 王田来,傅岳恒.单片机原理与应用[M].北京:电子科技大学出版社,2016

[14] 方怡冰.单片机原理与应用[M].西安:西安电子科技大学出版社,2017

[15] 唐颖,阮越.单片机技术及C51程序设计(第2版)[M].北京:电子工业出版社,2017

[16] 陈立刚.单片机原理及应用案例教程[M].北京:中央广播电视大学出版社,2016

[17] 唐耀武,罗忠宝,张立新.单片机控制技术及应用[M].北京:机械工业出版社,2017

[18] 张宏伟,汪洋,李新德.单片机应用技术(第2版)[M].北京:北京理工大学出版社,2016

[19] 王雅芳.单片机原理与接口技术:设计与实训(第2版)[M].北京:机械工业出版社,2016

[20] 李泉溪.单片机原理与应用实例仿真(第3版)[M].北京:北京航空航天大学出版社,2016

[21] 余朝刚.Elecworks 2013电气制图[M].北京:清华大学出版社,2014

[22] 陈超祥,胡其登.SOLIDWORKS电气教程[M].北京:机械工业出版社,2015

[23] 陈强.电子产品设计与制作[M].北京:电子工业出版社,2010

[24] 李瑞,耿立明.Altium Designer 14电路设计与仿真从入门到精通[M].北京:人民邮电出版社,2014

[25] 胡仁喜,任成才,秦少刚,等. Altium Designer 13 中文版标准实例教程[M]. 北京:机械工业出版社,2013
[26] 张华林,周小方. 电子设计竞赛实训教程[M]. 北京:北京航空航天大学,2007
[27] 张立毅,王华奎. 电子工艺学教程[M]. 北京:北京大学出版社,2006
[28] 孙蓓,张志义. 电子工艺实训基础[M]. 北京:化学工业出版社,2007
[29] 罗小华. 电子技术工艺实习[M]. 武汉:华中科技大学出版社,2003
[30] 张宪,张大鹏. 电子工艺入门[M]. 北京:化学工业出版社,2008
[31] 魏德仙,漆海霞. 可编程控制器原理及应用[M]. 北京:中国水利水电出版社,2013
[32] 吴丽,葛芸萍. 西门子 S7-300PLC 基础与应用[M]. 北京:机械工业出版社,2015